普通高等教育"十三五"规划教材 "互联网+"创新系列教材

本书荣获中南地区大学出版社优秀畅销书奖

U0719731

机械工程材料

JIXIE GONGCHENG CAILIAO

◎ 主　编：高为国　钟利萍

◎ 副主编：樊湘芳　颜建辉　陈国新　朱亨荣　司家勇　徐　立

第三版

Mechanical

中南大学出版社
www.csupress.com.cn

内容简介

本书根据教育部"机械工程材料"课程的教学基本要求编写,从机械类、近机械类专业学生的实际应用出发,以机械工程材料的基础知识为主线,重点介绍了常用机械工程材料及其应用。全书共分为8章,主要包括材料的结构与结晶、材料的性能与力学行为、二元合金相图与铁碳合金、钢的热处理、合金钢与铸铁、非铁金属材料、非金属材料、机械零件的失效分析及材料选择等内容。本书采用"互联网+"形式出版,扫描书中二维码,即可阅读丰富的工程图片、演示动画、操作视频、三维模型、工程案例;为了帮助学生复习和巩固所学知识,在各章后面均附有习题。本书配有电子课件。

本书是普通高等学校机械类、近机械类等专业学生的教材,亦可作为相关学科以及机械设计、材料加工等行业工程技术人员的学习参考资料。

图书在版编目(CIP)数据

机械工程材料/高为国,钟利萍主编. --长沙:
中南大学出版社,2018.8(2020.7 重印)
ISBN 978 - 7 - 5487 - 3263 - 1

Ⅰ.①机… Ⅱ.①高… ②钟… Ⅲ.①机械制造材料
—教材 Ⅳ.①TH14

中国版本图书馆 CIP 数据核字(2018)第 108623 号

机械工程材料

(第三版)

主　编　高为国　钟利萍
副主编　樊湘芳　颜建辉　陈国新
　　　　朱亨荣　司家勇　徐　立

□责任编辑　谭　平
□责任印制　周　颖
□出版发行　中南大学出版社
　　　　　　社址:长沙市麓山南路　　　邮编:410083
　　　　　　发行科电话:0731 - 88876770　传真:0731 - 88710482
□印　　装　长沙印通印刷有限公司

□开　　本　787×1092　1/16　□印张 19　□字数 483 千字
□互联网+图书　二维码内容　字数 3.221 千字　图片 132 张　视频 35 分钟
□版　　次　2018 年 8 月第 3 版　□2020 年 7 月第 3 次印刷
□书　　号　ISBN 978 - 7 - 5487 - 3263 - 1
□定　　价　49.00 元

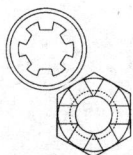

普通高等教育机械工程学科"十三五"规划教材编委会
"互联网+"创新系列教材

总序 FOREWORD.

　　机械工程学科作为连接自然科学与工程行为的桥梁，是支撑物质社会的重要基础，在国家经济发展与科学技术发展布局中占有重要的地位，21 世纪的机械工程学科面临诸多重大挑战，其突破将催生社会重大经济变革。当前机械工程学科进入了一个全新的发展阶段，总的发展趋势是：以提升人类生活品质为目标，发展新概念产品、高效高功能制造技术、功能极端化装备设计制造理论与技术、制造过程智能化和精准化理论与技术、人造系统与自然世界和谐发展的可持续制造技术等。这对担负机械工程人才培养任务的高等学校提出了新挑战：高校必须突破传统思维束缚，培养能适应国家高速发展需求，具有机械学科新知识结构和创新能力的高素质人才。

　　为了顺应机械工程学科高等教育发展的新形势，湖南省机械工程学会、湖南省机械原理教学研究会、湖南省机械设计教学研究会、湖南省工程图学教学研究会、湖南省金工教学研究会与中南大学出版社一起积极组织了高等学校机械类专业系列教材的建设规划工作，成立了规划教材编委会。编委会由各高等学校机电学院院长及具有较高理论水平和教学经验的教授、学者和专家组成。编委会组织国内近20 所高等学校长期在教学、教改第一线工作的骨干教师召开了多次教材建设研讨会和提纲讨论会，充分交流教学成果、教改经验、教材建设经验，把教学研究成果与教材建设结合起来，并对教材编写的指导思想、特色、内容等进行了充分的论证，统一认识，明确思路。在此基础上，经编委会推荐和遴选，近百名具有丰富教学实践经验的教师参加了这套教材的编写工作。历经两年多的努力，这套教材终于与读者见面了，它凝结了全体编写者与组织者的心血，是他们集体智慧的结晶，也是他们教学教改成果的总结，体现了编写者对教育部"质量工程"精神的深刻领悟和对本学科教育规律的把握。

　　这套教材包括了高等学校机械类专业的基础课和部分专业基础课教材。整体看来，这套教材具有以下特色。

（1）根据教育部高等学校教学指导委员会相关课程的教学基本要求编写。遵循"重基础、宽口径、强能力、强应用"的原则，注重科学性、系统性、实践性。

（2）注重创新。本套教材不但反映了机械学科新知识、新技术、新方法的发展趋势和研究成果，还反映了其他相关学科在与机械学科的融合与渗透中产生的新前沿，体现了学科交叉对本学科的促进；教材与工程实践联系密切，应用实例丰富，体现了机械学科应用领域在不断扩大。

（3）注重质量。本套教材编写组对教材内容进行了严格的审定与把关，教材力求概念准确、叙述精练、案例典型、深入浅出、用词规范，采用最新国家标准及技术规范，确保了教材的高质量与权威性。

（4）教材体系立体化。为了方便教师教学与学生学习，本套教材还提供了电子课件、教学指导、教学大纲、考试大纲、题库、案例素材等教学资源支持服务平台。大部分教材采用"互联网+"的形式出版，读者扫描书中二维码，即可阅读丰富的工程图片、演示动画、操作视频、三维模型、工程案例；部分教材采用了AR增强现实技术，扫描书中二维码可查看360°任意旋转，无限放大、缩小的三维模型。

教材要出精品，而精品不是一蹴而就的，我将这套书推荐给大家，请广大读者对它提出意见与建议，以便进一步提高。也希望教材编委会及出版社能做到与时俱进，根据高等教育改革发展形势、机械工程学科发展趋势和使用中的新体验，不断对教材进行修改、创新、完善，精益求精，使之更好地适应高等教育人才培养的需要。

衷心祝愿这套教材能在我国机械工程学科高等教育中充分发挥它的作用，也期待着这套教材能哺育新一代学子，使其茁壮成长。

中国工程院院士　钟　掘

第三版前言 PREFACE.

本书是普通高等教育机械工程学科"十三五"规划教材，是根据 2017 年 10 月普通高等教育机械类专业"十三五"规划教材研讨会的基本精神编写的。本书自 2011 年 7 月公开出版以来，经过了多年的使用，并进行了一次修订，由于其内容丰富、全面、规范，文字叙述简洁、流畅，图表选用典型、适当，有较强的科学性、系统性和实用性，理论联系实际，深受广大教师和学生的欢迎，曾荣获中南地区大学出版社 2011—2012 年度优秀畅销书奖。为了进一步完善与更新教学内容，深入贯彻近几年新发布的相关国家标准，在广泛收集各类使用意见和建议的基础上，特邀请相关专家和编者进行了本次修订。

本次修订的主要内容为：将高分子材料结构部分的内容，调整到了高分子材料一节，将其与高分子材料的性能、常用高分子材料及其应用等内容编排在一起；以合金结晶和相图的需要为前提，优化了金属结晶部分的内容；调整和更新了书中的部分图形，使其更加完善和符合书中内容的需求；规范了材料的强度、塑性、硬度等力学性能指标的代表符号，以及在选材及热处理工艺制订中的具体应用；贯穿了工程材料的成分、组织、性能与应用的主线，突出了工程材料方面的新材料、新工艺、新技术，采用了最新的国家标准；其他部分只在原书的基础上做了局部的改动与调整，保持了原书的内容结构与编写风格。

本次修订，增加了"互联网＋"的内容，书中含有近百个二维码，扫描二维码，即可阅读丰富的工程图片、演示动画、操作视频、三维模型、工程案例。

参加本书修订的有湖南工程学院的高为国、董丽君；中南林业科技大学的钟利萍、司家勇；湘潭大学的许艳飞；南华大学的樊湘芳、叶江；湖南工业大学的朱亨荣；长沙学院的夏卿坤；湖南农业大学的陈力航；湖南科技大学的颜建辉；邵阳学院的陈国新；湖南理工学院的谭蓬；湖南文理学院的徐立。全书由高为国、钟利萍任主编，由樊湘芳、颜建辉、陈国新、朱亨荣、司家勇、徐立任副主编。

在本书的修订过程中，参考了部分国内外的相关教材、科技著作、论文资料及网络资源，在此特向有关作者和单位表示衷心感谢！

因编者的水平有限，书中不足之处在所难免，敬请读者批评指正。

编　者
2018 年 8 月

第二版前言 PREFACE.

　　本书是普通高等教育机械工程学科"十二五"规划教材，是根据教育部"机械工程材料"课程的教学基本要求编写的。本书自出版以来，由于其内容丰富、全面，文字叙述简洁、流畅，图表选用适当，有较强的科学性、系统性和实用性，理论联系实际，便于教学过程中的教与学，深受广大教师和学生的欢迎。但随着教学改革的不断深入和机械工程学科的不断发展，书中的内容有待进一步的更新与完善，在广泛收集各类使用意见和建议的基础上，特邀请部分专家和相关编者进行了本次修订。

　　本次修订的主要内容为：修改了材料的性能与力学行为、二元合金相图与铁碳合金、合金钢与铸铁等章的概述内容；完善了图表中的相关信息，特别是填补了书中显微组织照片缺少的部分放大倍率；规范了材料的强度、塑性、硬度等力学性能指标的代表符号以及部分新旧国标对照；删减或合并了前后章节中有重复倾向的内容。其他部分只在原书的基础上做了局部的改动与调整，保持了原书的内容结构与编写风格。

　　参加本书修订工作的有湖南工程学院高为国，中南林业科技大学钟利萍，南华大学樊湘芳，湖南科技大学颜建辉，湖南工学院汪新衡，湖南文理学院徐立。

　　在本书的修订过程中，参考了部分国内外的相关教材、科技著作和论文资料，在此特向有关作者和单位表示衷心的感谢！

　　由于编者的水平有限，书中不足之处在所难免，敬请读者批评指正。

编　者

2015 年 1 月

前言 PREFACE.

　　材料是人类用来制造各种产品的物质，是人类生活和生产的物质基础。材料、能源和信息是现代科学技术发展的三大支柱，而材料又是能源和信息领域的基础。人类社会的发展与材料的使用是密不可分的，材料的应用水平直接反映了人类社会的文明程度，历史学家以石器时代、陶器时代、青铜器时代、铁器时代、人工合成材料时代等来划分人类历史发展的各个阶段，也正好说明了这一点。随着现代科学技术和社会经济建设的迅速发展，一切从事工业生产的工程技术人员都必须具备有关机械工程材料方面的基本知识。

　　"机械工程材料"课程是普通高等学校机械类、近机械类专业的一门重要的专业基础课，本课程的教学任务是从机械工程的应用角度出发，阐述机械工程材料的基本理论，明确材料的成分、组织结构、加工工艺和性能之间的关系，介绍常用机械工程材料及其应用等基本知识。本课程的教学目的是使学生通过学习，掌握机械工程材料的基本理论及相关基础知识，熟悉材料的成分、组织结构、加工工艺、性能与应用之间的相互关系及其变化规律，掌握常用工程材料的性能特点、应用范围和热处理工艺，初步具备根据零件的工作条件和性能要求合理选择与使用工程材料，正确制订零件加工工艺路线的能力。

　　本书从机械工程应用对材料性能要求的角度出发，以材料科学与工程的重点概念、基本知识和原理为主线，在精简传统理论知识的同时，将重点放在材料的性能特征、选择及工程应用上，致力于科学性、系统性和实用性相结合，突出工程应用和材料相结合，具有较强的工程应用背景。书中引入了较多的新材料、新技术知识以及材料新工艺技术的新应用知识，有利于培养学生的工程实践能力和创新能力。全书语言简练、结构合理、内容新颖，相关内容采用了最新的国家标准。

全书共分为 8 章，主要内容包括三个部分：第一部分阐述工程材料的基础理论知识，内容涉及材料的结构与凝固、材料的性能与力学行为、二元合金相图与铁碳合金、钢的热处理，重点阐述工程材料的基本概念、基本理论以及材料成分、组织结构和性能之间的关系及其影响规律。第二部分着重介绍各类机械工程材料的成分、组织、性能与应用，包含了常用的工业用钢、铸铁、非铁金属材料、非金属材料等，在系统讲述传统钢铁材料的同时，突出了非铁金属材料和非金属材料的强化原理、性能特点和工程应用。第三部分主要涉及材料的选择和应用，主要介绍了工程材料及零件的主要失效形式、选材的基本原则和方法、加工工艺路线的制订和分析等，特别是强调了热处理工艺的实际应用。

本书第 1 章的 1.1、1.2、1.3 由中南大学江乐新副教授编写，第 1 章的 1.4、1.5、1.6 由湖南农业大学陈力航工程师编写，第 2 章的 2.1、2.2、2.3、2.4 由邵阳学院陈国新副教授编写，第 2 章的 2.5、2.6 及第 4 章和附录 F 由中南林业科技大学钟利萍教授编写，第 3 章的 3.1、3.2、3.3 由湖南工学院刘先兰教授编写，第 3 章的 3.4、3.5、3.6、3.7 及第 7 章和附录 A～附录 E 由湖南工程学院高为国教授编写，第 5 章的 5.1、5.2、5.3、5.4、5.5 由长沙学院夏卿坤教授编写，第 5 章的 5.6、5.7、5.8 由长沙理工大学戴晓元副教授编写，第 6 章由湖南科技大学颜建辉博士编写，第 8 章由南华大学樊湘芳教授编写。全书由高为国、钟利萍任主编。

本书在编写过程中参考了部分国内外的相关教材、科技著作和论文资料，中南大学出版社给予了指导和帮助，在此特向有关编者、作者和单位表示衷心的感谢！

由于编者的水平有限，加之编写时间仓促，书中不足之处在所难免，敬请读者批评指正。

编　者

2011 年 7 月

CONTENTS. 目录

绪　论

　　材料、能源、信息是现代技术的三大支柱，而材料又是国民经济发展、社会进步和国家安全的物质基础，材料的进步对决定人类文化的总体面貌具有极为重要的影响。人类社会的发展与材料的使用是密不可分的，材料的使用状况直接反映了人类社会的文明水平，历史学家以石器时代、陶瓷时代、青铜器时代、铁器时代来划分人类历史发展的各个阶段，也正好说明了这一点。尤其是近百年来，随着社会需求的增加和科学技术的迅猛发展，各种新型材料更是层出不穷，出现了半导体时代、高分子材料时代、人工合成材料时代、复合材料时代和即将进入的纳米时代。

　　材料技术的发展促进了材料的开发与利用，使材料和材料技术形成了一个相互依存的统一体，功能材料与器件、储能材料与能源转换器、仿生材料与生物机器人、材料设计与制备技术等已成为材料领域研究与发展的主要方向。

材料发展

　　机械制造、交通运输、国防和科研等各个行业都需要大量地使用机械工程材料。从日常生活用具到高、精、尖的机械产品，从简单的手工工具到复杂的飞机、卫星、运载火箭等，无一不是由不同种类和性能的机械工程材料制成的。因此，机械工程材料在现代工业中占有极其重要的地位。

　　机械工程材料是指用于工程和机械制造方面的各种材料的总称。在实际生产中常分为金属材料和非金属材料两大类。其中，金属材料是最重要的机械工程材料，它包括黑色金属材料和有色金属（非铁合金）材料两类。黑色金属材料是指铁及铁基合金，如钢、铸铁和铁合金等；有色金属材料是指除了铁及铁基合金以外的金属及其合金，如铜及铜合金、铝及铝合金、钛及钛合金等。其中，以

材料应用

黑色金属材料应用最广，占机械工程材料的90%以上。非金属材料是指除了金属材料以外的材料，在机械制造中主要使用的有高分子材料、陶瓷材料和复合材料等。非金属材料具有某些独特的性能，因而它在有些方面的应用是金属材料不可代替的。目前，非金属材料已成为一种重要的新型工程材料，有着广阔的发展前景。

　　中华民族为材料的发展及其应用做出了重大的贡献，在人类的发展史上，最先使用的工具是石器，我们的祖先用坚硬的燧石和石英石等天然材料制成石刀、石锄、石斧等工具。早在新石器时代，中华民族的先人就用黏土烧制成陶器，作为日常生活用品使用；仰韶文化时期，便在氧化性气氛炉中烧制出了红陶；东汉时期发明了瓷器，成为世界上最早生产瓷器的国家。我国人民也是世界上最早掌握青铜、钢铁冶炼和加工技术的民族之一。远在3000多年以前，我国的商代就有了高度发达的青铜冶炼技术和铸造技术，如殷商祭器司母戊大鼎，

其体积庞大，长和高都超过 1 m，重量达 875 kg，外形尺寸为 1.33 m×0.87 m×1.1 m，花纹极其精美，造型十分美观，是迄今为止世界上最古老的大型青铜器。商代的铁刃青铜戈是我国最早的带铁器具，这说明我国商代的劳动人民就开始使用铁器了。湖北江陵楚墓中发现的埋藏了 2000 多年的越王勾践的两把宝剑，长 0.577 m、宽 0.04 m，至今仍寒光闪闪，异常锋利。春秋战国时期，我国劳动人民又发明了冶铁技术，开始大量制造铁器，比欧洲国家早了 1800 多年；河南南阳汉代冶作坊出土的 9 件铁农具，有 8 件是黑心可锻铸铁制成，其质量与现代铸铁产品相当；由于生产发展和战争的需要，在战国时期，热处理中的渗碳工艺也得到使用和发展，人们还掌握了将铁经高温冶炼制成钢的方法，当时为了强化兵器，钢的热处理中最重要的热处理工艺——淬火工艺也随之产生，在战国时期的刀剑金相组织中就出现了淬火马氏体组织。

《天工开物》是我国明代杰出科学家宋应星所写的一部科学巨著，书中详细记载了我国劳动人民在冶炼技术和工艺方法等方面的伟大成就，它不仅是我国历史上有关冶金技术和工艺的最完整的论著，也是世界上最古老、最全面的科学著作之一，书中对钢铁材料的退火、淬火、渗碳等热处理工艺进行了详细地论述。

新中国成立以后，建立了机械制造、石油化工、电子电器、矿山冶金、航空航天等许多现代工业，特别是近几十年来，我国工业生产发展迅速，取得了举世瞩目的成就：20 世纪 60 年代我国便自行设计和制造了 12000 t 的水压机；我国的人造地球卫星、洲际弹道导弹以及长征系列运载火箭等相继研制成功。在金属材料方面，已经建立了符合我国资源的合金钢系统，2008 年北京奥运会的国家体育场"鸟巢"，工程主体结构采用了我国自行研制开发的 Q460E 低合金高强度钢，其屈服强度指标达到了 460 MPa 以上，在国家标准中，Q460E 的最大厚度是 100 mm，而"鸟巢"使用的钢板厚度史无前例地达到了 110 mm；我国自行研制的稀土镁球墨铸铁具有世界先进水平；各种有色金属材料及特殊性能合金已经在质量和品种上逐步满足了国防和工农业生产的需要。非金属材料的开发与利用也有了长足地进步，用新型陶瓷材料制成的高温结构陶瓷柴油机可节油 30%，热机效率可提高 50%，用陶瓷制造的蜗轮发动机叶片可在 1400 ℃的高温下工作；在北京五棵松篮球馆的建设中，采用了室内新型 PRC 轻质隔墙，具有较高的隔音、防水、环保和保温等性能，防水施工均使用了无味无毒的 JS 复合防水涂料，屋面采用 PVC 防水卷材系统，包括防水、吸音、隔热、保温等 9 种材料组成的复合屋面，在屋面 PVC 卷材施工中，使用自动焊接设备焊接，保证了 16000 m² 卷材的接缝严密，经过一个雨季的淋水检验无渗漏。在热处理方面有许多新技术、新工艺、新设备不断被用于生产中。但是必须指出，当今世界各国的科学技术都在迅速发展，我国在机械工程材料方面与先进国家相比，仍有一定的差距。所以，我们必须加倍努力学习，刻苦钻研业务，赶超世界先进水平。

"机械工程材料"是机械类和近机械类专业必修的一门技术基础课，其教学目标是使学生获得常用机械工程材料的基本知识，为学习其他课程和从事生产技术工作打下坚实的基础。本课程的主要内容有机械工程材料概述、金属的晶体结构与结晶、合金的相结构与结晶、铁碳合金、钢的热处理、合金钢、铸铁、有色金属与粉末冶金材料、其他常用的机械工程材料、工程设计制造与材料选择以及相应的实验内容等。由此可见，"机械工程材料"是一门内容广泛、理论和实践相结合的课程。由于材料与热处理常成为机械产品质量的关键。所以，学习和掌握本门课程对一个合格的机械制造类工程技术人员来说是十分必要的。

　　通过机械工程材料课程的学习，应使学生熟悉常用机械工程材料的成分、组织、热处理工艺、性能之间的关系以及变化规律，初步掌握常用机械工程材料的牌号、性能特点及应用范围，并能具有合理地选择材料、正确运用热处理方法、妥善安排热处理工序位置的初步能力；实验是培养学生独立工作能力和实际操作技能重要的教学环节，要求学生认真预习实验内容，在教师的指导下认真完成实验，并写出实验报告；根据教学内容的不同要求，应适当安排部分综合性的课堂讨论或综合练习，以培养学生分析问题和解决问题的能力。

　　"机械工程材料"是从生产实践中发展起来的一门学科，而又直接用于指导实践活动，具有丰富的理论性和实践性。材料的种类繁多，性能各异，而且在本课程中名词术语较多，概念较多，定性的描述和说明较多，比较抽象，入门较困难。因此，要求学生弄清重要的名词术语、基本概念和基本理论，按成分、组织、性能、用途的主线去学习和记忆，利用实验和实习等各个教学环节掌握基本操作技能，同时认真完成作业、认真进行课堂讨论、写好实验报告，以更好地掌握本课程的知识点，提高应用能力。

　　本课程的实践性较强，很多工艺方法、零部件的形状及材料的规格等知识点都直接来源于生产实践，并与之紧密结合。所以，该课程应安排在金工实习之后开设，使之在获得了一定的感性知识之后进行系统的学习，效果较好；课程中的某些内容，如热处理方法及工序位置的安排、工程材料选择、材料的代用等还需在后续课程、课程设计、毕业设计中不断学习、巩固和提高，才能做到真正的理解和灵活、准确地应用。

第1章
材料的结构与结晶

【概述】

◎材料的内部结构及化学成分是决定其性能的两个重要因素。本章从微观的角度介绍和分析了金属材料的基本概念及其结构，并对金属的结晶和同素异构现象进行了阐述。

1.1 金属的晶体结构

1.1.1 晶体结构的基本概念

（1）晶体与非晶体

自然界中的固体物质按其原子（离子或分子）的聚集状态可分为晶体和非晶体两大类。内部原子（离子或分子）在三维空间按一定几何形状有规则排列的固体称为晶体，如天然金刚石、水晶、氯化钠、明矾等。固态金属的原子排列是有规则的，因而固态金属一般情况下均是晶体。内部原子（离子或分子）在三维空间无规则排列的物质均是非晶体；如玻璃、松香、石蜡、棉花、木材等都是非晶体。液态金属的原子排列无周期规则性，不是晶体。

晶体与非晶体由于原子排列方式的不同导致了其在性能上的区别，其主要表现：一是晶体熔化时具有固定的熔点，而非晶体却存在一个软化温度范围，没有明显的熔点；二是晶体具有各向异性，即晶体中各个不同的方向上，晶体的强度、硬度及弹性模量、电导率、光折射率等力学性能和物理性能不同，而非晶体却为各向同性。

（2）空间点阵、晶格、晶胞

晶体中原子（离子或分子）规则排列的方式称为晶体结构，假定理想晶体中的原子都是固定不动的刚性球，则晶体是由这些刚性球堆垛而成，图1-1（a）为这种原子的堆垛模型。为了便于研究，常常将构成晶体的实际质点（原子或离子）抽象为纯粹的几何阵点，将这些阵点用假想的直线连接起来，构成三维的空间格架，这种描述晶体中原子（或离子）规则排列的空间格架称为空间点阵，这种假想的格架也称为晶格，如图1-1（b）所示。能够反映晶格特征的最小组成单元称为晶胞，如图1-1（c）所示。晶胞在三维空间的重复排列构成晶格。晶胞的基本特征即反映该晶体结构（晶格）的特点。

空间点阵

（a）晶体　　　　　（b）晶格　　　　　（c）晶胞

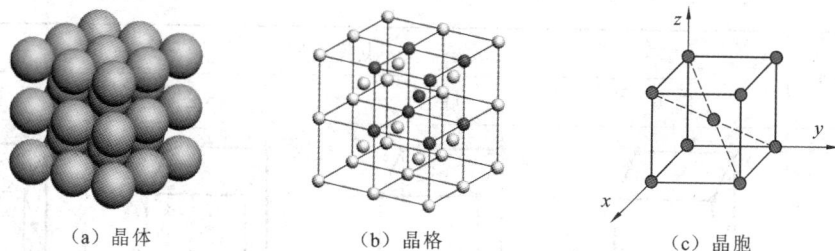

图 1-1　晶体中的原子堆垛刚性球模型示意图

（3）晶格参数及晶格常数

晶格的几何特征可以用晶胞的三条棱边长 a、b、c 和三条棱边之间的夹角 α、β、γ 六个参数来描述，称为晶格参数（如图 1-2 所示）。其中 a、b、c 为晶格常数。金属的晶格常数一般为 $1 \times 10^{-10} \sim 7 \times 10^{-10}$ m。不同的金属因其晶体晶格形式及晶格常数的不同，表现出不同的物理、化学和力学性能。金属的晶体结构可用 X 射线结构分析技术进行分析测定。

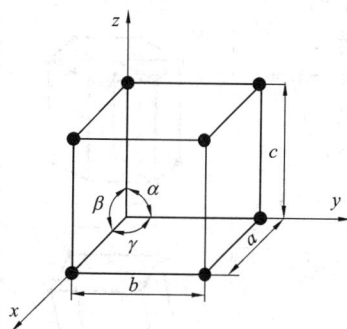

图 1-2　晶格参数

1.1.2　三种常见的金属晶体结构

自然界中的晶体有成千上万种，其晶体结构各不相同，但若根据晶胞的三个晶格常数和三个轴间夹角的相互关系对所有的晶体进行分析，则发现其空间点阵只有 14 种类型，称为布拉菲点阵。若进一步根据空间点阵的基本特点进行归纳整理，又可将 14 种空间点阵归属于 7 个晶系，如表 1-1 所示。

表 1-1　7 个晶系和 14 种点阵

晶系和实例	点阵类型			
	简单	底心	体心	面心
三斜晶系 $a \neq b \neq c$ $\alpha \neq \beta \neq \gamma \neq 90°$ K_2CrO_7				
单斜晶系 $a \neq b \neq c$ $\alpha = \gamma = 90° \neq \beta$ $\beta-S$				

5

晶系和实例	点阵类型			
	简单	底心	体心	面心
正交晶系 $a \neq b \neq c$ $\alpha = \beta = \gamma = 90°$ $\alpha - S$, Fe_3C				
六方晶系 $a_1 = a_2 = a_3 \neq c$ $\alpha = \beta = 90°$, $\gamma = 120°$ Zn, Cd, Mg				
菱方晶系 $a = b = c$ $\alpha = \beta = \gamma \neq 90°$ As, Sb, Bi				
四方晶系 $a = b \neq c$ $\alpha = \beta = \gamma = 90°$ $\beta - Sn$, TiO_2				
立方晶系 $a = b = c$ $\alpha = \beta = \gamma = 90°$ Fe, Cr, Ca, Ag				

由于金属原子趋向于紧密排列，所以在工业上使用的金属元素中，除了少数具有复杂的晶体结构外，绝大多数都具有比较简单的晶体结构，其中最典型、最常见的金属晶体结构有三种类型，即体心立方晶格、面心立方晶格和密排六方晶格。前两种属于立方晶系，后一种属于六方晶系。

（1）体心立方晶格

体心立方晶格的晶胞刚性球模型如图 1－3（a）、质点模型如图 1－4（a）所示。晶胞的三个棱边长度相等，三个轴间夹角均为90°，构成立方体，所以只用

金属晶体结构

6

一个晶格常数 a 表示即可。除了在晶胞的 8 个角上各有 1 个原子外，在立方体的中心还有 1 个原子。具有体心立方结构的金属有 Ti、V、Cr、Mo、W 及 α - Fe 等 30 多种。

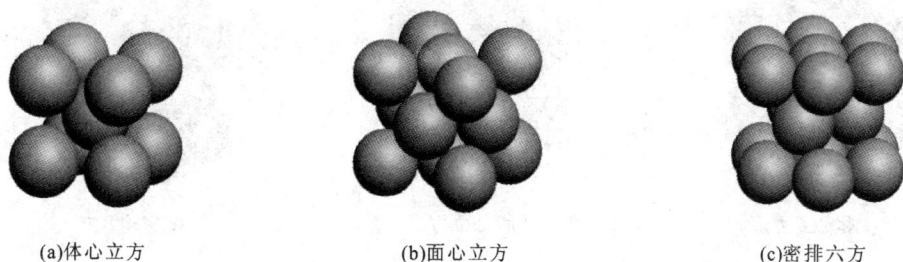

(a)体心立方　　　　　　　(b)面心立方　　　　　　　(c)密排六方

图 1 - 3　三种常见的金属晶体结构(刚性球模型)示意图

(2)面心立方晶格

面心立方晶格的晶胞刚性球模型如图 1 - 3(b)、质点模型如图 1 - 4(b)所示。晶胞的三个棱边长度相等，三个轴间夹角均为 90°，构成立方体，所以也只用一个晶格常数 a 表示即可。除在晶胞的 8 个角上各有 1 个原子外，在立方体 6 个面的中心各有 1 个原子。具有面心立方结构的金属有 Al、Mn、Ni、Cu、Ag、Pt、Au、Pb 及 γ - Fe 等 20 多种。

(3)密排六方晶格

密排六方晶格的晶胞刚性球模型如图 1 - 3(c)、质点模型如图 1 - 4(c)所示。在晶胞的 12 个角上各有 1 个原子，构成六方柱体，所以需用两个晶格常数表示，一个是正六边形的边长 a，另一个是柱体的高波 c，c 与 a 之比 c/a 称为轴比。六方柱体上底面和下底面的中心各有 1 个原子，晶胞内还有 3 个原子，此时的轴比 c/a 为 1.633。具有密排六方晶格的金属有 Zn、Mg、Be、Cd、α - Ti 及 α - Co 等。

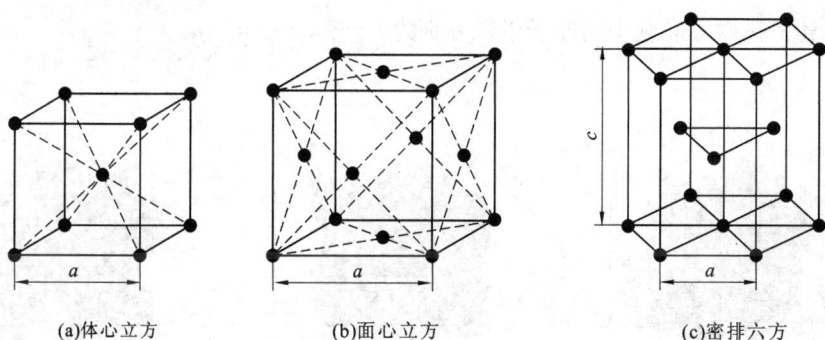

(a)体心立方　　　　　　　(b)面心立方　　　　　　　(c)密排六方

图 1 - 4　三种常见金属晶体结构(质点模型)示意图

1.1.3　常见金属晶体结构的特征

(1)晶胞中的原子数

晶体是由大量晶胞堆砌而成，处于晶胞顶角或晶面上的原子不会为一个晶胞所有，只有晶胞中心的原子才完全为这个晶胞所有，由图 1 - 5 可以清楚地看出这一点。用 n 表示晶胞占有的原子数，则三种常见晶体晶胞的原子数 n 分别为：

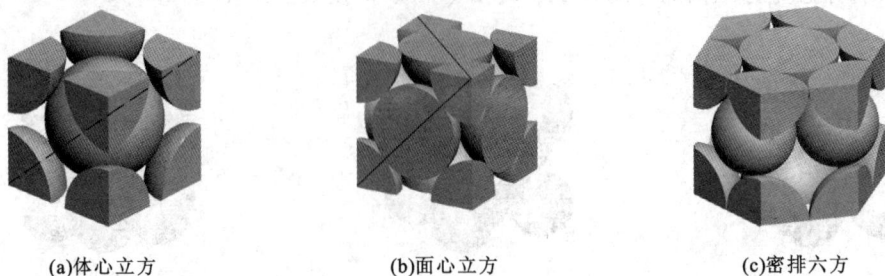

(a)体心立方　　　　　　　(b)面心立方　　　　　　　(c)密排六方

图 1 – 5　三种常见晶体结构晶胞原子数计算示意图

体心立方：$n = 8 \times \dfrac{1}{8} + 1 = 2$

面心立方：$n = 8 \times \dfrac{1}{8} + 6 \times \dfrac{1}{2} = 4$

密排六方：$n = 12 \times \dfrac{1}{6} + 2 \times \dfrac{1}{2} + 3 = 6$

（2）原子半径

在研究晶体结构时，假设相同的原子是等径的刚性球，最密排方向上原子彼此相切，两球心距离的一半便是原子半径。在体心立方晶胞中，原子沿立方体对角线紧密接触，如图 1 – 6(a)所示。设晶胞的晶格常数为 a，则立方体对角线的长度为 $\sqrt{3}a$，等于 4 个原子半径，所以体心立方晶胞中的原子半径 $r = \dfrac{\sqrt{3}}{4}a$。同样，根据图 1 –6(b) 和图 1 –6(c) 可以分别算出面心立方晶胞和密排六方晶胞中的原子半径分别为 $r = \dfrac{\sqrt{2}}{4}a$ 和 $r = \dfrac{1}{2}a$。

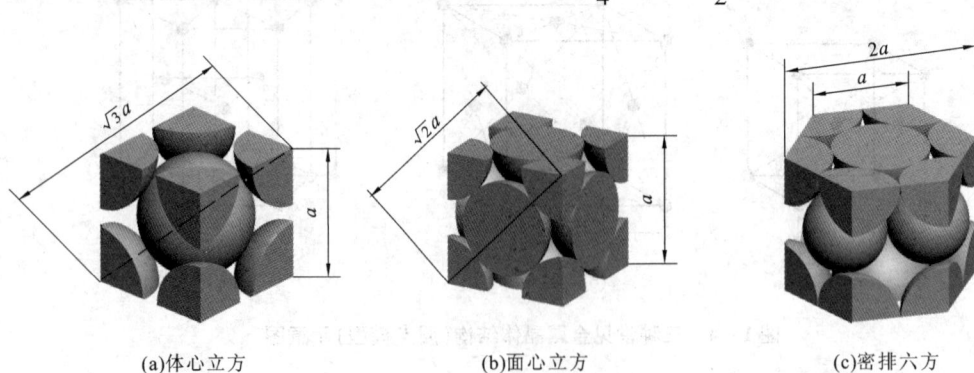

(a)体心立方　　　　　　　(b)面心立方　　　　　　　(c)密排六方

图 1 – 6　三种常见晶体结构晶胞原子半径计算示意图

（3）配位数和致密度

金属晶体结构的特点之一是原子趋于最紧密的排列，所以晶格中原子排列的紧密程度是反映晶体结构特征的一个重要因素，通常用配位数和致密度这两个参数来表征。

8

1）配位数

配位数是晶体结构中与任一原子周围最近邻且等距离的原子数。配位数表示原子排列的紧密程度，配位数越大，晶体中原子排列就越紧密。

在体心立方晶格中，以立方体中心的原子来看[如图1-7(a)所示]，与其最近邻且等距离的原子是周围顶角上的 8 个原子，所以体心立方晶格的配位数为 8。在面心立方晶格中，以面中心的原子来看[如图1-7(b)所示]，与其最近邻且等距离的原子是周围顶角上的 4 个原子，这 5 个原子构成一个平面，这样的平面共有 3 个，且这 3 个平面彼此互相垂直，结构形式相同，所以与该原子最近邻且等距离的原子共有 3×4＝12 个，因此面心立方晶格的配位数为 12。在密排六方晶格中，原子十分紧密地堆垛排列，以晶格上底面中心的原子为例，它不仅与周围 6 个角上的原子紧密接触，而且与其下面的 3 个位于晶胞之内的原子及其上面相邻晶胞内的 3 个原子紧密接触[如图1-7(c)所示]，故配位数为 12。

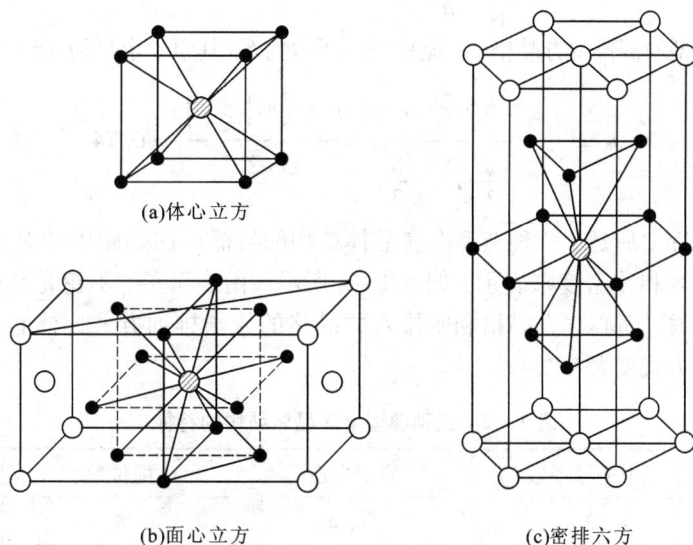

(a)体心立方

(b)面心立方　　(c)密排六方

图 1-7　三种常见晶体结构晶格配位数示意图

2）致密度

在球体集合模型中，若把原子看作刚性球，那么原子与原子结合时必然存在空隙。晶体中原子排列的紧密程度可用该晶体晶胞中所含原子的体积与晶胞体积的比值来表示，称之为晶体的致密度。晶体的致密度越大，晶体原子排列密度越高，原子结合越紧密。晶体的致密度可用下式表示：

$$K = \frac{nU}{V}$$

式中：K——晶体的致密度；

　　　n——一个晶胞中包含的原子数；

　　　U——晶胞中一个原子的体积；

　　　V——晶胞的体积。

体心立方晶格的晶胞中包含有 2 个原子，晶胞的棱边长度（晶格常数）为 a，原子半径为 $r = \dfrac{\sqrt{3}}{4}a$，其致密度为：

$$K = \frac{nU}{V} = \frac{2 \times \frac{4}{3}\pi r^3}{a^3} = \frac{2 \times \frac{4}{3}\pi \left(\frac{\sqrt{3}}{4}a\right)^3}{a^3} \approx 0.68 \qquad (1-2)$$

此式表明，在体心立方晶格中，有 68% 的体积为原子所占有，其余的 32% 为间隙体积。

面心立方晶格的晶胞中包含有 4 个原子，晶胞的晶格常数为 a，原子半径为 $r = \dfrac{\sqrt{2}}{4}a$，其致密度为：

$$K = \frac{nU}{V} = \frac{4 \times \frac{4}{3}\pi r^3}{a^3} = \frac{4 \times \frac{4}{3}\pi \left(\frac{\sqrt{2}}{4}a\right)^3}{a^3} \approx 0.74 \qquad (1-3)$$

同理，对于典型的密排六方晶格，晶胞中的原子数为 6，其原子半径为 $r = a/2$，则致密度为：

$$K = \frac{nU}{V} = \frac{6 \times \frac{4}{3}\pi r^3}{\frac{3\sqrt{3}}{2}a^2 \sqrt{\frac{8}{3}}a} = \frac{6 \times \frac{4}{3}\pi \left(\frac{1}{2}a\right)^3}{3\sqrt{2}a^3} \approx 0.74 \qquad (1-4)$$

综上所述，三种典型金属晶体结构的特征可用晶胞中的原子数、原子半径、配位数和致密度来表示，如表 1-2 所示。由表可见，不论是从配位数还是致密度来看，面心立方晶格和密排六方晶格的原子排列方式比体心立方晶格的原子排列方式要紧密。

晶体结构特征

表 1-2　三种典型金属晶体结构的特征

晶格类型	晶胞中的原子数/个	原子半径	配位数	致密度
体心立方	2	$\sqrt{3}a/4$	8	0.68
面心立方	4	$\sqrt{2}a/4$	12	0.74
密排六方	6	$a/2$	12	0.74

1.1.4　晶面、晶向及晶体的各向异性

在晶体中，由一系列原子组成、通过原子中心的平面称为晶面。任意两个原子之间连线所指的方向称为晶向。在研究晶体的变形、相变的性能等问题时，常常涉及不同的晶面和晶向。不同晶面和晶向上的原子排列密度是不同的，为了便于研究和表述不同晶面和晶向上原子排列情况及其在空间的位向，采用晶面指数和晶向指数来表示。这种用以表述晶面的数字符号称为晶面指数，记为 (hkl)；而用以表述晶向的数字符号称为晶向指数，记为 $[uvw]$。

（1）晶面和晶向的表示方法

晶面指数确定

1）立方晶系的晶面表示方法

10

晶面指数的确定步骤如下[分别以如图1-8(a)、图1-8(b)所示的晶面为例]。

①设定一空间坐标系,原点位于待定晶面之外,以免出现零截距。

②以晶格常数a为度量单位,求出待定晶面在各坐标轴上的截距为:1 1 ∞ 、1 1 $\frac{1}{2}$。

③取截距的倒数:1 1 0、1 1 2。

④将截距的倒数化为最小整数,放在圆括号内:如图1-8(a)、图1-8(b)所示晶面的晶面指数分别为(110)和(112);如果所求晶面在坐标轴上的截距为负值,则在该指数上加一负号。

按照上述步骤,同样可得出如图1-8(c)、图1-8(d)所示晶面的晶面指数分别为(100)和(111)。值得注意的是某一晶面指数并不只是代表某一具体晶面,而是代表一组相互平行的晶面,即所有相互平行的晶面都具有相同的晶面指数;当两个晶面指数的数字和顺序完全相同而符号相反时,则这两个晶面相互平行,它相当于用−1乘以某一晶面指数中的各数字,例如:($\overline{1}$00)晶面平行于(100)晶面,(111)晶面与($\overline{1}\,\overline{1}\,\overline{1}$)晶面平行。

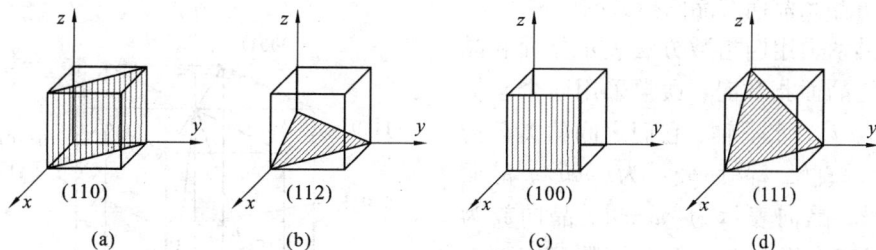

图1-8　立方晶系中一些常见的晶面

在同一种晶体结构中,有些晶面虽然在空间的位向不同,但其原子排列情况完全相同,这些晶面均属于一个晶面族,其晶面指数用大括号{hkl}表示,例如在立方晶系中,{100}晶面族包含有(100)、(010)和(001)晶面;{110}晶面族包含有(110)、(101)、(011)、($\overline{1}$10)、($\overline{1}$0$\overline{1}$)和(0$\overline{1}$1)晶面;{111}晶面族包含有(111)、($\overline{1}$11)、(1$\overline{1}$1)和(11$\overline{1}$)晶面。

晶面指数确定

2)立方晶系的晶向表示方法

晶向指数的确定步骤如下(分别以图1-9中直线OC、OH所示的晶向为例):

①设定一空间坐标系,原点在待定晶向的某一结点上。

②写出该晶向上另一结点的空间坐标值:即为001、1 $\frac{1}{2}$0。

③将坐标值按比例化为最小整数:001、210。

④将化好的整数记在方括号中,即得到图1-9中直线OC、OH所示晶向的晶向指数为[001]和[210]。若晶向指向坐标的负方向

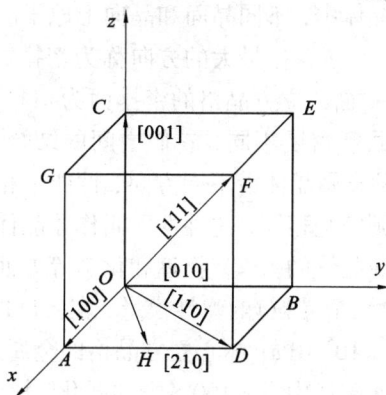

图1-9　立方晶系中一些常见的晶向

时，则坐标值中出现负值，这时在晶向指数的这一数字上冠以负号。

图 1-9 还给出了立方晶系中的一些常见晶向。应当指出，晶向指数所表示的不仅是一条直线的方向，而是一组平行线的相位，即所有相互平行的晶向都具有相同的晶向指数。同一直线有相反的两个方向，其晶向指数的数字和顺序完全相同，只是符号相反，如[010]和[0$\bar{1}$0]。

原子排列情况相同但空间位向不同的所有晶向称为晶向族，用 $<uvw>$ 表示。例如在立方晶系中，[100]、[010]、[001]以及方向与之相反的[$\bar{1}$00]、[0$\bar{1}$0]、[00$\bar{1}$]共 6 个晶向上的原子排列完全相同，只是空间位向不同，属于同一晶向族，用 $<100>$ 表示。同样 $<110>$ 晶向族包括[110]、[101]、[011]、[$\bar{1}$00]、[$\bar{1}$0$\bar{1}$]、[0$\bar{1}$1]以及方向与之相反的晶向[$\bar{1}$$\bar{1}$0]、[$\bar{1}0\bar{1}$]、[0$\bar{1}$$\bar{1}$]、[$\bar{1}$10]、[10$\bar{1}$]、[01$\bar{1}$]12 个晶向；$<111>$ 晶向晶族包括[111]、[$\bar{1}$11]、[1$\bar{1}$1]、[$\bar{1}$$\bar{1}$1]、[$\bar{1}$$\bar{1}$$\bar{1}$]、[11$\bar{1}$]、[$\bar{1}1\bar{1}$]、[1$\bar{1}$$\bar{1}$]8 个晶向。

在立方晶系中具有相同指数的晶面与晶向必定互相垂直，如[010]$\perp$(010)，但是此关系不适用于其他晶系。

3）六方晶系晶面及晶向指数的标定

六方晶系采用四指数方法表示晶面和晶向。在确定晶面指数时，通常采用四个坐标轴，a_1、a_2、a_3 为水平轴，它们之间的夹角为120°，c 为垂直轴。晶面表示为($hkil$)，晶面族为$\{hkil\}$，晶向表示为[$uvtw$]，晶向族为 $<uvtw>$。四个指数中前三个指数只有两个是独立的，它们有如下关系：$i = -(h+k)$；$t = (u+v)$。h、k、l 和 u、v、w 等指数的求法与前述立方晶系中的三指数的求法相同，并且前面三个指数可改变次序与符号，第四个指数的符号可变但位置不变。图 1-10 表示了六方晶系中一些主要晶面和晶向。

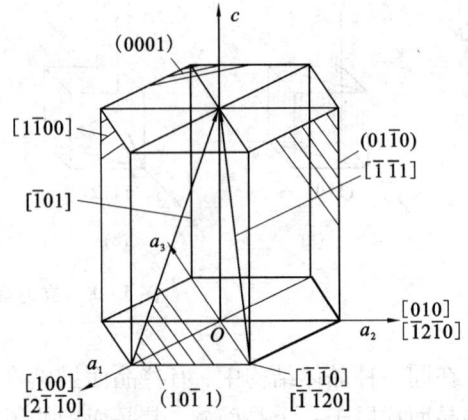

图 1-10 六方晶系的晶面与晶向

（2）晶体的各向异性

在晶体中，不同晶面和晶向上原子的排列方式和排列密度不同，原子密度最大的面称为密排面，原子密度最大的方向称为密排方向。体心立方晶格的密排面为$\{110\}$，密排方向为 $<111>$；面心立方晶格的密排面为$\{111\}$，密排方向为 $<110>$。晶体中晶面和晶向的原子排列方式和密度不同，它们之间的结合力也就不同，因而金属晶体不同方向上的性能也不同，这种金属晶体沿不同方向、性能不相同的现象叫做晶体的各向异性。非晶体在各个方向上性能则完全相同，这种性质叫作非晶体的各向同性。

金属晶体的力学、物理和化学等方面的性能在不同的方向上是不一样的。例如：单晶体铁（只含一个晶粒）的弹性模量，在 $<111>$ 方向上为 2.90×10^5 MPa，而在 $<100>$ 方向上只有 1.35×10^5 MPa；体心立方晶格的金属最易拉断或劈裂的晶面（称解理面）就是$\{100\}$面；单晶体铁在磁场中沿 $<100>$ 方向磁化，比沿 $<111>$ 方向磁化容易。所以制造变压器用硅钢片的 $<100>$ 方向应平行于导磁方向，以降低变压器的铁损。锌在盐酸中溶解时，晶面溶解速度的次序从大到小是：$\{11\bar{2}0\}$、$\{10\bar{1}0\}$、$\{0001\}$。

金属的各向异性一般表现在纯金属的单晶体中，而对于实际使用的金属，由于其内部是由许许多多个晶粒组成，每个晶粒在空间分布的位向不同，这些多晶体在宏观上表现为沿各个方向上的性能趋于相同，晶体的各向异性就显现不出来了。

1.1.5　实际金属的晶体结构

前面所讨论的金属晶体结构是理想的结构，由于许多因素的作用，实际中金属的结构存在着不同类型的缺陷，每类缺陷都对晶体的性能产生重大影响。按照几何特征，晶体缺陷主要分为点缺陷、线缺陷和面缺陷三种类型。

（1）点缺陷

点缺陷是指在三维尺度上都是很小的、不超过几个原子直径的缺陷。如晶格空位、间隙原子和异类原子等，如图 1-11 所示。点缺陷造成局部晶格畸变，使金属的电阻率、屈服强度增加，密度发生变化。

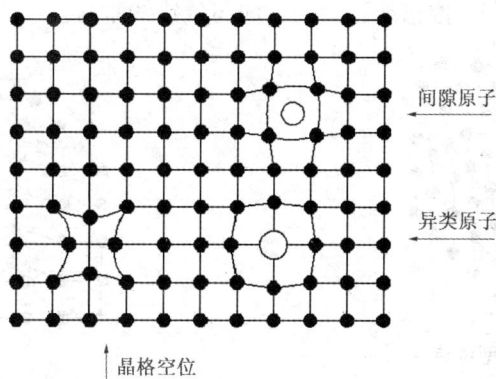

点缺陷

图 1-11　晶格空位及间隙原子示意图

①晶格空位：在晶体晶格中，若某个结点上没有原子，则这个结点称为晶格空位。金属晶体中的原子总是以其平衡位置为中心不断地进行热振动，当某些原子的动能大大超过给定温度下的平均动能，原子可能脱离原来的结点，跑到晶体的表面或晶体之外(包括晶界面、孔洞、裂纹等内表面)，使晶体内形成无原子的结点及空位。金属在加工过程中(如塑性变形、高能粒子辐射、热处理等)也能促进空位的形成。空位附近的原子会偏离正常结点位置，造成晶格畸变。但空位的存在有利于金属内部原子的迁移(即扩散)。

②间隙原子：位于晶格间隙之中的原子叫做间隙原子，间隙原子会造成其附近晶格的很大畸变。形成间隙原子是非常困难的，在纯金属中，主要的缺陷是空位而不是间隙原子。

③异类原子：金属中往往存在其他元素(即杂质)，这些原子称为异类原子(或杂质原子)。当异类原子与金属原子的半径接近时，则异类原子可能占据晶格的一些结点位置；当异类原子的半径比原金属原子的半径小得多时，则异类原子位于晶格的空隙中，它们都会导致附近的晶格畸变。

（2）线缺陷

晶体中的线缺陷主要是位错。线缺陷的特征是二维方向上的尺寸很小，而在另一个方向上的尺寸很大。位错是在晶体中某处有一列或若干列原子发生有规律的错排现象。位错最基

本的类型有两种，即刃型位错和螺型位错。

①刃型位错：在金属晶体中，由于某种原因，晶体的一部分相对于另一部分错开，出现一个多余的半原子面，犹如切入晶体的刀片，刀刃线即为位错线，这种位错称为刃型位错(如图 1 - 12 所示)。半原子面在上面的称为正刃型位错，半原子面在下面的称为负刃型位错。刃型位错具有以下特征：刃型位错有一额外半原子面；刃型位错的位错线可以理解为晶体中已滑移区与未滑移区的边界线；晶体存在刃型位错时，位错周围的点阵发生晶格畸变，既有正应变，又有切应变。对于正刃型位错，滑移面之上的点阵受到压应力，滑移面之下的点阵受到拉应力；负刃型位错与此相反；位错线与晶体滑移的方向垂直。

②螺型位错：晶体中的另一种线缺陷如图 1 - 13 所示，晶体的上下部分发生错动，若将错动区的原子用线连接起来，则具有螺旋形特征，这种线缺陷称为螺型位错。螺型位错无额外半原子面；螺型位错线是一个具有一定宽度的细长的晶格畸变管道，只有切应变，无正应变；位错线与滑移方向平行，位错线运动的方向与位错线垂直。

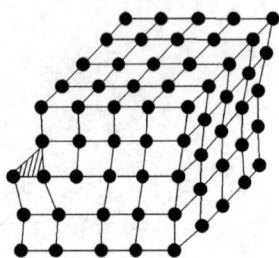

图 1 - 12　刃型位错

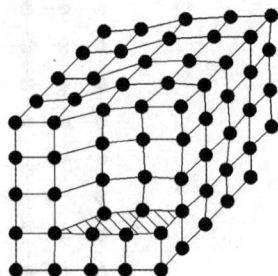

图 1 - 13 螺型位错

(3)面缺陷

晶体中的面缺陷是指二维尺度很大而第三维尺度很小的缺陷，包括晶体的表面、晶界、亚晶界、相界等，对材料的塑性变形与断裂、固态相变以及物理、化学及力学性能有显著的影响。金属晶体中的面缺陷主要有晶界和亚晶界两种。

①晶界：实际金属均为多晶体，是由大量外形不规则的小晶体即晶粒组成的。每个晶粒基本上可视为单晶体，一般尺寸为 $10^{-5} \sim 10^{-4}$ m。纯金属中，所有晶粒的结构完全相同，但彼此之间的位向不同，具有一定的位向差。

晶粒与晶粒之间的接触面叫做晶界，如图 1 - 14(a)所示。随相邻晶粒位向差的不同，其晶界宽度为 5 ~ 10 个原子间距。晶界在空中呈网状，原子排列的总体特点是，兼顾相邻两晶粒的特点，使晶格由一个晶粒的位向，通过晶界的协调，逐步过渡为相邻晶粒的位向。晶界上原子的排列虽不是非晶体式混乱排列，但规则性较差。

②亚晶界：晶粒也不是完全理想的晶体，而是由许多位向相差很小的所谓亚晶粒组成，如图 1 - 14(b)所示。晶粒内的亚晶粒又叫晶块(或嵌镶块)。尺寸比晶粒小 2 ~ 3 个数量级，常为 $10^{-8} \sim 10^{-6}$ m。亚晶粒的结构如果不考虑点缺陷，可以认为是理想的。亚晶粒之间的位向差只有几秒、几分，最多达 $1° \sim 2°$。亚晶粒之间的边界叫亚晶界。亚晶界是位错规则排列的结构。

在晶界、亚晶界或金属内部的其他界面上，原子的排列偏离平衡位置，晶格畸变较大，

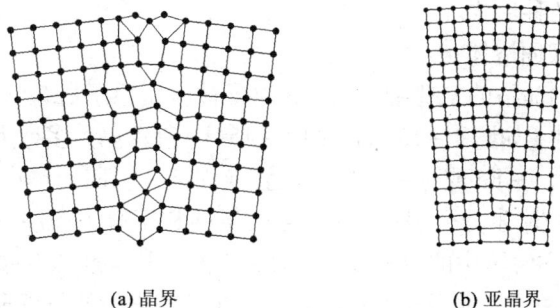

(a) 晶界　　　　　　　　(b) 亚晶界

图 1-14　晶界及亚晶界示意图

位错密度较大，原子处于较高的能量状态，原子的活性较大，所以对金属中许多过程的进行，具有极其重要的作用。

晶界和亚晶界均可提高金属的强度。晶界越多，晶粒越细，金属的塑性变形能力越大，塑性越好。

1.2　合金的晶体结构

1.2.1　合金的基本概念

一种金属元素同另一种或几种金属（或非金属）元素，通过熔化或其他方法结合在一起所形成的具有金属特性的物质叫合金。组成合金最基本的独立物质称为组元。由两个组元组成的合金称为二元合金，如黄铜是 Cu 和 Zn 的二元合金，其组元是 Cu 和 Zn。组元可以是金属元素、非金属元素，也可以是稳定的化合物，如铁碳二元合金的组元是 Fe 和 Fe_3C。合金的强度、硬度、耐磨性等力学性能比纯金属高得多，某些合金还具有特殊的电、磁、耐热、耐蚀等物理、化学性能，故在实际机械工程中，广泛采用合金，尤其是铁碳合金。

由若干给定组元可以配制出一系列成分不同的合金，这一系列合金就构成了一个合金系统，称为合金系。按照组成合金组元数的不同，合金系可分成二元合金系、三元合金系等，如黄铜的合金系为 Cu-Zn、铸铁的合金系为 Fe-C-Si。在金属或合金中，凡化学成分、晶体结构相同并与其他部分有界面分开的均匀组成部分称为相。液体物质为液相，固体物质为固相。纯铁在常温下是由单相的 α-Fe 组成，而铁碳合金是由铁素体（F）和渗碳体（Fe_3C）两相组成。

合金组织中那些具有确定本质、一定形成机制和特殊形态的组成部分称为组织组成物。如铁碳合金中碳含量为 0.77% 时，其平衡组织为珠光体，而珠光体是由固溶体铁素体和金属化合物 Fe_3C 两相组成。讨论合金的晶体结构，也就是讨论合金的相结构，固态合金常见的两类基本相为固溶体和金属化合物。

1.2.2　固态合金的相结构

（1）固溶体

合金组元通过溶解形成一种成分和性能均匀、且结构与组元之一相同的固相称为固溶体。与固溶体结构相同的组元称为溶剂，另一组元为溶质。固溶体主要包括置换固溶体和间

隙固溶体两种形式。

1)置换固溶体

在溶剂晶格的某些结点上，其原子被溶质原子所替代而形成的固溶体称为置换固溶体，如图1-15(a)、图1-15(b)所示。大多数元素如Si、Mn、Cr、Ni等均可溶入α-Fe或γ-Fe中形成置换固溶体。固溶体中溶质的含量即为固溶体的浓度，用质量分数或摩尔分数表示，在一定的温度和压力等条件下，溶质在固溶体中的极限浓度为溶质原子在固溶体中的溶解度，它取决于溶质与溶剂二者原子直径的差别和周期表中所处位置的距离。两元素的原子直径差愈小，在周期表中的位置愈靠近，其相互间的溶解度就愈大。若溶质与溶剂能以任何比例相互溶解，则形成无限固溶体，如Cr、Ni便能和Fe形成无限固溶体。若溶质超过某个溶解度有其他相形成，即两个元素之间的相互溶解度有一定的限度，则形成有限固溶体，如Si溶于Fe则会形成此种固溶体。

2)间隙固溶体

溶质原子进入溶剂晶格的间隙之中形成的固溶体称为间隙固溶体，如图1-15(c)所示。这种固溶体能否形成主要由溶质原子与溶剂原子的尺寸来决定。除了溶剂晶格中必须有足够大的间隙、溶质原子直径应足够小之外，是否能形成间隙固溶体还与元素本身的性质有密切关系。一般说来，当过渡族元素为溶剂时，与尺寸较小的元素(C、H、N、B等)易形成间隙固溶体。

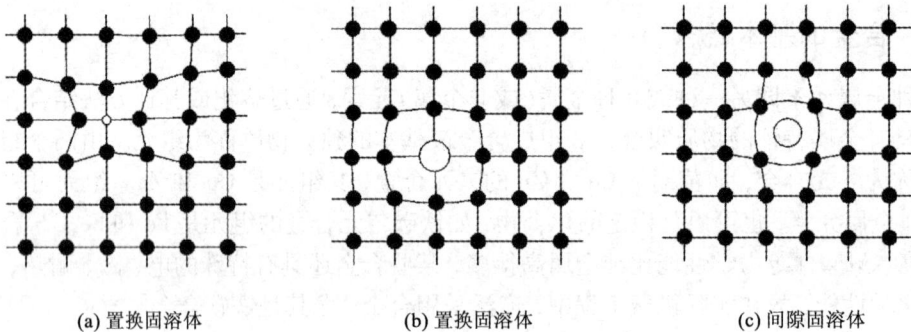

(a) 置换固溶体   (b) 置换固溶体   (c) 间隙固溶体

图1-15　固溶体结构平面示意图

在间隙固溶体的溶剂晶格中，溶质原子溶入愈多，晶格扭曲愈严重，所以对溶剂晶格的间隙被填满到一定程度后，就不能再继续溶解。因此，凡是间隙固溶体必然是有限固溶体。但若温度升高，晶格间隙随之增大，溶质在溶剂中的溶解度也会随之增加；反之则降低。所以在高温时已达饱和的有限固溶体，在其冷却时，由于溶解度的降低，常会从固溶体中析出其他的相。

3)固溶强化

工程上常用的金属材料中，固溶体占有非常重要的地位，它们可以是合金中唯一的相，也可以是合金中的基本相。无论是置换固溶体还是间隙固溶体，由于溶质原子的溶入，造成了不同程度的晶格畸变，阻碍了晶体的滑移，从而使合金固溶体的强度和硬度得到提高，这种通过形成固溶体使金属的强度和硬度提高的现象称为固溶强化。固溶强化是金属强化的一种重要形式。

（2）金属化合物

在合金中，除了固溶体外还可能形成金属化合物。合金组元之间相互作用形成的、晶格类型和特性均不同于任一组元的新相称为金属化合物。一般可用分子式来大致表示其组成。例如，钢中的渗碳体（Fe_3C）、铝合金中的 Al_2Cu 等都是金属化合物。金属化合物一般熔点较高，硬度高，脆性大。合金中含有金属化合物时，强度、硬度、耐磨性及耐热性提高，而塑性和韧性降低。金属化合物是许多金属材料中的重要组成相。金属化合物的种类较多，根据其结构特点，常分为以下三类。

①正常价化合物：由元素周期表上相距较远而化学性质相差较大的两元素形成的、严格遵守化合价规律的化合物即为正常价化合物，其成分可用确定的化学式来表示，如 MnS、Mg_2Si、Cu_2Se、ZnS、AlP 等。正常价化合物一般具有较高的硬度和较大的脆性。在工业合金中只有少数的合金系才能形成这类化合物。

②电子化合物：不遵守一般的化合价规律，但符合一定电子浓度（化合物的价电子数与原子数之比值）规律的化合物即为电子化合物。这类化合物的形成规律与电子浓度密切相关，电子浓度不同，所形成的化合物的晶格类型也不同。它虽然可用化学式表示，但其成分可以在一定的范围内变化，它能溶解一定量的组元形成以化合物为基的固溶体。电子化合物主要以金属键结合，具有明显的金属特性，可以导电。它们也具有较高的硬度与脆性，在许多有色金属中为重要的强化相。

③间隙相和间隙化合物：间隙相和间隙化合物是由过渡族金属元素（Fe、Cu、Mn、Mo、W、V 等）和原子直径很小的非金属元素（C、N、H、B）所组成。最常见的是金属的碳化物、氮化物、硼化物等。

凡原子半径比值 r_X/r_M（M 代表金属，X 代表非金属）小于 0.59 者均能形成简单形式的晶格，如 VC、TiN、TiC、NbC、Fe_4N 等，称其为间隙相，其共同特点是具有极高的熔点和硬度，而且十分稳定。在钢中形成适量的间隙相可有效地提高钢的强度、热强性、热硬性和耐磨性，是高合金钢和硬质合金中重要的组成相。

当 r_X/r_M 大于 0.59 时，形成具有复杂晶格结构的间隙化合物，钢中的 Fe_3C、$Cr_{23}C_6$、Cr_7C_3、FeB、Fe_2B 等都是这类化合物。Fe_3C 是铁碳合金中的重要组成相。形成复杂晶格的间隙化合物也具有很高的熔点和硬度，但比间隙相稍低，稳定性也较差。二者都能溶解其他组元而形成固溶体。

间隙化合物存在于钢中，对钢的强度及耐磨性起着重要的作用。如碳钢中的 Fe_3C 可以提高钢的强度和硬度，工具钢中的 VC 可提高钢的耐磨性，高速钢中的间隙化合物可使其在高温下保持高硬度，WC 和 TiC 则是制造硬质合金的主要材料。

1.3　金属的结晶

1.3.1　金属结晶的概念

物质从液态冷却转变为固态的过程称为凝固。凝固后的物质可以是晶体，也可以是非晶体。若凝固后的物质为晶体，则这种凝固称为结晶。

经研究发现，在液态金属中存在着许许多多与固态金属中原子排列近似的微小原子集团，即在其内部的短距离小范围内，原子为近似固态结构的规则排列，存在近程有序的原子集团，而这类原子集团是不能稳定存在的，它们只是在若干个原子间距范围内呈现规则排列，且瞬间出现又瞬间消失。结晶实质上就是原子团由近程有序状态转变为远程有序状态。广义地讲，物质从一种原子排列状态（晶态或非晶态）过渡为另一种原子排列状态（晶态）的转变过程都可称为结晶。

金属结晶概念

通常在凝固条件下，金属及其合金凝固后都是晶体，故也称其为结晶。金属材料的成形，除粉末冶金材料外，一般要经过熔炼和浇注，即经过一个结晶过程。金属结晶时形成的铸态组织，不仅影响其铸态的性能，而且也影响其经冷、热加工后材料的组织与性能。因此了解金属的结晶过程是很有必要的。

结晶是一个自发过程，但必须具备一定条件，即需要驱动力。自然界的一切自发转变过程，总是由一种较高的能量状态趋向较低的能量状态，就像水总是自动流向低处，降低自己的势能一样，结晶过程的状况也是如此，如图 1 - 16 所示。

图 1 - 16　金属在液、固两种状态下自由能与温度的关系

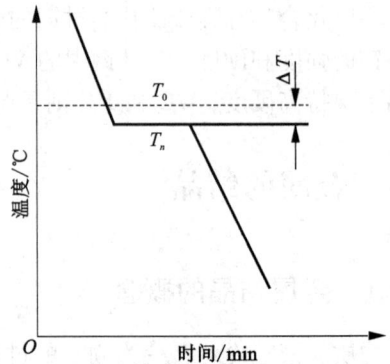

如图 1 - 16 所示为液态物质和固态物质的能量状态与温度的关系曲线，图中自由能 F 是物质能够自动向外界释放出其中多余的或者能够对外做功的这一部分能量。从图中可以看出，液态自由能变化曲线比固态自由能变化曲线陡，液固曲线相交点的对应温度为 T_0，此时液态和固态的能量状态相等，处于动态平衡，可长期共存，T_0 称为理论结晶温度或熔点。显然，在 T_0 温度以上，物质的稳定状态为液态，而在 T_0 温度以下，物质的稳定状态为固态。因此，液态物质要结晶，就必须冷却到 T_0 温度以下，即必须冷却到低于 T_0 温度的某一个温度 T_n 才能结晶。这种现象称为过冷现象。理论结晶温度 T_0 与实际结晶温度 T_n 之差称为过冷度，即 $\Delta T = T_0 - T_n$。过冷度 ΔT 越大，液态和固态之间的自由能差 ΔF 越大，促使液体结晶的驱动力就越大。只有当结晶的驱动力 ΔF 达到一定程度时，液态金属才能开始结晶。可见结晶的必要条件是液态金属具有一定的过冷度。

理论上，纯金属有确定的平衡结晶温度（即理论结晶温度）T_0，高于此温度，固态金属熔化为液态；低于此温度，液态金属结晶为固态；在平衡结晶温度，处于熔化与结晶的动态平衡状态。所以，要使液态金属能够结晶，必须将其冷却至平衡结晶温度 T_0 以下的某一实际结晶温度 T_n。

金属的实际结晶温度 T_n 可以由冷却曲线测定，利用热分析法测出的纯金属冷却曲线示意图如图 1 - 17 所示。

先将纯金属加热熔化，而后以缓慢的速度冷却，将其温度随时间变化的情况以曲线的形式记录在时间 - 温度的坐标图中，便可得到其冷却曲线。

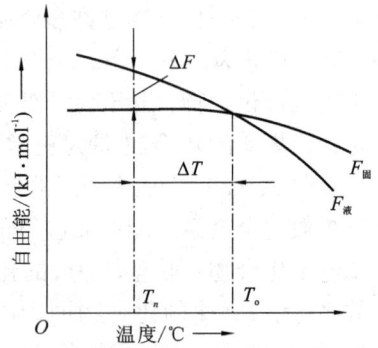

图 1 - 17　纯金属的冷却曲线示意图

18

液态金属从高温开始冷却时，由于系统环境的吸热，温度均匀下降，其状态保持不变。当温度下降到 T_n 后，纯金属开始结晶，并放出结晶潜热，抵消了金属系统环境的吸热，在冷却曲线上出现水平台阶，直到金属结晶结束，而后固态金属的温度开始继续下降，直至室温结束。

同一金属，结晶时的冷却速度越大，则过冷度越大，金属的实际结晶温度 T_n 越低；若冷却速度极其缓慢，则 ΔT 愈趋近于零，T_n 就愈接近于 T_0。

1.3.2　金属的结晶过程

当液态金属过冷到一定温度时，一些尺寸较大的原子集团开始变得稳定而成为结晶的核心，称为晶核。形成的晶核都按各自方向吸附周围的原子而自由长大，在长大的同时又有新的晶核出现和长大。当相邻晶体彼此接触时，长大被迫停止，而只能向尚未凝固的液体部分生长，直到全部结晶完毕。因此，一般情况下，金属是由许多外形不规则、位向不同、大小不一的晶粒组成的多晶体。就每一个晶体的结晶过程来说，它在时间上都可划分为先形核和后长大两个阶段；但就整个金属来说，形核和长大在整个结晶过程中是同时进行的。

金属的结晶都要经历晶核的形成和晶核的长大两个过程，如图 1–18 所示。

金属结晶过程

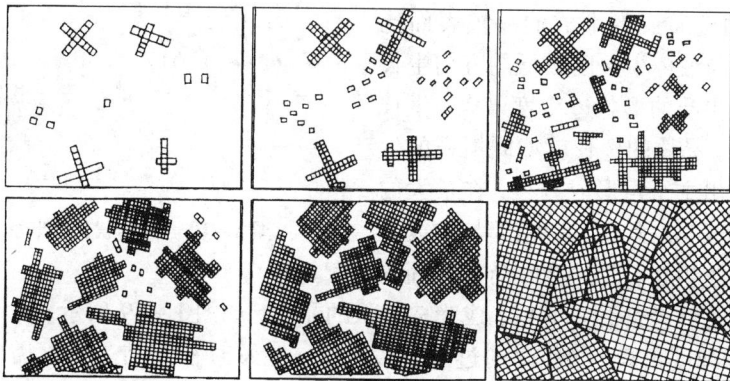

图 1–18　纯金属结晶过程示意图

（1）晶核的形成

在过冷液体中形成固态晶核，有两种形核方式：一种是均匀形核，又称为均质形核，也称为自发形核。另一种是非均匀形核，又称为异质形核，也称为非自发形核。

均质形核是纯净的过冷液态金属依靠自身原子的规则排列形成晶核的过程。形成的具体过程是液态金属过冷到某一温度时，其内部尺寸较大的近程有序原子集团达到某一临界尺寸后成为晶核。

由于过冷提供了结晶的驱动力，但晶核形成后会产生新的液固界面，使体系自由能升高，促使聚集的原子团向液态扩散而无法稳定存在，所以并不是一有过冷就能形核，而是要达到一定的过冷度后，体系升高的自由能无法使聚集的原子团向液态扩散，这部分原子团才能成为晶核。

异质形核是液态金属原子依附于模壁或液相中未熔固相质点表面优先形成晶核的过程。

由于异质形核是依附在现有固体表面(称为形核基底或衬底)形核,所以新增的液固界面积小,界面能低,结晶阻力小。另外,实际液态金属中总是或多或小地存在着未熔固体杂质,而且在浇注时液态金属总是要与模壁接触,因此实际液态金属结晶时,首先以异质形核方式形核。应该注意的是,并不是任何固体表面都能促进异质形核,只有晶核与基底之间的界面能越小时,这样的基底才能促进异质形核。

由形核的讨论可知,过冷是结晶的必要条件,但过冷后还需通过能量起伏和结构起伏,使近程有序的原子集团达到某一临界尺寸后才能形成晶核。

(2)晶核的长大

一旦晶核形成,晶核就继续长大而形成晶粒。系统总自由能随晶体体积的增加而下降是晶体长大的驱动力。晶体的长大过程可以看作是液相中的原子向晶核表面迁移、液-固相界面向液相不断推进的过程。

晶体生长有两种常见的形态。一种是平面状态生长:由于晶体中不同晶面之间的原子排列方式不同,故原子排列的紧密程度不同,导致不同位向的晶面沿其法线方向(即厚度)的生长速度不同,生长速度较慢的非原子密排面逐渐被生长速度较快的原子密排面所掩盖,晶粒的生长选择平面状态生长,最终导致晶粒具有较规则的外形。

另一种是树枝状态生长:如果液态金属中混有某些未熔的杂质或者生成的晶核表面比较粗糙,晶核在向液体中温度较低的方向生长时,晶核上那些尖凸的形状过冷度最大,生长速度最快,这样,晶体的生长就如同树枝的生长一样,先生长出主干再形成分枝,在长大的同时又有新晶核形成、长大,当相邻晶体彼此接触时,被迫停止生长,而只能向尚未凝固的液体部分伸展,直到全部结晶完毕,成为树枝状的晶体,如图1-19所示。

图1-19 树枝状晶体长大示意图

如果金属的纯度很高,结晶时的过冷度较小,又能及时补充结晶收缩需要的金属液体,则金属晶体可能会以平面状态长大。但是,实际金属结晶时,过冷度较大,而且液态金属中不可避免地存在有杂质,故实际金属晶体多以树枝状形式长大。

1.3.3 结晶后的晶粒大小及其控制

金属结晶后,获得由大量晶粒组成的多晶体,晶粒的大小可用晶粒度来表示。晶核数目越多,晶粒越细小,金属的力学性能越好。

(1)金属结晶后的晶粒大小

金属的结晶过程是晶核不断形成和不断长大的过程。因此可引入形核率 N 和晶体线长大速率 G 这两个物理参数来描述结晶过程的规律。形核率 N 是指在单位时间和单位体积内所产生的晶核数,其单位是晶核数/$(s \cdot cm^3)$。显然 N 越大,单位体积的生成晶核的数量越多,晶体的晶粒也就越细。晶体的线长大速率 G 指单位时间内晶核向周围长大的平均速率。显然 G 越大,结晶时单位体积生成晶核的数量就越少,晶粒就越粗。因此,凡是能促进形核率 N 或抑制长大速率 G 的因素,都能使晶粒细化。

图1-20为金属结晶时的过冷度 ΔT 与形核率 N 和长大速率 G 之间的关系曲线。

由图 1-20 可见，在一定过冷度 ΔT 范围内，N 和 G 随 ΔT 的增加而增加。达到某一过冷度 ΔT 时，N 和 G 达到最大值。而后随 ΔT 的增加，N 和 G 都减少。产生这种现象的原因是，在结晶过程中，晶核形成和长大的驱动力与过冷度 ΔT 成正比，而晶核形成或长大所需要的必要条件——原子的迁移或扩散能力，却与 ΔT 成反比，即随过冷度 ΔT 的增加，原子的活动能力逐渐减少，并逐渐成为影响形核和长大的主导因素。这两种因素综合作用的结果，使形核率 N 和长大速率 G 与过冷度 ΔT 的关系出现了一个极大值。

晶粒的粗细是由形核率 N 和长大速率 G 的比值 N/G 决定的。显然，该比值越大，晶粒越细；反之则越粗。在图 1-20 中曲线的实线部分，为一般工业金属结晶时所能达到的过冷度范围。在此范围内，随着过冷度 ΔT 的增加，比值 N/G 增大，晶粒变细。在图

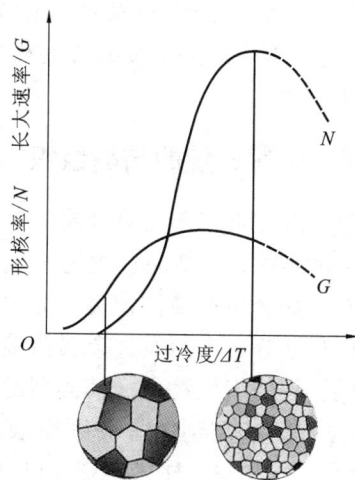

图 1-20　金属结晶时过冷度与形核率和长大速率之间的关系

1-20 中曲线的后半部分，由于工业金属的结晶一般达不到这样的过冷度，故用虚线表示。近年来的激冷技术证明，在高度过冷的情况下，金属结晶的形核率和长大速率确能再度接近于零，此时金属不再通过结晶的方式凝固，而是将成为非晶态金属，使金属的性质完全改变。

（2）细化晶粒的措施

晶粒大小对金属的力学性能有很大的影响，在常温下，金属的晶粒度越细小，强度和硬度则越高，同时塑性和韧性也越好。因此，细化晶粒是提高金属材料力学性能的重要途径之一。通常把通过细化晶粒来提高材料性能的方法称为细晶强化。

细化晶粒的方法主要有以下几种：

①增大过冷度：提高液态金属的冷却速度是增大过冷度从而细化晶粒的有效方法之一。如在铸造生产中，采用冷却能力强的金属型代替砂型、增大金属型的厚度、降低金属型的预热温度等，均可提高铸件的冷却速度，增大过冷度。此外，提高液态金属的冷却能力也是增大过冷度的有效方法。如在浇注时采用高温出炉、低温浇注的方法也能获得细小的晶粒。

近 20 年来，随着超高速（达 $10^5 \sim 10^{11}$ K/s）急冷技术的发展，已成功地研制出超细晶金属、亚稳态结构金属、非晶态金属等具有优良力学性能和特殊物理、化学性能的新材料。

②变质处理：变质处理是向液态金属加入某些变质剂（又称孕育剂、形核剂），以细化晶粒和改善组织，达到提高材料性能的目的。变质剂的作用有两种：一是促使非均匀形核，使液态金属中单位体积内的晶核数量增加，因而细化了晶粒。如在钢中加入钛、锆、钒，在铸铁中加入硅铁、硅钙合金，在铝合金中加入钛、锆等，大大增加了形核率而使晶粒细化，这种变质剂也可称为孕育剂，同样这种变质处理也可称为孕育处理。另一种变质剂，虽然不提供结晶晶核，但能强烈地阻碍晶核的生长。如在铝硅合金中加入钠盐，钠能富集在硅的表面，降低硅的长大速度，阻止粗大晶粒的形成，从而使金属的晶粒细化。

③振动和搅拌：对即将凝固的金属进行振动和搅拌，一方面依靠从外面输入能量促使晶核提前形成，另一方面是使成长中的晶枝破碎，使晶核数量增加，这已成为一种有效细化晶粒组织的重要方法。如采用机械振动、超声波振动等方法破碎正在长大的树枝晶，或将液态

金属置于一个交变的电磁场中(电磁搅拌),液态金属在电磁感应的作用下,因不断翻滚而冲断正在结晶的树枝晶;使破碎的枝晶尖端又成为新的晶核,使晶核增多,从而细化晶粒,改善金属的性能。

1.3.4 金属铸锭的结晶组织

过冷度和难熔杂质对金属的结晶过程会产生很大的影响,而结晶过程还可能受其他因素的影响。如金属的浇注温度、浇注方法和铸件的截面尺寸等。下面通过金属铸锭的剖面组织来说明铸件的组织特点。其典型的宏观组织从表层到中心分别由表层等轴细晶粒区、柱状晶粒区和中心等轴粗晶粒区三层组成,如图 1-21 所示。

图 1-21 铸锭晶粒区示意图
1—表层细晶区;2—柱状晶区;3—中心等轴晶区

铸锭结晶组织

(1)表层等轴细晶粒区

当金属刚浇入铸锭模时,模壁温度较低,表层金属遭到剧烈的冷却,造成较大的过冷度,形成大量晶核。另外铸壁也易引起非均匀形核,增加了形核率。结果在金属铸件表面形成一层厚度不大的表层等轴细晶粒区。

(2)柱状晶粒区

在表层等轴细晶粒区形成的同时,模壁温度很快升高,使铸锭中金属液体的冷却速度下降,过冷度降低。此外,细晶区形成时释放出的潜热,使细晶粒层前沿金属液体的温度升高,过冷度降低,导致形核率大大降低,已很难在细晶粒区前沿的金属液体中形核。此时在细晶粒区中已有晶粒可以继续生长,但有长大空间的晶粒只有在细晶粒层与金属液体接触处的一些小晶粒,这些晶粒沿垂直于模壁方向生长不会因相互抵触而受限制。另外,由于散热方向是垂直于模壁的,而且沿垂直于模壁方向长大的晶粒不会因为相互抵触而受限制。从而使垂直于模壁方向长大的晶粒得到优先生长,形成一支晶轴垂直于模壁的柱状晶粒,而倾斜于模壁方向长大的另一些晶粒受到阻碍,终止生长。

(3)中心等轴粗晶粒区

随柱状晶粒的发展,铸模温度升高,铸件截面的温度差越来越小,过冷度大大减小,散热方向性已不明显,趋于均匀冷却的状态;同时由于各种原因,如金属液体的流动性将一些未熔杂质推至铸锭中心,或将柱状晶粒的枝晶分枝冲断,漂移到铸锭中心,而成为剩余金属液体的晶核,这些晶核由于在不同方向上的长大速度相同,从而形成粗大的等轴晶粒区。

在三类晶粒区中,心部等轴粗晶粒区的晶粒粗大,容易产生疏松,因此性能比另外两类差。

通常柱状晶粒区和心部等轴粗晶粒区比较厚,而表面细晶区较薄,只有几个晶粒厚。但在不同凝固条件下各晶粒区所占比例不同。例如,铸模表面与铸模中心温差大而且材料比较纯时,柱状晶粒区将穿过中心,而心部等轴粗晶粒区将不存在;若内外温差小,则可扩大等轴晶粒区。

钢锭一般不希望得到柱状晶粒区,虽然柱状晶粒之间组织紧密,空隙、气孔少,但是钢

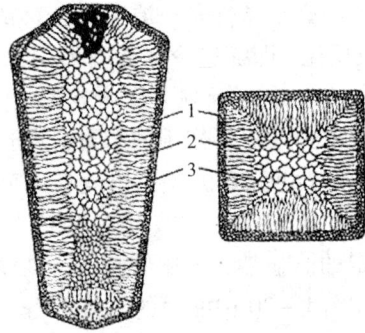

的塑性差,平行排列的柱状晶粒呈现出各向异性,在锻造或轧制时容易开裂。尤其是在柱状晶粒区的前沿及柱状晶粒之间相遇处常存在低熔点杂质,更容易引起开裂。所以在生产上常用振动浇注或变质处理等方法来减少钢锭中的柱状晶粒区。而对于塑性好、杂质少的有色金属则希望获得柱状晶粒。这是因为柱状晶粒组织较致密,力学性能良好,再加上这些金属塑性好,在压力加工时不会产生开裂现象。

　　某些零件,如喷气发动机叶片、燃气轮机叶片等在高温时承受很高的离心力,需要很高的蠕变强度和耐热疲劳强度。由于柱状晶粒在长度方向的力学性能和某些物理化学性能较好,因此这些零件可用同一方向的柱状晶粒所构成的材料制作,而这种材料可用"定向凝固"的方法获得。所谓定向凝固,就是使铸件从一端开始凝固,然后逐步向另一端发展。通常采用控制凝固过程的温度调节装置来实现。

　　另外,在金属铸锭中还存在缩孔、疏松、气孔、夹渣和偏析等缺陷,应尽量避免。

1.3.5　金属的同素异构转变

　　多数固态纯金属的晶格类型不会改变,但是有些金属(如铁、锰、锡、钛等)的晶格会因温度的改变而发生变化,固态金属在不同温度区间具有不同晶格类型的性质,称为同素异构性。材料在固态下改变晶格类型的过程称为同素异构转变,纯铁的同素异构转变如图 1-22 所示。

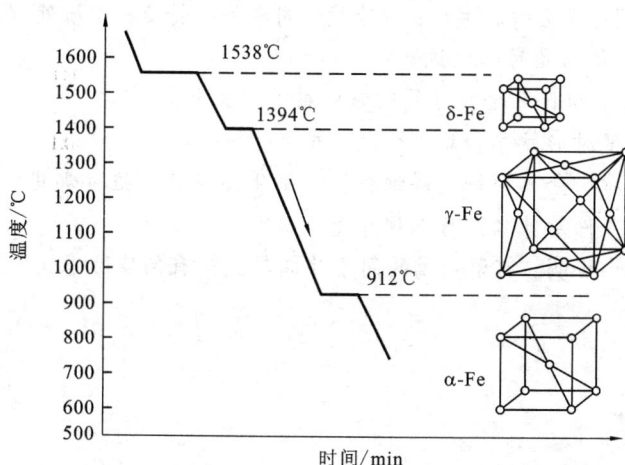

铁的同素异构转变

图 1-22　纯铁的同素异构转变

　　液态纯铁在 1538℃ 时进行结晶,得到具有体心立方晶格的 δ-Fe。继续冷却到 1394℃ 时发生同素异构转变,成为面心立方晶格的 γ-Fe。再冷却到 912℃ 时又发生一次同素异构转变,成为体心立方晶格的 α-Fe。

　　δ-Fe(体心立方晶格)$\rightarrow\gamma$-Fe(面心立方晶格)$\rightarrow\alpha$-Fe(体心立方晶格)

　　以不同晶体结构存在的同一种金属晶体称为该金属的同素异晶体。上式中的 δ-Fe、γ-Fe、α-Fe 均是纯铁的同素异晶体。

　　金属的同素异构转变过程,也就是原子重新排列的过程,与液态金属的结晶过程相似,故称为二次结晶或重结晶。在发生同素异构转变时金属也有过冷现象,也会放出潜热,并具有固定的转变温度。新同素异晶体的形成同样也包括晶核的形成和晶体的长大两个过程。同素异构转变是在固态下进行的，因此转变需要较大的过冷度。由于晶格的变化导致金属的体积发生变化，转变时会产生较大的内应力。例如 γ-Fe 转变为 α-Fe 时，铁的体积会膨胀约 1%。它可引起钢淬火时产生应力，严重时会导致工件的变形和开裂。纯铁的同素异构转变，是钢铁能够进行热处理的内因和依据，也是钢铁材料性能多种多样、用途广泛的主要原因之一。

习　题

1．解释名词：晶格、晶胞、配位数、致密度、多晶体、晶粒、晶界、位错、合金、组元、相、固溶体、金属化合物。

2．实际金属晶体中包含有哪些类型的晶体缺陷？对金属的力学性能有何影响？

3．在立方晶系中，$\{120\}$ 晶面族包含有哪些晶面？

4．何谓晶体结构？常见的金属晶体结构有哪三种？试述每种常见金属晶体结构的基本特征。α-Fe、γ-Fe、Al、Cu、Ni、Pb、Cr、V、Mg、Zn 各属于何种晶体结构？

5．工业纯铁从 γ-Fe 转变成 α-Fe 时，其体积有何变化？简述其原因。

6．金属单晶体存在各向异性，多晶体是否存在各向异性呢？为什么？

7．解释下列名词：理论结晶温度；过冷度；同素异晶转变；变质处理。

8．为什么液态金属结晶时必须过冷？

9．在实际生产中，为什么金属结晶时常以枝晶方式长大？

10．试分析过冷度对形核率和晶体长大速率的影响。

11．为什么一般希望金属材料获得细晶粒？细化晶粒的措施有哪些？

12．结晶的基本条件是什么？基本规律是什么？

13．试以纯铁为例说明，何谓金属的同素异晶转变？有何实际意义？

第 2 章
材料的性能与力学行为

【概述】

　◎在机械零件的制造和使用过程中，首先考虑的是所选材料的性能是否与零件的使用要求相匹配。材料的性能通常分为使用性能和工艺性能两大类。使用性能是指机械零件在正常工作情况下应具备的性能，包括力学性能、物理性能和化学性能等。工艺性能是指机械零件在冷、热加工的过程中应具备的性能，包括铸造性能、锻压性能、焊接性能、热处理工艺性能及切削加工性能等。本章重点介绍金属材料的力学性能和材料的力学行为，为合理地选择和使用材料打下良好的基础。

2.1　材料的静态力学性能

2.1.1　强度与塑性

　　机械工程材料在工作中，会受到力学载荷、热载荷、环境载荷等各种载荷的作用，而且大多数情况下将受到多种负荷的交互作用，工作载荷不同，需要的性能也各不相同。根据载荷性质，可将其分为静载荷和动载荷两类。静载荷是指逐渐而缓慢地作用在工件上的力，如机床床头箱的重量对床身的压力即为静载荷。一般情况下，作用在机械零件上的静载荷有拉伸、压缩、剪切、扭转、弯曲等多种形式，并导致各种形式的变形，如车床主轴在工作时，同时承受压缩、弯曲、扭转等多种基本变形。

　　材料的静态力学性能是指材料在静载荷作用下，抵抗变形或断裂的能力。衡量材料静态力学性能的主要指标有强度、塑性和硬度等指标。反映材料对塑性变形和断裂抗力的指标称为强度指标，加载方式不同，则强度指标不同，如抗拉强度、抗压强度、抗弯强度、抗剪强度、抗扭强度等。反映材料塑性变形能力的指标，称为材料的塑性指标。

　　金属材料的拉伸试验是人们最早用来测定材料静态力学性能的一种方法。依据国家标准GB/T 228—2010《金属材料的室温拉伸试验方法》，取一根圆形横截面标准试样（如图 2 - 1所示），将载荷缓慢施加于试样两端，使之发生变形直至断裂，便可得到试样的相对伸长，即

应变 e（试样的相对伸长量与原始标距之比的百分率）随应力 R（试验期间任一时刻的力除以试样原始横截面积之商）变化的关系曲线，称为应力 - 应变曲线（即 $R-e$ 曲线），图 2-2 为低碳钢的应力 - 应变曲线。从应力 - 应变曲线可以得出材料的弹性、强度、塑性等指标。

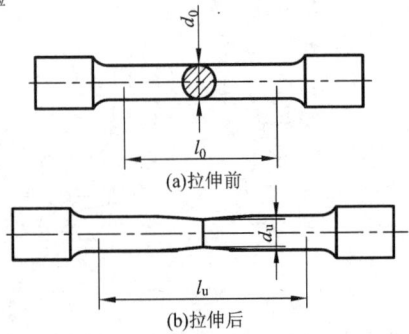

图 2-1　圆形标准拉伸试样

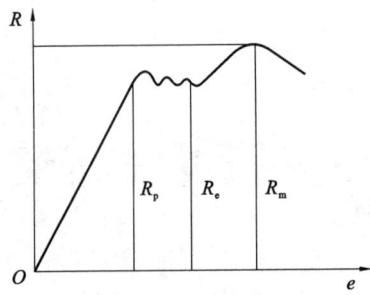

图 2-2　低碳钢的应力 - 应变曲线

（1）强度

①比例极限与弹性极限：比例极限是应力 - 应变曲线上符合线性关系的最高应力值，用 R_p 表示，单位为 MPa。

弹性极限是试样加载后再卸载，以不出现残留的永久变形为标准，材料能够完全弹性恢复的最高应力值，是材料产生完全弹性变形时所能承受的最大应力值，用 R_p 表示，单位为 MPa。

由于弹性极限与比例极限在数值上非常接近，故一般不必严格区分。它们是表示材料在不产生塑性变形时能承受的最大应力值。工程上之所以要区分它们，是因为有些设计，如火炮筒材料要求有高的比例极限，而另一些情况，如弹簧材料，要求有高的弹性极限。

②屈服强度：由图 2-2 可知，弹性极限 R_p 是试样保持弹性变形的最大应力，当应力大于弹性极限 R_p 时，试样的塑性变形将迅速增加，而应力变化不大，材料发生这种变化时，称为材料的屈服现象，如果这时卸载，则试样变形将不再回到零点，即材料产生了塑性变形。塑性变形与弹性变形的性质不同，它是卸载后不能消失的变形，称为永久变形。

屈服强度是材料开始产生塑性变形时的应力值，它反映了材料抵抗永久变形的能力，是材料开始产生明显塑性变形时的最低应力值。但材料达到屈服后继续拉伸，载荷常有上下波动现象，其中应力较大的称为上屈服强度 R_{eH}，应力较小的称为下屈服强度 R_{eL}，材料力学中，常以下屈服强度作为屈服强度的值，单位为 MPa。

有些金属材料，如高碳钢、铸铁等，在拉伸试验中没有明显的屈服现象，国家标准则规定，试样拉伸时产生 0.2% 残余延伸率所对应的应力规定为残余延伸强度，记为 $R_{0.2}$，即所谓的"条件屈服强度"。

③抗拉强度：试样在载荷超过屈服强度即过了屈服阶段后，要增加应变必须增加应力，因为此时材料的晶粒结构又发生了变化，称为加工硬化。试样在开始阶段产生均匀塑性变形，当载荷继续增加到某一最大值 R_m 时，试样在某个薄弱部分形成一个缩颈，从而引起其中某一局部截面积缩小，产生不均匀的塑性变形，这种现象称为"颈缩"现象。由于试样局部截

26

面的逐渐减小，承载能力也逐渐降低，随应变增加，应力明显下降，最后试样在缩颈处断裂。

抗拉强度 R_m 是材料的极限承载能力，是试样拉断前所能承受的最大应力值，单位为 MPa。抗拉强度反映材料抵抗断裂破坏的能力，是零件设计时的重要依据，同时也是评定材料强度的重要力学性能指标之一。

应该指出，工业上使用的许多材料在进行静拉伸试验时，其承受的载荷与变形量之间的关系，并非都与上述低碳钢相同。某些脆性金属（如铸铁等）和不缩颈的材料，在尚未产生明显的塑性变形时已经断裂，故不仅没有屈服现象，而且也不产生颈缩现象，因此强度极限 R_m 就是材料的断裂强度，它表示材料抵抗断裂的能力。

在工程上，把屈服强度与抗拉强度之比称为屈强比。比值越大，越能发挥材料的潜力，减小结构的自重。但为了使用安全，亦不宜过大，一般取值为 0.65 ~ 0.75。

（2）刚度

材料受力时抵抗弹性变形的能力称为刚度，它表示材料产生弹性变形的难易程度。材料刚度的大小，通常用弹性模量 E（单向拉伸或压缩时）及切变模量 G（剪切或扭转时）来评价，单位为 MPa。

弹性模量 E 是指材料在弹性范围内应力与应变的比值。即在应力 – 应变曲线上，弹性模量就是试样在弹性变形阶段线段的斜率，即引起单位弹性变形时所需的应力。材料的弹性模量 E 值愈大，则材料的刚度愈大，材料抵抗弹性变形的能力就越强，材料的弹性变形就越不容易进行。

多数机械零件都是在弹性状态下工作的，一般不允许有过多的弹性变形，更不允许有微小的塑性变形。因此，在设计机械零件时，要求刚度大的零件，应选用具有高弹性模量的材料，如钢铁材料。提高零件刚度的方法，除了增加零件横截面或改变横截面形状外，从材料性能上来考虑，就必须增加其弹性模量 E。弹性模量 E 值的大小主要取决于各种材料的金属键，热处理、微合金化及塑性变形等对其影响很小。

要求在弹性范围内对能量有很大吸收能力的零件，一般应选用具有极高弹性极限和低弹性模量的材料，如铍青铜。

（3）塑性

塑性是指材料在断裂前发生不可逆永久变形的能力。常用的性能指标为断后伸长率和断面收缩率。

断后伸长率是指试样拉断后标距长度的残余伸长（断后标距 L_u 与原始标距 L_0 之差）与原始标距长度 L_0 的百分比。对于比例试样，若原始标距为 $L_0 = 5.65 \sqrt{S_0}$（S_0 为试样平等长度的原始横截面积），断后伸长率用符号 A 表示；若原始标距不是 $L_0 = 5.65 \sqrt{S_0}$，符号 A 应附以下脚注，说明所使用的比例关系。例如，断后伸长率 $A_{11.3}$ 表示原始标距 $L_0 = 11.3 \sqrt{S_0}$。

断后伸长率的数值和试样标距长度有关，同种材料的 $A > A_{11.3}$，因此，在比较不同材料的断后伸长率时，应采用相同尺寸规格的标准试样。

断面收缩率是指断裂后试样横截面积的最大缩减量（原始横截面积 S_0 与断后最小横截面积 S_u 之差）与原始横截面积 S_0 之比的百分率，用符号 Z 表示。

断面收缩率不受试样尺寸的影响，比较确切地反映了材料的塑性。由于断面收缩率比断后伸长率更接近材料的真实应变，因而在塑性指标中，用断面收缩率比断后伸长率更为合

27

理，但现有的材料塑性指标仍较多地采用断后伸长率。

断后伸长率和断面收缩率是工程材料的重要性能指标。材料的断后伸长率和断面收缩率愈大，则表示材料的塑性愈好。零件在工作过程中，难免偶然过载，或局部产生应力集中，而塑性材料具有一定的塑性变形能力，可以局部塑性变形松弛或缓冲集中应力，避免突然断裂，增加了零件的安全可靠性。因此，大多数机械零件除要求具有较高的强度外，还必须有一定的塑性。

部分力学性能指标新旧国标对照如表 2 – 1 所示。

表 2 – 1　部分力学性能指标新旧国标对照表

指标分类	新国标		旧国标	
	符号	名称	符号	名称
屈服强度指标	—	屈服强度	σ_s	屈服极限
	R_{eH}	上屈服强度	σ_{sU}	上屈服极限
	R_{eL}	下屈服强度	σ_{sL}	下屈服极限
规定强度指标	R_p	规定非比例延伸强度	σ_p	规定非比例伸长应力
	R_t	规定总延伸强度	σ_t	规定总伸长应力
	R_r	规定残余延伸强度	σ_r	规定残余伸长应力
抗拉强度指标	R_m	抗拉强度	σ_b	抗拉强度(或强度极限)
塑性指标	Z	断面收缩率	ψ	断面收缩率
	A	断后伸长率	δ_5	延伸率(伸长率)
	$A_{11.3}$	断后伸长率	δ，δ_{10}	延伸率(伸长率)
	A_t	断裂总伸长率	—	
	A_{gt}	最大力总伸长率	δ_{gt}	
	A_g	最大力非比例伸长率	δ_g	
	A_e	屈服点延伸率	δ_s	

2.1.2　硬度

硬度检测

硬度是指材料抵抗局部变形，特别是塑性变形、压痕或划痕的能力，是衡量材料软硬程度的指标。测定材料硬度的方法主要有压入法、回跳法和刻划法三种，工业上主要采用压入法。压入法测定的硬度值表征材料表面抵抗硬物侵入的能力。

由于硬度试验设备简单，操作迅速方便，可直接在零件或工具上进行试验而不破坏工件，并且材料的硬度与强度之间有一定的关系，根据硬度可以大致估计材料的强度。因此，在产品设计图纸的技术条件中，往往标注硬度值，热处理生产中也常以硬度作为检验产品是否合格的主要依据。

材料的硬度值，是按一定的方法测出的数据，用不同方法所测得的硬度值不能直接比较，可通过硬度对照表进行换算。根据测量方法不同，常用的硬度指标有布氏硬度、洛氏硬度和维氏硬度等。

（1）布氏硬度

布氏硬度的试验原理如图 2 – 3 所示。依据 GB/T 231.1—2009《金属材料布氏硬度试验 第 1 部分：试验方法》规定，试验时用直径为 D 的硬质合金球作为压头，在相应的试验载荷 F 的作用下压入试样表面，经规定的保压时间后，卸除试验载荷，用试验载荷 F 除以压痕球形表面积所得的商，即为布氏硬度值，试验时也可由压痕平均直径 d 查表得到。材料越软，压痕直径越大，布氏硬度值越小，反之，布氏硬度值越大。

布氏硬度用符号 HBW 表示，适用于测定布氏硬度小于 650 的材料，如：540 HBW。

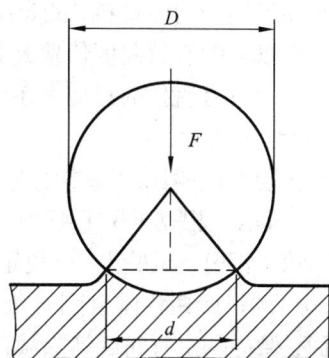

图 2 – 3 布氏硬度试验原理示意图

布氏硬度试验压痕面积较大，受测量不均匀度影响较小，故测量误差小、数据稳定，适合于测量组织粗大且不均匀的金属材料的硬度（如铸铁、轴承合金等），是其他硬度试验方法所不能代替的。但布氏硬度试验较费时，压痕较大，不宜用于测太薄件或成品，也不能用来测太硬的材料。布氏硬度适于测定退火钢、正火钢、调质钢、铸铁及非铁金属材料的硬度。

（2）洛氏硬度

洛氏硬度的试验原理如图 2 – 4 所示。根据 GB/T 230.1—2009《金属材料 洛氏硬度试验 第 1 部分：试验方法（A、B、C、D、E、F、G、H、K、N、T 标尺）》规定，采用顶角为 120° 的金刚石圆锥体或直径为 1.588 mm（1/16″）的淬火钢球为压头，在规定载荷作用下压入被测试材料表面，通过测定压头压入的残余深度来确定其硬度值。实测时，硬度值的大小可从硬度计的指示器上直接读出。

洛氏硬度用符号 HR 表示，根据压头类型和主载荷不同，分为 15 个标尺，最常用的标

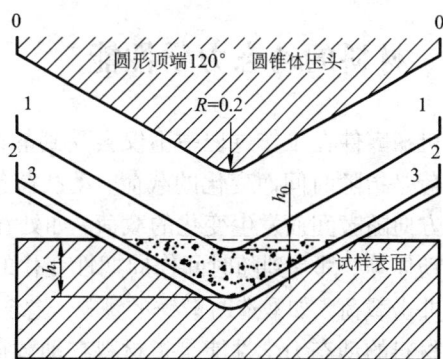

图 2 – 4 洛氏硬度试验原理示意图

尺为 A、B、C，如表 2 – 2 所示。符号 HR 前面的数字为硬度值，后面为使用的标尺，如 55 HRC 表示用 C 标尺测定的材料洛氏硬度值为 55。

表 2 – 2 常用的三种洛氏硬度试验规范

硬度符号	压头类型	载荷/N（或 kgf）	硬度值有效范围	使用范围
HRA	120° 金刚石圆锥体	558.4（60）	20 ~ 88 HRA	适用于测量硬质合金、表面淬火层或渗碳层
HRB	ϕ1.588 mm 钢球体	980.7（100）	20 ~ 100 HRB	适用于测量有色金属、退火钢、正火钢等
HRC	120° 金刚石圆锥体	1471（150）	20 ~ 70 HRC	适用于测量调质钢、淬火钢等

洛氏硬度试验操作简便迅速，测量硬度值范围大，压痕小，可直接测量成品或较薄工件的硬度。但由于压痕较小，对内部组织和硬度不均匀的材料，测定结果不够准确，故需在不同位置测试三点以上的有效硬度值取其算术平均值。洛氏硬度无单位，各标尺之间没有直接的对应关系。

(3)维氏硬度

维氏硬度试验原理基本上与布氏硬度相同。其试验原理如图 2-5 所示。根据 GB/T 4340.1—2009《金属材料 维氏硬度试验 第 1 部分：试验方法》规定，将顶部两相对面具有规定角度(136°)的正四棱锥体金刚石压头，在载荷 F 的作用下压入试样表面，保持一定时间后卸除载荷，在试样表面压出一个四方锥形压痕，用试验载荷 F 除以压痕表面积所得的商即为维氏硬度。也可通过测量压痕对角线长度 d 查表得到。维氏硬度用符号 HV 表示。

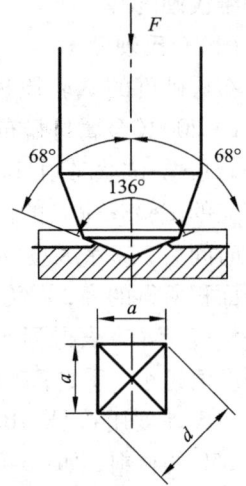

图 2-5　维氏硬度试验
原理示意图

维氏硬度试验可测量由极软到极硬的各种材料的硬度，测定范围为 5 ~ 1000 HV，硬度值能互相比较。尤其适用于极薄工件及表面硬化层的硬度测量，如化学热处理的渗碳层、渗氮层等，还可用于测量金相组织中不同相的硬度，测得的结果称为显微硬度。维氏硬度试验的缺点是效率低。

2.2　材料的动态力学性能

机械零件在工作过程中不仅会受到静载荷作用，而且还会受到不同程度的动载荷作用。动载荷是指随时间而变化的载荷，动载荷包括交变载荷、冲击载荷等。交变载荷是指载荷大小或方向随时间而发生变化的载荷，如处在正常工作过程中的齿轮轮齿、使用中的滚动轴承的滚动体等，都受到随时间作周期性变化的交变载荷作用；以很大速度作用于机件上的载荷称为冲击载荷，如锻造时锻锤的锤杆、急刹车时飞轮的轮轴等都受到冲击载荷的作用。

材料的动态力学性能是指材料在动载荷作用下，抵抗变形和断裂的能力。衡量材料动态力学性能的主要指标有冲击韧度、疲劳强度和断裂韧度等。

2.2.1　冲击韧度

许多机器零件和工具在工作过程中，受到冲击载荷的作用，由于冲击载荷的加载速度高，作用时间短，使材料在受冲击时应力分布与变形很不均匀，脆化倾向性增大。所以对承受冲击载荷的零件，不但要求有较高的强度，而且要求有足够的抵抗冲击载荷的能力。材料在塑性变形和断裂过程中吸收能量的能力称为韧性。

材料抵抗冲击载荷作用而不破坏的能力称为冲击韧度。目前常采用摆锤式一次冲击弯曲试验测定材料的冲击韧度值，其试验原理如图 2-6 所示。一次冲击弯曲试验是依据国家标准 GB/T 229—2007《金属材料夏比摆锤冲击试验方法》和 GB/T 12778—2008《金属夏比冲击断口测定方法》在摆锤冲击试验机上进行的，试验时将带有缺口(V 形缺口或 U 形缺口)的标准冲击试样安放在冲击试验机的支座上，试样缺口位于支座中间，并背向摆锤冲击方向。把

重量为 G 的摆锤举至一定高度 H，使其获得一定势能 GH，释放摆锤将试样冲断，冲断试样后，摆锤继续升到 h 的高度，摆锤的剩余能量为 Gh。摆锤冲断试样消耗的能量（$GH-Gh$）称为冲击吸收功，用符号 A_k（A_{KV} 或 A_{KU}）表示，单位为 J。试验时，冲击吸收功可从冲击试验机的刻度盘上直接读得。试样缺口处单位横截面积上的冲击吸收功称为冲击韧度值，即将冲击吸收功 A_k 除以试样断口处的横截面积，冲击韧度用符号 a_k（a_{KV} 或 a_{KU}）表示，单位为 J/cm^2。

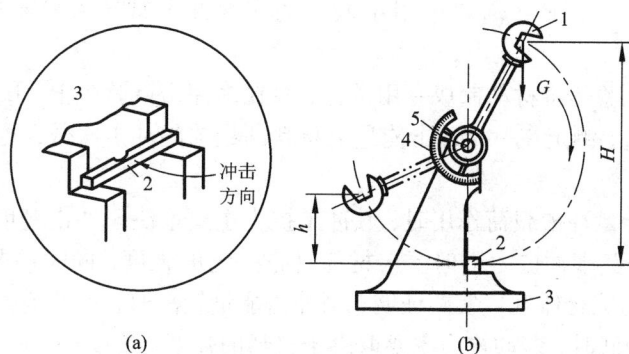

图 2-6　摆锤式冲击试验原理示意图
1—摆锤；2—试样；3—机架；4—指针；5—刻度盘

　　一般将冲击韧度值低的材料称为脆性材料，冲击韧度值高的材料称为韧性材料。脆性材料在断裂前无明显的塑性变形，断口较平整、呈结晶状或瓷状，有金属光泽；韧性材料在断裂前有明显的塑性变形，断口呈纤维状，无光泽。

　　对一般常用钢材来说，所测冲击韧度值越大，则材料的韧性越好，但冲击韧度值一般只能作为选材的参考，而不能作为定量性能指标用于设计。冲击韧度对某些零件（如装甲板等）抵抗少数几次大能量冲击的设计有一定的参考意义。

　　实践表明，冲击试验对材料的组织非常敏感，能灵敏地显示冶金因素对材料造成的损伤，如回火、过热等，而静载荷试验方法对此无能为力，因而冲击试验是生产上用来检验材料品质、内部缺

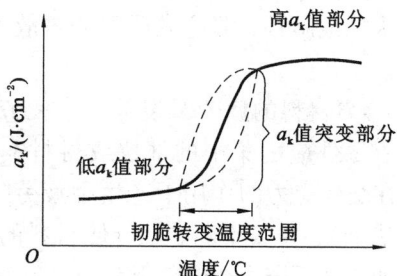

图 2-7　韧脆转变温度曲线示意图

陷及热加工工艺质量的有效方法之一，而且该试验方法具有简便、快捷和成本低廉等优点。

　　冲击吸收功还与温度有关，如图 2-7 所示。材料的冲击韧度随温度的下降而下降。在某一温度范围内冲击韧度值发生急剧下降的现象称为韧脆转变（或冷脆），发生韧脆转变的温度范围称为韧脆转变温度。韧脆转变温度是金属材料一个很重要的性能指标，工程构件的工作温度必须在韧脆转变温度以上，以防止发生脆性断裂。如第二次世界大战期间，美国焊接的几千艘货轮曾发生多起脆断事故，其原因就是船体用钢材的韧脆转变温度高于当时的环境温度。但是并非所有材料都有韧脆转变现象，如铝合金和铜合金等就不存在韧脆转变。

2.2.2　多冲抗力

　　生产实际中，机械零件很少是受到一次大能量冲击而损坏，大多数是在小能量多次冲击

载荷下工作的，如凿岩机风镐上的活塞、冲模的冲头等，对这类零件，应采用小能量多次冲击的抗力指标作为评定材料质量及选材的依据。材料在多次冲击下的破坏过程是裂纹产生和扩展的过程，是每次冲击损伤积累发展的结果，与一次冲击有着本质的区别。

实践表明，一次冲击试验测定的冲击韧度值高的材料，其小能量多次冲击抗力不一定高，反之亦然。如孕育铸铁制成的大功率柴油机曲轴，其冲击韧度几乎为零，但在长期工作过程中并未发生断裂。因此，需要采用小能量的多次冲击试验来检验这类金属的抗冲击性能。

多次冲击弯曲试验是将材料制成专用试样，放在多冲击试验机上，试样受到试验机锤头较小能量的多次冲击，测定在一定冲击能量下材料断裂前的冲击次数，经受的冲击次数代表金属的抗冲击能力。

金属材料受大能量冲击载荷作用时，其冲击抗力主要取决于冲击韧度的大小，而在小能量多次冲击条件下，其多冲抗力不但要求材料具备一定的强度，同时还要求有适当的塑性，是材料强度和塑性的综合体现。实践证明，当冲击能量较高时，多冲抗力主要取决于材料的塑性；当冲击能量较低时，多冲抗力主要取决于材料的强度。

2.2.3 疲劳强度

工程结构(如各种发动机曲轴，机床主轴、齿轮、弹簧以及各种滚动轴承等)在服役过程中，由于承受交变载荷而导致裂纹的产生、扩展以至断裂失效的现象称为疲劳。在交变载荷作用下，疲劳断裂与静载荷作用下的断裂不同，材料常常在远低于其屈服强度的应力下发生断裂，而且无论是脆性材料还是塑性材料，疲劳断裂都是突发性的脆性断裂，没有预兆，具有很大的危险性，常造成严重的事故。据统计，在机械零件的失效中，疲劳失效约占85%以上。

金属材料的疲劳断裂是一个疲劳发生和发展的过程。在零件应力集中的部位或材料本身强度较低的部位，在交变应力的作用下产生了疲劳裂纹(往往是在零件的表面)，裂纹不断扩展，使材料的有效承载截面不断减小，最后产生突然断裂。

测定材料的疲劳强度时，需在不同交变载荷下进行试验，作出疲劳曲线，如图2-8所示。由曲线可以看出，应力值 σ 越低，断裂前的循环次数越多，则将试样承受无

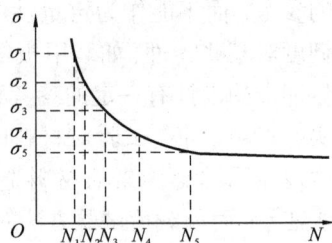

图2-8　疲劳曲线示意图

数次应力循环或达到规定的循环次数才断裂的最大应力，作为材料的疲劳强度，用符号 σ_{-1} 表示，单位为 MPa。实际当中，作无限次应力循环的疲劳试验是不可能的，通常规定钢铁材料的循环基数 $N = 10^7$；非铁金属的循环基数 $N = 10^8$；腐蚀介质作用下的循环基数 $N = 10^6$。

零件的疲劳强度除与选用材料的成分及组织等本质有关外，还与零件的表面结构形状及状态有关。由于多数疲劳裂纹往往产生于零件的表面，所以常用提高表面强度的处理方法来提高材料的疲劳强度。常用的表面处理方法有：改善零件的结构形状以避免应力集中，如设计时尽量避免尖角、缺口和截面突变；采用表面强化处理，如喷丸、冷滚压、化学热处理、表面淬火等；降低零件表面粗糙度，如研磨和抛光；尽量减少各种热处理缺陷，如氧化、脱碳、淬火裂纹等。

在工程实践中，金属的疲劳强度与抗拉强度之间有以下一些经验关系：

碳素钢：$\sigma_{-1} \approx (0.4 \sim 0.55) R_\mathrm{m}$

灰铸铁：$\sigma_{-1} \approx 0.4 R_\mathrm{m}$

非铁金属：$\sigma_{-1} \approx (0.3 \sim 0.4) R_\mathrm{m}$

2.2.4　断裂韧度

按照传统的设计思路，只要零件的工作应力小于材料的许用应力，则认为是安全的。事实并非如此，工程上出现过零件在远低于材料许用应力的情况下发生断裂的现象。如 1950 年美国北极星导弹固体燃料发动机壳体在试发射时发生爆炸，经过多方面的研究，认为破坏的原因是材料中存在 0.1~1 mm 的裂纹并扩展所致，这就是低应力脆断。所谓低应力脆断，是指零件在较低的工作应力，甚至远远低于其屈服强度，韧性和塑性指标也不低于规定值的情况下发生的脆性断裂现象。断裂前无明显的塑性变形，属于突然断裂，所以危害性极大。

传统的设计思想认为材料是均匀、连续、各向同性的。这与工程上使用材料的实际情况并不相符，其内部组织中有夹杂、微裂纹、气孔等缺陷，这些缺陷可以看成材料中的裂纹，破坏了材料的连续性。当材料受到外力作用时，在应力的作用下，这些裂纹将发生扩展，一旦扩展失稳，便会发生低应力脆性断裂。因此，裂纹是否易于扩展，就成为衡量材料是否易于断裂的一个重要指标。

当材料中存在裂纹时，在外力的作用下，裂纹尖端附近便出现应力集中，形成应力场。为表述该应力场的强度，引入了应力场强度因子的概念，即：

$$K_\mathrm{I} = Y \sigma \sqrt{a}$$

式中：K_I——应力场强度因子，$\mathrm{MN/m^{3/2}}$；

　　　σ——外加应力，$\mathrm{MN/m^2}$；

　　　a——裂纹的半长度，m；

　　　Y——无量纲系数，与裂纹形状、加载方式及试样几何尺寸有关。

由上述公式可见，K_I 随外力 σ 和裂纹 a 的增大而增大，当 K_I 值增大到某一临界值时，裂纹便失去稳定而迅速扩展，这个临界值就是材料的断裂韧度，用符号 K_IC 表示。它反映材料阻止裂纹失稳扩展的能力，是材料本身的力学性能指标。它与裂纹的大小、形状、外加应力等无关，主要取决于材料的成分、内部组织和结构等。

断裂韧度可为零件的安全设计提供重要的力学性能指标。当 $K_\mathrm{I} < K_\mathrm{IC}$ 时，裂纹不扩展或扩展很慢，不发生脆断；当 $K_\mathrm{I} = K_\mathrm{IC}$ 时，构件发生低应力脆性断裂的临界条件；当 $K_\mathrm{I} > K_\mathrm{IC}$ 时，裂纹失稳扩展发生脆性断裂。因此，它是材料断裂的判断依据。主要用于高强度钢制造的飞机、导弹和火箭零件，或者是用中低强度钢制造的气轮机转子、大型发电机转子等。

2.3　材料的其他性能

2.3.1　物理性能

（1）密度

单位体积材料的质量称为材料的密度，与水密度之比称为相对密度，常用符号 ρ 表示。

抗拉强度 R_m 与密度 ρ 之比称为比强度。飞机、火箭、人造卫星等要求用比强度大的金属材料制作，减轻自重。工程塑料等非金属材料密度小，具有较高的比强度，用于要求减轻自重的车辆、船舶和飞机等交通工具上。复合材料可能达到的比强度最高，是一种很有前途的新型结构材料。

(2) 熔点

熔点是指材料在缓慢加热时由固态转变为液态的转变温度。熔点低的金属如 Sn、Pb 等，常用于制造保险丝、防火安全阀等零件；熔点高的金属如 W、Mo、V 等，常用于制造耐高温零件，如喷气发动机的燃烧室、航空航天等领域。在设计高温条件下工作的构件时，需要考虑材料的熔点。

(3) 热膨胀性

材料因温度变化而引起的体积膨胀或收缩的现象称为热膨胀性，用线膨胀系数来表示。陶瓷的热膨胀系数最低，金属材料次之，高分子材料的热膨胀系数最高。常温下工作的普通机械零件一般不考虑材料的热膨胀性，但在某些特殊场合需考虑材料的热膨胀性，如内燃机的活塞、特别精密的仪器仪表等要用热膨胀系数小的材料。常用金属材料的热膨胀系数一般为 $(5 \sim 25) \times 10^{-6}/℃$。

(4) 电导性

材料传导电流的能力称为电导性，一般用电阻率 γ 表示。金属通常具有较好的电导性，其中电导性最好的依次是银、铜和铝，并且金属的电阻率随温度的升高而增加。

(5) 热导性

材料传导热量的能力称为热导性，用热导率 λ 表示。材料的热导率越大，则其热导性越好。金属的热导率大大高于非金属材料。金属越纯，其热导性越好，例如，高合金钢的热导性很差，当其进行锻造或热处理时，应缓慢加热，防止产生裂纹。

(6) 磁性

材料在磁场中能被磁化或能导磁的性能称为磁性，用磁导率 μ 表示。常分为抗磁性材料、顺磁性材料和铁磁性材料三类。铁磁性材料常用于制造变压器、仪器仪表等，抗磁性材料常用于磁屏蔽、防磁场干扰等场所。

2.3.2 化学性能

(1) 耐腐蚀性

是指材料抵抗各种介质腐蚀破坏的能力，分为化学腐蚀和电化学腐蚀两类。一般来说，非金属材料的耐腐蚀性高于金属材料。根据介质侵蚀能力的强弱，对于在不同介质中工作的材料，其耐蚀性有不同的要求。提高材料的耐腐蚀性，能节约材料和延长机械零件的使用寿命。

(2) 抗氧化性

材料在高温下对氧化作用的抗力称为抗氧化性。抗氧化的金属材料常在其表面形成一层致密的、与基体结合能力强的、熔点高的保护性氧化膜，阻碍了氧的进入，从而提高了材料的抗氧化性。

(3) 化学稳定性

耐腐蚀性和抗氧化性统称为材料的化学稳定性，高温下的化学稳定性则称为热化学稳定性。在高温下工作的零部件，如汽轮机、飞机发动机、工业锅炉等，应尽量选用热稳定性好的材料。

2.3.3　工艺性能

（1）铸造性能

铸造性能是指材料在铸造工艺中获得优良铸件的能力，包括流动性、收缩性、偏析倾向、熔点及吸气性等。流动性是指熔融金属的流动能力，流动性好的材料易充满铸型型腔，从而获得外形完整、尺寸精确、轮廓清晰的铸件。收缩性是指铸件在冷却和凝固过程中，其体积和尺寸减小的现象，材料的收缩率越小越好。偏析是指金属凝固后，其内部化学成分和组织的不均匀现象，它将降低铸件质量。

（2）锻压性能

锻压性能是指材料在锻压工艺中获得优良锻件的能力。材料的塑性高，变形抗力小，则可锻性好。

（3）焊接性能

焊接性能是指材料在生产条件下是否易于焊接并能获得优质焊缝的能力。包括焊缝处产生工艺缺陷的倾向和焊缝在使用过程中的可靠性。材料化学成分和焊接工艺条件等是其主要影响因素。

（4）切削加工性能

切削加工性能是指材料被切削加工成形的难易程度，包括切削速度、表面粗糙度、刀具的使用寿命等。它与材料的化学成分、显微组织及力学性能等因素有关。

（5）热处理性能

热处理性能是指材料进行热处理的难易程度。衡量它的指标有淬透性、淬硬性、热处理变形、开裂倾向、氧化与脱碳倾向等。

2.4　金属的塑性变形及强化

金属在外力作用下会发生塑性变形。塑性变形是强化金属的重要手段之一。

金属材料在熔炼浇注成铸锭后，通常要进行各种压力加工，如轧制、挤压、拉拔、锻压及冲压等。如图 2-9 所示。

金属压力加工

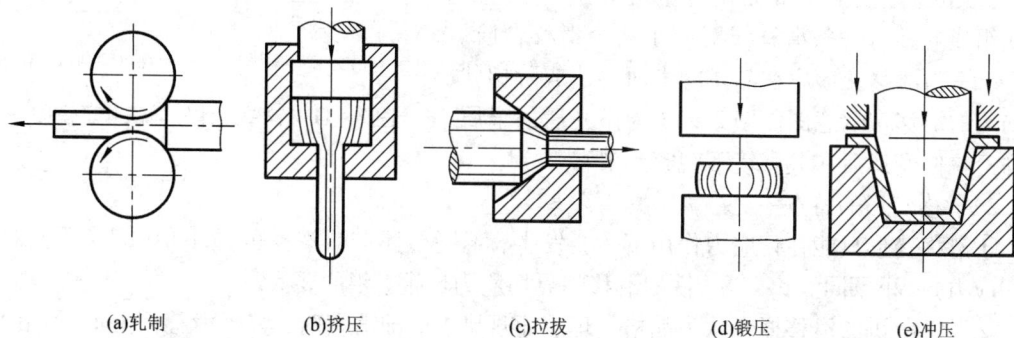

(a)轧制　　(b)挤压　　(c)拉拔　　(d)锻压　　(e)冲压

图 2-9　压力加工方法示意图

通过压力加工不仅可以将金属材料加工成各种形状和尺寸的制品，而且可以改变材料的组织和性能。经过冷塑性变形的金属会产生组织和性能的变化，在加热过程中，又会使其组织发生回复、再结晶和晶粒长大等一系列变化。了解这些过程的实质，了解各种影响因素及规律，对掌握和改进金属材料的压力加工工艺，控制材料的组织和性能，具有重要意义。

2.4.1 单晶体的塑性变形及强化

金属在外力作用下发生的变形分为两类：弹性变形和塑性变形。弹性变形是可逆的，即外力去除后变形可以完全恢复；而塑性变形是不可逆的，外力去除后，变形不能恢复，即为永久变形。

单晶体的塑性变形只有在切应力作用下才能产生。常温下，单晶体塑性变形的基本方式有两种：滑移和孪生。

研究表明，塑性变形的机理是通过原子平面（即晶面）相对滑移而产生一定位移的结果，这类似于一组扑克牌由各张之间相对滑移而产生的变形。如图 2 – 10 所示。

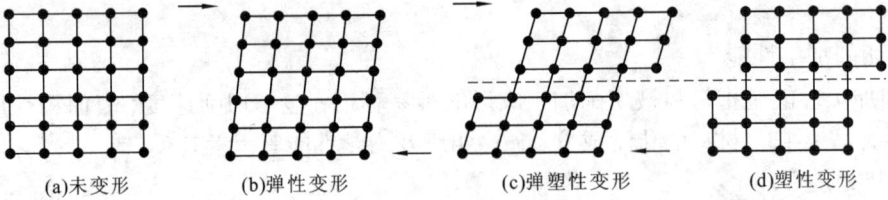

(a)未变形　　　　(b)弹性变形　　　　(c)弹塑性变形　　　　(d)塑性变形

图 2 – 10　单晶体的变形过程

（1）滑移

晶体的一部分沿一定的晶面和晶向相对于另一部分发生相对滑动位移的现象称为滑移。

1）滑移带

将一个表面经过抛光的纯锌单晶进行拉伸试验，在试样的表面上出现了许多互相平行的倾斜线条痕迹，称为滑移带，如图 2 – 11 所示。

实际上，一条滑移带是由许多密集在一起的滑移线组成的。每一条滑移线对应于一个滑移台阶。图 2 – 12 为滑移变形后在晶体的表面上造成阶梯状不均匀的滑移带示意图。图 2 – 13 为抛光后的金属试样经拉伸变形后在显微镜下观察到滑移带。

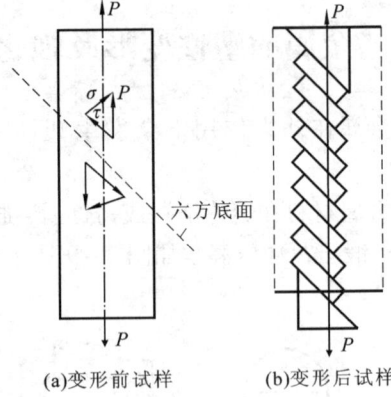

(a)变形前试样　　　(b)变形后试样

图 2 – 11　锌单晶体拉伸试验示意图

2）滑移变形的特点

①滑移变形只能在切应力作用下才会发生，不同金属产生滑移的最小切应力（称滑移临界切应力）大小不同。钨、钼、铁的滑移临界切应力比铜、铝的要大。

②通常所讲的滑移概念认为晶格是理想而规则的，即滑移时，整个滑移面上原子同时移动，这与实际情况不相符。实验证明，实际滑移时，所需的切应力比整体滑移所需的切应力小了 3～4 个数量级。这是由于金属晶体通常并非都是完整无缺的，总存在一定的局部缺陷，

刃型位错和螺型位错就是两种这样的缺陷。

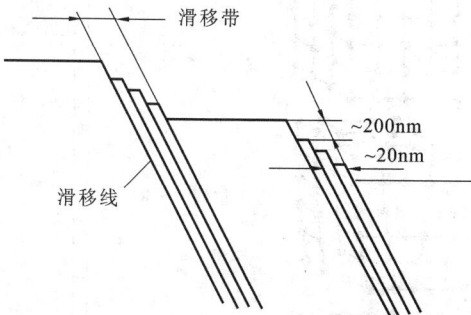

图 2-12 滑移线与滑移带

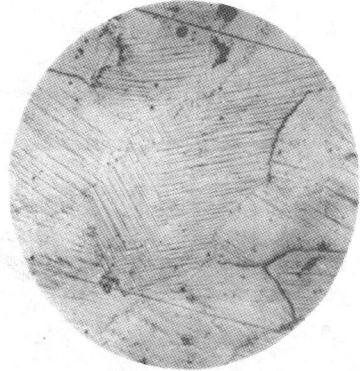

图 2-13 钢中的滑移带

滑移变形实质上是晶体内部的位错在切应力作用下运动的结果,即滑移并非是晶体两部分沿滑移面作整体刚性的相对滑移,而是通过位错的运动来实现的。如图 2-14 所示,在切应力作用下,一个多余半原子面从晶体一侧逐步运动到另一侧,即位错自左向右一格一格移动,故只需较小的应力,晶体就能产生滑移变形。当位错达到晶体边缘时,晶体上半部就相对下半部滑移了一个原子间距。同一滑移面上,若有大量的位错移出,则在晶体表面形成一条滑移线。

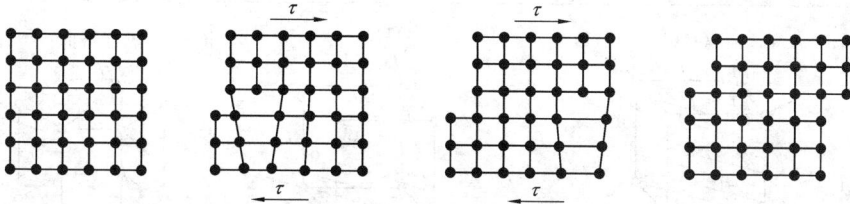

图 2-14 位错滑移示意图

可用如图 2-15 所示的一个移动地毯的实例,说明位错在变形过程中的实质性作用。当人们打算移动地毯时,拉其一端使地毯沿地板滑移需较大的力,而先使地毯产生一横向折皱,然后使此折皱横过地板,则可用较小的力即可使地毯移过一定距离,地毯的折部就相当于晶体中的位错。

③晶体发生的总变形量一定是滑移方向上原子间距的整数倍。因为位错每移出晶体一次即造成一个原子间距的变形量。

④滑移总是沿着晶体中原子密度最大的晶面(密排面)和其上密度最大的晶向(密排方向)进行,这是由于密排面之间、密排方向之间的距离最大,结合力最弱。因此滑移面为该晶体的密排面,滑移方向为该晶体的密排方向。一个滑移面与其上的一个滑移方向组成一个滑移系。如体心立方晶格中,(110)和[11$\bar{1}$]即组成一个滑移系。三种常见的晶格的滑移系如表 2-3 所示。滑移系越多,金属发生滑移的可能性越大,塑性就越好。滑移方向对滑移所起的作用比滑移面大,所以面心立方晶格的金属比体心立方晶格的金属的塑性更好。

37

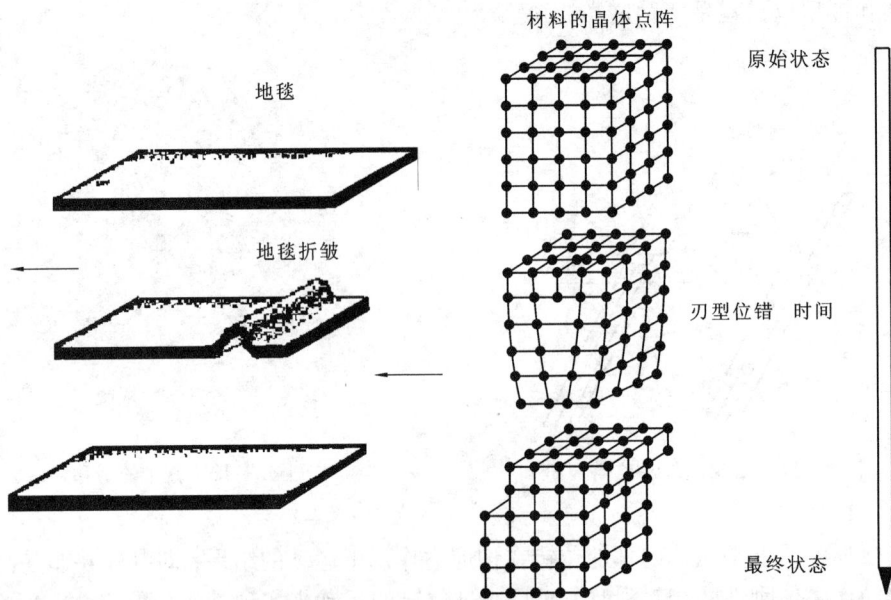

图 2-15 滑移时位错运动示意图

表 2-3 金属不同晶格的滑移系

晶格类型	 体心立方	 面心立方	 密排立方
滑移面	{110} 6个	{111} 4个	{0001} 1个
滑移方向	<111> 2个	<110> 3个	<1̄210> 3个
滑移系数目	6×2=12(个)	4×3=12(个)	1×3=3(个)

⑤滑移变形的同时伴随有晶体的转动,如图2-16所示。在拉伸时,单晶体发生滑移,外力轴将发生错动,产生一力偶,迫使滑移面向拉伸轴平行方向转动。同时晶体还会以滑移面的法线为转轴转动,使滑移方向趋于最大切应力方向。

(2)孪生

晶体在切应力作用下,其一部分将沿一定的晶面(孪晶面)产生一定角度的切变,称为孪

38

生。孪生的其晶体学特征是晶体相对于孪晶面成镜面对称，如图2-17所示。以孪晶面为对称面的两部分晶体称为孪晶。发生孪生变形的部分称为孪晶带。

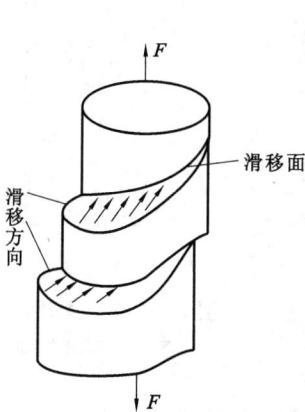

图 2-16　单晶体的滑移变形

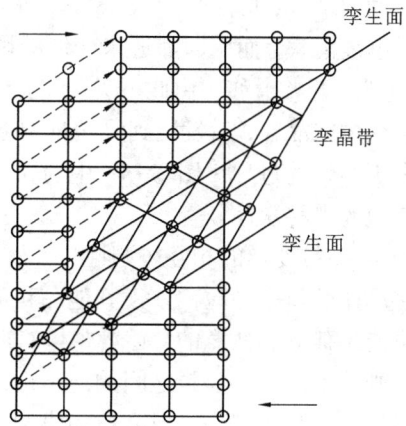

图 2-17　孪晶中的晶格位向变化

孪生与滑移主要区别如下：

①孪生通过晶格切变使晶格位向改变，使变形部分和未变形部分呈镜面对称；而滑移不引起晶格位向的变化。

②孪生所产生的形变量很小，一般不一定是原子间距的整数倍。孪生时，相邻原子面的相对位移量小于一个原子间距，而滑移时滑移面两侧晶体的相对位移量是原子间距的整数倍。

③孪生萌发于局部应力集中的地方，且孪生变形较滑移变形一次移动的原子较多，故所需要的临界切应力比滑移大得多。如镁的孪生临界切应力为 5~35 MPa，而滑移时临界切应力仅为 0.5 MPa。孪生速度极快，接近声速。

由上述特点可知，只有在滑移变形难于进行时，才会产生孪生变形。一些具有密排六方结构的金属，由于滑移系少，特别是在不利于滑移取向时，塑性变形常以孪生变形的方式进行；而具有面心立方晶格与体心立方晶格的金属则很少会发生孪生变形，只有在低温或冲击载荷下才发生孪生变形。

2.4.2　实际金属的塑性变形及强化

实际金属大多数是多晶体。多晶体的塑性变形与单晶体无本质上的区别，即每个晶粒的塑性变形仍然以滑移或孪生的方式进行。但因多晶体金属中存在大量的晶界和不同位向的晶粒，所以其变形比单晶体要复杂得多。

（1）多晶体塑性变形的特点

1）各晶粒变形的不同时性

在多晶体中，由于各晶粒的晶格位向不同，各滑移系的取向也不同，在外力作用下，各晶粒内滑移系上的分切应力也不相同，如图 2-18 所示。有些晶粒所处的位向能使其内部的滑移系获得最大的分切应力，并将首先达到临界分切应力值而开始滑移。这些晶粒所处的位向为易滑移位向，称为"软位向"；还有些晶粒所处的位向，只能使其内部滑移系获得的分切应力最小，最难滑移，称为"硬位向"。与单晶体变形一样，首批处于软位向的晶粒，在滑移过程中也要发生转动。转动的结果，可能会导致从软位向逐步到硬位向，使之不再继续滑移，而引起邻近未变形的硬位向晶粒转动到"软位向"并开始滑移。由此可见，多晶体的塑性变形，先发生于软位向晶粒，后发展到硬位向晶粒，是一个变形有先后和不均匀的过程。图 2-18 中的 A、B、C 示意了不同位向晶粒的滑移次序。

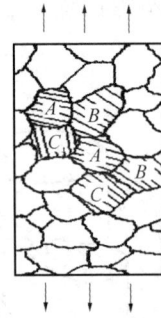

图 2-18　多晶体金属中
各晶粒所处位向

2) 各晶粒变形的相互协调性

多晶体的每个晶粒都处于其他晶粒的包围之中，其变形不可能是孤立和任意的，必然要与邻近晶粒相互协调配合。否则就不能保持晶粒之间的连续性，会造成孔隙而导致材料破裂。为了与先变形晶粒相协调，要求相邻晶粒不只在取向最有利的滑移系中进行滑移，还必须在几个滑移系，其中包括取向并非有利的滑移系上同时进行滑移。这就使多晶体的滑移抗力比单晶体高。

3) 晶界阻碍位错运动

晶界是相邻晶粒的过渡区，原子排列不规则。当位错运动到晶界附近时，受到晶界的阻碍而堆积起来(即位错的塞积)，如图 2-19 所示。要使变形继续进行，必须增加外力，可见晶界使金属的塑性变形抗力提高。图 2-20 为双晶粒试样的拉伸试验示意图，在拉伸到一定的伸长量后观察试样，发现在晶界处变形很小，而远离晶界的晶粒内变形量很大。这说明晶界的变形抗力大于晶内。

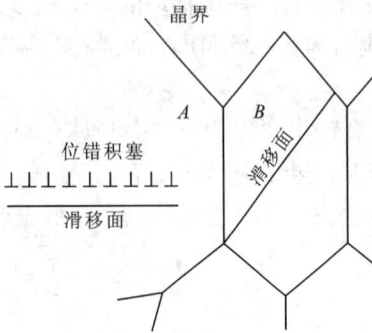

图 2-19　位错在晶界处的堆积示意图

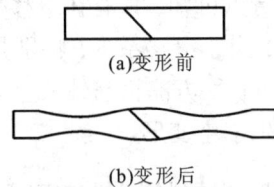

图 2-20　晶界对拉伸变形的影响

(2)晶粒大小对塑性变形的影响(细晶强韧化)

在多晶体中，金属的晶粒越细，晶界总面积越大，需要协调的具有不同位向的晶粒越多，其塑性变形的抗力便越大，表现出强度越高。另外，金属晶粒越细，在外力作用下，有利于滑移和能参与滑移的晶粒数目也越多。由于一定的变形量会由更多的晶粒分散承担，不致造成局部的应力集中，从而推迟了裂纹的产生，即使发生的塑性变形量很大也不致断裂，表现出塑性的提高。在强度和塑性同时提高的情况下，金属在断裂前要消耗更大量的功，因而其韧性也比较好。这种通过细化晶粒、增加晶界以提高金属强度和塑性、韧性的方法称为细晶强韧化。细晶强韧化是金属的一种很重要的强韧化手段。

（3）合金的塑性变形

工业上广泛应用的金属材料大都是合金。按其组成相不同，可分为单相固溶体和多相混合物两种，其塑性变形各有不同的特点。

1）单相固溶体的塑性变形与固溶强化

单相固溶体的组织与纯金属的组织基本相同，其塑性变形过程与多晶体的纯金属相似，具有相同的变形方式和特点。所不同的是溶质原子的存在，使溶剂的晶格发生畸变，增大了位错运动的阻力，使产生滑移的临界切应力远比纯金属大，滑移系的开动也比较困难。这种通过形成固溶体而使金属强度和硬度升高的现象叫做固溶强化。

对于相同的基体金属，溶质元素的性质和数量不同，其强化效果相差很大。

① 在溶解度范围内，溶质元素含量越高，强化效果越大。

② 溶质和溶剂原子的半径相差越大，造成的晶格畸变也越大，强化效果越大。

③ 间隙固溶体的强化效果明显大于置换固溶体的强化效果。

④ 溶质原子和溶剂原子的价电子数目相差越大，其强化效果越明显。

2）多相合金的塑性变形与弥散强化

含有两种或两种以上组成相的合金发生塑性变形时，其变形能力除了决定于基体相的性质外，在很大程度上还取决于第二相的性质、数量、大小、形状与分布等。合金中的第二相可以是纯金属，也可以是固溶体或化合物，但工业上所用合金中的第二相大多是硬而脆的化合物。

①第二相以连续网状分布在晶界上。当发生塑性变形时，硬而脆的晶界网络处产生严重的应力集中，造成过早的断裂。

②第二相在基体晶粒内呈层片状分布。随着第二相片间距的减小，合金的强度增加，而塑性有所降低。层片状的第二相使塑性降低的数值比粒状大些，这是因为它对基体的连续性破坏作用稍严重些。

③第二相以弥散的质点（或粒状）分布在晶内。弥散的第二相可以使合金的强度和硬度显著提高，而塑性和韧性稍有降低。这种由于第二相以细小的形态弥散分布于基体中，从而使合金显著强化的现象称为弥散强化或第二相强化。

弥散强化的原因是第二相在晶内弥散分布，一方面使相界面积显著增多，并使其周围晶格发生畸变；另一方面，第二相质点本身成为位错运动的障碍物，增加了位错运动的阻力，使塑性变形抗力增加。因此，第二相粒子越细小，分布越均匀，合金的强度越高。应该指出的是，第二相弥散分布产生强化时，对合金的塑性和韧性的影响应该是较小的，因为弥散分布的粒子几乎不影响基体的连续性。塑性变形时，第二相质点可随基体相的变形而流动，不会造成明显的应力集中，因此合金仍能达到较大的变形量而不致破裂。

2.4.3　冷变形对金属组织结构的影响

金属及合金经冷塑性变形后，其组织与性能会发生一系列重大变化。

（1）晶粒变形，显微组织呈现纤维状

金属发生塑性变形后，晶粒发生变形，即原来的等轴状晶粒沿形变方向被拉长或压扁。当形变量很大时，晶粒变成细条状或纤维状，称为纤维组织，如图 2-21 所示。这种组织导致沿纤维方向的力学性能比垂直于纤维方向的高得多，即出现各向异性。在设计和制造中，正确利用材料的方向性是很重要的。

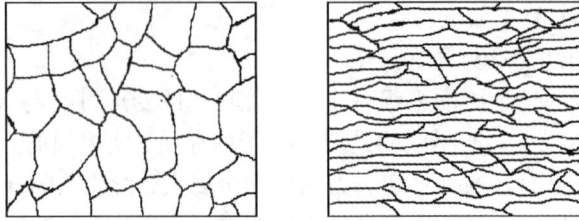

图 2-21 变形前后晶粒形状示意图

（2）亚结构形成

金属无塑性变形或塑性变形程度很小时，位错分布是均匀的。但在大量变形之后，由于位错运动及位错间的交互作用，位错分布变得不均匀了，并使晶粒碎化成许多位向略有差异的亚晶粒。在亚晶粒边界上聚集着大量位错，而其内部位错很少，如图 2-22 所示。

（3）形变织构产生

金属塑性变形到很大程度（70%以上）时，因晶粒发生转动，各晶粒的位向大致趋近于一致，形成特殊的择优取向，这种有序化（晶粒的位向大致趋近于一致的）结构叫做形变织构。形变织构一般分为两种：一种是各晶粒的一定晶向平行于拉拔方向，称为丝织构，例如低碳钢经大变形量冷拔后，其 <100> 平行于拔丝方向，如图 2-23(a) 所示；另一种是各晶粒的一定晶面和晶向平行于轧制方向，称为板织构，低碳钢的板织构为 {001} <110>，如图 2-23(b) 所示。

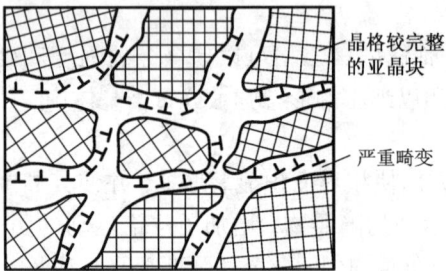

图 2-22 金属经变形后的亚结构

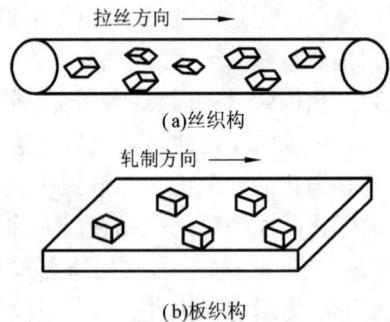

图 2-23 形变织构示意图

2.4.4 冷变形对金属性能的影响

（1）冷变形强化（加工硬化）

随着塑性变形量的增加，金属的强度、硬度升高，塑性、韧性下降，这种现象称为冷变形强化或加工硬化，如图 2-24 所示。

位错密度及其他晶体缺陷的增加是导致冷变形强化的根本原因。因为随着变形量的增加,位错密度急剧增高,位错间的交互作用增强,相互缠结,造成位错运动阻力的增大,引起塑性变形抗力提高。另一方面由于(晶粒碎化导致)亚晶界的增多。这都使强度得以提高。在生产中可通过冷轧、冷拔等冷加工工艺来提高钢板或钢丝的强度。

图 2 - 25 为冷变形后金属中的位错。通过增加位错密度来提高金属强度的现象称为位错强化。显然,冷变形强化属于位错强化。人们常常利用冷变形强化这一特性,用一种便宜的、经过变形的金属来代替未变形的、强度高但价格更贵的金属。另外,对不能热处理强化的材料,如铝、铜或不锈钢等单相合金,冷变形强化是提高其强度及硬度的有效方法。

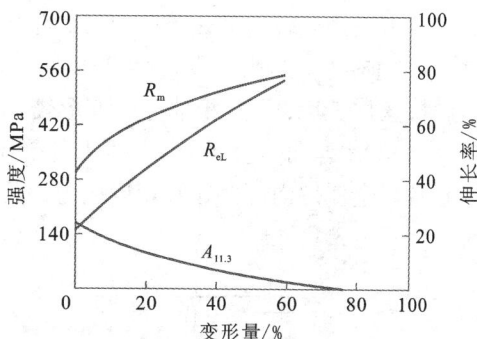

图 2 - 24 纯铜冷轧后的力学性能与形变程度的关系

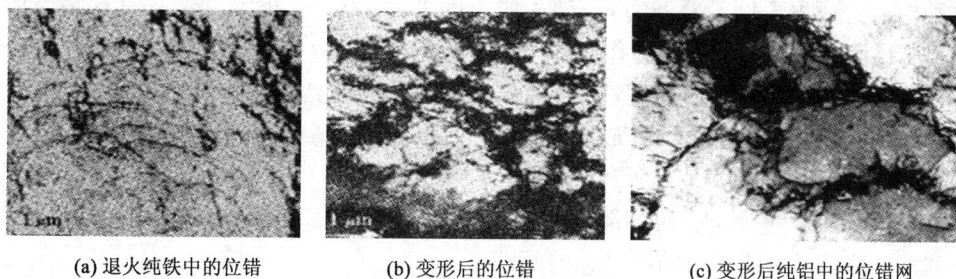

(a) 退火纯铁中的位错   (b) 变形后的位错   (c) 变形后纯铝中的位错网

图 2 - 25 冷变形后金属中的位错

(2)力学性能的各向异性

由于纤维组织和形变结构的形成,使金属的力学性能产生各向异性。如沿纤维方向的强度和塑性明显高于垂直方向的。具有形变织构的金属,在随后的再结晶退火过程中极易形成再结晶织构,采用有织构的板材冲制筒形零件时,由于在不同方向上塑性差别很大,零件的边缘出现"制耳",如图 2 - 26 所示。

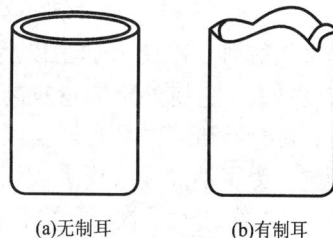

在某些情况下,织构的各向异性也有好处。制造变压器铁芯的硅钢片,因沿[100]方向最易磁化,采用这种织构可使铁损大大减小,因而变压器的效率大大提高。

(a)无制耳   (b)有制耳

图 2 - 26 因织构造成深冲制品的制耳示意图

(3)物理、化学性能的改变

塑性变形会给金属及合金带来物理、化学性能的改变,如电阻增大,耐腐蚀性降低。

(4)残余应力

由于金属在发生塑性变形时,金属内部变形不均匀,位错、空位等晶体缺陷增多,金属内部会产生残余内应力,即外力去除后,金属内部会留下残余应力。残余内应力会使金属的耐腐蚀性能降低，严重时可导致零件变形或开裂。但对于齿轮等零件，通过表面淬火或喷丸处理，将在表面产生较大的残余压应力，可提高疲劳强度。

①宏观内应力。是由于在塑性变形时，工件各部分之间的变形不均匀性所产生的。例如，金属拉丝加工后，因外缘部分的变形较心部少，结果使外缘受拉应力，心部受压应力（如图2-27所示）；弯曲一金属棒后，则上部受压应力，下部受拉应力（如图2-28所示）。一般来说，不希望金属件内部存在宏观内应力，但有时可利用零件表面残留的压应力来提高其疲劳寿命。

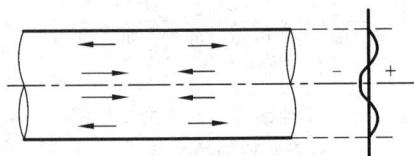

图2-27 金属拉丝后的残余应力

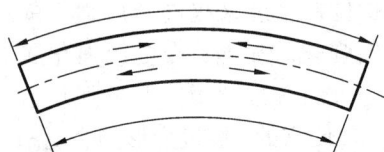

图2-28 金属棒弯曲后的残余应力

②微观内应力。是由于在塑性变形时，各晶粒或各亚晶粒之间的变形不均匀而产生的。虽然这种内应力所占比例不大（约占全部内应力的1%~2%），但在某些局部区域有时内应力很大，以致使工件在不大的外力作用下产生显微裂纹，并进而导致工件的断裂。

③点阵畸变。金属和合金经塑性变形后，位错、空位等晶体缺陷大大增加，使点阵中的一部分原子偏离其平衡位置，造成了点阵畸变。在变形金属的总储存能中，绝大多数（80%~90%）是属于点阵畸变能。

点阵畸变能提高了变形金属的能量，使之处于热力学不稳定状态，具有向稳定状态转变的自发趋向，这就是回复和再结晶过程的驱动力。

2.5 金属的再结晶与热变形加工

金属晶粒长大

2.5.1 冷变形金属在加热时组织和性能的变化

金属材料在冷变形加工以后，晶体缺陷密度增大，金属处于能量较高的不稳定状态，其组织和结构具有恢复到稳定状态的倾向。为了消除残余应力或恢复其某些性能（如提高塑性、韧性，降低硬度等），一般要对金属材料进行加热处理。而加工硬化虽然使塑性变形比较均匀，但却给进一步的冷成形加工（例如深冲）带来困难，所以常常需要将金属加热进行退火处理，以使其性能向塑性变形前的状态转化。对冷变形金属加热使原子扩散能力增加，金属将依次发生回复、再结晶和晶粒长大。对经过冷塑性变形的金属进行加热，其组

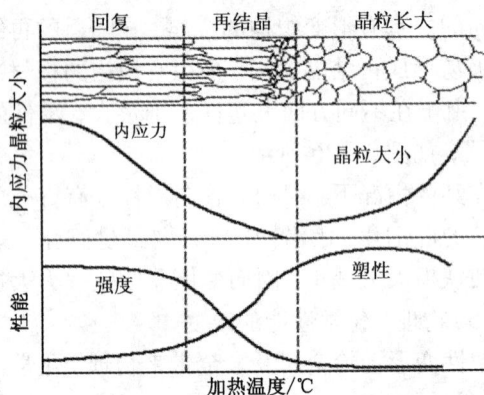

图2-29 冷变形金属在不同加热温度
时组织和性能的变化示意图

44

织和性能将发生如图 2 - 29 所示的回复、再结晶和晶粒长大的变化过程。

（1）回复

回复是指冷变形金属在较低温度加热时，在光学显微组织发生改变前（即再结晶晶粒形成前）所产生的某些亚结构和性能的变化过程。

产生回复的温度 $T_{回复}$ 为：

$$T_{回复} = (0.25 \sim 0.3) T_{熔点}$$

式中：$T_{熔点}$——该金属的熔点，K。

由于加热温度不高，原子扩散能力不是很大，只是晶粒内部位错、空位、间隙原子等缺陷通过移动、复合消失而大大减少，所以晶粒仍保持变形后的形态，变形金属的显微组织不发生明显的变化。此时材料的强度和硬度只略有降低，塑性有一定提高，但残余应力则大大降低。

在生产上，常利用回复现象将冷变形金属进行低温加热，既可消除内应力，稳定组织，又保留了加工硬化效果，这种方法称为去应力退火。例如，用冷拉钢丝卷制弹簧，在卷成之后都要进行一次 250 ~ 300℃的低温处理，以消除内应力使其定形。

（2）再结晶

冷变形后的多晶体金属进一步加热到足够高的温度，由于原子活动能力增大，晶粒的形状开始发生变化，在原先亚晶界上的位错大量聚集处，形成了新的位错密度低的结晶核心，并不断长大为新的、稳定的、无应变的等轴晶粒，取代了原来被拉长及破碎的旧晶粒，同时性能也发生明显的变化，并恢复到完全软化状态，这个过程称为再结晶，如图 2 - 30 所示。

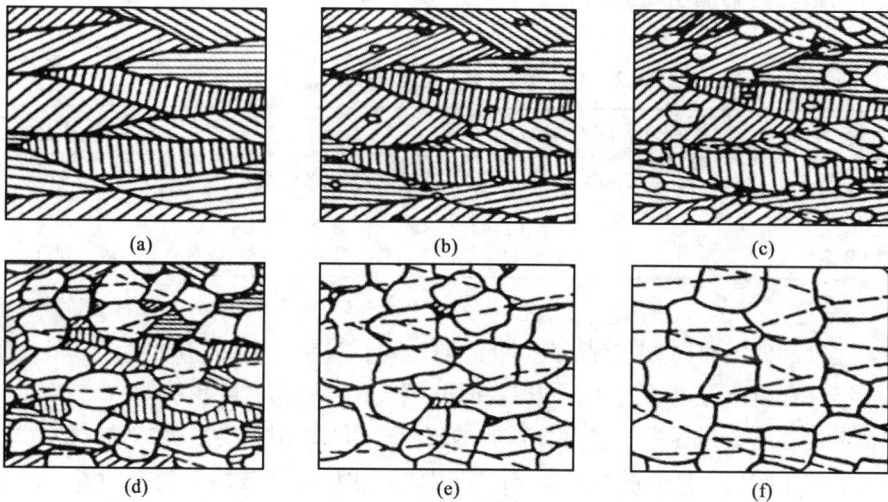

图 2 - 30　再结晶过程示意图

在变形过程中，由于冷变形强化，将引起变形抗力的增加，如变形太大，甚至出现断裂。为此，可在金属承受一定量初始冷变形后进行再结晶，使其塑性得以恢复并可经受进一步变形，这一工艺称再结晶退火。通过此工艺可使金属产生很大变形而不断裂。如果金属在再结晶温度以上发生变形，则变形和再结晶同时发生，因而不产生冷变形强化，可产生很大变形。

再结晶也可作为控制晶粒尺寸的手段。在不发生同素异晶转变的金属中，再结晶可使一种粗晶粒组织转变成细晶粒。但材料必须先进行塑性变形以提供再结晶的驱动力。

再结晶过程是一个形核和长大的过程。再结晶过程并不是一个相变过程，再结晶前后新旧晶粒的晶格类型和成分完全相同。

再结晶不是一个恒温过程，它是在一个温度范围内发生的。冷变形金属开始进行再结晶的最低温度称为再结晶温度。实验表明，纯金属的再结晶温度与其熔点有如下关系：

$$T_{再} = (0.35 \sim 0.45) T_{熔点} \quad (T \text{ 为绝对温度})$$

最低再结晶温度与下列因素有关：

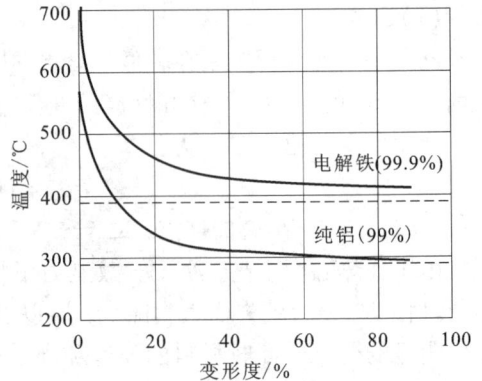

图 2-31 预先变形度对金属
再结晶温度的影响

①预先变形度：金属再结晶前塑性变形的相对变形量称为预先变形度。预先变形度越大，金属的晶体缺陷越多，组织越不稳定，最低再结晶温度也就越低。当预先变形度达到一定大小后，金属的最低再结晶温度趋于某一稳定值，如图2-31所示。

②金属的熔点：熔点越高，最低再结晶温度也就越高。

③杂质与合金元素：杂质和合金元素（特别是高熔点元素）阻碍原子扩散和晶界迁移，可显著提高最低再结晶温度。例如高纯度铝（99.999%）的最低再结晶温度为80℃，而工业纯铝（99.0%）的最低再结晶温度提高到了290℃，如表2-4所示。

表 2-4　几种金属和合金的再结晶温度

材　料	再结晶温度/℃	材　料	再结晶温度/℃
铜（无氧铜）	200	铜锌合金（Zn 5%）	320
铝（99.999%）	80	铝（99.0%）	290
镍（99.99%）	370	镍（99.4%）	600

④加热速度和保温时间：再结晶是一个扩散过程，需要一定的时间才能完成。提高加热速度会使再结晶在较高温度下发生，而保温时间越长，再结晶温度越低。

再结晶是物理冶金过程中一个十分重要的现象。可以利用再结晶软化材料，如经过拉拔的线材发生了加工硬化，只有进行多次再结晶退火软化后才能继续拉拔直到最终尺寸。对于不能通过相变细化晶粒的材料，可以通过形变再结晶工艺使晶粒得到细化。深冲钢和硅钢也要通过形变再结晶获取合适的织构，达到改善深冲性能和磁性的目的。

（3）晶粒长大

再结晶阶段结束后，金属获得了均匀细小的等轴晶粒。这些细小的晶粒具有潜伏长大的趋势。如果再继续升高温度或者延长保温时间，金属的晶粒将会以互相吞并的方式继续长大。这一阶段称为晶粒长大。再结晶的晶粒长大受以下因素的影响：

①加热温度与保温时间：再结晶加热温度越高，保温时间越长，金属的晶粒越大，其中

加热温度的影响尤为显著,如图 2 - 32 所示。这是由于加热温度升高,原子扩散能力和晶界迁移能力增强,有利于晶粒长大。

②预先变形程度:预先变形程度对再结晶晶粒大小的影响如图 2 - 32 所示。预先变形度的影响,实质上是变形均匀程度的影响。当变形程度很小时,由于金属的畸变能也很小,不足以引起再结晶,因而晶粒仍保持原来的形状。

当变形程度达 2% ~ 10% 时,金属中只有部分晶粒发生变形,变形极不均匀,再结晶时形成的核心数不多,可以充分长大,从而导致再结晶后的晶粒特别粗大。这个变形程度称为临界变形度(如图 2 - 32 所示)。生产中应尽量避开这一变形程度。

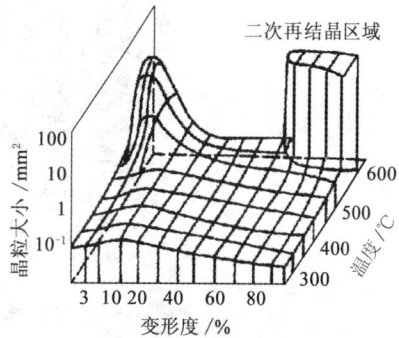

图 2 - 32 再结晶晶粒度与预先变形度及温度之间的关系

超过临界变形程度之后,随变形程度的增加,变形越来越均匀,再结晶时形成的核心数大大增多,故可获得细小的晶粒,并且在变形量达到一定程度后,晶粒大小基本不变。

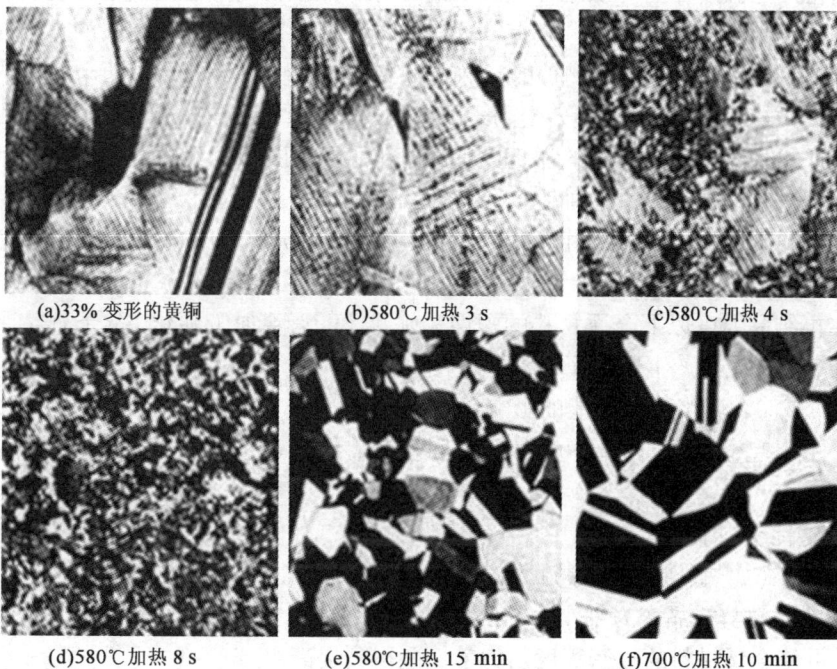

(a)33% 变形的黄铜   (b)580℃ 加热 3 s   (c)580℃ 加热 4 s

(d)580℃ 加热 8 s   (e)580℃ 加热 15 min   (f)700℃ 加热 10 min

图 2 - 33 变形黄铜的再结晶(75 ×)

金属的冷塑性变形程度,是影响再结晶晶粒度的最重要因素之一。在其他条件相同时,再结晶晶粒度与预变形度及温度之间的关系如图 2 - 32 所示。

图 2 - 33 是黄铜的再结晶晶粒度与再结晶温度、时间的关系,图 2 - 34 是纯铝再结晶晶粒度与预变形度之间的关系。

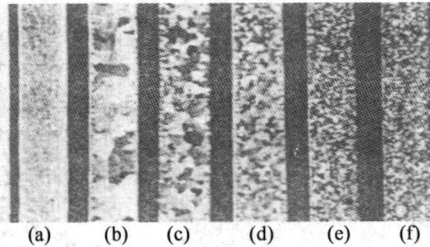

变形度：(a)0%；(b)3%；(c)6%；(d)9%；(e)12%；(f)15%

图 2 - 34　纯铝再结晶晶粒度与预变形度之间的关系

应该指出，在再结晶过程中，晶粒形状改变了，但杂质仍呈条状保留下来，故再结晶过程不能消除纤维组织。

2.5.2　金属的热变形加工

（1）热加工与冷加工的区别

通常以再结晶温度作为冷加工和热加工的分界。低于再结晶温度的加工称为冷加工，高于再结晶温度的加工称为热加工。但是，这样的划分不大严格，因为一般的再结晶温度是在先变形后加热，且在规定条件下测得的，与热加工时加工硬化与再结晶两个过程同时进行的情况不完全一致。有的加工虽在较高温度下进行，但未能完全消除加工硬化，这种加工仍属于冷加工。严格地说，对于所有的加工速度，材料能够不断地发生再结晶并完全消除加工硬化的温度下所进行的加工称为热加工。

各种金属材料的再结晶温度相差很大。钨在 800℃ 变形仍为冷加工，而铅在室温下变形就可称为热加工。

由于在再结晶温度以上金属材料的塑性较好，且可消除加工硬化，故能连续承受很大的变形而不断裂，这在生产上得到了广泛的应用。

（2）热加工对金属组织和性能的影响

热加工不引起金属的加工硬化，但因有回复和再结晶过程产生，金属的组织和性能也发生显著变化。

1）消除铸锭组织缺陷

通过热加工（如热轧、锻造等）可使金属毛坯中的气孔和疏松焊合，部分消除某些偏析，将粗大的柱状晶粒与枝晶变为细小均匀的等轴晶粒，改善夹杂物、碳化物的形态、大小与分布，其结果可使金属材料的致密程度与力学性能得到提高。

2）细化晶粒

热加工的金属经过塑性变形和再结晶作用，一般可使晶粒细化，因而可以提高金属的力学性能。但热加工金属的晶粒大小与变形程度和终止加工的温度有关。变形程度小，终止加工的温度过高，再结晶晶核长大又快，加工后得到粗大晶粒；相反则得到细小晶粒。但终止加工温度不能过低，否则造成形变强化及残余应力。因此，制定正确的热加工工艺规范，对改善金属的性能有重要的意义。

3）形成锻造流线

金属内部的夹杂物（如 MnS 等）在高温下具有一定的塑性，在热变形过程中，金属铸锭中的粗大枝晶和各种夹杂物都要沿变形方向伸长，这样就使金属铸锭中枝晶间富集的杂质和非金属夹杂物的走向逐步与变形方向一致，使之变成条状带、线状或片层状，在宏观试样上沿着变形方向呈现为一条条的细线，这就是热变形金属中的流线。由一条条流线勾划出来的这种组织称为热变形纤维组织。

由于锻造流线的出现，使金属材料的性能在不同的方向上有明显的差异。通常沿流线方向，其抗拉强度及韧性高，而抗剪强度低。在垂直于流线方向上，抗剪强度较高，而抗拉强度较低。表 2-5 表示 $w(C) = 0.45\%$ 的碳钢力学性能与流线方向的关系。

表 2-5　碳钢 $[w(C) = 0.45\%]$ 力学性能与流线方向的关系

流线方向	R_m/MPa	$R_{r0.2}$/MPa	$A_{11.3}$/%	Z/%	a_k/(J·cm^{-2})
纵向	715	470	17.5	62.8	62
横向	675	440	10.0	31.0	30

采用正确的热加工工艺，可以使流线合理分布，以保证金属材料的力学性能。图 2-35（a）为锻造曲轴的流线分布，图 2-35（b）为切削加工曲轴的流线分布。很明显，锻造曲轴流线分布合理，因而其力学性能较高。在生产上，广泛采用模型锻造方法以制造齿轮及中小型曲轴，用局部镦粗法制造螺栓。

用热处理方法不能消除或改变工件中的流线分布，而只能依靠适当的塑性变形加以改善。在某些场合下，不希望金属材料中出现各向异性，此时须采用不同方向的变形（如锻造时采用镦粗与拔长交替进行）以打乱流线的方向性。

4）形成带状组织

若钢在铸态下存在严重的夹杂物偏析，或热变形加工时的温度过低，则在钢中出现沿变形方向呈带状或层状分布的显微组织称为带状组织，如图 2-36 所示。

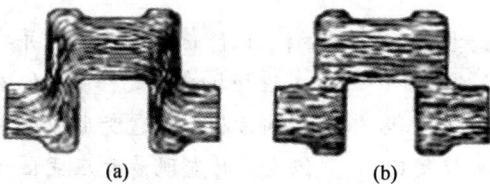

图 2-35　曲轴流线示意图
（a）锻造成形的曲轴；（b）切削成形的曲轴

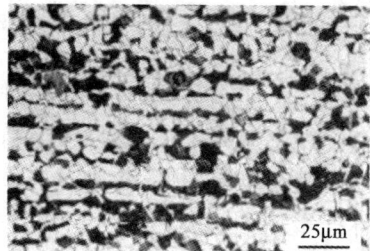

25μm

图 2-36　钢中带状组织

带状组织使钢的性能变坏，特别是横向的塑性、韧性降低。可以通过正火处理来消除，严重者则需通过扩散退火及随后的正火加以改善。

习 题

1. 什么是材料的力学性能？材料的力学性能包括哪些主要指标？

2. 什么是应力和应变？低碳钢的拉伸应力－应变曲线可分为哪几个变形阶段？各变形阶段有何明显特征？

3. 由拉伸试验可以得出哪些力学性能指标？在工程上这些指标是怎样定义的？

4. 下列零件图样上标注的硬度是否正确？为什么？

(1) HRC68－74　　　　　　(2)550－650 HBS　　　　　　(3)HV300－350

5. 什么是冲击韧度？有了塑性指标为何还要测定韧性指标？

6. 什么是疲劳强度？为什么说疲劳断裂对机械零件有很大的潜在危险性？

7. 下列工件应采用何种硬度试验方法进行测定？其硬度符号是什么？

(1)锉刀　　　　　　(2)黄铜轴套　　　　　　(3)耐磨工件的表面硬化层

8. 什么是金属的工艺性能？主要包括哪些内容？

9. 晶体中弹性变形和塑性变形有何区别？

10. 滑移面和滑移方向的特点是什么？

11. 为什么不同晶格类型的金属显示出不同的变形特征？三种金属晶体结构中哪一种的塑性最大？为什么？

12. 滑移的本质是什么？简述滑移的位错理论。

13. 简述滑移变形和孪生变形的特点。

14. 与单晶体的塑性变形相比较，说明多晶体塑性变形的特点。

15. 产生冷变形强化的实质是什么？有何实用价值？

16. 金属冷塑性变形后，组织和性能会发生什么变化？

17. 晶粒的大小对室温强度和塑性变形有什么影响？为什么？

18. 简述回复、再结晶及晶粒长大过程。

19. 怎样区分冷加工和热加工？钨板在1100℃加工变形和铅板在室温加工变形时，其组织和性能会有怎样的变化(已知钨、铅的熔点分别为3380℃和327℃)？热加工会造成哪些组织缺陷？

20. 某厂欲用一较薄的高强度材料代换原08钢生产某种冲压件，以降低产品重量，并要求在可能的情况下保留原设计，因而可保留原来的冲模。一青年工程师接受了此任务，他首先对新材料进行拉伸试验，得到延伸率为6%，然后他在08钢板上划方格，使它变形成要求形状，得出最大应变为4%，于是认为新材料完全可代用08钢。但生产时发现最大应变区出现许多破裂损坏，即塑性不够。试问该工程师忽略了什么？

21. 在制造齿轮时，有时采用喷丸法(将金属丸喷射到零件表面上)使齿面得以强化。试分析其强化原因。

22. 简述强化金属材料的基本方法(细晶强化、固溶强化、弥散强化、变形强化或位错强化)。

50

第3章
二元合金相图与铁碳合金

【概述】

◎相是合金中具有同一化学成分、同一结构和原子聚集状态，并以明显的界面互相分开的、均匀的组成部分。相图是表示合金系中合金的状态与温度、成分之间关系的图解。通过分析合金相图，可以知道各种成分的合金在不同温度下存在哪些相、各个相的成分及其相对含量。本章介绍二元合金相图的基础知识，结合 $Fe-Fe_3C$ 相图，讨论铁碳合金的结晶过程及其组织，综合分析合金性能与相图之间的关系。

3.1 二元合金相图的基本知识

建立和利用合金相图，可以知道各种成分的合金在不同温度下存在哪些相、各个相的成分及其相对含量。不同合金系的合金，在固态下具有不同的显微组织，对于同一合金系的合金，由于合金的成分不同，以及所处的温度不同，在固态下也会形成不同的显微组织。所以相图是研究合金中各种组织形成和变化规律的有效工具，也是生产实践中正确制订冶炼、铸造、锻压、焊接、热处理工艺的重要依据。掌握相图的分析和使用方法，对于了解合金的化学成分、组织与性能之间的关系，提高和改善合金的性能，研究和开发新的合金材料，具有重要的指导意义。

3.1.1 二元合金相图的表示方法

合金存在的状态通常由合金的成分、温度和压力三个因素决定，当化学成分变化时，合金中存在的相及相的相对含量也随之变化。同样，当温度和压力发生变化时，合金所存在的状态也要发生变化。由于合金的熔炼和加工都是在常压下进行，所以合金的状态可由合金的成分和温度两个因素决定。

纯金属可以用一条表示温度的纵坐标将其在不同温度下的组织状态表示出来。纯铜的冷却曲线及相图如图3-1所示。以纵坐标表示温度，把冷却曲线上的转变点投影到温度坐标上。1点为纯铜冷却曲线上的结晶温度（1083℃）在温度轴上的投影，即纯铜的相转变温度（称为临界点）。1点以上表示纯铜处于液体状态（液相）；1点以下表示纯铜处于固体状态（固相）。所以纯金属的相图，只用一条温度纵坐标轴就能表示。

二元合金中组成相的变化不仅与温度有关，而且还与合金成分有关。因此不能简单地用一个温度坐标轴表示，必须增加一个表示合金成分的横坐标。所以二元合金相图是以温度为纵坐标、以合金成分为横坐标的平面图形。现以 Cu – Ni 合金相图为例来说明二元合金相图的表示方法。

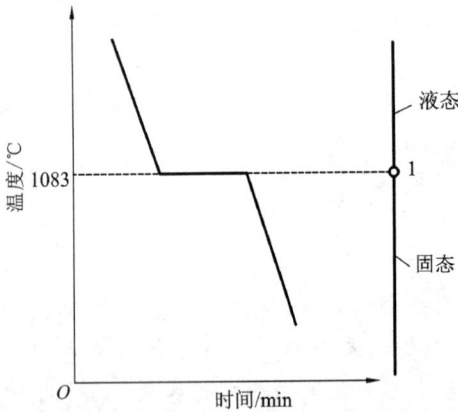

图 3 – 1　纯铜的冷却曲线及相图

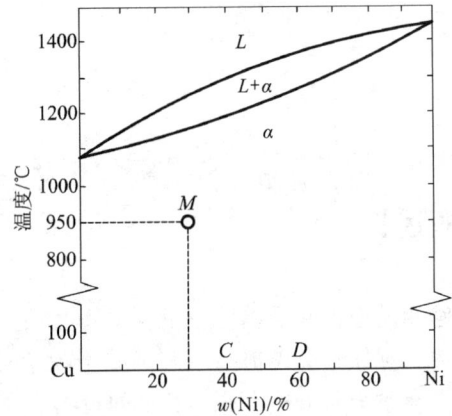

图 3 – 2　Cu – Ni 合金相图

图 3 – 2 是 Cu – Ni 合金相图，图上纵坐标表示温度，横坐标表示合金成分。横坐标从左到右表示合金成分的变化，即 Ni 的含量由 0% 向 100% 逐渐增大；而 Cu 的含量相应地由100% 向 0% 逐渐减少。在横坐标上任何一点都代表一种成分的合金，例如 C 点代表含 40%Ni + 60% Cu 的合金，D 点代表含 60% Ni + 40% Cu 的合金。通过成分坐标上的任一点作的垂线称为合金线，合金线上不同的点表示该成分合金处于某一温度下的相组成。因此，相图上的任意一点都代表某一成分的合金在某一温度时的相组成（或显微组织）。例如 M 点表示30% Ni + 70% Cu 的合金在 950℃时，其组织为单相 α 固溶体。

3.1.2　二元合金相图的建立方法

合金相图建立

合金相图是用实验方法测定出来的。测定二元合金相图的方法很多，有热分析法、金相法、膨胀法、磁性法、电阻法、硬度法及 X 射线结构分析法等。通常采用多种方法并用。下面以 Cu – Ni 二元合金系为例，说明应用热分析法测定其临界点及绘制相图的过程。

1）配制一系列成分不同的 Cu – Ni 合金：

①100% Cu；　　　　②80% Cu + 20% Ni；　　　　③60% Cu + 40% Ni；

④40% Cu + 60% Ni；　　⑤20% Cu + 80% Ni；　　　⑥100% Ni。

2）用热分析法测出所配制的各合金的冷却曲线，如图 3 – 3(a)所示。

3）找出各冷却曲线上的临界点，如图 3 – 3(a)所示。

由 Cu – Ni 合金系的冷却曲线可见，纯铜及纯镍的冷却曲线都有一个平台（水平线段），这说明纯金属的结晶过程是在恒温下进行的，故只有一个临界点。其他四个合金的冷却曲线上不出现平台，但却有两个转折点，即有两个临界点。这表明四个合金都分别是在一定温度范围内进行结晶的。温度较高的临界点表示开始结晶温度，称为上临界点，在图上用"○"表

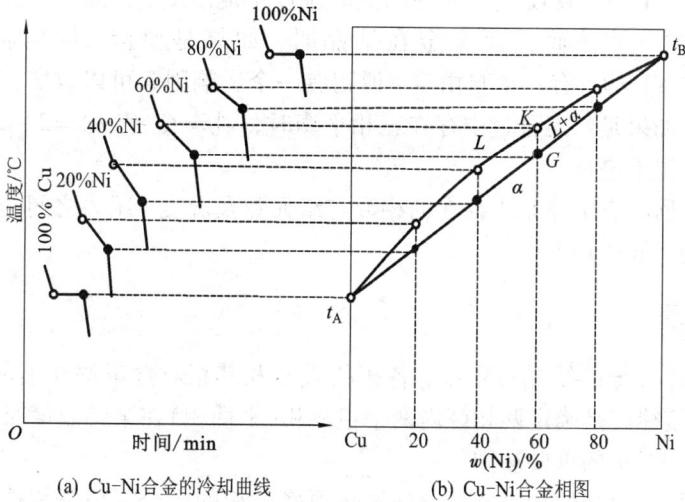

(a) Cu-Ni合金的冷却曲线   (b) Cu-Ni合金相图

图 3 – 3   用热分析法测定 Cu – Ni 合金相图

示；温度较低的临界点表示结晶终了温度，称为下临界点，在图上用"●"表示。

4)将各个合金的临界点分别标注在温度 – 成分坐标图中相应的合金线上。

5)连接各相同意义的临界点，所得的线称为相界线。这样就获得了 Cu – Ni 合金相图，如图 3 –3(b)所示。图中各开始结晶温度连成的相界线 $t_A K t_B$ 线称为液相线，各终了结晶温度连成的相界线 $t_A G t_B$ 线称为固相线。

从上述测定相图的方法可知，如配制的合金数目越多，所用金属的纯度愈高，热分析时冷却速度越缓慢，则所测定的合金相图就越精确。

3.1.3   相律

合金按组成组元的多少，分为单元系合金和多元系合金。组元数(C)为一的体系称为单元系。组元数为二、三的体系则分别称为二元系、三元系等。多相(P 个相)体系中，每个组元在各相中的化学势都必须彼此相等，各相才处于平衡状态。因而处于平衡状态的多元系中可能存在的相数将有一定的限制。按照热力学条件，这种限制可用吉布斯相律表示，即：

$$f = C - P + 2$$

式中：f——体系的自由度，是指不影响体系平衡状态的独立可变参数(如温度、压力、浓度等)的数目；

C——体系的组元数；

P——相数。

对于不含气相的凝聚体系，压力在通常范围的变化对平衡的影响极小，一般可认为是常量。因此相律可写成下列形式：

$$f = C - P + 1$$

根据相律，我们可以确定纯金属最多只有两相平衡共存，二元合金最多是三相平衡共存，三元合金则最多是四相平衡共存。根据相律，我们还可以说明纯金属和合金结晶时的某些差异。如纯金属在结晶时，存在液相和固相两个相，即相数 $P = 2$，由相律可得出

53

$f = C - P + 1 = 1 - 2 + 1 = 0$，说明纯金属在结晶时温度不能改变，只能在恒温下进行，从冷却曲线上也可看出这一点。而二元合金在结晶时，如果是要液、固两相平衡共存，则 $f = C - P + 1 = 2 - 2 + 1 = 1$，有一个自由度，说明有一个影响因素可以改变，因而可以在一个温度范围内进行。如果是二元合金中存在三相平衡时，则 $f = C - P + 1 = 2 - 3 + 1 = 0$，因而这种转变也只能在恒温下进行。

相律给出了平衡状态下体系中存在的相数与组元数及温度、压力之间的关系，对分析和研究相图有重要的指导作用。

3.1.4 杠杆定律

杠杆定律

在合金的结晶过程中，各相的成分及其相对含量都在不断地发生着变化。杠杆定律就是确定两相区内两个组成相（平衡相）在某一温度时两相的成分以及相的相对量的重要法则。

要确定相的相对含量，首先必须确定相的成分。根据相律可知，当二元系处于两相共存时，其自由度 f 为1，这说明只有一个独立变量，例如温度可变，那么两个平衡相的成分均随温度的变化而变化。事实上，这是一对代表两个平衡相的成分和温度的共扼曲线，或者说，两平衡相的成分和温度必须是，也只能是一一相对应的。当温度恒定时，自由度 f 为零，两个平衡相的成分也即随之固定不变。两个相成分点之间的连线（等温线）称为连接线。实际上两个平衡相的成分点即为连接线与平衡曲线的交点。下面以 Cu - Ni 合金为例进行说明。

如图 3 - 4 所示，在 Cu - Ni 二元合金相图中，液相线是表示液相的成分随温度变化的平衡曲线，固相线是表示固相的成分随温度变化的平衡曲线。含镍量为 $C\%$ 的合金 I 在温度 t_1 时，处于两相平衡状态，即 $L + \alpha$，要确定液相 L 和固相 α 的成分，可通过温度 t_1 作一水平线段 arb，分别与液、固相线相交于 a 和 b，a、b 两点在成分坐标上的投影 C_L 和 C_α，即分别表示合金 I 在温度为 t_1 时的液、固两相的成分。

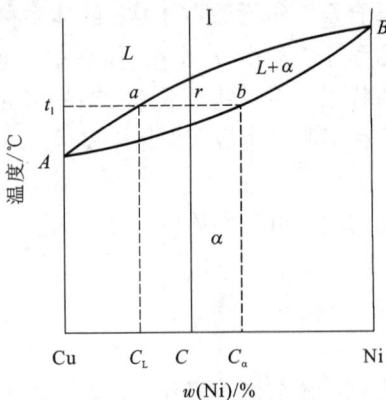

图 3 - 4 杠杆定律的证明

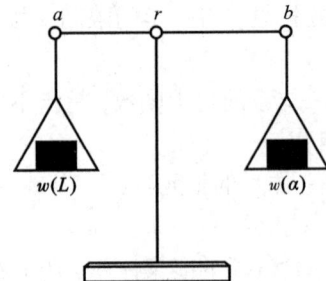

图 3 - 5 杠杆定律的力学比喻

下面计算液相和固相在温度 t_1 时的相对含量。设合金的总质量为1，液相的质量为 $w(L)$，固相的质量为 $w(\alpha)$，则有

$$w(L) + w(\alpha) = 1$$

此外，合金 I 中的含镍量等于液相和固相中镍的含量之和，即

$$w(L) \cdot C_L + w(\alpha) \cdot C_\alpha = 1C$$

由以上两式可以得出

$$w(\alpha) = \frac{C - C_L}{C_\alpha - C_L} = \frac{ar}{ab}$$

$$w(L) = \frac{C_\alpha - C}{C_\alpha - C_L} = \frac{rb}{ab}$$

或

$$\frac{w(L)}{w(\alpha)} = \frac{rb}{ar}$$

如果将合金 I 成分 C 的 r 点看作支点，将 $w(L)$ 和 $w(\alpha)$ 看作是作用于 a 和 b 的力（如图 3 – 5 所示），则按力学杠杆原理可得出：

$$w(L) \cdot ar = w(\alpha) \cdot rb$$

故称为杠杆定律。即合金在某温度下两平衡相的质量比等于该温度下与各自相区距离较远的成分线段之比。

因此，可求得两平衡相的相对量分别为：

$$w(L) = \frac{rb}{ab} \times 100\%$$

$$w(\alpha) = \frac{ar}{ab} \times 100\%$$

3.2　二元合金相图的基本类型

目前，通过实验已测定了许多二元合金相图，其形式大多比较复杂，然而，复杂的相图可以看成是由若干基本的简单相图所组成的。下面将着重分析几种基本的二元合金相图。

3.2.1　二元匀晶相图

凡是二元合金系中两组元在液态下可以任何比例均匀的相互溶解，在固态下能形成无限固溶体时，其相图属于二元匀晶相图。例如 Cu – Ni、Fe – Cr、Au – Ag 等合金系都属于这类相图。由液相结晶出均一固相的过程就称为匀晶转变。下面以 Cu – Ni 合金相图为例，对匀晶相图进行分析。

（1）相图分析

如图 3 – 6（a）所示为 Cu – Ni 合金相图，图中 $t_A = 1083℃$ 为纯铜的熔点；$t_B = 1455℃$ 为纯镍的熔点。

$t_A L_3 L_2 L_1 t_B$ 为液相线，代表各种成分的 Cu – Ni 合金在冷却过程中开始结晶、或在加热过程中熔化终了的温度；$t_A \alpha_3 \alpha_2 \alpha_1 t_B$ 为固相线，代表各种成分的合金冷却过程中结晶终了、或在加热过程中开始熔化的温度。

液相线与固相线把整个相图分为三个不同相区。在液相线以上是单相的液相区，合金处于液体状态，以"L"表示；固相线以下是单相的固溶体区，合金处于固体状态，为 Cu 与 Ni 组成的无限固溶体，以"α"表示；在液相线与固相线之间是液相和固相的两相共存区，即结晶

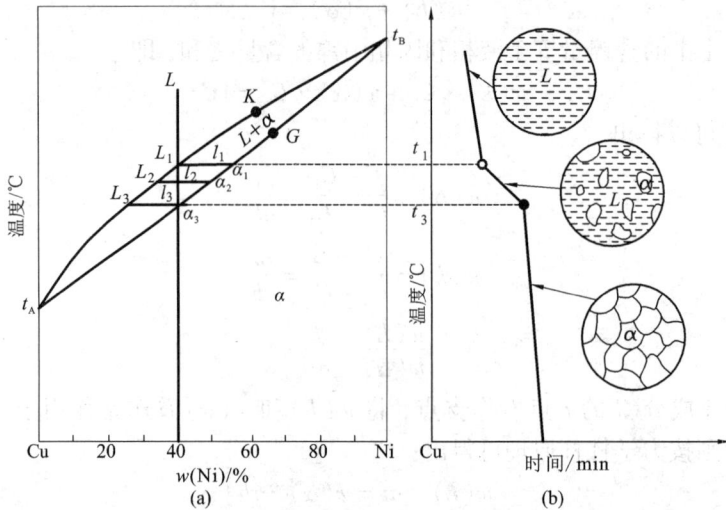

图 3 – 6　Cu – Ni 合金相图及典型合金平衡结晶过程分析

区，以"$L+\alpha$"表示。

Cu-Ni合金结晶过程

（2）典型合金的结晶过程分析

现以含 40% Ni 的 Cu – Ni 合金为例，分析其结晶过程，如图 3 – 6（b）所示。

由图 3 – 6（a）可见，该合金的合金线与相图上液相线、固相线分别在 t_1、t_3 温度时相交，这就是说，该合金是在 t_1 温度时开始结晶，在 t_3 温度时结晶结束。因此，当合金自高温液态缓慢冷却到 t_1 温度时，开始从液相中结晶出 α 固溶体，随着温度的下降，α 固溶体量不断增多，剩余液相量不断减少。直到温度降到 t_3 温度时，合金结晶终了，获得了 Cu 与 Ni 组成的 α 固溶体。

必须指出，在合金结晶过程中，结晶出的 α 固溶体成分和剩余的液相成分都与原来合金成分是不相同的。若要知道上述合金在结晶过程中某一温度时两相的成分，可通过该合金线上相当于该温度的点作水平线，此水平线与液相线及固相线的交点在成分坐标上的投影，即相应地表示该温度下液相和固相的成分。由图 3 – 6（a）可见，在 t_1 温度时液相与固相的成分分别为 L_1 点和 α_1 点在成分坐标上的投影。其原因可解释为：当液相冷却到 t_1 温度时，结晶出 α_1 成分的固溶体；当 α_1 点成分的合金重新加热到 t_1 温度时，便开始熔化。所以，在 t_1 温度时，与成分为 L_1 的液相处于平衡状态的 α 固溶体的成分一定是 α_1。同理，在 t_2 温度时液、固两相的成分，在通过原子充分扩散而达到平衡状态时，应分别为 L_2 点和 α_2 点在成分坐标上的投影；在 t_3 温度时合金结晶终了，经过原子充分扩散后，最终获得与原合金成分相同（即 α_3 点在成分坐标上的投影——40% Ni + 60% Cu）的单相 α 固溶体。固溶体合金的显微组织与纯金属类似，是由多面体的固溶体晶粒所组成的。图 3 – 7 为 Cu – Ni 合金固溶体的显微组织。

其他成分合金的结晶过程均与上述合金相似。可见，固溶体合金的结晶过程与纯金属不同，其特点是：固溶体合金在一定温度范围内进行结晶，已结晶的固溶体成分不断沿固相线变化，剩余液相成分不断沿液相线变化，最终得到成分与原液相成分相同的固溶体组织。

（3）杠杆定律的应用

如上所述，在合金相图中液、固两相并存的两相区内，若已给定某一温度，就能确定在

56

该温度下液、固两相的成分，并且可根据杠杆定律来确定在该温度下，液、固两相的相对量。如图 3-8 中，任一含 $x\%\,Ni$ 的 $Cu-Ni$ 合金，在 t 温度时，液相成分为 $x_1\%\,Ni$，固相成分为 $x_2\%\,Ni$。在这一温度下，已结晶出的固相 α 和剩余液相 L 的相对量分别是：

$$w(\alpha) = \frac{x - x_1}{x_2 - x_1} \times 100\%$$

$$w(L) = \frac{x_2 - x}{x_2 - x_1} \times 100\%$$

或

$$w(L) = 1 - w(\alpha)$$

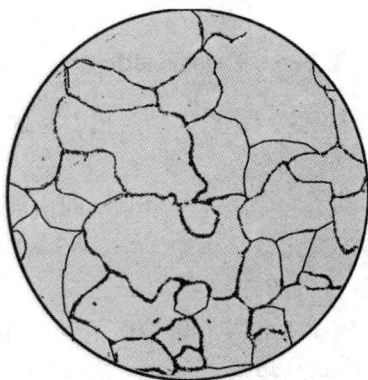

图 3-7　Cu-Ni 合金固溶体的显微组织

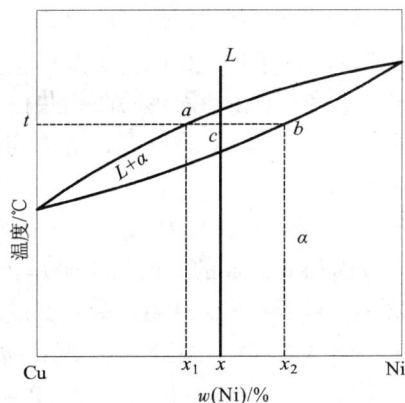

图 3-8　杠杆定律的应用

3.2.2　二元共晶相图

二元合金系中，一定成分的液相，在一定温度下同时结晶出成分一定的两种不相同固相的转变，称为共晶转变。凡二元合金系中两组元在液态下能完全互溶，在固态下形成两种不同固相，并发生共晶转变的相图均属于二元共晶相图。

根据两组元在固态下相互作用的不同，共晶相图可分为简单共晶相图和一般共晶相图两类。属于简单共晶相图的有 Be-Si、Cd-Bi 等二元合金相图，属于一般共晶相图的有 Pb-Sn、Pb-Sb、Al-Si、Ag-Cu 等二元合金相图。下面就这两类相图进行分析。

（1）相图分析

①简单共晶相图：在液态下能完全互溶，在固态下彼此互不溶解的共晶相图，如图 3-9 中 A、B 两组元组成的二元相图，称为简单共晶相图。在图 3-9 简单共晶相图中，t_A 点为组元 A 的熔点，t_B 点为组元 B 的熔点。

$t_A C$ 线为液相线，合金线与它的交点表示该合金在冷却过程中开始结晶出固相 A 组元的温度。$t_B C$ 也是液相线，合金线与它的交点表示该合金在冷却过程中开始结晶出固相 B 组元的温度。由结晶终了温度连成的水平线 DCE 线为固相线。液相冷却到 DCE 线都要发生共晶转变，所以又称为共晶线。

C 点是液相线 $t_A C$、$t_B C$ 与固相线 DCE 的交点，表示成分为 C 的合金冷却到 t 温度时，液相将在恒温下同时结晶出固相为（A+B）的机械混合物，即发生了共晶转变，其反应式为：

$$L_C \underset{}{\overset{t^{\circ}C}{\rightleftharpoons}} A + B$$

由共晶转变所获得的两相机械混合物组织称为共晶组织或共晶体，C 点称为共晶点。由图 3-9 可见，液相线 t_A C、$t_B C$ 与固相线 DCE 把整个相图分为四个不同的相区。在液相线 $t_A C$ 与 $t_B C$ 以上是单相的液相区，合金处于液体状态，以"L"表示；固相线 DCE 以下，因为两组元在固态下互不溶解，所以是 A + B 两种固相共存的两相区；在液相线与固相线之间是液相和固相的两相共存

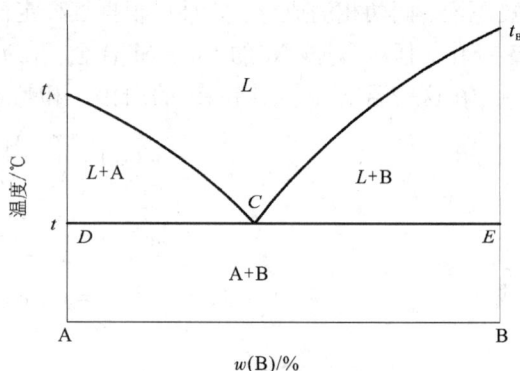

图 3-9　简单共晶相图

区，即结晶区，其中 $t_A CD$ 区是液相 L 与固相 A 共存的两相区，$t_B CE$ 区是液相 L 与固相 B 共存的两相区。

在二元共晶相图中，DCE 线是一条水平线，即共晶线，它是一个三相区，即由液相 L 和固相 A 及固相 B 组成的。根据相律 $f = C - P + 1$，可知在二元合金系中，$f = 2 - 3 + 1 = 0$，因此 DCE 共晶线是一条水平线，表示共晶转变是在恒温下进行的。

②一般共晶相图：两组元在液态下能完全互溶，在固态下相互有限溶解的共晶相图，称为一般共晶相图。图 3-10 是由 A、B 两组元组成的一般共晶相图。

为了便于分析，可以把图 3-10 分成如图 3-11 所示的三个部分。很明显，图 3-11 中左右两部分就是部分的匀晶相图，中间部分就是一个简单共晶相图。

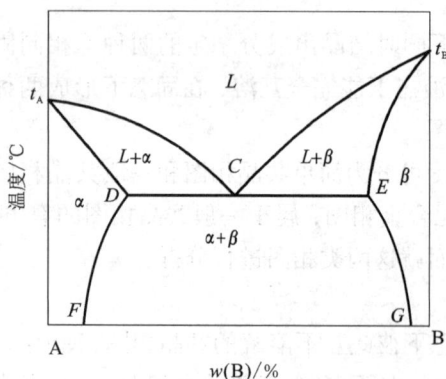

图 3-10　一般共晶相图

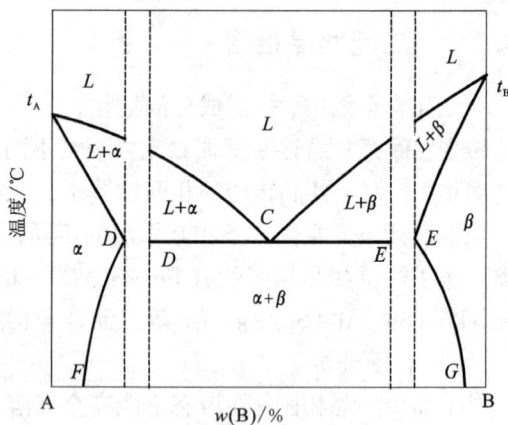

图 3-11　一般共晶相图的分析

图 3-11 的左边部分就是溶质 B 溶于溶剂 A 中形成 α 固溶体的匀晶相图，由于在固态下 B 组元只能有限溶解于 A 组元中，且其溶解度随着温度的降低而逐渐减小，故 DF 线就是 B 组元在 A 组元中的固相溶解度曲线，简称为固溶线。

同理，图 3-11 的右边部分就是溶质 A 溶于溶剂 B 中形成 β 固溶体的匀晶相图，由于在固态下 A 组元只能有限溶解于 B 组元中，其溶解度也随着温度的降低而逐渐减小，故 EG 线

就是 A 组元在 B 组元中的固溶线。

图 3 – 11 的中间部分是一简单共晶相图,它与图 3 – 9 在图形上没有什么差别,但图 3 –9 所示相图的左右两边是两组元 A 与 B,其共晶转变的反应为:

$$Lc \xrightarrow{\text{恒温}} A + B$$

而图 3 – 11 中间部分相图的左右两边却是两种有限固溶体 α 与 β,其共晶转变的反应为:

$$Lc \xrightarrow{\text{恒温}} \alpha + \beta$$

根据上述分析,并对照已熟悉的匀晶相图与简单共晶相图,就很容易识读如图 3 – 10 所示的一般共晶相图了。

图中 t_A、t_B 点分别为组元 A 与组元 B 的熔点;C 点为共晶点。

$t_A C$、$t_B C$ 线为液相线,液相在 $t_A C$ 线上开始结晶出 α 固溶体,液相在 $t_B C$ 线上开始结晶出 β 固溶体。

$t_A D$、$t_B E$ 和 DCE 线为固相线;$t_A D$ 线是液相结晶成 α 固溶体的终了线;$t_B E$ 线是液相结晶成 β 固溶体的终了线;DCE 线是共晶线,液相在该线上将发生共晶转变,结晶出 $(\alpha + \beta)$ 共晶体。

DF、EG 线分别为 α 固溶体与 β 固溶体的固溶线。

上述相界线把整个一般共晶相图分成 6 个不同相区:三个单相区分别为液相 L 相区、α 固溶体相区和 β 固溶体相区;三个两相区分别为 $L + \alpha$ 相区、$L + \beta$ 相区和 $\alpha + \beta$ 相区。DCE 共晶线为 $L + \alpha + \beta$ 三相平衡的共存线。各相区中相的组成如图 3 – 10 所示。

实际上,在固态下两组元完全互不溶解的情况是不存在的,一般相互间总是或多或少地存在着一定的溶解度。因此,共晶相图的主要形式属于一般共晶相图。

(2)典型合金的结晶过程分析

Pb – Sn 二元合金相图属于一般共晶相图,如图 3 – 12 所示。现以 Pb – Sn 合金系为例,分析图中所给出的四个典型合金的结晶过程与组织状态。

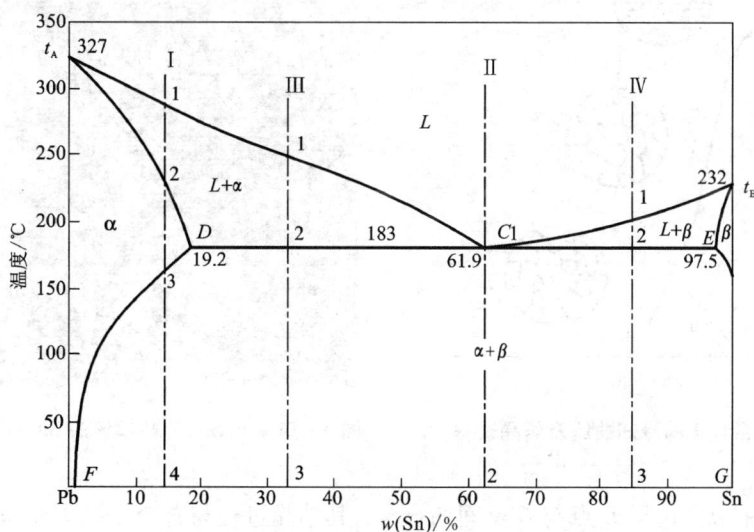

Pb-Sn合金结晶过程

图 3 – 12   Pb – Sn 合金相图

①含 Sn 量小于 D 点合金的结晶过程(合金Ⅰ):合金Ⅰ含 Sn 量小于 D 点,其冷却曲线及结晶过程如图 3 – 13 所示。这类合金在 3 点以上结晶过程与匀晶相图中的合金结晶过程一样,当合金由液相缓冷到 1 点时,从液相中开始结晶出 Sn 溶于 Pb 的 α 固溶体,随着温度的下降,α 固溶体量不断增多,而液相量不断减少。随温度下降,液相成分沿液相线 $t_A C$ 变化,固相 α 的成分沿固相线 $t_A D$ 变化。当合金冷却到 2 点时,液相全部结晶成 α 固溶体,其成分为原合金成分。继续冷却时,在 2 ~ 3 点温度范围内,α 固溶体不发生变化。

当合金冷却到 3 点时,Sn 在 Pb 中溶解度已达到饱和。温度再下降到 3 点以下,Sn 在 Pb 中溶解度已过饱和,故过剩的 Sn 以 β 固溶体的形式从 α 固溶体中析出。随着温度的下降,α 和 β 固溶体的溶解度分别沿 DF 和 EG 两条固溶线变化,因此从 α 固溶体中不断析出 β 固溶体。为了区别于从液相中结晶出的固溶体,现把从固相中析出的固溶体称为次生相,并以"β_{II}"表示。所以合金Ⅰ的室温组织应为 α 固溶体 + β_{II} 固溶体,如图 3 – 14 所示。图中黑色基体为 α 固溶体,白色颗粒为 β_{II} 固溶体。

合金Ⅰ在室温时,α 与 β_{II} 的相对量,可用杠杆定律计算:

$$\beta_{\mathrm{II}} = \frac{F4}{FG} \times 100\%$$

$$\alpha = \frac{4G}{FG} \times 100\% \quad \text{或} \quad \alpha = (1 - \beta_{\mathrm{II}}) \times 100\%$$

所有成分在 D 点与 F 点间的合金,其结晶过程与合金Ⅰ相似,其室温下显微组织都是由 $\alpha + \beta_{\mathrm{II}}$ 组成。只是两相的相对量不同,合金成分越靠近 D 点,室温时 β_{II} 的量就越多。

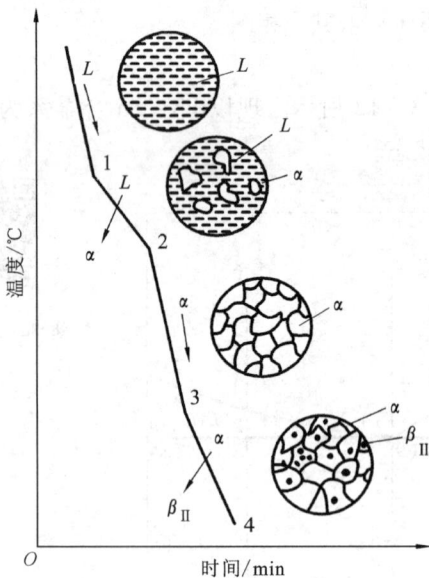

图 3 – 13 合金Ⅰ的冷却曲线及结晶过程

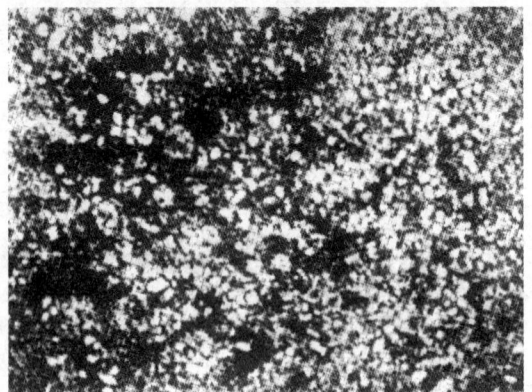

图 3 – 14 $w(\mathrm{Sn}) < 19.2\%$ 的 Sn – Pb 组织 (200 ×)

图 3 – 12 中成分位于 E 点与 G 点间的合金,其结晶过程与合金Ⅰ基本相似,但从液相结晶出来的是 Pb 溶于 Sn 中的 β 固溶体,当温度降到合金线与 EG 固溶线相交时,开始从 β 相中析出 α_{II},所以室温组织为 β 固溶体 + α_{II} 固溶体。

②含 Sn 量为 C 点成分合金的结晶过程(合金Ⅱ):图中 C 点是共晶点,故成分为 C 点的合金也称为共晶合金。共晶合金Ⅱ的冷却曲线及结晶过程如图 3-15 所示。当合金缓慢冷却到 1 点(C 点)时,液相将发生共晶转变,即从成分为 C 的液相中同时结晶出成分为 D 的 α 固溶体和成分为 E 的 β 固溶体,即发生了共晶转变。共晶转变的反应式为:

$$L_C \underset{}{\overset{t^{\circ}C}{\rightleftharpoons}} \alpha_D + \beta_E$$

根据相律,二元系合金中,发生三相共存时,其自由度为零($f = C - P + 1 = 2 - 3 + 1 = 0$),说明此转变是在恒温下进行的。这一过程在该温度下一直进行,直到液相完全消失为止。显然,在冷却曲线上出现了一个代表恒温结晶的水平台阶 1-1'。这时所获得的($\alpha_D + \beta_E$)的细密机械混合物,就是共晶组织或共晶体。共晶体中 α_D 与 β_E 的相对量可用杠杆定律计算如下:

$$\alpha_D = \frac{CE}{DE} \times 100\% = \frac{97.5 - 61.9}{97.5 - 19.2} \times 100\% \approx 45.4\%$$

$$\beta_E = (1 - \alpha_D) \times 100\% \approx 54.6\%$$

在 1 点以下,共晶转变结束,液相完全消失,合金进入共晶线以下 $\alpha + \beta$ 的两相区。这时,随着温度的下降,α 和 β 的溶解度分别沿着各自的固溶线 DF、EG 线变化,因此,自 α 中要析出 β_{II},自 β 中要析出 α_{II}。由于从共晶体中析出量较少,一般可不予考虑。所以共晶合金Ⅱ的室温组织应为($\alpha + \beta$)共晶体,如图 3-16 所示。图中黑色的 α 固溶体与白色的 β 固溶体呈交替分布。

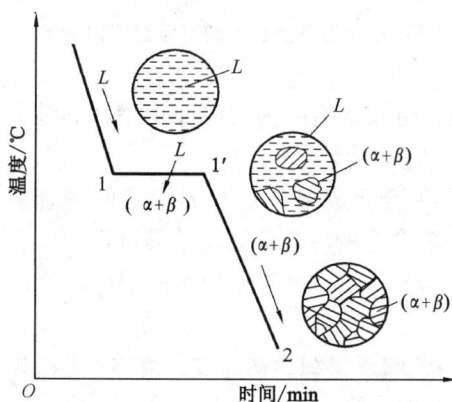

图 3-15　合金Ⅱ的冷却曲线及结晶过程

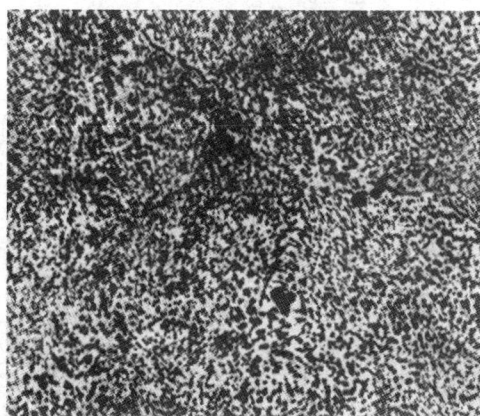

图 3-16　Pb-Sn 共晶合金的室温组织(100×)

③含 Sn 量在 C、D 点间的合金的结晶过程(合金Ⅲ):合金成分在 C 点与 D 点之间的合金,称为亚共晶合金。现以合金Ⅲ为例进行分析。图 3-17 为合金Ⅲ的冷却曲线及结晶过程。

当合金缓冷到 1 点时,开始从液相中结晶出 α 固溶体,随着温度的下降,α 固溶体的量不断增多,剩余的液相量不断减少。与此同时,α 固溶体的成分沿固相线 $t_A D$ 向 D 点变化,液相成分沿液相线 $t_A C$ 由 1 点向 C 点变化。当温度下降到 2 点(共晶温度)时,α 固溶体的成分为 D 点成分,而剩余液相的成分达到 C 点成分(共晶成分),即这时剩余的液相已具备了进行共晶转变的温度与成分条件,因而在 2 点就发生共晶转变。显然,冷却曲线上也必定出现一个代表共晶转变的水平台阶 2 – 2′，直到剩余的液体完全变成共晶体时为止。

在共晶转变以前，由液相中已经先结晶出 α 固溶体，这种先结晶的相叫作先结晶相，或称为初晶。因此，共晶转变完毕后的亚共晶合金的组织应为初晶 α + 共晶体($\alpha+\beta$)。

当合金冷却到 2 点温度以下时，由于 α 和 β 的溶解度分别沿着 DF、EG 线变化，故分别从 α 和 β 中析出 β_{II} 和 α_{II} 两种次生相，但是由于前述原因，共晶体中次生相可以不予考虑，而只需考虑从初晶 α 中析出的 β_{II}。所以亚共晶合金 Ⅲ 的室温组织应为初晶 α + 次生 β_{II} + 共晶($\alpha+\beta$)。

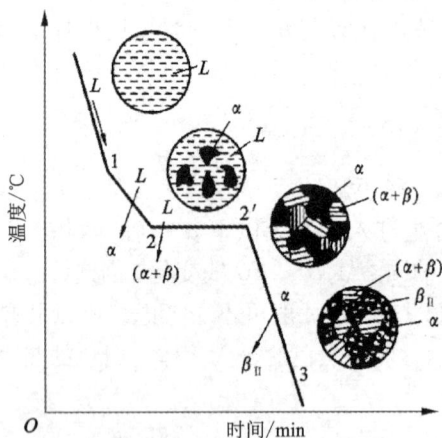

图 3 – 17　合金Ⅲ的冷却曲线及结晶过程

图 3 – 18　Pb – Sn 亚共晶合金的室温组织(100 ×)

图 3 – 18 为 Pb – Sn 亚共晶合金显微组织，图中黑色树枝状组织为初晶 α 固溶体，黑白相间分布的为($\alpha+\beta$)共晶体，初晶 α 内的白色小颗粒为 β_{II} 固溶体。

④含 Sn 量在 C、E 点间的合金的结晶过程(合金Ⅳ)：合金成分 C 点与 E 点之间的合金称为过共晶合金。现以合金Ⅳ为例进行分析。图 3 – 19 为合金的冷却曲线及结晶过程。

过共晶合金过程的分析方法和步骤与上述亚共晶合金类似，只是初晶为 β 固溶体。所以室温组织应为初晶 β_{G} + 次生 α_{II} + 共晶($\alpha_{F}+\beta_{G}$)。

图 3 – 20 为 Pb – Sn 过共晶合金显微组织，图中亮白色卵形组织为初晶 β 固溶体，黑白相间分布的为($\alpha+\beta$)共晶体，初晶 β 内的黑色小颗粒为 α_{II} 固溶体。

综合上述几种类型合金的结晶过程，可以看到 Pb – Sn 合金结晶所得的组织中仅出现了 α、β 两相。因此 α、β 相称为合金的相组成物。图 3 – 12 中各相区就是以合金的相组成物填写的。

不同的合金中，由于形成条件不同，各种相将以不同的数量、形状、大小互相组合，而在显微镜下可观察到不同的组织。若把合金结晶后的组织直接填写在相图中，如图 3 – 21 所示，即得到以组织组成物填写的 Pb – Sn 合金相图。图中 α、α_{II}、β、β_{II} 及共晶($\alpha+\beta$)各具有一定的组织特征，并在显微镜下可以明显区分，故它们都是该合金的组织组成物。

合金中相组成物和组织组成物的相对量，均可利用杠杆定律来计算。现以图 3 – 12 中合金Ⅲ在 183℃(共晶转变结束后)时为例进行计算：

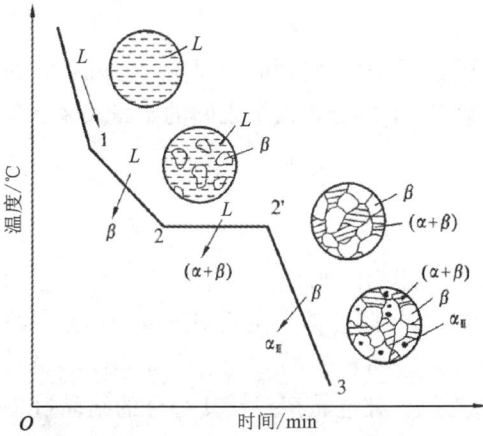

图 3 – 19　合金 IV 的冷却曲线及结晶过程

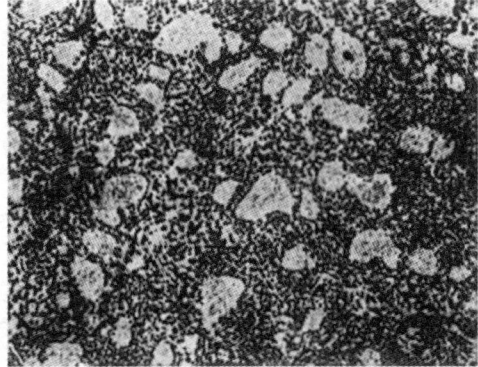

图 3 – 20　Pb – Sn 过共晶合金的室温组织（100 ×）

合金 III 在 183℃（共晶转变结束后）时由 α、β 两相组成，其相对量为：

$$\alpha_D = \frac{2E}{DE} \times 100\%$$

$$\beta_E = (1 - \alpha_D) \times 100\%$$

合金 III 在 183℃（共晶转变结束后）时由初晶 α_D 与共晶体 $(\alpha_D + \beta_E)$ 两种组织组成物组成，其相对量为：

$$\alpha_D = \frac{2C}{DC} \times 100\%$$

$$(\alpha_D + \beta_E) = (1 - \alpha_D) \times 100\%$$

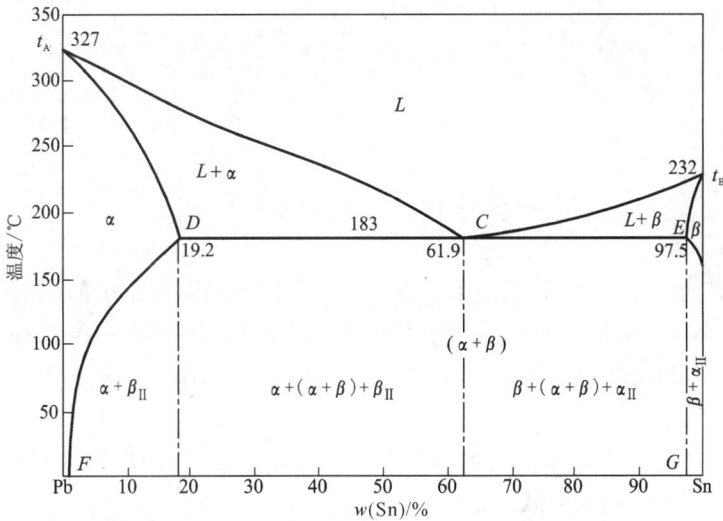

图 3 – 21　以组织组成物填写的 Pb – Sn 合金相图

可见，如合金成分已知，即可根据相图，利用杠杆定律，分别计算出其相组成物或组织组成物的相对量。

反之，从合金的显微组织上先估计出各种相组成物或组织组成物的相对量，就可以借助相图估算出合金的成分。当然这些估算只适用于平衡状态下成分与组织之间的定量关系，在不平衡状态下是不适用的。

3.2.3 二元包晶相图

在一定温度下，由一定成分的固相与一定成分的液相作用，形成另一个一定成分固相的转变过程，称之为包晶转变或包晶反应。两组元在液态下无限互溶、在固态下有限溶解，并发生包晶转变的二元合金系相图，称为包晶相图。具有包晶转变的二元合金系有 Pt – Ag，Sn – Sb，Cu – Sn，Cu – Zn 等。下面以 Pt – Ag 合金系为例，对包晶相图及其合金的结晶过程进行分析。

（1）相图分析

Pt – Ag 二元合金相图如图 3 – 22 所示。图中 ACB 为液相线，APDB 为固相线，PE 及 DF 分别是银溶于铂中和铂溶于银中的溶解度曲线。

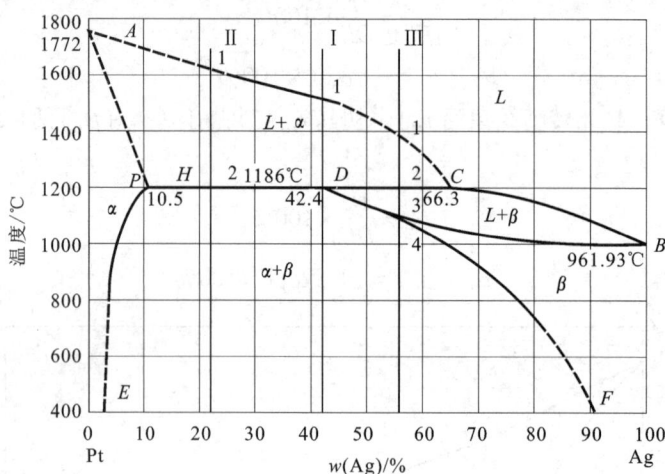

图 3 – 22　Pt – Ag 合金相图

合金系中有三个相：液相 L 及固相 α、β。其中 α 相是银溶于铂中的固溶体，β 相是铂溶于银中的固溶体。三个单相区即 L、α 和 β 之间有三个两相区，即 L + α，L + β 和 α + β。两相区之间还有一个三相共存的水平线，即 PDC 线。在水平线 PDC 上，液相 L、固相 α 和 β 三相共存。

处于 P 点与 C 点之间范围内的合金在此温度都将发生三相平衡的包晶转变。其转变的反应式为：

$$L_C + \alpha_P \rightleftharpoons \beta_D$$

根据相律可知，在包晶转变时，其自由度为零($f = 2 - 3 + 1 = 0$)，即三个相的成分不变，且转变是在恒温(t_D)下进行的。

在相图上，包晶转变的特征是：反应相是一个液相和一个固相，其成分点位于水平线的

两端，所形成的固相位于水平线中间的下方。相图中的 D 点称为包晶点，D 点所对应的温度（$t_D = 1186℃$）称为包晶温度，PDC 线称为包晶线。

（2）典型合金的平衡结晶分析

Pt-Ag合金结晶过程

①含银量为 42.4% 的 Pt - Ag 合金（合金Ⅰ，成分为 D）：由图 3 - 22 可以看出，当合金Ⅰ自液态缓慢冷却到与液相线相交的 1 点时，开始从液相中结晶出 α 相。随着温度的下降，α 固溶体的量不断增多，剩余的液相量不断减少。α 相和液相的成分分别沿固相线 AP 和液相线 AC 线变化。当温度降低到 D（$1186℃$）点时，合金中 α 相的成分达到 P 点，液相的成分达到 C 点，在此温度下即发生包晶转变，一直到液相与 α 相全部消失，只剩下新生的 β 固溶体为止。发生包晶转变时，P 点成分的 α 相与 C 点成分的液相的相对含量可分别由杠杆定律求出：

$$L_C = \frac{PD}{PC} \times 100\% = \frac{42.4 - 10.5}{66.3 - 10.5} \times 100\% = 57.17\%$$

$$\alpha_P = \frac{DC}{PC} \times 100\% = \frac{66.3 - 42.4}{66.3 - 10.5} = 42.83\%$$

合金继续冷却时，由于 Pt 在 β 相中的溶解度随着温度的降低而沿 DF 线变化，将不断地从 β 相中析出次生相 α_{Π}。合金的室温组织为 $\beta + \alpha_{\Pi}$，其平衡结晶过程示意图如图 3 - 23 所示。

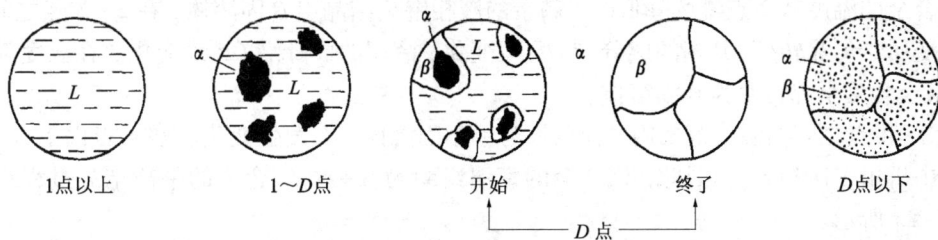

图 3 - 23　合金Ⅰ的平衡结晶过程

②含银量为 10.5% ~ 42.4% 的 Pt - Ag 合金（合金Ⅱ）：现以图 3 - 22 中的合金Ⅱ为例进行分析。当合金缓慢冷却至液相线 1 点时，开始结晶出初晶 α，随着温度的降低，初晶 α 的数量不断增多，液相的数量不断减少，α 相和液相 L 相的成分分别沿着 AP 线和 AC 线变化，在 1 ~ 2 点之间属于匀晶转变。当温度降低至 t_D（2 点）时，α 相和液相 L 的成分分别为 P 点和 C 点，两者的含量分别为

$$L_C = \frac{PH}{PC} \times 100\%$$

$$\alpha_P = \frac{HC}{PC} \times 100\%$$

在温度为 2 点时，成分相当于 P 点的 α 相和 C 点的液相共同作用，发生包晶转变，转变为 β 固溶体。

与上面的合金Ⅰ相比较，合金Ⅱ在包晶转变温度时的 α 相的相对量较多，因此，包晶转变结束后，除了新形成的 β 相外，还有剩余的 α 相。在 t_D 温度以下，由于 β 和 α 固溶体的溶

图 3-24　合金 Ⅱ 的平衡结晶过程

解度的变化,随着温度的降低,将不断从 β 相中析出 α_{II},从 α 相中析出 β_{II},因此,该合金的室温组织为 $\alpha + \beta + \alpha_{\mathrm{II}} + \beta_{\mathrm{II}}$。

合金的平衡结晶过程示意图如图 3-24 所示。

③含银量为 42.4% ~ 66.3% 的 Pt - Ag 合金(合金 Ⅲ):当合金 Ⅲ 冷却到与液相线相交的 1 点时,开始结晶出初晶 α 相,在 1~2 点之间,随着温度的降低,α 相数量不断增多,液相数量不断减少,这一阶段的转变属于匀晶转变。当冷却到 t_{D} 温度时,发生包晶转变,即

$$L_{\mathrm{C}} + \alpha_{\mathrm{P}} \underset{}{\overset{t\mathrm{℃}}{\rightleftharpoons}} \beta_{\mathrm{D}}$$

用杠杆定律可以计算出,合金 Ⅲ 中液相的相对量大于合金 Ⅰ 中液相的相对量,所以包晶转变结束后,仍有液相存在。

当合金的温度从 2 点继续降低时,剩余的液相继续结晶出 β 固溶体,在 2~3 点之间,合金的转变属于匀晶转变,β 相的成分沿 DB 线变化,液相的成分沿 CB 线变化。在温度降低到 3 点时,合金 Ⅲ 全部转变为 β 固溶体。

在 3~4 点之间的温度范围内,合金 Ⅲ 为单相固溶体,不发生变化。在 4 点以下,将从 β 固溶体中析出二次相 α_{II}。因此,该合金的室温组织为 $\beta + \alpha_{\mathrm{II}}$。合金的平衡结晶过程示意图如图 3-25 所示。

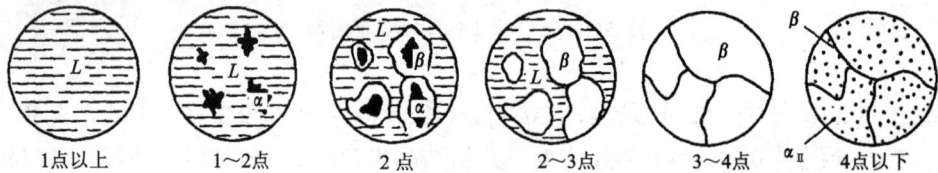

图 3-25　合金 Ⅲ 的平衡结晶过程

3.2.4　具有共析反应的相图

在一定温度下,由一定成分的固相分解为另外两个一定成分固相的转变过程,称之为共析转变或共析反应。在相图上,这种转变与共晶转变相似,都是由一个相分解为两个相的三相恒温转变,三相成分点在相图上的分布也一样,反应相成分分布在两转变产物的中间。所不同的是共析转变的反应相是固相,而不是液相。例如 Fe - Fe$_3$C 相图(如图 3-32 所示)上的 PSK 线即为共析线,S 点是共析点,其反应式为:

$$A_S \underset{}{\overset{727\mathrm{℃}}{\rightleftharpoons}} F_P + Fe_3C$$

66

由于是固相分解,其原子扩散比较困难,容易产生较大的过冷,所以共析组织远比共晶组织细密。共析相变对合金的热处理强化有重大意义,钢铁及铁合金的热处理就是建立在共析转变的基础上。共析相变及其特征将在下节铁碳合金相图中详细介绍。

3.2.5 含有稳定化合物的相图

在某些二元系合金中,组元间可能形成一些稳定的金属化合物。稳定化合物是指具有一定熔点,在熔点以下保持其固有结构而不发生分解的化合物。Mg – Si 二元合金相图(如图 3 – 26 所示)就是一种形成稳定化合物的相图。当含硅量为 36.6% 时,Mg 与 Si 形成稳定的化合物 Mg_2Si,它具有一定的熔点,在熔点以下能保持其固有的结构。在相图中,稳定化合物是一条垂线,它表示 Mg_2Si 的单相区。这样,可把 Mg_2Si 看作一个独立组元,把相图分成两个独立部分,Mg – Si 相图由 Mg – Mg_2Si、Mg_2Si – Si 两个共晶相图并列而成,可以分别进行分析。

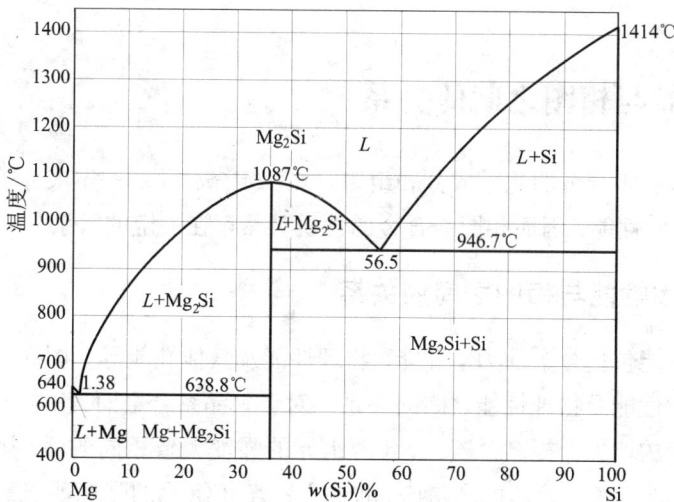

图 3 – 26 Mg – Si 合金相图

有时,两个组元可以形成多个稳定化合物,这样就可将相图分成更多的简单相图来进行分析。例如在 Mg – Cu 相图(如图 3 – 27 所示)中,存在两个稳定化合物 Mg_2Cu 和 $MgCu_2$,其中的 $MgCu_2$ 对组元有一定的溶解度,即形成以化合物为基的固溶体,在相图中就不是一条垂线,而是一个区域了。此时,可以用虚线(垂线)把这一单相区分开,这样就把 Mg – Cu 相图分成了 Mg – Mg_2Cu、Mg_2Cu – $MgCu_2$、$MgCu_2$ – Cu 三个简单的共晶相图。图中的 γ 相是以 $MgCu_2$ 为基的固溶体。

除了 Mg – Si、Mg – Cu 合金系外,形成稳定化合物的二元系还有 Cu – Th、Cu – Ti、Fe – B、Fe – Zr、Mg – Sn 等。

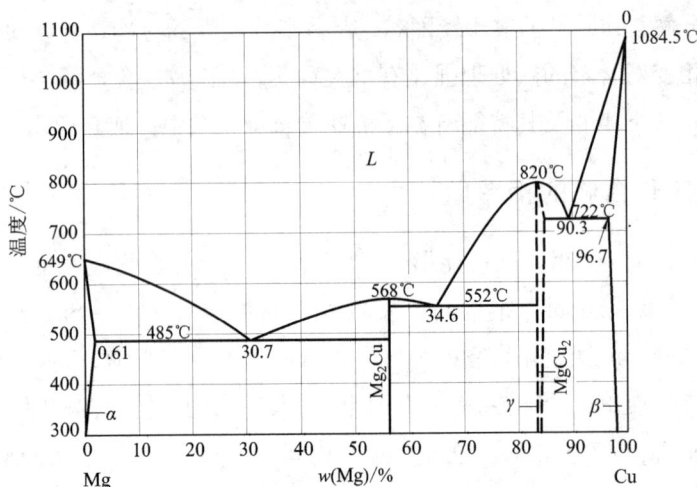

图 3 – 27　Mg – Cu 合金相图

3.3　合金性能与相图之间的关系

合金的性能取决于合金的化学成分和组织。在一定条件下，一定成分的合金具有一定的组织，表现出一定的性能，因而相图与合金的性质必然存在一定的联系。

3.3.1　合金使用性能与相图之间的关系

合金的使用性能包括合金的力学性能、物理性能及其他性能等。图 3 – 28 表示了各类合金相图和合金力学性能及物理性能之间的关系。对于匀晶系合金而言，合金的强度和硬度均随着溶质组元含量的增加而提高。若 A、B 两组元的强度大致相同的话，则合金的最高强度应是溶质浓度大约为 50%（溶质的摩尔比）的地方；若 B 组元的强度明显高于 A 组元，则其强度的最大值偏向 B 组元一侧。合金塑性的变化规律正好与上述相反，塑性值随着溶质浓度的增加而降低。

固溶体合金的电导率与成分的变化关系与强度和硬度的相似，均呈曲线变化。这是由于随着溶质浓度的增加，晶格畸变增大，从而增加了合金中自由电子运动的阻力。热导率的变化关系与电导率相同，而电阻的变化却与之相反。因此工业上常采用含 Ni 量为 50% 的 Cu – Ni 合金作为制造加热元件、测量仪表及可变电阻器的材料。

共晶相图和包晶相图的端部均为固溶体，其成分与性能的变化关系已如上述。相图的中间部分为两相混合物，在平衡状态下，当两相的大小和分布都比较均匀时，合金的性能大致是两相性能的算术平均值，合金的力学性能、物理性能与成分的关系呈直线变化。若共晶组织十分细密，且在不平衡结晶出现伪共晶时，其强度和硬度将偏离直线关系而出现峰值，如图 3 – 28（b）中的虚线所示。

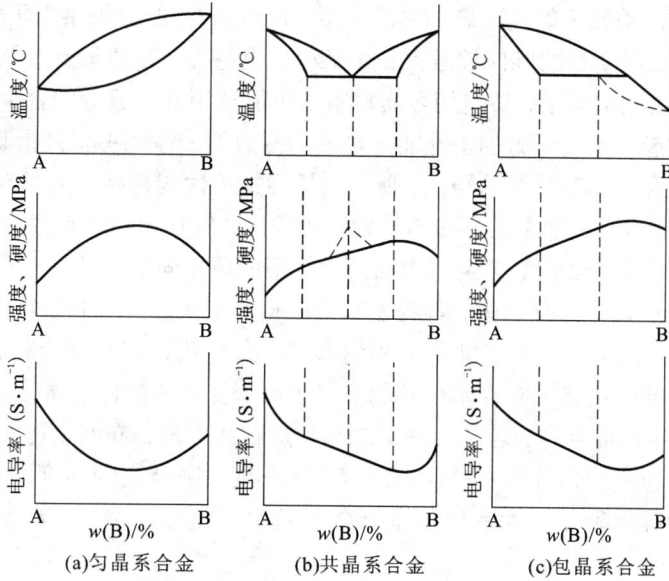

图 3 - 28　相图与合金的硬度、强度及电导率之间的关系

3.3.2　合金工艺性能与相图之间的关系

合金的工艺性能包括合金的铸造性能及压力加工性能等。

铸造性能主要是指液态合金的流动性、收缩性和合金的偏析等性能。流动性是指液态合金充满铸型的能力，是保证铸件形状完整的重要性能。收缩性是指合金在铸造时产生缩孔和缩松的性能。缩孔是集中在铸件的最后凝固处，因收缩时得不到液态合金补充而形成的孔洞。缩松是分散在枝晶间最后凝固处，因收缩而产生的肉眼见不到的微小孔洞，也称为分散缩孔。图 3 - 29 表示合金的流动性、缩孔性质与相图的关系。

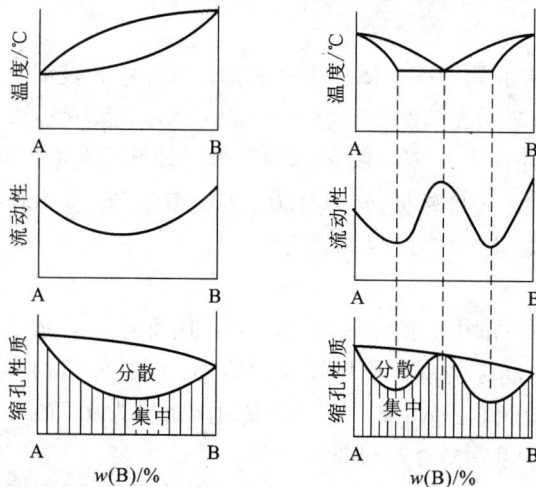

图 3 - 29　相图与合金铸造性能之间的关系

69

固溶体合金的流动性不如纯金属和共晶合金，而且液相线与固相线间隔越大，即结晶温度范围越大，形成枝晶偏析的倾向性越大，其流动性也越差，分散缩孔多而集中缩孔小。因此，在其他条件许可的情况下，铸造用金属材料尽可能选用共晶成分的合金。

合金的组织也能反映其压力加工性能。合金的压力加工性能主要是指其适合压力加工的能力。单相固溶体合金具有较好的塑性，所以其压力加工性能良好。但其在切削加工时由于切屑不易剥落、不易断屑、加工表面光洁度较差等原因，使其切削加工性能较差。

当合金形成两相混合物时，合金压力加工性能不如单相固溶体的好。但其切削加工性能较好。在形成两相混合物的合金中，若两相的性能相差很大，当其中主要相为塑性好的固溶体，第二相为硬而脆的化合物时，则第二相的形状、大小及分布对合金的性能有很大影响。当第二相呈连续或断续网状分布在塑性相的晶界上时，合金的塑性、韧性及综合力学性能将明显下降，压力加工性能变坏；若脆性的第二相呈颗粒状均匀分布时，其危害就会有所减小；若第二相以及细小粒子均匀分布在塑性的固溶体相中时，则合金的强度、硬度明显提高，这一现象称为合金的弥散硬化。弥散硬化是合金的基本强化方式之一，在实际生产中已大量应用。

3.4 铁碳合金的基本组织

钢铁是现代工业中应用最广泛的金属材料。其基本组元是铁和碳，故统称为铁碳合金。由于碳的质量分数大于 6.69% 时，铁碳合金的脆性很大，已无实用价值。所以，实际生产中应用的铁碳合金，其碳的质量分数均在 6.69% 以下。为了改善铁碳合金的性能，还可以在碳钢和铸铁的基础上加入合金元素形成合金钢和合金铸铁，以满足不同机械零件的需要。

纯铁塑性好，但强度低，很少用来制造机械零件。在纯铁中加入少量的碳形成铁碳合金，可使强度和硬度明显提高。铁和碳发生相互作用形成固溶体和金属化合物，同时固溶体和金属化合物又可以组成具有不同性能的多相组织。因此，铁碳合金的基本组织有铁素体、奥氏体、渗碳体、珠光体和莱氏体。

（1）铁素体

碳溶入 $\alpha-Fe$ 中形成的间隙固溶体称为铁素体，用符号 F 表示。铁素体具有体心立方晶格，这种晶格的间隙分布较分散，所以间隙尺寸很小，溶碳能力较差，在 727℃ 时碳的溶解度最大为 0.0218%，室温时几乎为零。铁素体的塑性、韧性很好（$A_{11.3}$ 为 30% ~ 50%，a_{KU} 为 160 ~ 200 J/cm^2），但强度、硬度较低（R_m 为 180 ~ 280 MPa，R_{eH} 为 100 ~ 170 MPa，硬度为 50 ~ 80 HBW）。铁素体的显微组织如图 3 - 30 所示。

（2）奥氏体

碳溶入 $\gamma-Fe$ 中形成的间隙固溶体称为奥氏体，用符号 A 表示。奥氏体具有面心立方晶格，其致密度较大，晶格间隙的总体积虽较铁素体小，但其分布相对集中，单个间隙的体积较大，所以 $\gamma-Fe$ 的溶碳能力比 $\alpha-Fe$ 大，727℃ 时溶解度为 0.77%，随着温度的升高，溶碳量增多，1148℃ 时其溶解度最大为 2.11%。

奥氏体常存在于 727℃ 以上，是铁碳合金中重要的高温相，强度和硬度不高，但塑性和韧性很好（R_m 为 400 MPa，$A_{11.3}$ 为 40% ~ 50%，硬度为 160 ~ 200 HBW），易锻压成形。奥氏体的显微组织示意图如图 3 - 31 所示。

70

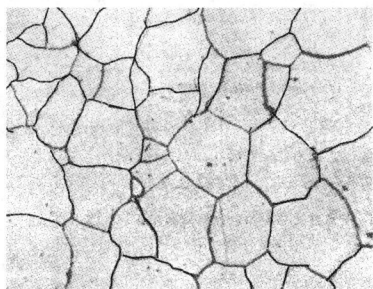

图 3－30　铁素体的显微组织(200×)

图 3－31　奥氏体的显微组织示意图

(3)渗碳体

渗碳体是铁和碳相互作用而形成的一种具有复杂晶体结构的金属化合物,常用化学分子式 Fe_3C 表示。渗碳体中碳的质量分数为 6.69%,熔点为 1227℃,硬度很高(相当于 800 HBW),塑性和韧性极低($A_{11.3}\approx0$、$a_{KU}\approx0$),脆性大。渗碳体是钢中的主要强化相,其数量、形状、大小及分布状况对钢的性能影响很大。

(4)珠光体

珠光体是由铁素体和渗碳体组成的多相组织,用符号 P 表示。珠光体中碳的质量分数平均为 0.77%,由于珠光体组织是由软的铁素体和硬的渗碳体组成,因此,其性能介于铁素体和渗碳体之间,即具有较高的强度($R_m=770$ MPa)和塑性($A_{11.3}$ 为 20%～25%),硬度适中(180 HBW)。

(5)莱氏体

碳的质量分数为 4.3% 的液态铁碳合金冷却到 1148℃ 时,同时结晶出奥氏体和渗碳体的多相组织称为莱氏体,用符号 Ld 表示。在 727℃ 以下莱氏体由珠光体和渗碳体组成,称为变态莱氏体,用符号 Ld′ 表示。莱氏体的性能与渗碳体相似,硬度很高,塑性很差。

珠光体组织图

莱氏体组织图

3.5　Fe－Fe₃C 相图

Fe－Fe_3C 相图是指在极其缓慢的加热或冷却条件下,不同成分的铁碳合金、在不同温度下所具有的状态或组织的图形,如图 3－32 所示。它是研究铁碳合金成分、组织和性能之间关系的理论基础,也是选材、制订热加工及热处理工艺的重要依据。由于碳的质量分数超过 6.69% 的铁碳合金脆性很大,无实用价值,所以,对铁碳合金相图仅研究 Fe－Fe_3C 部分。此外,在相图的左上角靠近 δ－Fe 部分还有一部分高温转变,由于实用意义不大,将其简化。简化后的 Fe－Fe_3C 相图如图 3－33 所示。

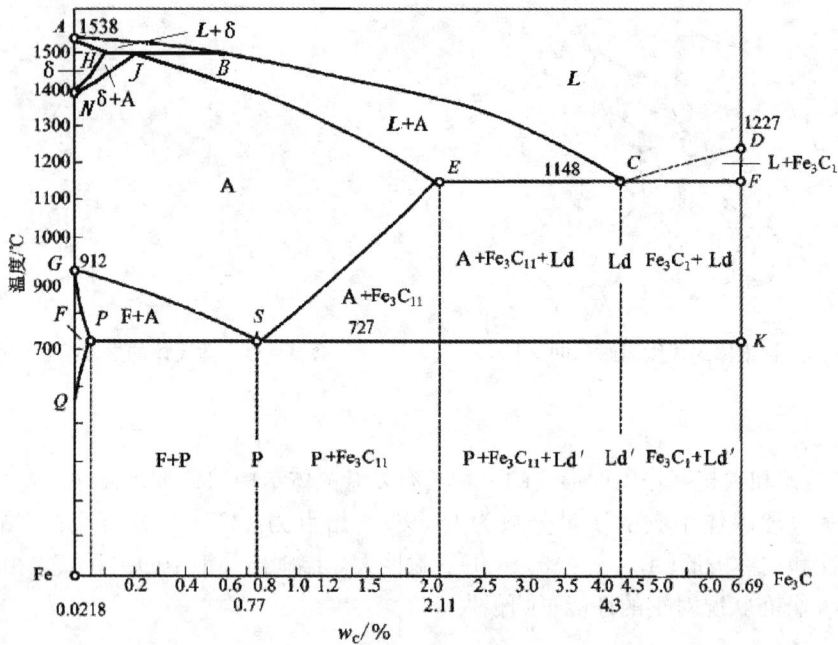

图 3 - 32　Fe - Fe₃C 相图

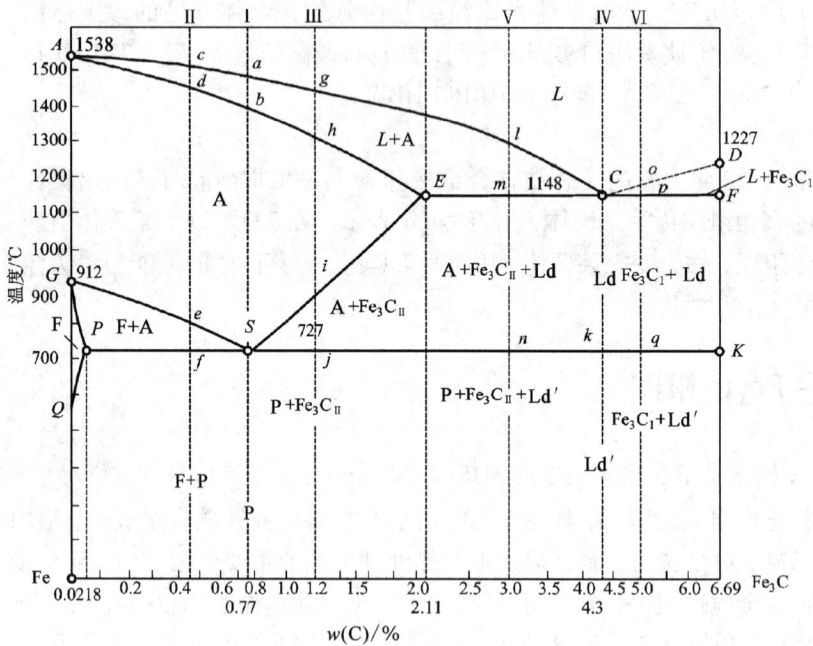

图 3 - 33　简化的 Fe - Fe₃C 相图

3.5.1　相图分析

Fe - Fe₃C 相图纵坐标表示温度，横坐标表示质量分数，碳的质量分数为 $0 \sim 6.69\%$，左端为纯铁的质量分数，右端为 Fe₃C 的质量分数。

（1）相图中的主要特性点

$Fe-Fe_3C$ 相图中主要特性点的温度、成分及其含义如表 3 - 1 所示。

表 3 - 1　$Fe-Fe_3C$ 相图中的主要特性点

特性点	$t/℃$	$w(C)/\%$	含　义
A	1538	0	纯铁的熔点
C	1148	4.3	共晶点，$L_C \xrightleftharpoons{1148℃} Ld(A_E + Fe_3C)$
D	约 1227	6.69	渗碳体的熔点
E	1148	2.11	碳在 $\gamma-Fe$ 中的最大溶解度
G	912	0	$\alpha-Fe \xrightleftharpoons{912℃} \gamma-Fe$，纯铁的同素异晶转变点
P	727	0.0218	碳在 $\alpha-Fe$ 中的最大溶解度
S	727	0.77	共析点，$A_S \xrightleftharpoons{727℃} P(F_P + Fe_3C)$
Q	600	0.008	碳在 $\alpha-Fe$ 中的溶解度

（2）相图中的主要特性线

ACD 线为液相线，在 ACD 线以上合金为液态，用符号 L 表示。液态合金冷却到此线时开始结晶，在 AC 线以下结晶出奥氏体，在 CD 线以下结晶出渗碳体，称为一次渗碳体，用符号 Fe_3C_I 表示。

$AECF$ 线为固相线，在此线以下合金为固态。液相线与固相线之间为合金的结晶区域，这个区域内液体和固体共存。

ECF 线为共晶线，温度为 1148℃。液态合金冷却到该线温度时发生共晶转变：

$$L_{4.3} \xrightleftharpoons{1148℃} A_{2.11} + Fe_3C_{6.69}$$

即 C 点成分的液态合金缓慢冷却到共晶温度（1148℃）时，从液体中同时结晶出 E 点成分的奥氏体和渗碳体。共晶转变后的产物称为莱氏体，C 点称为共晶点。凡是碳的质量分数为 2.11% ~ 6.69% 的铁碳合金均会发生共晶转变。

PSK 线为共析线，又称 A_1 线，温度为 727℃。铁碳合金冷却到该温度时发生共析转变：

$$A_{0.77} \xrightleftharpoons{727℃} F_{0.0218} + Fe_3C_{6.69}$$

即 S 点成分的奥氏体缓慢冷却到共析温度（727℃）时，同时析出 P 点成分的铁素体和渗碳体。共析转变后的产物称为珠光体，S 点称为共析点。凡是碳的质量分数为 0.0218% ~ 6.69% 的铁碳合金均会发生共析转变。

ES 线是碳在 $\gamma-Fe$ 中的溶解度曲线，又称 Acm 线。碳在 $\gamma-Fe$ 中的固态溶解度随温度的下降而减小，在 1148℃ 时溶解度为 2.11%，到 727℃ 时降为 0.77%。因此，凡是 $w(C) > 0.77\%$ 的铁碳合金由 1148℃ 冷却到 727℃ 的过程中，都有渗碳体从奥氏体中析出，这种渗碳体称为二次渗碳体，用符号 Fe_3C_{II} 表示。

GS 线，又称 A_3 线。是冷却时由奥氏体中析出铁素体的开始线。PQ 线是碳在 $\alpha-Fe$ 中的固态溶解度曲线。碳在 $\alpha-Fe$ 中的固态溶解度随温度下降而减小，在 727℃ 时溶解度为 0.0218%，到 600℃ 时降为 0.008%。因此，铁碳合金从 727℃ 向下冷却时，多余的碳从铁素体中以渗碳体的形式析出,这种渗碳体称为三次渗碳体,用符号 Fe_3C_{III} 表示。因其数量极少,常予以忽略。

3.5.2 铁碳合金的分类

根据碳的质量分数和室温组织的不同,可将铁碳合金分为以下三类。

①工业纯铁: $w(C) \leqslant 0.0218\%$ 。

②钢: $0.0218\% < w(C) \leqslant 2.11\%$ 。根据室温组织的不同,钢又可分为三种:共析钢 $[w(C)$ 为 $0.77\%]$;亚共析钢 $[w(C)$ 为 $0.0218\% \sim 0.77\%]$;过共析钢 $[w(C)$ 为 $0.77\% \sim 2.11\%]$ 。

③白口铁: $2.11\% < w(C) < 6.69\%$ 。根据室温组织的不同,白口铁又可分为三种:共晶白口铁 $[w(C)$ 为 $4.3\%]$;亚共晶白口铁 $[w(C)$ 为 $2.11\% \sim 4.3\%]$;过共晶白口铁 $[w(C)$ 为 $4.3\% \sim 6.69\%]$ 。

3.5.3 典型铁碳合金的结晶过程及组织

(1)共析钢的结晶过程及组织

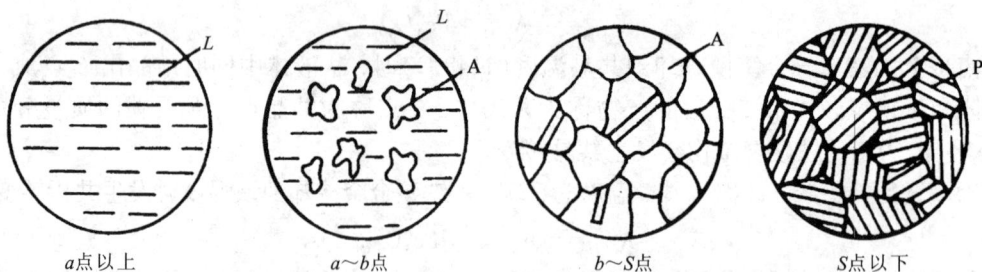

图 3-33 中合金 I 为 $w(C) = 0.77\%$ 的共析钢。共析钢在 a 点温度以上为液体状态 (L) 。当缓冷到 a 点温度时,开始从液态合金中结晶出奥氏体 (A) ,随着温度的下降,奥氏体量不断增加,剩余液体的量逐渐减少,直到 b 点以下温度时,液体全部结晶为奥氏体。$b \sim S$ 点温度间为单一奥氏体的冷却,没有组织变

共析钢的结晶

化。继续冷却到 S 点温度(727℃)时,奥氏体发生共析转变形成珠光体 (P) 。在 S 点以下直至室温,组织基本不再发生变化,故共析钢的室温组织为珠光体 (P) 。共析钢的结晶过程如图 3-34 所示。

| a点以上 | $a \sim b$点 | $b \sim S$点 | S点以下 |

图 3-34 共析钢结晶过程示意图

在共析温度下,珠光体中铁素体与渗碳体的相对重量可用杠杆定律计算:

$$Q_F = \frac{SK}{PK} \times 100\% = \frac{6.69 - 0.77}{6.69 - 0.0218} \times 100\% \approx 88.8\%$$

$$Q_{Fe_3C} = \frac{PS}{PK} \times 100\% = \frac{0.77 - 0.0218}{6.69 - 0.0218} \times 100\% \approx 11.2\%$$

珠光体的显微组织如图 3-35 所示。在显微镜放大倍数较高时,能清楚地看到铁素体和渗碳体呈片层状交替排列的情况。由于珠光体中渗碳体量较铁素体少,因此渗碳体层片较铁素体层片薄。

（2）亚共析钢的结晶过程及组织

图 3 – 33 中合金 Ⅱ 为 $w(C) = 0.45\%$ 的亚
共析钢。合金 Ⅱ 在 e 点温度以上的结晶过程
与共析钢相同。当降到 e 点温度时，开始从奥
氏体中析出铁素体。随着温度的下降，铁素铁
量不断增多，奥氏体量逐渐减少，铁素体成分
沿 GP 线变化，奥氏体成分沿 GS 线变化。当
温度降到 f 点（727℃）时，剩余奥氏体碳的质
量分数达到 0.77%，此时奥氏体发生共析转
变，形成珠光体，而先析出铁素体保持不变。
这样，共析转变后的组织为铁素体和珠光体组

图 3 – 35　珠光体的显微组织（500 ×）

成。温度继续下降，组织基本不变。室温组织仍然是铁素体和珠光体（F + P）。
其结晶过程如图 3 – 36 所示。

$w(C) = 0.45\%$ 的亚共析钢在 727℃ 温度下，其组织中铁素体和珠光体的相
对量可用杠杆定律计算：

$$Q_F = \frac{fS}{PS} \times 100\% = \frac{0.77 - 0.45}{0.77 - 0.0218} \times 100\% = 42.8\%$$

$$Q_P = \frac{Pf}{PS} \times 100\% = \frac{0.45 - 0.0218}{0.77 - 0.0218} \times 100\% \approx 57.2\%$$

亚共析钢的结晶

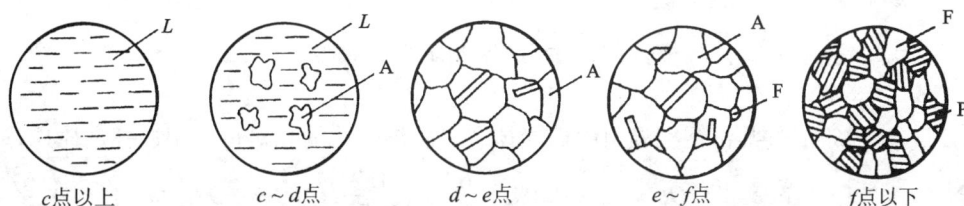

图 3 – 36　亚共析钢结晶过程示意图

所有亚共析钢的室温组织都是由铁素体和珠光体组成，只是铁素体和珠光体的相对量不
同。随着碳含量的增加，珠光体量增多，而铁素体量减少。其显微组织如图 3 – 37 所示。图
中白色部分为铁素体，黑色部分为珠光体，这是因为放大倍数较低，无法分辨出珠光体中的
层片，故呈黑色。

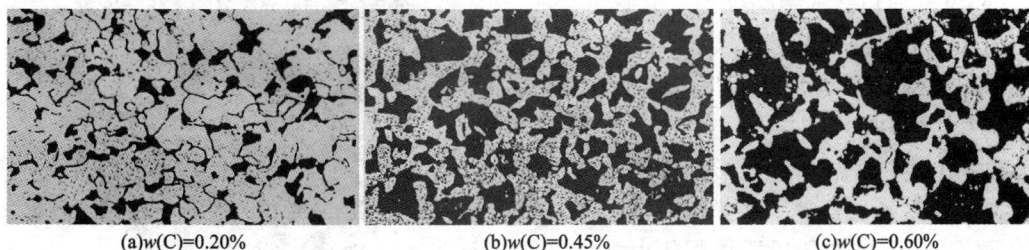

(a)$w(C)=0.20\%$　　　(b)$w(C)=0.45\%$　　　(c)$w(C)=0.60\%$

图 3 – 37　亚共析钢的显微组织（200 ×）

根据显微组织中珠光体所占的面积可粗略地计算出亚共析钢中碳的质量分数。由于室温下铁素体中碳的含量几乎为零，可以忽略不计，所以钢中碳的质量分数约等于珠光体中碳的含量，即：

$$w(C) = 0.77\% \times S_P$$

式中：$w(C)$——碳的质量分数；

S_P——珠光体所占的面积百分比。

（3）过共析钢的结晶过程及组织

过共析钢的结晶

图3-33中合金Ⅲ为$w(C) = 1.2\%$的过共析钢。合金Ⅲ在i点温度以上的结晶过程与共析钢相同。当冷却到i点温度时，开始从奥氏体中析出二次渗碳体。随着温度的下降，析出的二次渗碳体量不断增加，并沿奥氏体晶界呈网状分布，而剩余奥氏体碳含量沿ES线逐渐减少。当温度降到j点（727℃）时，剩余的奥氏体碳的质量分数降为0.77%，此时奥氏体发生共析转变，形成珠光体，而先析出的二次渗碳体保持不变。温度继续下降，组织基本不变。所以，过共析钢的室温组织为珠光体和网状二次渗碳体（P + Fe₃C_Ⅱ）。其结晶过程如图3-38所示。

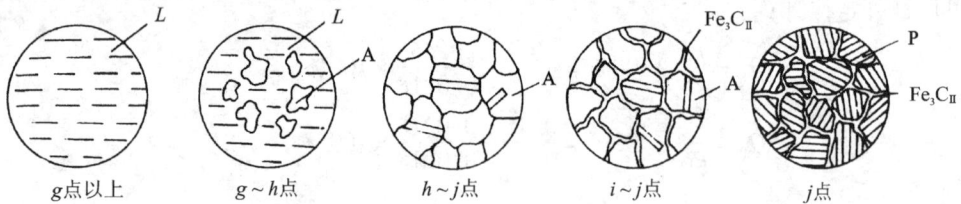

图3-38 过共析钢结晶过程示意图

$w(C) = 1.2\%$的过共析钢室温组织珠光体和二次渗碳体的相对量可用杠杆定律计算：

$$Q_P = \frac{jK}{SK} \times 100\% = \frac{6.69 - 1.2}{6.69 - 0.77} \times 100\% = 92.7\%$$

$$Q_{Fe_3C_{\mathrm{II}}} = \frac{Sj}{SK} \times 100\% = \frac{1.2 - 0.77}{6.69 - 0.77} \times 100\% = 7.3\%$$

共晶白口铁的结晶

所有过共析钢的室温组织都是由珠光体和二次渗碳体组成。只是随着钢中碳含量的增加，组织中网状二次渗碳体的量增多。过共析钢的显微组织如图3-39所示。图中层片状黑白相间的组织为珠光体，白色网状组织为二次渗碳体。

（4）共晶白口铁的结晶过程及组织

图3-33中合金Ⅳ为$w(C) = 4.3\%$的共晶白口铁。合金Ⅳ在C点温度以上为液态，当温度降到C点（1148℃）时，液态合金发生共晶转变形成莱氏体，由共晶转变形成的奥氏体和渗碳体又称为共晶奥氏体、共晶渗碳体。随着温度的下降，莱氏体中的奥氏体将不断析出二次渗碳体，奥氏体的碳含量沿着ES线逐渐减少。当温度降到k点时，奥氏体中碳的质量分数降

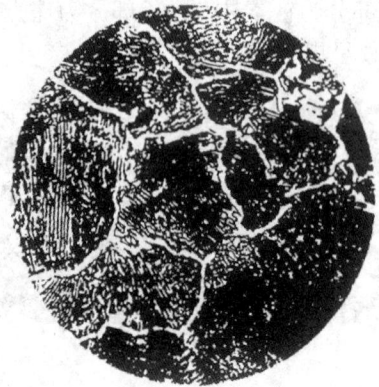

图3-39 过共析钢的显微组织（500×）

为 0.77%，奥氏体发生共析转变，形成珠光体。温度继续下降，组织基本不变。由于二次渗碳体与莱氏体中的渗碳体连在一起，难以分辨，故共晶白口铁的室温组织由珠光体和渗碳体组成，称为变态莱氏体(Ld')。其结晶过程如图 3 - 40 所示。

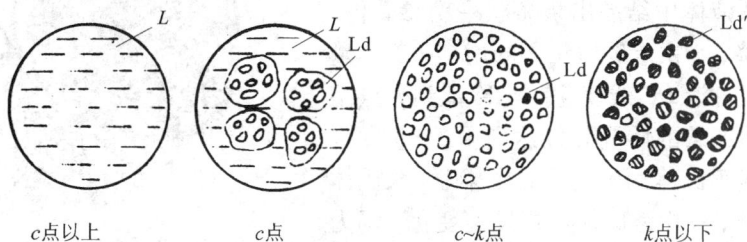

| c点以上 | c点 | c~k点 | k点以下 |

图 3 - 40　共晶白口铁结晶过程示意图

共晶白口铁的显微组织如图 3 - 41 所示。图中黑色部分为珠光体，白色基体为渗碳体。

(5)亚共晶白口铁的结晶过程及组织

图 3 - 33 中合金 V 为 w(C) = 3.0% 的亚共晶白口铁。合金在 l 点温度以上为液态，缓冷到 l 点温度时，开始从液体中结晶出奥氏体。随着温度的下降，奥氏体量不断增多，其成分沿 AE 线变化；液体量不断减少，其成分沿 AC 线变化。当温度降到 m 点(1148℃)时，剩余液体碳的质量分数达到 4.3%，发生共晶转变，形成莱氏体。温度继续下降，奥氏体中不断析出二次渗碳体，并在 n 点温度(727℃)时，奥氏体转变成珠光体。同时，莱氏体在冷却过程中转变成变态莱氏体。所以亚共晶白口铁的室温组

图 3 - 41　共晶白口铁的显微组织(125 ×)

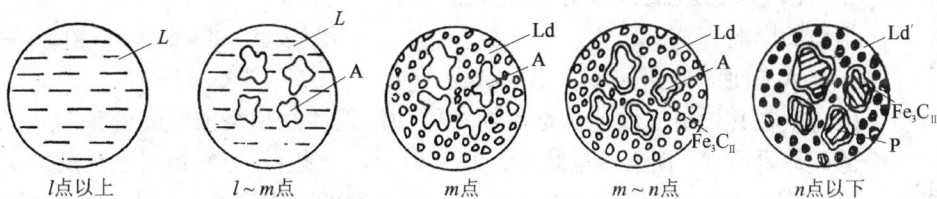

织为珠光体、二次渗碳体和变态莱氏体($P + Fe_3C_{II} + Ld'$)。其结晶过程如图 3 - 42 所示。

| l点以上 | l~m点 | m点 | m~n点 | n点以下 |

图 3 - 42　亚共晶白口铁的结晶过程示意图

亚共晶白口铁的显微组织如图 3 - 43 所示。图中黑色块状或呈树枝状分布的为由初生奥氏体转变成的珠光体，基体为变态莱氏体。组织中的二次渗碳体与共晶渗碳体连在一起，难以分辨。

所有亚共晶白口铁的室温组织都是由珠光体和变态莱氏体组成。只是随着碳含量的增加，组织中变态莱氏体量增多。

亚共晶白口铁的结晶

过共晶白口铁的结晶

(6)过共晶白口铁的结晶过程及组织

图 3-33 中合金Ⅵ为 $w(C) = 5.0\%$ 的过共晶白口铁。合金在 o 点温度以上为液体，冷却到 o 点温度时，开始从液体中结晶出板条状一次渗碳体。随着温度的下降，一次渗碳体量不断增多，液体量逐渐减小，其成分沿 DC 线变化。当冷却到 p 点温度时，剩余液体的碳的质量分数达到 4.3%，发生共晶转变，形成莱氏体。在随后的冷却中，莱氏体变成变态莱氏体，一次渗碳体不再发生变化，仍为板条状。所以，过共晶白口铁的室温组织为一次渗碳体和变态莱氏体($Ld' + Fe_3C_I$)。其结晶过程如图 3-44 所示。

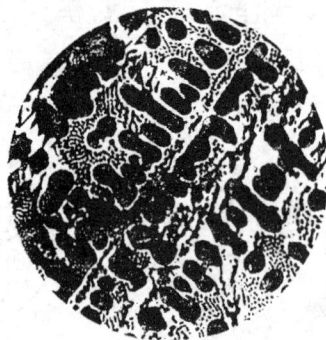

图 3-43　亚共晶白口铁的显微组织(125 ×)

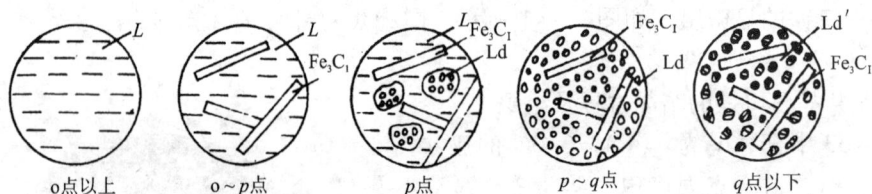

o点以上　　o~p点　　p点　　p~q点　　q点以下

图 3-44　过共晶白口铁的结晶过程示意图

所有过共晶白口铁室温组织都是由一次渗碳体和变态莱氏体组成。只是随着碳含量的增加，组织中一次渗碳体量增多。过共晶白口铁的显微组织如图 3-45 所示。图中白色板条状为一次渗碳体，基体为变态莱氏体。

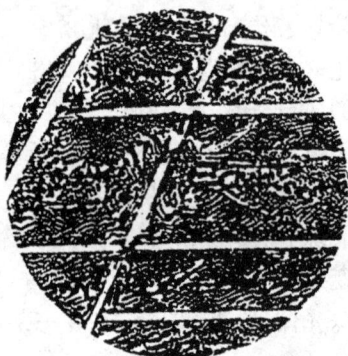

图 3-45　过共晶白口铁的显微组织
(125 ×)

3.5.4　碳的质量分数对铁碳合金组织和性能的影响

(1)碳的质量分数对铁碳合金平衡组织的影响

从上面的分析可知，不同成分的铁碳合金在共析温度以下都是由铁素体和渗碳体两相组成。随着碳含量的增加，渗碳体量增加，铁素体量减小，而且渗碳体的形态和分布情况也在发生变化，所以，不同成分的铁碳合金在室温下具有不同的组织和性能。其室温组织变化情况如下：

$$F + P \rightarrow P \rightarrow P + Fe_3C_{II} \rightarrow P + Fe_3C_{II} + Ld' \rightarrow Ld' \rightarrow Ld' + Fe_3C_I$$

(2)碳的质量分数对铁碳合金力学性能的影响

钢中铁素体为基体，渗碳体为强化相，而且主要以珠光体的形式出现，使钢的强度和硬度提高，故钢中珠光体量愈多，其强度、硬度愈高，而塑性、韧性相应降低。但过共析钢中当渗碳体明显地以网状分布在晶界上，特别在白口铁中渗碳体成为基体或以板条状分布在莱氏体基体上，将使铁碳合金的塑性和韧性大大下降，以致合金的强度也随之降低，这就是高碳

铁碳合金结晶组织

碳含量与组织关系

78

钢和白口铁脆性高的主要原因。图 3 – 46
为钢的力学性能随碳含量变化的规律。

由图 3 – 46 可见，当钢中碳的质量分数小于 0.9% 时，随着碳含量的增加，钢的强度、硬度直线上升，而塑性、韧性不断下降；当钢中碳的质量分数大于 0.9% 时，因网状渗碳体的存在，不仅使钢的塑性、韧性进一步降低，而且强度也明显下降。为了保证工业上使用的钢具有足够的强度，并具有一定的塑性和韧性，钢中碳的质量分数一般都不超过 1.4%。碳的质量分数超过 2.11% 的白口铁，由于组织中出现大量的渗碳体，使性能变得硬而脆，难以切削加工，因此在一般机械制造中应用很少。

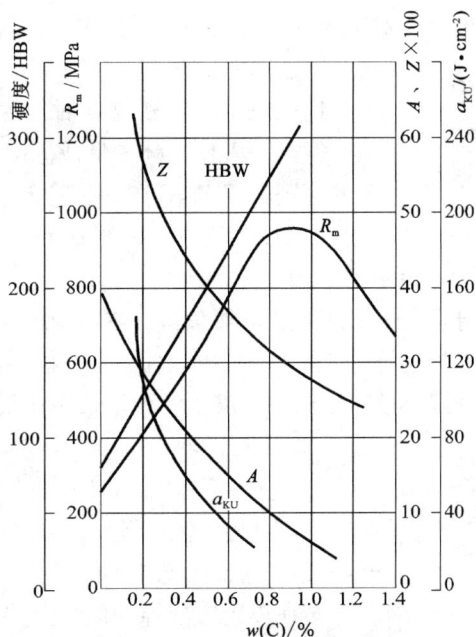

图 3 – 46　碳含量对钢力学性能的影响

3.5.5　Fe – Fe₃C 相图的应用

Fe – Fe₃C 相图揭示了铁碳合金的组织随成分变化的规律，根据组织组成可以大致判断出铁碳合金的力学性能，便于合理地选择材料。例如，建筑结构和型钢需要塑性、韧性好的材料，应选用低碳钢[$w(C) \leqslant 0.25\%$]；机械零件需要强度、塑性及韧性都较好的材料，应选用中碳钢；工具需要硬度高、耐磨性好的材料，应选用高碳钢。而白口铁可用于需要耐磨、不受冲击、形状复杂的铸件，如拔丝模、冷轧辊、犁铧等。

Fe – Fe₃C 相图不仅可作为选材的重要依据，还可作为制订铸造、锻造、焊接、热处理等热加工工艺的重要依据，如确定浇注温度、锻造温度及热处理的加热温度等。这些将在后续章节、后续课程中加以详细介绍。

必须指出，Fe – Fe₃C 相图是在极缓慢的加热和冷却条件下得到的，而实际生产中冷却速度较快，合金的相变温度与冷却后的组织都将与相图中不同。另外，通常使用的铁碳合金，除铁、碳两种基本元素外，往往还含有多种杂质元素或合金元素，这些元素对相图将产生一定的影响，应予以考虑。

3.6　碳钢

碳的质量分数小于 2.11%，且含有较少的 Si、Mn、S、P 等杂质元素的铁碳合金称为碳素钢，简称碳钢。

碳钢容易冶炼，价格低廉，易于加工，并具有一定的力学性能，在许多工程场合下，能够满足工程结构的使用性能要求，因此在工程结构中应用广泛。

3.6.1　常存杂质元素对碳钢性能的影响

实际使用的碳钢并不是单纯的铁碳合金，其中还含有少量的锰、硅、硫、磷等杂质元素，它们的存在对碳钢的性能有一定的影响。

钢中的MnS夹杂

（1）锰的影响

锰来自于生铁和脱氧剂，在钢中是一种有益元素，其含量一般在 0.8% 以下。锰能溶入铁素体中形成固溶体，产生固溶强化，提高钢的强度和硬度；少部分的锰则溶于 Fe_3C 中，形成合金渗碳体；锰能增加组织中珠光体的相对量，并使其变细；锰还能与硫形成 MnS，以减轻硫的有害作用。

（2）硅的影响

硅也是来自于生铁和脱氧剂，在钢中也是一种有益元素，其含量一般在 0.4% 以下。硅和锰一样能溶入铁素体中，产生固溶强化，使钢的强度、硬度提高，但使塑性和韧性降低。当硅含量不多，在碳钢中仅作为少量杂质元素存在时，对钢的性能影响亦不显著。

低熔点FeS共晶

（3）硫的影响

硫是由生铁和燃料带入的杂质元素，在钢中是一种有害元素。硫在钢中不溶于铁，而与铁化合形成化合物 FeS，FeS 与 Fe 能形成低熔点共晶体，熔点仅为 985℃，且分布在奥氏体的晶界上。当钢材在 1000～1200℃ 进行压力加工时，这种分布在奥氏体晶界的低熔点共晶体已经熔化，并使晶粒脱开，钢材变脆，这种现象称为热脆性，为此，钢中硫的含量必须严格控制。在钢中增加锰含量，使之与硫形成 MnS（熔点 1620℃），热塑性较好，可减轻或消除硫的有害作用，能有效地减轻或避免热脆现象。

钢桥的冷脆断裂

（4）磷的影响

磷是由生铁带入钢中的有害杂质元素。磷在钢中能全部溶入铁素体，使钢的强度、硬度有所提高，但却使室温下钢的塑性、韧性急剧降低，使钢变脆。这种情况在低温时更为严重，因此称为冷脆性。所以，钢中的磷含量也应严格控制。

总之，钢中锰、硅是有益元素，允许有一定的含量，而硫、磷是有害元素，应严格控制其含量。但是，在易切钢中适当提高硫、磷的含量，使切屑易断，可改善切削加工性能。

3.6.2 碳钢的分类

碳钢的分类方法很多，常用的分类方法如下。

（1）按钢中碳的含量分类

根据钢中碳含量的不同，可分为：

①低碳钢：$w(C) \leqslant 0.25\%$；

②中碳钢：$0.25\% < w(C) \leqslant 0.6\%$；

③高碳钢：$w(C) > 0.6\%$。

（2）按钢的质量分类

根据钢中有害杂质硫、磷含量的多少，可分为：

①普通质量钢：钢中硫、磷含量较高 $[w(S) \leqslant 0.050\%，w(P) = 0.045\%]$；

②优质钢：钢中硫、磷含量较低 $[w(S) \leqslant 0.035\%，w(P) = 0.035\%]$；

③高级优质钢：钢中硫、磷含量很低 $[w(S) \leqslant 0.020\%，w(P) \leqslant 0.030\%]$。

（3）按钢的用途分类

根据钢的用途不同，可分为：

①碳素结构钢：主要用于制造各种机械零件和工程结构。这类钢一般属于低、中碳钢。

②碳素工具钢：主要用于制造各种刃具、量具和模具。这类钢碳含量较高，一般属于高碳钢。
③碳素铸钢：主要用于制作形状复杂，难以用锻压等方法成形的铸钢件。

3.6.3　碳钢的牌号、性能和用途

（1）碳素结构钢

碳素结构钢的牌号由代表钢材屈服点的字母、屈服点数值、质量等级符号、脱氧方法符号等四部分按顺序组成。其中质量等级共有四级，分别用 A[$w(S)\leqslant0.050\%$，$w(P)\leqslant0.045\%$]、B[$w(S)\leqslant0.045\%$，$w(P)\leqslant0.045\%$]、C[$w(S)\leqslant0.040\%$，$w(P)\leqslant0.040\%$]、D[$w(S)\leqslant0.035\%$，$w(P)\leqslant0.035\%$]表示。脱氧方法符号用汉语拼音字母表示。"F"表示沸腾钢；"b"表示半镇静钢；"Z"表示镇静钢；"TZ"表示特殊镇静钢，在钢号中"Z"和"TZ"符号可省略。例如：Q235—A·F，牌号中"Q"代表屈服点"屈"字汉语拼音首位字母，"235"表示屈服点 $\sigma_s\geqslant235$ MPa，"A"表示质量等级为 A 级，"F"表示沸腾钢（冶炼时脱氧不完全）。碳素结构钢的牌号、碳含量和力学性能如表 3－2 所示。

表 3－2　碳素结构钢的牌号、碳含量和力学性能（摘自 GB/T 700—2006）

牌号	等级	$w(C)/\%$，$\geqslant$	力学性能，$\geqslant$		
			R_{eH}/MPa	R_m/MPa	$A/\%$
Q195	—	0.12	195	315~430	33
Q215	A	0.15	215	335~450	31
	B				
Q235	A	0.22	235	370~500	26
	B	0.20			
	C	0.17			
	D				
Q275	A	0.24	275	410~540	22
	B	0.22			
	C	0.20			
	D				

注：表中力学性能 R_{eH} 由钢材厚度或直径≤16 mm 的试样测得，A 由钢材厚度或直径≤40 mm 的试样测得。

由表 3－2 可见，Q195、Q215、Q235 属低碳钢，有良好的塑性和焊接性能，并具有一定的强度，通常轧制成型材、板材和焊接钢管等用于桥梁、建筑等工程结构，在机械制造中用作受力不大的零件，如螺钉、螺帽、垫圈、地脚螺钉、法兰以及不太重要的轴、拉杆等，其中以 Q235 应用最广。Q235C、Q235D 质量好，用作重要的焊接结构件。Q275 强度较高，可用作受力较大的机械零件。碳素结构钢一般不进行热处理，以供应状态直接使用，但也可根据需要进行热加工和热处理。

（2）优质碳素结构钢

这类钢中有害杂质元素硫、磷含量较低，主要用于制造重要的机械零件，一般都要经过热处理之后使用。优质碳素结构钢的牌号用两位数字表示，这两位数字表示钢中平均碳的质量分数的万倍数。例如 45 钢，表示钢中平均碳的质量分数为 0.45%。若钢中锰的含量较高，则在两位数字后面加锰元素的符号"Mn"。例如 65Mn 钢，表示钢中平均碳的质量分数为 0.65%，锰含量较高[$w(Mn)$ 为 0.7% ~ 1.2%]。优质碳素结构钢的牌号、化学成分和力学性能如表 3 - 3 所示。

表 3 - 3　优质碳素结构钢的牌号、化学成分、力学性能（摘自 GB/T 699—2015）

牌号	化学成分/%			力　学　性　能						
	C	Si	Mn	R_{eL}/MPa	R_m/MPa	A/%	Z/%	KU_2/J	硬度 HBW，≤	
				不小于					未热处理钢	退火钢
08	0.05 ~ 0.11	0.17 ~ 0.37	0.35 ~ 0.65	195	325	33	60	—	131	—
10	0.07 ~ 0.14	0.17 ~ 0.37	0.35 ~ 0.65	205	335	31	55	—	137	—
15	0.12 ~ 0.19	0.17 ~ 0.37	0.35 ~ 0.65	225	375	27	55	—	143	—
20	0.17 ~ 0.24	0.17 ~ 0.37	0.35 ~ 0.65	245	410	25	55	—	156	—
25	0.22 ~ 0.30	0.17 ~ 0.37	0.50 ~ 0.80	275	450	23	50	71	170	—
30	0.27 ~ 0.35	0.17 ~ 0.37	0.50 ~ 0.80	295	490	21	50	63	179	—
35	0.32 ~ 0.40	0.17 ~ 0.37	0.50 ~ 0.80	315	530	20	45	55	197	—
40	0.37 ~ 0.45	0.17 ~ 0.37	0.50 ~ 0.80	335	570	19	45	47	217	187
45	0.42 ~ 0.50	0.17 ~ 0.37	0.50 ~ 0.80	355	600	16	40	39	229	197
50	0.47 ~ 0.55	0.17 ~ 0.37	0.50 ~ 0.80	375	630	14	40	31	241	207
55	0.52 ~ 0.60	0.17 ~ 0.37	0.50 ~ 0.80	380	645	13	35	—	255	217
60	0.57 ~ 0.65	0.17 ~ 0.37	0.50 ~ 0.80	400	675	12	35	—	255	229
65	0.62 ~ 0.70	0.17 ~ 0.37	0.50 ~ 0.80	410	695	10	30	—	255	229
70	0.67 ~ 0.75	0.17 ~ 0.37	0.50 ~ 0.80	420	715	9	30	—	269	229
75	0.72 ~ 0.80	0.17 ~ 0.37	0.50 ~ 0.80	880	1080	7	30	—	285	241
80	0.77 ~ 0.85	0.17 ~ 0.37	0.50 ~ 0.80	930	1080	6	30	—	285	241
85	0.82 ~ 0.90	0.17 ~ 0.37	0.50 ~ 0.80	980	1130	6	30	—	302	255
15Mn	0.12 ~ 0.19	0.17 ~ 0.37	0.70 ~ 1.00	245	410	26	55	—	163	—
20Mn	0.17 ~ 0.24	0.17 ~ 0.37	0.70 ~ 1.00	275	450	24	50	—	197	—
25Mn	0.22 ~ 0.30	0.17 ~ 0.37	0.70 ~ 1.00	295	490	22	50	71	207	—
30Mn	0.27 ~ 0.35	0.17 ~ 0.37	0.70 ~ 1.00	315	540	20	45	63	217	187
35Mn	0.32 ~ 0.40	0.17 ~ 0.37	0.70 ~ 1.00	335	560	18	45	55	229	197
40Mn	0.37 ~ 0.45	0.17 ~ 0.37	0.70 ~ 1.00	355	590	17	45	47	229	207
45Mn	0.42 ~ 0.50	0.17 ~ 0.37	0.70 ~ 1.00	375	620	15	40	39	241	217
50Mn	0.48 ~ 0.56	0.17 ~ 0.37	0.70 ~ 1.00	390	645	13	40	31	255	217
60Mn	0.57 ~ 0.65	0.17 ~ 0.37	0.70 ~ 1.00	410	690	11	35	—	269	229
65Mn	0.62 ~ 0.70	0.17 ~ 0.37	0.90 ~ 1.20	430	735	9	30	—	285	229
70Mn	0.67 ~ 0.75	0.17 ~ 0.37	0.90 ~ 1.20	450	785	8	30	—	285	229

注：钢中 $w(S)$、$w(P)$ 均≤0.035%。

由表 3－3 可见,优质碳素结构钢随着碳含量的增加,其强度、硬度提高,塑性、韧性降低。不同牌号的优质碳素结构钢具有不同的性能特点及用途。

08 钢是一种碳含量很低的沸腾钢,强度很低,塑性很好。一般由钢厂轧成薄钢板或钢带供应,主要用于制造冷冲压件,如外壳、容器、罩子等。

10～25 钢属于低碳钢,强度、硬度低,塑性、韧性好,并具有良好的冷冲压性能和焊接性能。常用于制造冷冲压件和焊接构件,以及受力不大、韧性要求高的机械零件,如螺栓、螺钉、螺母、轴套、法兰盘、焊接容器等。还可用作尺寸不大,形状简单的渗碳件。

30～55 钢属于中碳钢,经调质处理后,具有良好的综合力学性能,主要用于制造齿轮、连杆、轴类零件等,其中以 45 钢应用最广。

60、65 钢属于高碳钢,经适当热处理后,有较高的强度和弹性,主要用于制作弹性零件和耐磨零件,如弹簧、弹簧垫圈、轧辊等。

碳素工具钢产品及应用

（3）碳素工具钢

碳素工具钢碳的质量分数为 0.65%～1.35%。根据有害杂质硫、磷含量的不同又分为优质碳素工具钢(简称为碳素工具钢)和高级优质碳素工具钢两类。碳素工具钢的牌号冠以"碳"的汉语拼音字母"T",后面加数字,表示钢中平均碳的质量分数的千倍数,如为高级优质碳素工具钢,则在数字后面再加上"A"。例如 T7 钢表示平均碳的质量分数为 0.7% 的优质碳素工具钢。T10A 钢表示平均碳的质量分数为 1.0% 的高级优质碳素工具钢。

碳素工具钢的牌号、化学成分、性能和用途如表 3－4 所示。

表 3－4　碳素工具钢的牌号、化学成分、性能和用途(摘自 GB/T 1298—2008)

牌号	化学成分/%			退火状态硬度/HBW,≤	试样淬火		用途举例
	C	Mn	Si		淬火温度/℃	硬度/HRC,≥	
T7 T7A	0.65～0.74	≤0.40	≤0.35	187	800～820	62	淬火、回火后,常用于制作能承受振动、冲击,并用在硬度适中情况下有较好韧性的工具,如凿子、冲头、木工工具、大锤等
T8 T8A	0.75～0.84	≤0.40	≤0.35	187	780～800	62	淬火、回火后,常用于制作要求有较高硬度和耐磨性的工具,如冲头、木工工具、剪切金属用剪刀等
T8Mn T8MnA	0.80～0.90	0.40～0.60	≤0.35	187	780～800	62	性能和用途与 T8 相似,但由于加入了锰,提高了淬透性,故可用于制作截面较大的工具
T9 T9A	0.85～0.94	≤0.40	≤0.35	192	760～780	62	用于制作一定硬度和韧性的工具,如冲模、冲头、凿岩石用凿子等
T10 T10A	0.95～1.04	≤0.40	≤0.35	197	760～780	62	用于制作耐磨性要求较高,不受剧烈振动,具有一定韧性及具有锋利刃口的各种工具,如刨刀、车刀、钻头、丝锥、手锯锯条、拉丝模、冷冲模等
T11 T11A	1.05～1.14	≤0.40	≤0.35	207	760～780	62	用途与 T10 钢基本相同,一般习惯上采用 T10 钢
T12 T12A	1.15～1.24	≤0.40	≤0.35	207	760～780	62	用于制作不受冲击、要求高硬度的各种工具,如丝锥、锉刀、刮刀、铰刀、板牙、量具等
T13 T13A	1.25～1.35	≤0.40	≤0.35	217	760～800	62	适用于制作不受振动、要求极高硬度的各种工具,如剃刀、刮刀、刻字刀具等

碳素工具钢一般以退火状态供应，使用时再进行适当的热处理。各种碳素工具钢淬火后的硬度相近，但随着碳含量的增加，未溶渗碳体增多，钢的耐磨性增加，而韧性降低。因此，T7、T8 钢适于制造承受一定冲击而要求韧性较高的工具，如大锤、冲头、凿子、木工工具、剪刀等。T9、T10、T11 钢用于制造冲击较小而要求高硬度和较高耐磨性的工具，如丝锥、板牙、小钻头、冷冲模、手工锯条等。T12、T13 钢的硬度和耐磨性很高，但韧性较差，用于制造不受冲击的工具，如锉刀、刮刀、剃刀、量具等。

碳素铸钢产品及应用

(4)碳素铸钢

某些形状复杂的零件，工艺上难以用锻压的方法进行生产，性能上用力学性能较低的铸铁材料又难以满足要求，此时常采用铸钢件。工程上常采用碳素铸钢制造，其碳的质量分数一般为 0.15% ~ 0.60%。碳素铸钢的牌号用"铸钢"两字汉语拼音的第一个字母"ZG"加两组数字表示：第一组数字为最小屈服强度值，第二组数字为最小抗拉强度值。如 ZG310—570 表示最小屈服强度为 310 MPa、最小抗拉强度为 570 MPa 的碳素铸钢。工程用碳素铸钢的牌号、化学成分、力学性能和用途如表 3 - 5 所示。

表 3 - 5 工程用碳素铸钢的牌号、化学成分、力学性能和用途(摘自 GB/T 11352—2009)

牌 号	化学成分/% ，≤			力学性能，≥					用 途 举 例
	C	Si	Mn	R_{eH}/MPa	R_m/MPa	A/%	Z/%	A_{KV}/J	
ZG200 - 400	0.20	0.60	0.80	200	400	25	40	30	有良好的塑性、韧性和焊接性。用于受力不大、要求韧性好的各种机械零件，如机座、变速箱壳等
ZG230 - 450	0.30	0.60	0.90	230	450	22	32	25	有一定的强度和较好的塑性、韧性，焊接性良好。用于受力不大、要求专心性好的各种机械零件，如砧座、外壳、轴承盖、底板阀体、擎柱等
ZG270 - 500	0.40	0.60	0.90	270	500	18	25	22	有较高的强度和较好的塑性，铸造性良好，焊接性尚好，切削性好。用作轧钢机机架、轴承座、连杆、箱体、曲轴、缸体等
ZG310 - 570	0.50	0.60	0.90	310	570	15	21	15	强度和切削性良好，塑性、韧性较低。用于载荷较高的零件，如大齿轮、缸体、制动轮、辊子等
ZG340 - 640	0.60	0.60	0.90	340	640	10	18	10	有高的强度，硬度和耐磨性，切削性良好，焊接性较差，流动性好，裂纹敏感性较大，用作齿轮、棘轮等

注：表列性能适用于厚度为 100 mm 以下的铸件，$w(S)$、$w(P)$ 均≤0.035%。

习　题

1. 解释下列名词或概念：

组元；相；相图；相律；杠杆定律；匀晶反应及匀晶相图；共晶反应及共晶相图；包晶反应及包晶相图；共析反应。

2. 二元合金相图表述了合金的哪些关系？有哪些实际意义？

3. 根据 Pb - Sn 二元合金相图，说明 28%Sn 的 Pb - Sn 合金在下列各温度时，组织中有哪些相，并求出相的相对量。

(1) 高于 300℃；

(2) 冷到 183℃，共晶转变尚未开始；

(3) 在 183℃ 共晶转变完毕；

(4) 冷却到室温。

4. 试分析比较纯金属、固溶体、共晶体三者在结晶过程和显微组织上的异同之处。

5. 已知 A(熔点 600℃) 与 B(熔点 500℃)；在 300℃ 时 A 溶于 B 的最大溶解度为 30%，室温时为 10%，但 B 不溶于 A；在 300℃ 时，含 40%B 的液态合金发生共晶反应。试作出 A - B 合金相图。根据共晶相图，指出适合于压力加工的合金及铸造性最好的合金，并说明原因。

6. 何谓金属的同素异晶转变？试以纯铁为例说明金属的同素异晶转变。

7. 何谓共晶转变和共析转变？以铁碳合金为例写出转变表达式。

8. 画出简化的 Fe - Fe₃C 相图，试分析 45 钢、T8 钢、T12 钢在极缓慢的冷却条件下的组织转变过程，并绘出室温显微组织示意图。

9. 为什么铸造合金常选用靠近共晶成分的合金？而压力加工合金则选用单相固溶体成分的合金？

10. 根据 Fe - Fe₃C 相图，确定下表中三种钢在指定温度下的显微组织名称。

钢号	温度/℃	显微组织	温度/℃	显微组织
45	770		900	
T8	680		770	
T12	700		770	

11. 某厂仓库中积压了许多碳钢(退火状态)，由于钢材混杂不知其化学成分，现找出一根，经金相分析后发现组织为珠光体和铁素体，其中铁素体量占 80%。问此钢材碳的含量大约是多少？是哪个钢号？

12. 现有两种铁碳合金，在显微镜上观察其组织，并以面积分数评定各组织的相对量。一种合金的珠光体占 75%，铁素体占 25%；另一种合金的显微组织中珠光体占 92%，二次渗碳体占 8%。这两种铁碳合金各属于哪一类合金？其碳的质量分数各为多少？

13. 根据 Fe - Fe₃C 相图解释下列现象：

(1) 在进行热轧和锻造时，通常将钢材加热到 1000～1200℃；

(2)钢铆钉一般用低碳钢制作;

(3)绑扎物件一般用铁丝(镀锌低碳钢丝),而起重机吊重物时却用钢丝绳(60钢、65钢、70钢等制成);

(4)在1100℃时,$w(C)=0.4\%$的碳钢能进行锻造,而$w(C)=4.0\%$的铸铁不能进行锻造;

(5)在室温下$w(C)=0.9\%$的碳钢比$w(C)=1.2\%$的碳钢强度高;

(6)钢锭在正常温度(950~1100℃)下轧制有时会造成开裂;

(7)钳工锯割T8钢、T10钢等钢料比锯割10钢、20钢费力,锯条易磨钝。

14. 下列说法是否正确? 为什么?

(1)钢的碳含量越高,则其质量越好;

(2)共析钢在727℃发生共析转变形成单相珠光体;

(3)$w(C)=4.3\%$的钢在1148℃发生共晶转变形成莱氏体;

(4)钢的碳含量越高,其强度和塑性也越高。

15. 下列工件,由于管理的差错,造成钢材错用,问使用过程中会出现哪些问题?

(1)把Q235-A当作45钢制造齿轮;

(2)把30钢当作T13钢制成锉刀;

(3)把20钢当作60钢制成弹簧。

16. 根据括号内提供的钢号(20;08F;T12;65Mn;45),选择下列工件或工具所采用的材料:冷冲压件;螺钉;齿轮;小弹簧;锉刀。

第 4 章
钢的热处理

【概述】

◎热处理是机械零件和工具制造过程中的重要工序，通过适当的热处理，可以改善钢的使用性能和工艺性能，充分发挥材料的其他性能潜力，提高零件和工具的质量、可靠性及使用寿命。本章将在 $Fe-Fe_3C$ 相图的基础上，介绍钢的热处理基本原理、热处理工艺、热处理方案选择及技术条件标注等。

4.1　热处理概述

4.1.1　热处理的概念

钢的热处理是指采用适当的方式在固态下对钢件进行加热、保温和冷却，以获得所需组织和性能的工艺方法。

热处理是机器零件及工具制造过程中的重要工序，对充分利用金属材料力学性能的潜力、提高产品质量和延长使用寿命具有重要意义；热处理在改善毛坯工艺性能以利于进行冷、热加工方面也有良好作用。即热处理改变材料性能主要有两个目的：一是改善工艺性能，二是提高强度。零件热处理质量的高低对成品的质量往往具有决定性的影响，因此，热处理在机械制造过程中占有十分重要的地位。在机械装备中绝大多数的零件都要进行热处理。例如，切削机床中 60% ~70% 的零件要热处理；汽车、拖拉机中 70% ~80% 的零件要热处理；而各种刀具、模具、量具及滚动轴承则几乎 100% 要热处理。总之，重要的零件都需适当热处理后才能使用。

4.1.2　热处理的分类

热处理工艺种类很多。根据加热、冷却方式等工艺特点及获得组织和性能的不同，可将热处理工艺分类如下：

①普通热处理：退火、正火、淬火和回火。其特点是对工件整体进行穿透加热。

②表面热处理：感应加热表面淬火、火焰加热表面淬火、接触加热表面淬火等。其特点是仅对工件表层进行热处理，即只改变表层的组织和性能。

③化学热处理：渗碳、渗氮(氮化)、碳氮共渗、渗铝、渗硼等。

④特殊热处理：可控气氛热处理、真空热处理、形变热处理和磁场热处理等。

根据热处理在零件生产工艺流程中的位置和作用，热处理又可分为预备热处理和最终热处理。预备热处理是为随后的加工(冷拔、冲压、切削)或进一步热处理作准备的热处理工艺；最终热处理是赋予工件所要求的使用性能的热处理工艺。

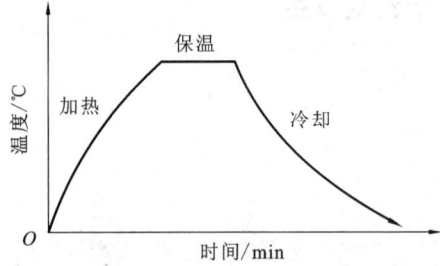

图 4-1 热处理工艺路线

尽管热处理工艺种类繁多，但都由加热、保温和冷却三个基本过程组成。如图 4-1 所示为最基本的热处理工艺曲线。

4.1.3 热处理中的滞后现象

Fe-Fe₃C 相图中的 A_1、A_3、A_{cm} 是平衡条件下(极其缓慢加热或冷却)的相变临界温度线，但实际生产中加热和冷却速度较快，因此加热及冷却过程中相变温度会偏离平衡条件下的相变温度。即在实际加热或冷却条件下，钢发生固态相变时会有不同程度的过热度或过冷度。实际加热或冷却速度越快，相变滞后越严重。为与平衡条件下的相变点有所区别，通常将加热和冷却时的实际临界温度线用 Ac_1、Ac_3、Ac_{cm} 和 Ar_1、Ar_3、Ar_{cm} 表示，如图 4-2 所示。

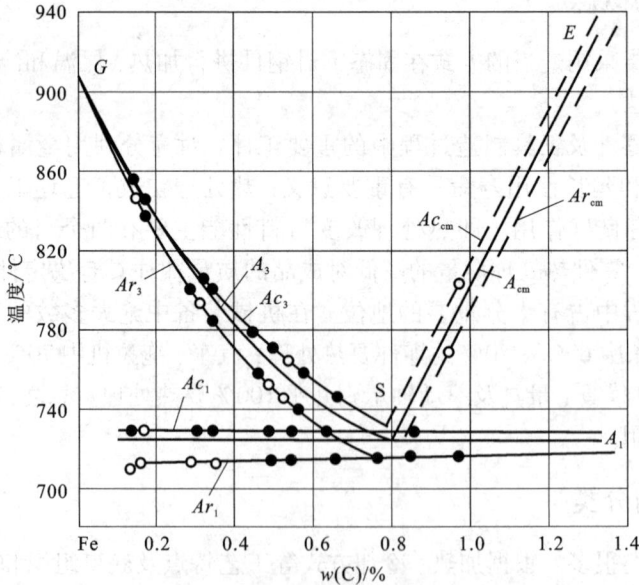

图 4-2 钢在实际加热和冷却时各相变点的位置

88

4.2　钢在加热时的组织转变

4.2.1　奥氏体的形成过程

钢在加热时由珠光体向奥氏体的转变过程称为奥氏体化。该过程遵循形核与长大的相变基本规律，通过 A 晶核的形成、A 晶核的长大、剩余 Fe_3C 的溶解、A 成分均匀化四个基本过程来完成。共析钢的 A 形成过程如图 4-3 所示。

（1）奥氏体晶核的形成

A 总是在 F 和 Fe_3C 的相界面处优先形核。因为相界面处碳成分不均匀，原子排列紊乱，位错、空位密度大，能量较高，从能量、结构和浓度方面都有利于 A 形核，如图 4-3（a）所示。

（2）奥氏体晶核的长大

A 晶核形成后，由于 F 的晶格类型和碳浓度比 Fe_3C 更接近于 A，所以 A 晶核优先向 F 内长大，而 Fe_3C 在加热保温时不断分解，碳原子逐渐溶入 A 中。结果使 A 相界面逐渐向 F 和 Fe_3C 方向推移而长大。同时，新的 A 晶核也不断形成并随之长大，直至 F 全部转变为 A 为止，如图 4-3（b）所示。

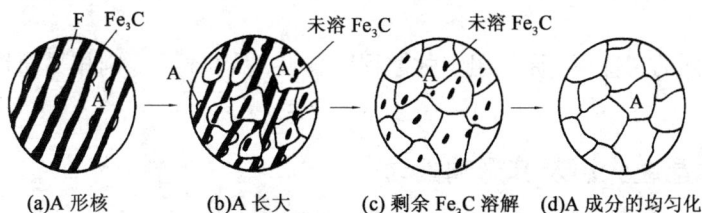

奥氏体形成过程

图 4-3　共析钢的奥氏体形成过程示意图

（3）剩余渗碳体的溶解

当 A 完全形成后，低碳的 F 消失，高碳的 Fe_3C 有剩余。随保温时间延长，A 和 Fe_3C 相界面处的碳原子必然向 A 内部扩散，剩余的 Fe_3C 继续溶解，直到消失，如图 4-3（c）所示。

（4）奥氏体成分均匀化

刚刚形成的 A 成分是不均匀的，在原 F 部位碳浓度偏低，原 Fe_3C 部位碳浓度偏高。故需要继续保温一段时间，通过碳原子的扩散达到成分均匀的目的，如图 4-3（d）所示。

亚共析钢、过共析钢的 A 形成过程和共析钢基本相同。不同的是，共析钢加热到 Ac_1 以上即可获得单一的 A 组织，亚共析钢和过共析钢则必须加热到 Ac_3、Ac_{cm} 以上才能全部转变为 A 即完全奥氏体化，在完全 A 化过程中伴随有先析出相 F 和 Fe_3C 向 A 的转变和溶解。

4.2.2　影响奥氏体形成的因素

A 的形核和长大需要通过原子扩散来实现。所以，只要是影响 A 形核、长大和原子扩散的因素，都会对 A 的形成过程产生影响。

（1）加热温度

提高温度会加剧原子的扩散运动，缩短转变所需的时间，表4-1证明了这一点。但温度过高会使A粗大，材料的力学性能下降。

表4-1 奥氏体形核率、长大速度和温度的关系

温度/℃	740	750	760	780	800
形核率/(个·mm^{-3}·s^{-1})	2280	—	11000	51500	616000
长大速度/(mm·s^{-1})	0.0005	0.001	0.010	0.026	0.041

（2）碳含量

随着碳含量的增加，渗碳体量增多，进而使F和渗碳体相界面增多；此外，增加碳含量有利于提高碳在A中的扩散能力，加速A的形核与长大。

（3）合金元素

除Co、Ni和起细化晶粒作用的Al外，绝大多数合金元素都会降低A形成的速度，推迟奥氏体化进程。其次，合金元素不同的形态与分布会引起成分不均匀；碳化物形成元素的加入还会降低碳对A形成的影响。所以，与碳钢相比，合金钢的奥氏体化温度应更高，保温时间应更长。

（4）原始组织

在钢成分相同的情况下，原始组织弥散程度越大，晶粒越细，则相界面越多，越有利于A的形成。

4.2.3 奥氏体晶粒大小及其影响因素

钢加热时所获得的A晶粒大小，对钢冷却转变后的组织和性能影响很大。A晶粒细小均匀，冷却后钢的组织则细小弥散，强度、塑性及韧性都较高。反之，晶粒粗大，性能变坏，特别是冲击韧度更差。

晶粒度是表示晶粒大小的尺度。常见的A晶粒度有以下三种。

（1）起始晶粒度

P向A转变完成时刚形成的A晶粒大小称为起始晶粒度。这时A晶粒比原始组织P细小均匀，但这种晶粒度难以测量，且会随着温度升高和保温时间延长而长大。故起始晶粒度在实际生产中意义不大。

（2）实际晶粒度

钢在某一具体加热条件下获得的A晶粒大小称为实际晶粒度，它直接影响钢冷却后的力学性能。在热处理时，只有清楚地了解和掌握A的实际晶粒度，才能有效地控制钢的性能。

（3）本质晶粒度

钢在规定加热条件下（930±10℃保温3~8 h）加热时奥氏体晶粒长大的倾向称为本质晶粒度。随着温度升高晶粒长大倾向小的钢称为本质细晶粒钢，晶粒长大倾向大的钢称为本质粗晶粒钢。必须指出，本质晶粒度并不表示A实际的晶粒大小。

实践证明，A晶粒长大的倾向主要取决于钢的成分和冶炼条件。

碳含量越高,晶粒度越大。但当碳含量超过一定限度时,形成过剩的二次渗碳体,反而阻碍了晶粒长大,晶粒长大的倾向性降低。此外,炼钢时适当加入一些能在 A 晶界上形成弥散分布的碳化物、氧化物或氮化物的合金元素(如 Ti、V、W、Mo、Al 等),能阻碍 A 晶粒长大,有利于 A 晶粒细化。因而生产中用铝脱氧的钢一般是本质细晶粒钢。但是如果加热温度较高,使这些化合物溶入 A 中,晶粒反而急剧长大。Mn、P 等元素能促使奥氏体晶粒的长大,故仅用锰铁脱氧的钢为本质粗晶粒钢。因此,凡需热处理的工件,一般应选用本质细晶粒钢。

形核率愈高,A 晶粒愈细密。加热温度高,保温时间长,A 晶粒长大越明显;加热速度越快,形核率越高,晶粒则越细小。

4.3　钢在冷却时的组织转变

冷却是钢热处理时最关键的工序。同一成分的钢即使奥氏体化条件相同,如果冷却条件不一样,获得的组织和力学性能差别也会很大。因此,了解钢在冷却时的转变规律十分重要。

A 在临界点 A_1 以上是稳定相,冷却到 A_1 以下则为不稳定相,将要发生转变。但转变前须经过一段孕育期。这种在临界点以下暂时存在的 A 称为过冷奥氏体($A_{过}$)。$A_{过}$ 的转变产物决定于转变温度,而转变温度又取决于冷却方式和冷却速度。在工业生产中,常用的冷却方式有等温冷却和连续冷却两种,其工艺曲线如图 4-4 所示。由于大多数热处理从本质上讲是非平衡过程,$Fe-Fe_3C$ 相图的转变规律已不再

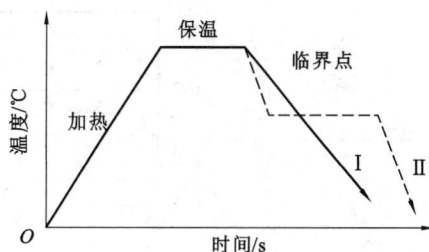

图 4-4　常用冷却方式示意图
Ⅰ—连续冷却；Ⅱ—等温冷却

适用,这时可以用实验测得的 $A_{过}$ 等温转变曲线来分析 A 在不同冷却条件下的组织转变规律,为合理制订热处理工艺提供理论依据。

4.3.1　过冷奥氏体等温冷却转变曲线

$A_{过}$ 等温冷却转变曲线是表示过冷 A 在不同过冷度下的等温冷却过程中,转变温度、转变时间与组织转变量之间关系的曲线。因其形状很像字母"C",故称为 C 曲线,也称为 TTT 曲线。

过冷奥氏体等温冷却转变曲线图是用实验方法建立的。下面以共析钢为例说明 TTT 曲线的建立过程:将一批奥氏体化的共析钢试样分组急冷至 A_1 以下不同温度的盐浴中等温冷却,每隔一定时间取一试样淬入水中,再分别测定每个试样的组织转变量,确定各温度下转变量与转变时间的关系,如图 4-5(a)所示。将各温度下转变开始时间及终了时间标注在温度 - 时间坐标图中,然后用光滑曲线分别连接转变开始点和转变终了点,就得到了共析钢过冷 A 等温转变曲线,如图4-5(b)所示。

共析钢过冷 A 等温冷却转变曲线图如图 4-6 所示。图中左右两条 C 曲线分别为过冷 A 等温转变开始线和等温转变终了线,M_s、M_f 分别为过冷 A 向马氏体转变的开始温度线和终止温度线。A_1、M_s 两条温度线将曲线图分割成上中下三个区域,即稳定 A 区、过冷 A 等温转变区和 M 转变区。等温转变区又被两条 C 曲线划分为左中右三个区,即过冷 A 区、过冷 A 转变区(过冷 A 和转变产物共存区)和转变产物区。

图 4 − 5　共析钢过冷奥氏体等温冷却转变曲线图的建立

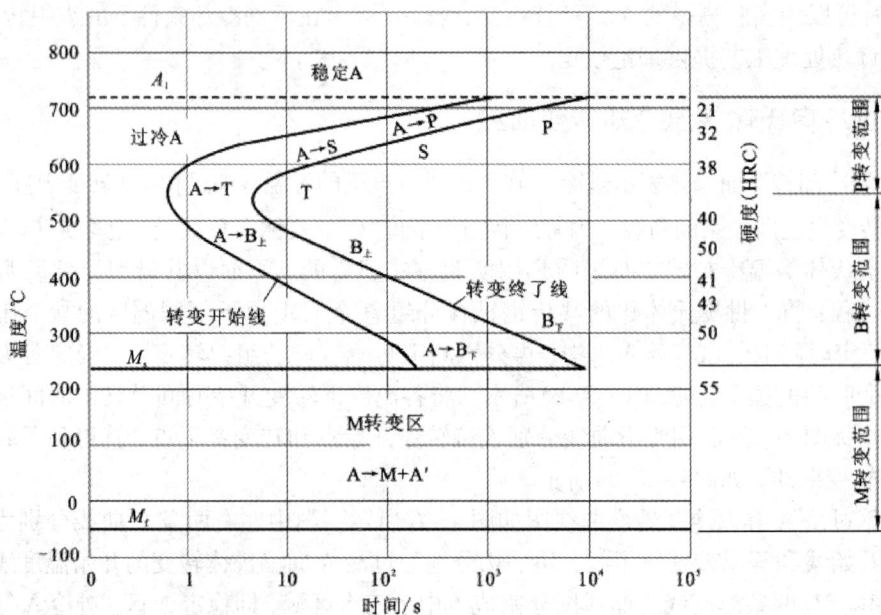

图 4 − 6　共析钢过冷奥氏体等温冷却转变曲线图

过冷奥氏体的组织转变

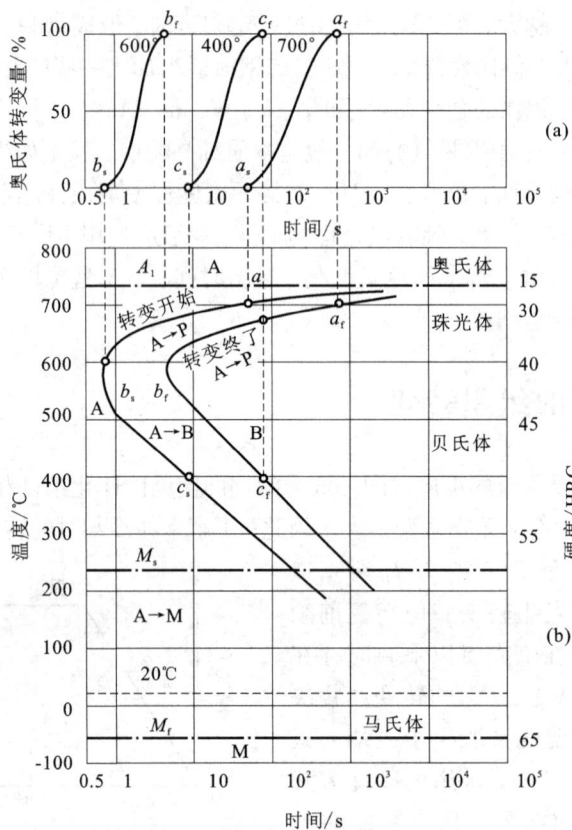

过冷 A 开始转变前等温停留的时间称为孕育期。孕育期的长短反映了过冷 A 的稳定性。冷却到 550℃ 左右孕育期最短，过冷 A 最不稳定。C 曲线上的这个位置称为"鼻尖"，以鼻尖为界，提高或降低等温温度，孕育期变长，过冷 A 稳定性增加，究其原因是相变驱动力和原子扩散两个因素综合作用的结果。

亚共析钢和过共析钢的 C 曲线与共析钢不同。这两类钢在过冷 A 转变成 P 前有先析出相（F 和 Fe₃C）形成，因此，等温转变开始线的上方多了一条先析出相的析出线，如图 4-7 所示。

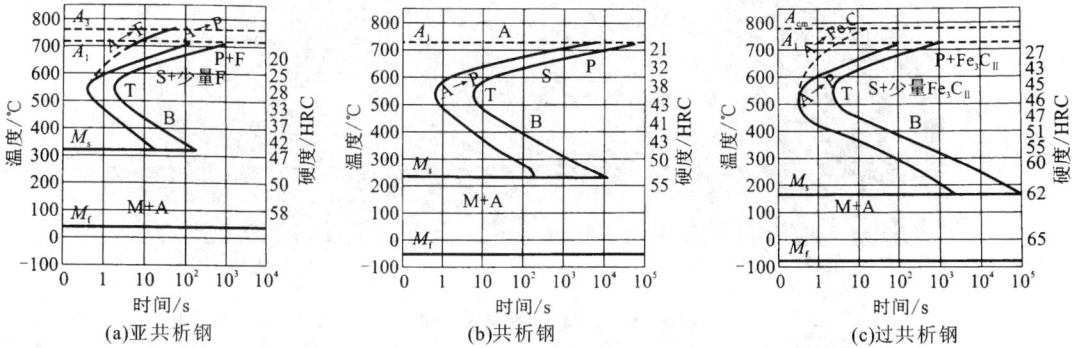

(a)亚共析钢 (b)共析钢 (c)过共析钢

图 4-7 碳钢过冷奥氏体等温冷却转变曲线图

4.3.2 过冷奥氏体等温冷却转变的组织和性能

根据转变温度和转变产物的不同，A$_{过}$冷却转变大致可以分为珠光体型转变（高温转变）、贝氏体型转变（中温转变）和马氏体型转变（低温转变）。

（1）珠光体型转变（高温转变）

珠光体型转变在 A_1 ~550℃ 温度范围内进行。由于转变温度高，原子扩散能力强，可通过铁、碳原子的扩散和 A 晶格的改组获得 P 型组织。主要特征是碳含量相差大，晶格完全不同的 F 片和 Fe₃C 片呈交替重叠状。形成过程如图 4-8 所示，Fe₃C 首先在 A 晶界处形核，并依靠原子的扩散不断从周围的 A 吸收碳原子长大。在 Fe₃C 长大的同时，会造成周围的 A 碳含量降低，从而促使 F 晶核在 Fe₃C 两侧形成与长大。F 长大时又必然要向旁边的 A 排挤出多余的碳，使 Fe₃C 在其两侧形核与长大。如此往复，Fe₃C 和 F 两者相间形核并长大成层片状 P。P 转变是扩散型转变。

在高温转变温度范围内，因过冷度不同，P 组织的层片间距和层片厚薄也不同。随着转变温度下降，P 层片变薄，间距变小。按层片间距的大小不同可将 P 组织分为三类：在 A_1 ~650℃ 范围内等温转变获得的粗片状组织称为珠光体，其层片间距大于 0.4 μm，硬度为

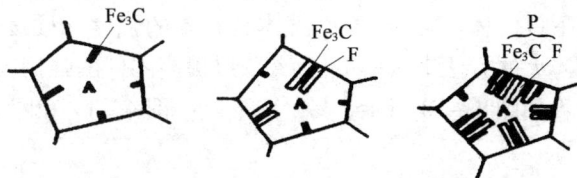

图 4-8 珠光体形成过程示意图

17~25 HRC；在 650~600℃ 范围内等温转变获得的细片状 P 称为索氏体(S)，其层片间距为 0.2~0.4 μm，硬度可达 25~35 HRC；在 600~550℃ 范围内等温转变获得的更细的片状 P 称为托氏体(T)，其层片间距小于 0.2 μm，硬度高达 35~40 HRC。P 型组织形态如图 4-9 所示。

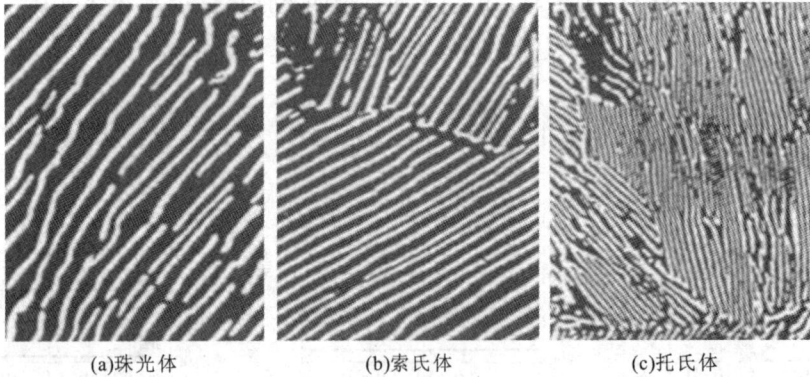

(a)珠光体   (b)索氏体   (c)托氏体

图 4-9 珠光体型组织(800×)

珠光体型组织的力学性能主要取决于层片间距和片层厚度。层片间距越小，片层越薄，则相界面越多，强度、硬度越高，塑性和韧性也得到改善。

必须指出，珠光体组织不是在任何条件下都呈层片状。共析钢和过共析钢可通过球化退火使渗碳体呈细小的球状或粒状分布在铁素体基体中。这种珠光体组织称之为球状珠光体或粒状珠光体。

(2)贝氏体型转变(中温转变)

$A_{过}$ 在 550℃ ~M_s(共析钢 M_s 点约为 230℃)温度范围内等温冷却时发生贝氏体转变。由于转变温度较低，碳原子有一定的扩散能力，但扩散能力较弱，而铁原子已不能扩散，只进行晶格重构。结果形成在碳含量过饱和的铁素体间弥散分布碳化物组成的组织，称为贝氏体型组织(B)。贝氏体转变属半扩散型转变，即只有碳原子扩散而铁原子不扩散，晶格类型改变是通过切变实现的。

由于在 550℃ ~M_s 内等温转变的过冷度不同，碳原子的扩散能力也不一样，从而使贝氏体的组织形态不同。

上贝氏体：在 550~350℃ 范围内碳原子尚有一定的扩散能力，仅有部分碳原子扩散到相邻的 A 中，在铁素体片间析出不连续的短棒状或细条状渗碳体，形成羽毛状的上贝氏体($B_上$)。上贝氏体的强度、硬度比珠光体高，塑性及韧性差，生产中很少使用。

下贝氏体：在 350℃ ~M_s 之间碳原子扩散能力更差，只能在铁素体内就近形成细小的条状碳化物，形成针状的下贝氏体($B_下$)。下贝氏体具有高的强度和硬度，以及良好的塑形和韧性，生产中常用等温淬火的方法来获得 $B_下$ 组织，以提高零件的强韧性。

$B_上$ 与 $B_下$ 的形成过程如图 4-10 所示，其组织形貌如图 4-11 和图 4-12 所示。

94

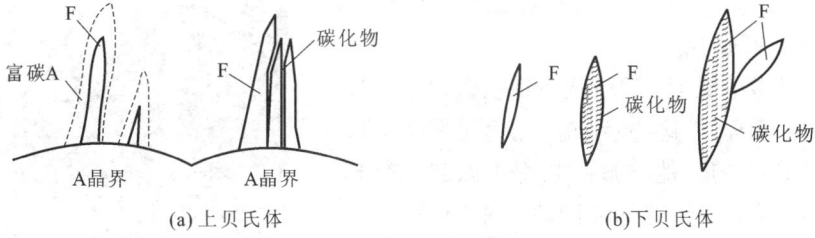

图 4 – 10 贝氏体形成过程示意图

(a) 上贝氏体
(b) 下贝氏体

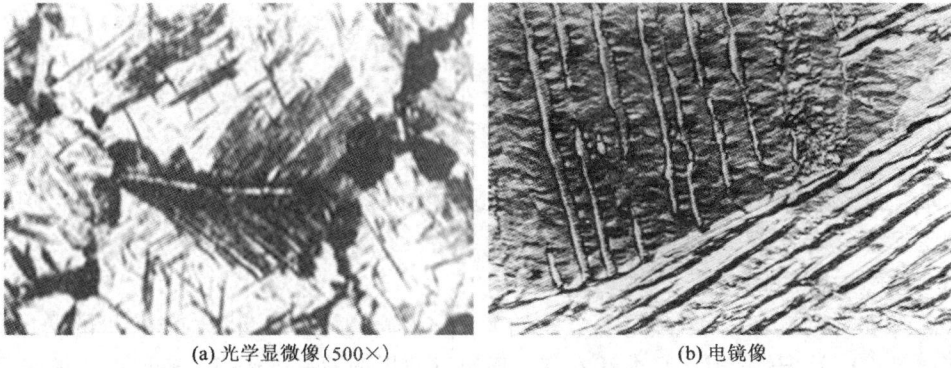

(a) 光学显微像(500×)

(b) 电镜像

图 4 – 11 上贝氏体的显微组织

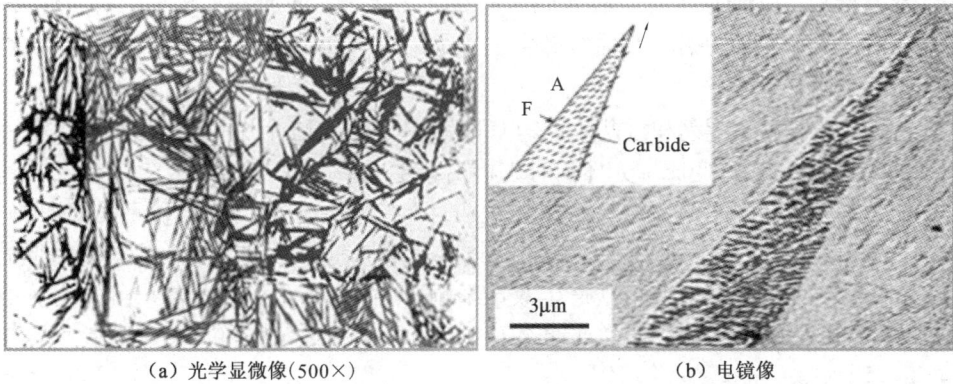

(a) 光学显微像(500×)

(b) 电镜像

图 4 – 12 下贝氏体的显微组织

　　粒状贝氏体：粒状贝氏体($B_粒$)是近年来在一些低碳或中碳合金钢中发现的一种贝氏体组织。粒状贝氏体形成于上贝氏体转变区上限温度范围内。$B_粒$粒状贝氏体的组织如图 4 – 13 所示。其组织特征是在粗大的块状或针状铁素体内或晶界上分布着一些孤立的小岛，小岛形态呈粒状或长条状等，很不规则。这些小岛在高温下原是富碳的奥氏体区，其后的转变可能有三种情况：①分解为 F 和碳化物，形成珠光体；②发生马氏体转变；③富碳的 A 全部保留下来。初步研究认为，$B_粒$ 中 F 的亚结构为位错，但其密度不大。大多数结构钢，不管是连续

95

冷却还是等温冷却，只要冷却过程控制在一定温度范围内，都可以形成 $B_{粒}$。

在 $B_{粒}$ 的显微组织中，颗粒状或针状铁素体基体中分布着许多"小岛"，这些"小岛"无论是残余奥氏体、马氏体还是 A 的其他分解产物都可以起到复相强化作用。$B_{粒}$ 体具有较好的强韧性，在生产中已经得到应用。

（3）马氏体型转变（低温转变）

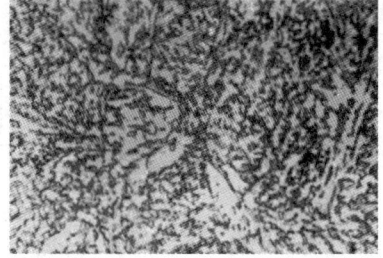

图 4-13 粒状贝氏体的显微组织（1000×）

$A_{过}$ 在 $M_s \sim M_f$ 温度间的转变称为低温转变，转变产物为马氏体（M），故又称为马氏体转变。马氏体转变必须以连续冷却的方式才能实现，所以该转变过程将在连续冷却转变中介绍。

4.3.3 影响过冷奥氏体等温冷却转变的因素

C 曲线的形状和位置反映了 $A_{过}$ 的稳定性和转变速度。因此，凡是影响 C 曲线形状和位置的因素都会影响 $A_{过}$ 的等温转变。

（1）奥氏体成分的影响

①碳含量：碳溶入 A 时，碳是稳定 A 的元素，因此，亚共析钢随着碳含量的增加，A 的碳含量增多，$A_{过}$ 稳定性增大，C 曲线右移。但对过共析钢而言，其正常热处理的加热温度常在 $Ac_1 \sim Ac_{cm}$ 之间即不完全奥氏体化温度范围内，此时加热组织中的未溶渗碳体成了 A 分解的外来核心，冷却时 $A_{过}$ 析出的渗碳体依附在未溶渗碳体上长大，促使 $A_{过}$ 分解。再者，随着钢中碳含量的增加，未溶的渗碳体增多，而 A 的碳含量并不增加，因此 A 的稳定性降低，C 曲线左移。由此可见，共析钢的 C 曲线鼻尖位置最靠右，$A_{过}$ 最稳定。此外，M_s 和 M_f 点随碳含量增加而下降。

与共析钢相比，亚共析钢和过共析钢的 C 曲线多了一条先析出相的析出线（如图 4-7 所示），说明过冷奥氏体在转变成珠光体前有先析出相生成。

②合金元素：除 Co 和 Al[$w(Al) > 2.5\%$]外，所有其他溶入 A 的合金元素都增加 $A_{过}$ 的稳定性，使 C 曲线右移，同时使 M_s 和 M_f 点随碳含量增加而下降。当加入的碳化物形成元素较多时，还将对 C 曲线的位置和形状产生双重影响，C 曲线不但右移，甚至可能会分成上下两部分，即有珠光体转变和贝氏体转变两个 C 曲线，中间出现一个过冷奥氏体较为稳定的区域，如图 4-14 所示。

必须指出，如果钢中形成的碳化物在奥氏体化过程中不能全部溶解，未溶碳化物同样会成为 A 分解的外来核心，降低 $A_{过}$ 的稳定性，使 C 曲线左移。

（2）奥氏体化条件的影响

提高奥氏体化温度或延长保温时间，有利于 A 成分的均匀，但同时会促使 A 晶粒长大，未溶渗碳体数量减少，从而降低 $A_{过}$ 分解的形核率，增大 $A_{过}$ 的稳定性，使 C 曲线右移。

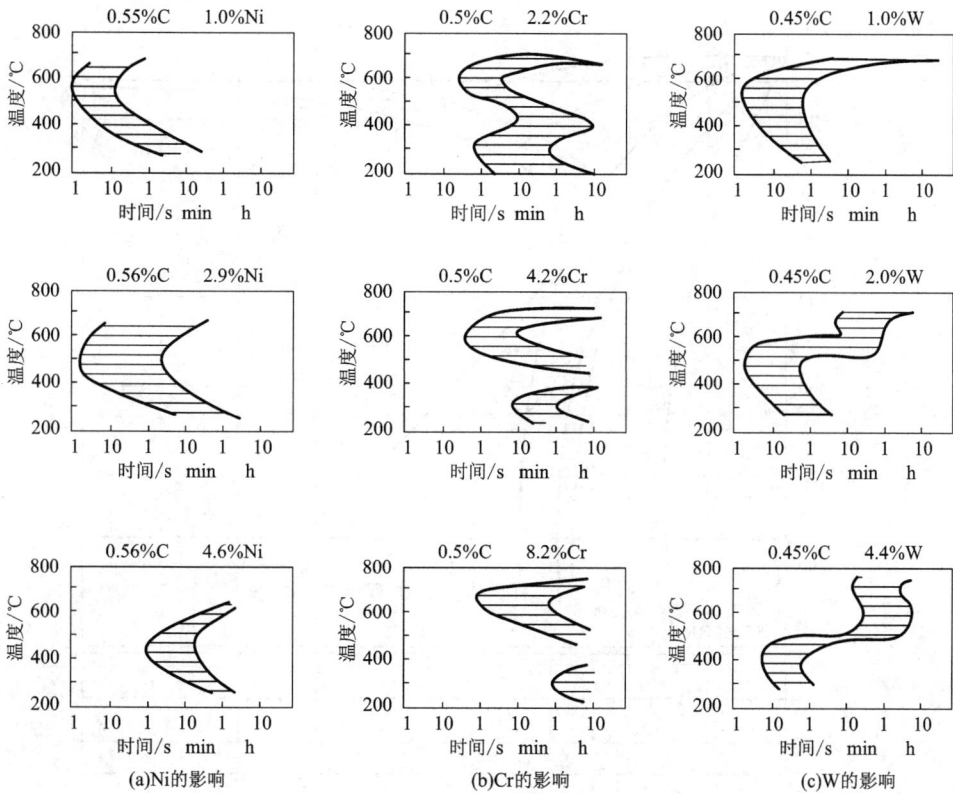

图4-14 合金元素对碳钢C曲线的影响

4.3.4 过冷奥氏体连续冷却转变

(1)过冷奥氏体连续冷却转变曲线

实际生产中,钢的热处理多用连续冷却方法,因为连续冷却简便易行。因此,研究 $A_{过}$ 连续冷却转变曲线(CCT曲线)对于制定热处理工艺更有意义。

CCT曲线的建立方法与TTT曲线基本相同,区别是前者将奥氏体化的钢以不同的冷却速度连续冷却。图4-15为共析钢CCT曲线,其中 P_s、P_f 两条线分别表示 $A_{过}$ 向P转变的开始线和终了线,下边一条线 KK' 表示过冷奥氏体向珠光体转变中止线。M_s、M_f 分别为过冷A向马氏体转变的开始温度线和终止温度线。

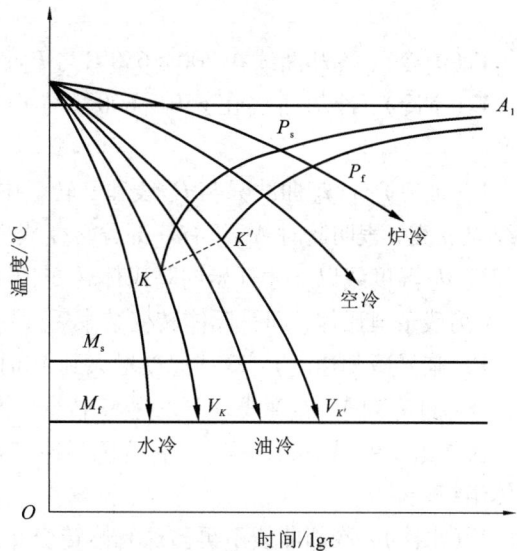

图4-15 共析钢的连续冷却(CCT)曲线

共析钢TTT曲线和CCT曲线的比较及其转变组织如图4-16所示。从图4-15、图

4－16中可看出：

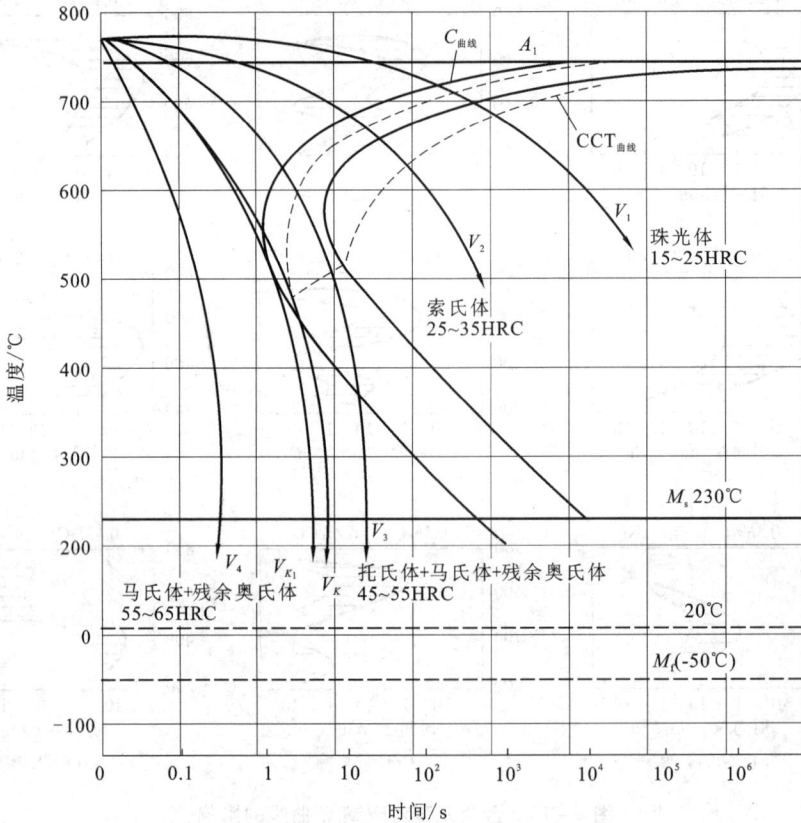

图 4－16 共析钢 TTT 曲线和 CCT 曲线的比较及其转变组织

V_1（炉冷）：冷却曲线在 700～650℃与 P_s、P_f 线相交，表明转变结束得到的组织为 P。

V_2（空冷）：冷却曲线在 650～600℃与 CCT 曲线相交，获得组织更细密、弥散度更大的 S。

V_3（油冷）：冷却曲线只与 P_s 线和 P 转变中止线 KK' 相交（650～600℃），而不再与转变终了线 P_f 相交，表明此时 A过 只有一部分转变成珠光体型组织（T），另一部分则保留下来，直至冷却到 M_s 温度线以下才开始向马氏体转变，继续冷至 M_f 转变结束，所以最终组织为 T＋M＋A′（A′为残余奥氏体，即马氏体转变结束后残留下的少量奥氏体）。

V_K（临界冷却速度）：冷却速度增大到 V_K 时，冷却曲线与 P_s 线相切，表明 A过 不发生 P 转变，全部过冷到 M_s 温度线以下发生 M 转变，最终组织为 M＋少量 A′；冷却速度 V_K 是获得全部马氏体组织的最小冷却速度，称为临界冷却速度。显然，V_K 愈小，连续冷却时愈易获得马氏体组织。

V_4（水冷）：冷却曲线不再与珠光体转变开始线 P_s 相交，A 过冷至 M_s～M_f 温度范围内连续冷却完成转变过程，得到组织为 M＋少量 A′。

共析钢连续冷却时没有贝氏体转变。与共析钢相比，亚共析钢不仅多了一条线先析出铁素体的析出线，还出现了贝氏体转变区；过共析钢则只多出一条线先析出渗碳体的析出线。

（2）马氏体转变

当钢以大于临界冷却速度的速度连续冷却时，A 被迅速过冷到 M_s 温度以下，发生马氏体转变，形成 M。由于马氏体转变温度极低，铁、碳原子完全失去了扩散能力，所以，这种转变是非扩散型转变。尽管如此，由于此时过冷度很大，相变驱动力仍足以改变 $A_过$ 的晶格结构，并将碳过饱和固溶于 $\alpha - Fe$ 晶格中。这种碳在 $\alpha - Fe$ 中的过饱和固溶体称为马氏体，晶体结构为体心正方晶格。

碳在 $\alpha - Fe$ 的过饱和固溶可以使钢产生固溶强化，因此，M 转变是强化金属的重要途径之一。

1）M 转变的特点

在马氏体转变过程中，只发生 $\gamma - Fe$ 向 $\alpha - Fe$ 的晶格改组，而无成分变化。它也是一个形核和长大的过程，其转变机制非常复杂，具有以下特点.

①无扩散型转变：转变温度极低，铁、碳原子均无扩散能力，只能以共格切变方式完成转变，即沿 A 一定晶面（111）$\gamma - Fe$ 原子集体的、不改变相互位置关系而进行一定距离的移动（不超过一个原子间距），并随即进行微调整，使面心立方晶格转变为体心正方晶格，而 C 原子原地不动过饱和地留在新组成的晶胞中，增大其正方度 c/a。如图 4 - 17、图 4 - 18 所示。

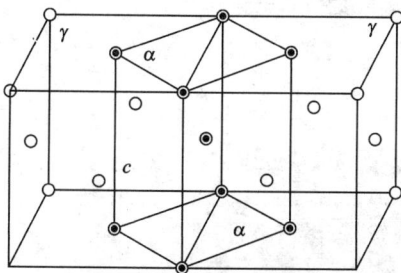

图 4 - 17　M 晶胞与母相 A 的关系

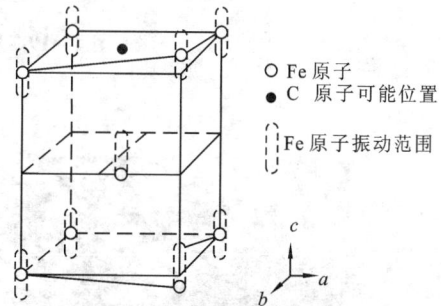

○ Fe 原子
● C 原子可能位置
（虚线）Fe 原子振动范围

图 4 - 18　M 晶体结构示意图

②变温形成：A 过冷到 M_s 点以下后，随着温度下降，不断转变为 M，冷却中断，转变停止，即冷却到一定温度立即形成一定数量的马氏体，但是，在某一温度下保温不会使马氏体数量增加。

③转变速度极快：A 冷却到 M_s 点以下后，无孕育期，瞬时形核，即刻长大成 M。每个 M 的形成时间极短，约为 $10^{-7}s$。相变时 M 量的增加主要归因于新 M 的形成，而非 M 的长大。

④体积膨胀：$\alpha - Fe$ 的比容比 $\gamma - Fe$ 大，而 M 是碳在 $\alpha - Fe$ 中的过饱和固溶体，因此，A 转变为 M 时，体积急剧膨胀，产生相变应力，严重时使工件开裂。

⑤转变的不完全性：$A_过$ 向 M 转变时不能进行到 100%，即有少量 A 残留下来，这部分奥氏体称为残留奥氏体，用符号 Ar 或 A′表示。A′是一种亚稳定组织，在时间延长或条件适合时，会继续转变为马氏体，由于 M 转变伴随着体积变化，进而会影响工件尺寸的长期稳定性。此外，A′对钢的淬透性有一定的影响。

钢中 A′的量与 M_s、M_f 的位置有关，M_s、M_f 的位置又主要取决于 A 中的碳含量。A 中的碳含量增加，M_s、M_f 的位置则越低，A′的量会增多。实际生产中，当 $w(C) < 0.6\%$ 时，可以忽略

A′的影响。

⑥可逆性：马氏体以足够快的速度加热时，马氏体可以不分解而直接转变成高温相。

2）M 的组织形态

马氏体的组织形态主要取决于 $A_{过}$ 中的碳含量。碳含量低于 0.2% 时，M 几乎全部为板条状（如图 4 – 19 所示），称为板条状 M 或低碳 M；碳含量高于 1.0% 时，M 基本呈针片状（如图 4 – 20 所示），称为针片状 M 或高碳 M；碳含量介于 0.2% ~ 1.0% 之间，M 是板条状和针片状的混合组织（如图 4 – 21 所示）。图 4 – 22 为马氏体组织形态与奥氏体中碳含量的关系。

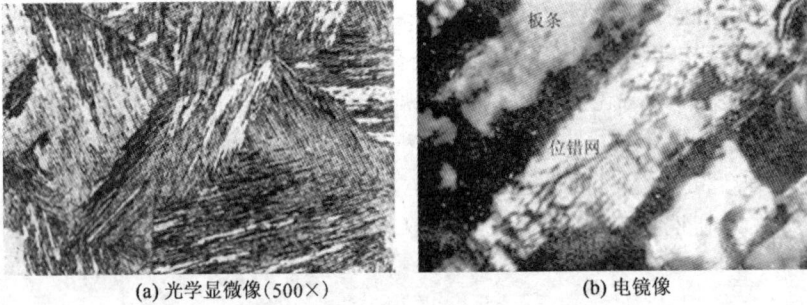

(a) 光学显微像（500×）　　　　(b) 电镜像

图 4 – 19　板条状 M 的组织形态

(a) 光学显微像（500×）　　　　(b) 电镜像

图 4 – 20　针片状 M 的组织形态

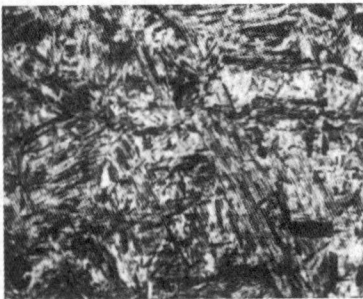

图 4 – 21　混合型 M(45 钢淬火 500 ×)

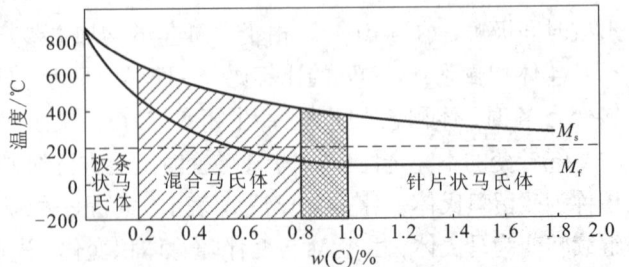

图 4 – 22　M 形态与奥氏体中碳含量的关系

3)M 的力学性能

M 的力学性能取决于 $A_过$ 中的碳含量及 M 内部的亚结构,合金元素对 M 的力学性能影响不大。随碳含量增加,碳在 $\alpha - Fe$ 中的过饱和度提高,晶格畸变增大,碳原子的固溶强化以及位错、孪晶的综合作用使 M 的强度和硬度提高。如图 4 - 23 所示,低碳钢中碳含量的影响明显,但当碳含量超过 0.6% 以后,由于钢中 A′ 量增多,致使淬火钢的硬度和强度增加趋于缓慢。针片状 M 的亚结构以孪晶为主,滑移系少,塑性和韧性都很差。板条状 M 的亚结构以位错为主,故又称位错马氏体,其位错密度大约是 $10^{11} \sim 10^{12}/cm^2$。因此它不仅有较高的强度,还有较好的塑性和韧性。生产中常采用低碳钢淬火和低温回火工艺获得性能优良的低碳回火马氏体,既降低了成本又能得到良好的综合性能。

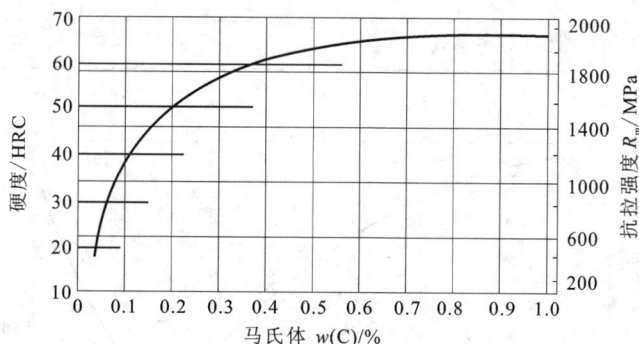

图 4 - 23　M 的强度和硬度与碳含量的关系

4.3.5　TTT 图与 CCT 图的比较

连续冷却转变过程可以看成是无数个温差很小的等温转变过程的总和,即转变产物是不同温度下等温转变组织的混合。但由于冷却速度的不同以及系列产物孕育期的差别,使某一温度下的转变得不到充分进行,因此连续冷却有不同于等温转变的特点。

图 4 - 16 同时标示出了共析钢的 TTT 曲线图和 CCT 曲线图。可以看出,CCT 曲线中的珠光体转变开始线和终了线在 TTT 曲线的右下方,说明连续冷却转变与等温冷却转变相比,一方面,转变温度低,孕育期长,过冷奥氏体更稳定;另一方面,前者的临界冷却速度 V_{K_1} 大于后者的 V_K,如果参照 TTT 曲线图中的临界冷却速度可以得到更多的马氏体组织;此外,共析钢和过共析钢的 CCT 曲线没有下半部分,即连续冷却时不能得到贝氏体型组织。

TTT 曲线图和 CCT 曲线图都是通过实验测得的。但 CCT 曲线图的测定更困难,目前仍有一些钢的 CCT 曲线未能建立,所以,常常用 TTT 曲线再参照 CCT 曲线的特点来定性分析连续冷却转变及其转变产物。确定冷却速度时,在没有 CCT 曲线的情况下,可用 TTT 曲线图中的临界冷却速度 V_{K_1} 估算连续冷却转变时的临界冷却速度 V_K。

综上所述,钢在冷却过程中 $A_过$ 可能转变为 P、B 和 M。$A_过$ 各种转变产物的形成温度、转变性质及组织性能等可归纳为表 4 - 2。各种转变产物的性能,如图 4 - 24 所示。

表 4 - 2　过冷奥氏体转变产物(共析钢)

转变类型	转变产物	形成温度/℃	转变机制	显微组织特征	HRC	获得工艺
珠光体	P	A1～650	扩散型	粗片状,F、Fe₃C 相间分布	17～25	退火
	S	650～600		细片状,F、Fe₃C 相间分布	25～30	正火
	T	600～550		极细片状,F、Fe₃C 相间分布	35～45	等温处理
贝氏体	B上	550～350	半扩散型	羽毛状,短棒状 Fe₃C 分布于过饱和 F 条之间	40～50	等温处理
	B下	350～M_s		竹叶状,细片状 Fe₃C 分布于过饱和 F 针上	50～60	等温淬火
马氏体	M针	M_s～M_f	无扩散型	针状	60～65	淬火
	M板条	M_s～M_f		板条状	50	淬火

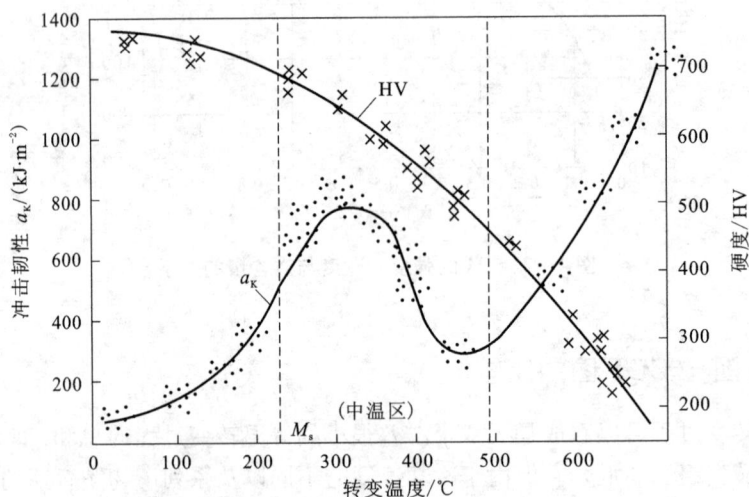

图 4 - 24　共析钢不同转变产物的硬度和冲击韧性

4.4　钢的退火与正火

退火与正火

退火和正火属于钢的预备热处理。通过这类热处理可以降低硬度、细化晶粒、消除残余应力、提高韧性、恢复塑性或减少偏析等,以达到改善材料的力学性能和工艺性能,便于成型加工或为最终热处理作好组织准备等。

4.4.1　钢的退火

退火是将钢加热到临界点(Ac_1、Ac_3)以上或以下的适当温度,保温一定时间,然后缓慢冷却的热处理工艺。钢经退火后将获得接近平衡状态的组织。

退火的目的:降低硬度,提高塑性,改善切削加工性能或后续冷变形性能;消除组织缺陷,细化晶粒,均匀组织,提高力学性能,为最终热处理做准备;消除钢中的内应力,稳定工

102

件尺寸，减少变形和开裂倾向。

根据钢的成分和处理目的不同，常用的退火方法可分为完全退火、等温退火、球化退火、去应力退火和扩散退火等，如图4-25所示。

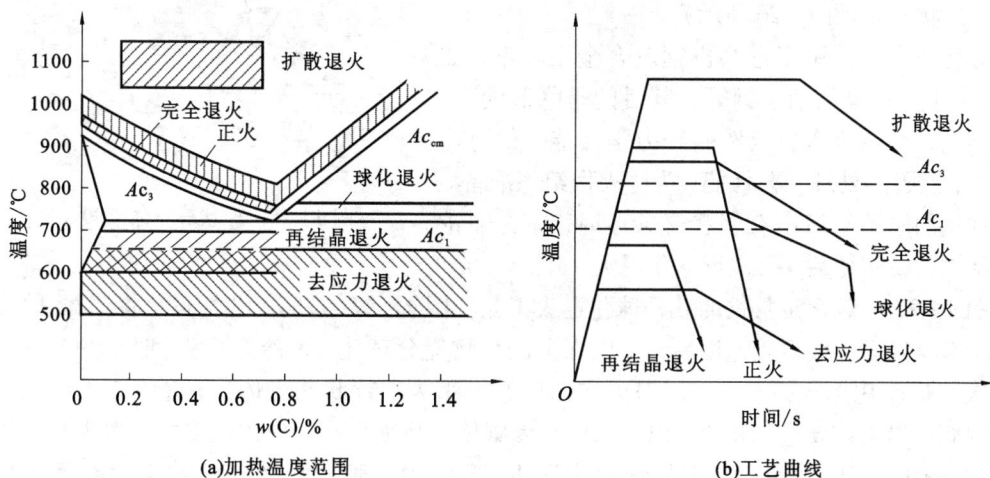

(a)加热温度范围   (b)工艺曲线

图4-25 各种退火和正火工艺示意图

（1）完全退火

将钢加热到$Ac_3 + (30 \sim 50℃)$，保温一定时间，然后随炉缓冷。完全退火主要用于亚共析碳钢和合金钢的铸、锻件及热轧件的热处理，退火后的组织为铁素体和珠光体。

过共析钢不采用完全退火，因为加热到Ac_{cm}以上缓冷时，会析出网状渗碳体，影响钢的力学性能。

工件在退火温度下的保温时间不仅取决于工件烧透的时间，即工件心部也达到要求的加热温度，还取决于完成组织转变所需时间。完全退火的保温时间与钢材成分、工件厚度、装炉量和装炉方式等因素有关。通常保温时间以工件的有效厚度来计算。一般碳素钢或低合金钢工件，当装炉量不大时，在箱式电阻炉中退火的保温时间可按下式计算.

$$\tau = KD$$

式中：τ——保温时间，min；

D——工件有效厚度，mm；

K——加热系数，一般K为$1.5 \sim 2.0$ min/mm。

若装炉量过大，则应根据具体情况延长保温时间。

实际生产时，为了提高生产率，退火冷却至600℃左右即可出炉空冷。

（2）等温退火

某些合金钢件退火不用随炉缓冷的方法，而采用等温冷却。等温退火是将奥氏体化后的钢快冷至稍低于A_1温度，再保温足够时间，让$A_过$完成等温分解转变为珠光体，然后出炉空冷。比完全退火的时间短，组织均匀，硬度容易控制。

（3）球化退火

球化退火是使钢中碳化物球状化，获得粒状珠光体的一种热处理工艺。它是将钢加热到Ac_1以上$20 \sim 30℃$，保温足够时间后随炉缓冷或采用等温退火的冷却方式，这样可使未溶碳化物粒子和局部高碳区形成碳化物核心并局部聚集球化，炉即使珠光体中的片状渗碳体和次生网状渗碳体发生球化，形成铁素体基体上均匀分布的粒状渗碳体组织——球状P(如图4－26所示)。

球化退火主要用于过共析钢及合金工具钢，如刀具、量具、模具及轴承钢等。其目的是降低硬度、提高塑性、改善切削加工性能和力学性能，获得均匀组织，改善热处理工艺性能，为淬火做组织准备。

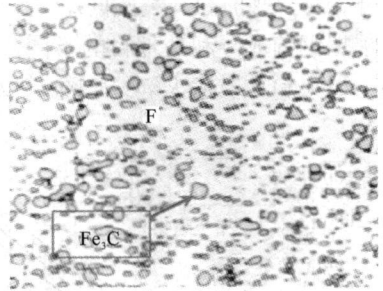

图4－26 球状珠光体(500×)

如钢的原始组织中有网状渗碳体时，应先经正火消除网状渗碳体后，再进行球化退火。

图4－27是碳素工具钢的几种球化退火工艺。图4－27(a)的工艺特点是将钢在Ac_1以上20～30℃保温后以极缓慢速度冷却，以保证碳化物充分球化，炉冷至600℃时出炉空冷。这种一次加热球化退火工艺，要求退火前的原始组织为细片状珠光体，不允许有渗碳体网存在。因此在退火前要进行正火，以消除网状渗碳体。目前生产上应用较多的是等温球化退火工艺[如图4－27(b)所示]，即将钢加热到Ac_1以上20～30℃保温4h后，再快冷至A_1以下20℃左右等温3～6h，以使碳化物达到充分球化的效果。为了加速球化过程，提高球化质量，可采用往复球化退火工艺[如图4－27(c)所示]，即将钢加热到略高于Ac_1点的温度，而后又冷却至略低于A_1'温度保温，并反复加热和冷却多次，最后空冷至室温，以获得更好的球化效果。

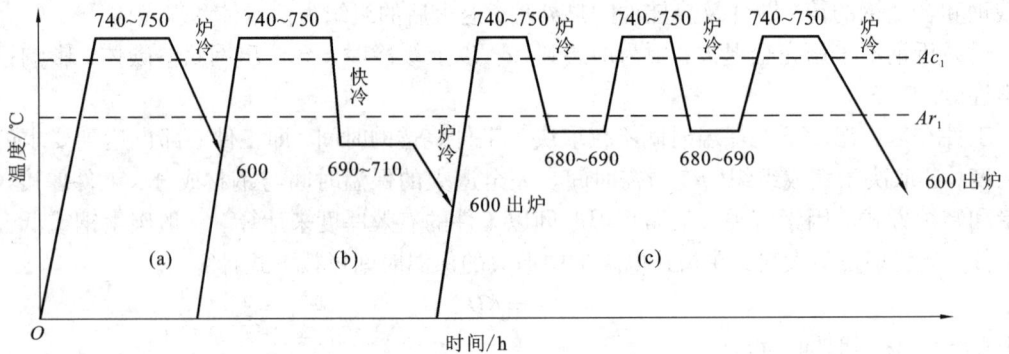

图4－27 碳素工具钢的几种球化退火工艺

(4)不完全退火

不完全退火是将钢加热至Ac_1～Ac_3(亚共析钢)或Ac_1～Ac_{cm}(过共析钢)之间，经保温后缓慢冷却以获得接近平衡组织的热处理工艺。由于加热到两相区温度，仅使奥氏体发生重结晶，故基本上不改变先析出铁素体或渗碳体的形态及分布。如果亚共析钢原始组织中的铁素体已均匀细小，只是珠光体片间距小，硬度偏高，内应力较大，那么只要在Ac_1以上、Ac_3以下温度进行不完全退火即可达到降低硬度、消除内应力的目的。由于不完全退火的加热温度比完全退火低，过程时间也较短，因而是比较经济的一种工艺。如果不必要通过完全重结晶去改变铁素体与珠光体的分布及晶粒度，则可采用不完全退火来代替完全退火。

过共析钢的球化退火属于不完全退火。

（5）去应力退火（低温退火）

为了消除由于变形加工以及铸造、焊接过程引起的残余内应力而进行的退火称为去应力退火，又称低温退火。主要用于消除铸件、锻件、焊件及热轧件的内应力，消除精密零件在切削加工时产生的内应力，使这些零件在以后的加工和使用过程中不易发生变形。

钢的去应力退火加热温度较宽，但不超过 Ac_1 点，一般在 500~650℃ 之间。铸铁件去应力退火温度一般为 500~550℃，超过 550℃ 容易造成珠光体的石墨化。焊接件的退火温度一般为 500~600℃。对切削加工量大、形状复杂而性能要求严格的刀具、模具等，淬火前常进行 600~700℃、2~4 h 的去应力退火。一些大的焊接构件，难以在加热炉内进行去应力退火，常常采用火焰或工频感应加热局部退火，其退火加热温度一般略高于炉内加热。

去应力退火后的冷却应尽量缓慢，以免产生新的应力，一般炉冷至 200~300℃ 后可出炉空冷。

（6）再结晶退火

再结晶退火是将经过冷变形后的金属（如冷拔、冷拉及冷冲压件）加热到再结晶温度以上 100~200℃（一般为 650~700℃），适当保温后缓慢冷却的热处理工艺。

再结晶退火的目的是使形变晶粒重新转变为均匀的等轴晶粒，以消除冷变形强化和残余应力，提高塑性，改善切削性能及压延成型性能。

（7）扩散退火（均匀化退火）

扩散退火又称均匀化退火，是将钢锭、铸件或锻坯加热到固相线以下 100~200℃ 的高温下长时间（10~15 h）保温，然后缓慢冷却以消除化学成分不均匀现象的热处理工艺。其目的是消除铸锭或铸件在凝固过程中产生的枝晶偏析及区域偏析，使成分和组织均匀化。

扩散退火加热温度很高，碳钢一般为 1100~1200℃，合金钢多采用 1200~1300℃。保温时间与偏析程度及钢种有关，通常可按最大有效截面厚度计算，每 25 mm 保温 30~60 min 或按每毫米厚度保温 1.5~2.5 min。

由于加热温度高，保温时间长，扩散退火后钢的晶粒粗大，可用完全退火或正火来细化晶粒，提高钢件性能。

4.4.2　钢的正火

正火是将钢加热到 Ac_3 或 Ac_{cm} 以上 30~50℃，保温后在空气中冷却得到珠光体类型组织的热处理工艺。由于正火的冷速比退火快，所以得到较细小的索氏体组织。

正火的目的和应用如下：

①重要零件的预备热处理，如半轴、凸轮轴等，为改善切削加工性能进行正火处理，可得到适宜的硬度，又能细化晶粒、消除内应力、消除魏氏组织和带状组织，为最终热处理提供合适的组织形态。

②普通零件的最终热处理，为某些受力较小、性能要求不高的碳素钢结构零件提供合适的力学性能。正火可细化晶粒，均匀组织。对于大型工件及形状复杂或截面变化剧烈的工件，用正火代替淬火加回火，可以防止工件的变形与开裂。

③对于工具钢、轴承钢等用正火可消除网状碳化物，以利于球化退火，同时细化晶粒，为淬火作组织准备。

正火处理加热温度通常在 Ac_3 或 Ac_{cm} 以上 30~50℃，高于一般退火温度。对于含有 V、Ti、Nb 等碳化物形成元素的合金钢，可采用更高的加热温度，即为 Ac_3 +（100~150℃），为了消除过共析钢的网状碳化物,也可酌情提高加热温度,让碳化物充分溶解。

正火冷却方式最常用的是将钢件从加热炉中取出在空气中自然冷却。对于大件也可采用吹风、喷雾和调节钢件堆放距离等方法控制钢件的冷却速度,达到要求的组织和性能。

4.4.3 退火和正火的选择

正火和退火的相同之处是对同种类型的钢进行热处理后得到近似相同的组织,只是正火的冷速较快,转变温度较低,获得的组织更细小。生产上退火和正火工艺的选择应当根据钢种、冷热加工工艺、零件的使用性能及经济性因素进行综合考虑。

正火:$w(C)<0.25\%$ 的低碳钢和低碳合金钢,为改善切削加工性能且零件形状简单时,一般采用正火。因为较快的冷却速度可以防止低碳钢沿晶界析出游离的三次渗碳体,从而提高冲压件的冷变形性能;用正火可以提高钢的硬度,改善低碳钢的切削加工性能;在没有其他热处理工序时,用正火可以细化晶粒,提高低碳钢的强度。

$w(C)$ 为 $0.25\%\sim0.5\%$ 的中碳钢也可以用正火代替退火,虽然接近上限碳量的中碳钢正火后硬度偏高,但尚能进行切削加工,而且正火成本低、生产率高。

退火:$w(C)$ 为 $0.5\%\sim0.75\%$ 的中高碳钢,为改善切削加工性能且零件形状复杂时,一般采用完全退火,降低硬度,改善切削加工性。

$w(C)>0.75\%$ 的高碳钢或工具钢一般采用球化退火作为预备热处理。如有网状二次渗碳体存在,则应先进行正火消除之。

在实际生产中,因正火比退火生产周期短、操作简便、生产率高、工艺成本低,所以一般情况下尽量用正火代替退火。因此,正火得到了广泛应用。

4.5 钢的淬火与回火

淬火加回火是钢的最终热处理工艺。淬火是热处理工艺中最重要的工序,可以显著提高钢的强度和硬度。淬火与不同温度的回火配合,可以得到不同的强度、塑性和韧性的配合,获得不同的应用。

淬火与回火

4.5.1 钢的淬火

以获得马氏体或下贝氏体组织的热处理工艺方法称为淬火。

把钢加热到临界点 Ac_3(亚共析钢)或 Ac_1(过共析钢)以上某一温度,保温后以适当的方式冷却,淬火的目的是提高工具、渗碳零件和其他高强度耐磨机器零件的硬度、强度和耐磨性;结构钢零件通过淬火和回火后,在保持足够韧性的条件下可提高钢的强度,即获得良好的综合力学性能。此外,还有很少数的一部分工件是为了改善钢的物理和化学性能。如提高磁钢的磁性,不锈钢淬火以消除第二相,从而改善其耐蚀性。

根据淬火的定义,实现淬火过程的必要条件是加热温度必须高于临界点以上,以获得 A 组织,其后的冷却速度必须大于临界冷却速度或采用等温冷却方式,而淬火得到的组织是 M 或 $B_下$ 组织。

(1)淬火加热温度的选择

淬火温度由钢的碳含量确定。碳素钢的淬火温度范围如图 4 - 28 所示。

106

亚共析钢的淬火温度一般为 Ac_3 以上 30 ~ 100℃；共析钢和过共析钢则为 Ac_1 以上30 ~ 70℃。

对于亚共析钢，若加热温度在 Ac_1 和 Ac_3 之间，此时组织为 F 和 A。淬火时 A 转变为 M，而 F 仍不变，使淬火钢硬度不足。所以其淬火温度须高于 Ac_3 线。

对于过共析钢，则应加热到 Ac_1 和 Ac_{cm} 之间，此时组织为 A 和少量的球状 Fe_3C。淬火后组织为 M 和颗粒状 Fe_3C，使钢的强度、硬度及耐磨性有所提高。若加热温度超过 Ac_{cm} 线，则 Fe_3C_{II} 全部溶入 A 中，使 A 的碳含量增高，结果使钢的 M_s 和 M_f 点降低，淬火后组织晶粒粗大的同时 A' 量增多，使钢性能下降。另外，因加热温度过高，会增加淬火内应力，容易产生变形和开裂。

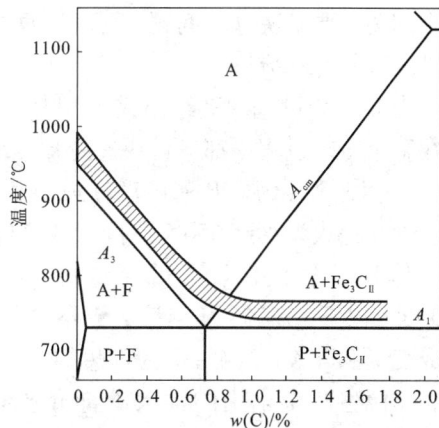

图 4 - 28　淬火加热温度范围

（2）淬火加热时间

为了使工件各部分完成组织转变，需要在淬火加热温度保温一定的时间，通常将工件升温和保温所需的时间计算在一起，统称为加热时间。

影响淬火加热时间的因素较多，如钢的成分、原始组织、工件形状和尺寸、加热介质、炉温、装炉方式及装炉量等。目前生产中多采用下列经验公式来计算加热时间：

$$\tau = \alpha KD$$

式中：τ——加热时间，min；

　α——加热系数，min/mm；

　K——装炉修正系数；

　D——工件有效厚度，mm。

加热系数 α 表示工件单位有效厚度所需的加热时间，装炉修正系数 K 根据炉量的多少确定，装炉量大时，K 值取较大值。

如果操作不当，钢在淬火加热过程中会产生过热、过烧或表面氧化、脱碳等缺陷。

过热是指工件在淬火加热时，由于温度过高或时间过长，造成 A 晶粒粗大的现象。过热不仅使淬火后得到的 M 组织粗大，使工件的强度和韧性降低，易于产生脆断，而且容易引起淬火裂纹。对于过热工件，进行一次细化晶粒的退火或正火，然后再按工艺规程进行淬火，便可以纠正过热组织。

过烧是指工件在淬火加热时，温度过高，使 A 晶界发生氧化或出现局部熔化的现象，过烧的工件无法补救，只得报废。

淬火加热时工件和加热介质之间相互作用，往往会产生氧化和脱碳等缺陷。氧化使工件尺寸减小，表面粗糙度降低，并影响淬火冷却速度；表面脱碳使工件表面碳含量降低，导致工件表面硬度、耐磨性及疲劳强度降低。

（3）淬火介质

淬火操作的难度比较大，这主要是因为：淬火要求得到马氏体，淬火的冷却速度就必须大于临界冷却速度（V_k），快冷总是不可避免地要造成很大的内应力，往往会引起工件的变形和开裂。

淬火冷却时怎样才能既得到 M 而又减小变形与避免裂纹呢？这是淬火工艺中最主要的

一个问题。要解决这个问题，可以从两方面着手，一是寻找一种比较理想的淬火介质；二是改进淬火的冷却方法。

由 C 曲线可知，要经淬火得到马氏体，并不需要在整个冷却过程中都进行快速冷却。$A_过$在 C 曲线"鼻子"点附近(为 650～400℃)最不稳定，必须快冷。而从淬火温度到 650℃ 之间及 400℃ 以下，过冷奥氏体比较稳定，并不需要快冷。特别是在 M_s(230℃)以下，$A_过$向 M 转变，更不希望快冷，以免造成变形和开裂。图 4-29 为理想的淬火冷却曲线。

实际生产中常用的淬火冷却介质有水、盐水、油、盐浴及碱浴等。

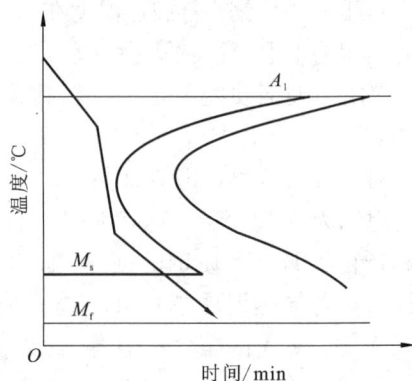

图 4-29 钢淬火时理想冷却曲线

水：水是最常用的冷却介质。其特点是冷却能力强，使用方便，而且价廉。水在 650～550℃ 的范围内能满足淬火要求，但在 300～200℃ 范围内冷却速度仍很快，容易引起变形和开裂。淬火时水温升高，冷却能力显著降低，使钢件不能淬硬。一般规定水温不得超过 40℃。水淬常用于形状简单的碳钢零件。

盐水：为了提高水的冷却能力，在水中加入某些盐或碱，即得盐或碱的水溶液。目前普遍用的是 5%～10% NaCl 或 NaOH 等的水溶液。

油：油的冷却能力较小，稍大的碳钢零件在油中不能淬得 M，但大部分合金钢可在油中淬硬。由于油使淬火钢在 M 转变温度范围内冷却较慢，故淬火内应力较小，钢件不易变形和开裂。常用油类有矿物机器油、锭子油、变压器油等。油的价格较高，易燃且不易清洗，所以一般用于形状复杂的合金钢工件的淬火以及小截面、形状复杂的碳钢工件的淬火。

熔融盐碱：为减少零件的变形，熔融状态的盐也常用作淬火介质，称作盐浴。其特点是沸点高，冷却能力介于水、油之间，常用于等温淬火和分级淬火，处理形状复杂、尺寸较小、变形要求严格的工具、模具等。常用碱浴、盐浴的成分、熔点及使用温度如表 4-3 所示。

表 4-3 常用碱浴、盐浴的成分、熔点及使用温度

类别	成分	熔点/℃	使用温度/℃
碱浴	80% KOH + 20% NaOH + 6% H_2O(外加)	130	140～250
硝盐	55% KNO_3 + 45% $NaNO_2$	137	150～500
硝盐	55% KNO_3 + 45% $NaNO_3$	218	230～550
中性盐	30% KCl + 20% NaCl + 50% $BaCl_2$	560	580～800

目前，国外广泛使用聚合物水溶液作为淬火介质，如聚乙烯醇、聚二醇等。在聚二醇溶液中冷却时，工件表面形成聚二醇薄膜，使冷却均匀，可减少工件变形和开裂。

(4)淬火方法

由于淬火冷却介质不能完全满足淬火质量的要求，所以，在热处理工艺方面还应考虑从淬火方法上加以解决。常用淬火方法如下：

①单介质淬火：工件加热后直接淬入一种介质中连续冷却到室温的操作方法，如图 4 - 30 曲线 1 所示。如碳钢在水中冷却、合金钢在油中冷却都属于单介质淬火。此法简单易行，但易变形开裂，仅适用于形状简单的工件。

②双介质淬火：将加热好的工件先放入一种冷却能力较强的介质（如水）中急冷，以避免发生 P 转变，冷至接近 M_s 温度（300℃左右），立即转入另一种冷却能力较弱的介质（如油、空气等）中冷却，如图 4 - 30 曲线 2 所示。双介质淬火既可避免 A 在高温时转变，又可使 M 转变比较缓慢，以减少内应力、变形和开裂。这种方法的关键是转换介质时要掌握好时间或温度，主要用于尺寸较大、形状复杂的高碳钢零件和某些大的合金钢零件。

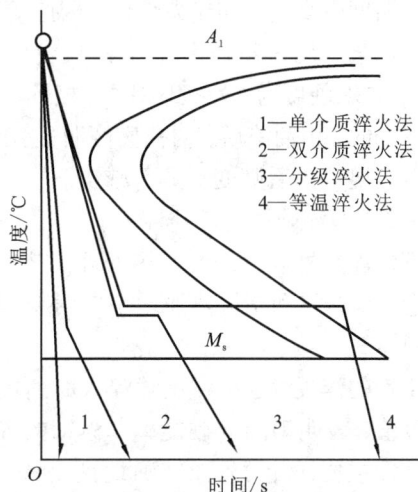

图 4 - 30　各种淬火方法冷却曲线示意图

1—单介质淬火法
2—双介质淬火法
3—分级淬火法
4—等温淬火法

③分级淬火：将加热好的工件直接淬入一定温度（稍高于 M_s 点）的盐浴或碱浴中速冷，保持一定时间，使工件的内外温度均匀一致，然后取出在空气中冷却，如图 4 - 30 曲线 3 所示。分级淬火实质与双介质淬火一样，也是为了在开始转变成 M 的温度范围内降低冷却速度，以减少变形及开裂的倾向。但分级淬火比双介质淬火更易控制。由于加热的淬火介质中冷却速度比水中或油中慢得多，所以分级淬火主要用于形状复杂、尺寸较小的碳钢和合金钢零件，特别是要求精度高变形小的零件。

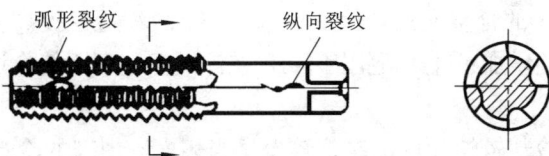

图 4 - 31　手用丝锥

例如，图 4 - 31 中的手用丝锥（T12 钢），水淬后常在端部产生纵向裂纹，在刀槽处有弧形裂纹。而分级淬火后不再发生开裂，切削性能较水淬更好；寿命提高，避免了小丝锥在使用中折断。

④等温淬火：将加热好的工件淬入温度稍高于 M_s 点（280℃）的盐浴或碱浴中，等温较长时间，使 $A_{过}$ 全部转变为 $B_下$，然后取出空冷的方法，如图 4 - 30 中曲线 4 所示。

等温淬火温度和时间应根据工件的技术要求，由 C 曲线确定。

等温组织转变时，工件截面上的温度比较均匀，基本上同时发生 $B_下$ 转变，具有较高的硬度（55 HRC）。并且 $B_下$ 的比容比 M 小，所以淬火应力较小，变形很小，一般不会开裂。等温淬火可以得到较高的硬度，而且 $B_下$ 的强度、韧性、塑性、疲劳极限等均比具有相同硬度的回火马氏体高，特别是 a_k 值更为明显。

等温淬火适用于形状复杂、要求精度高并具有良好强韧性的中高碳钢精密零件。由于等温盐浴温度较高，冷却能力较低，因此等温淬火只能适用于尺寸不大的零件。

例如某厂用 9Mn2V 钢制造的模套（如图 4-32 所示），要求硬度为 48~53 HRC，模孔 $\phi65.20$ mm ±0.05 mm。用油淬后，内孔椭圆明显，改用 270℃ 硝盐浴等温淬火后则变形显著减少。

（5）钢的淬硬性与淬透性

钢的淬硬性和淬透性是热处理工艺中的两个重要概念，是选材和制订热处理工艺时要考虑的重要因素。

①钢的淬硬性：钢在正常淬火时所能达到的最高硬度值，表明钢的淬硬能力，称钢的淬硬性。钢的淬硬性主要决定于钢（准确地说是淬火 M）中的碳含量，而与合金元素的关系不大。碳含量越多，钢的淬硬性越高。

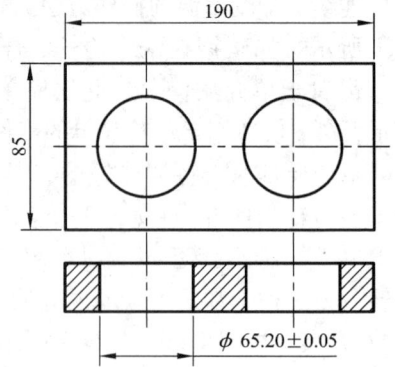

图 4-32　模套

②钢的淬透性：钢的淬透性是指钢在淬火时获得 M 的能力。通常用钢在一定条件下淬火所获得的淬硬层深度来表示。同样形状和尺寸的工件，用不同的钢材制造，在相同的条件下淬火，淬硬层较深的钢，其淬透性较好。

淬硬层深度规定为由工件表面至半马氏体区的深度。半马氏体区的组织是由 50% 马氏体和 50% 非马氏体组成的。这样规定是因为半马氏体区的硬度变化显著，同时组织变化明显，并且在酸蚀的断面上有明显的分界线，很容易测试。

淬透性主要取决于钢的临界冷却速度，即取决于过冷奥氏体的稳定性。凡是使 C 曲线右移的因素都提高钢的淬透性，但其中合金元素是最主要的因素，因其对 C 曲线位置的影响最显著。除钴以外，溶入 A 的合金元素均使 C 曲线右移，故淬透性提高。对碳钢而言，亚共析钢随碳含量增加，淬透性增加；过共析钢因 Fe_3C 在淬火温度下不能全溶入 A 中，故随碳含量增加，淬透性下降。

淬火时，零件表面冷却较快而内部冷却较慢。当表面和内部的冷却速度都大于临界冷却速度时，整个工件截面上都能得到 M；当内部冷却速度小于临界冷却速度时，内部将得到托氏体或索氏体，如图 4-33 所示。

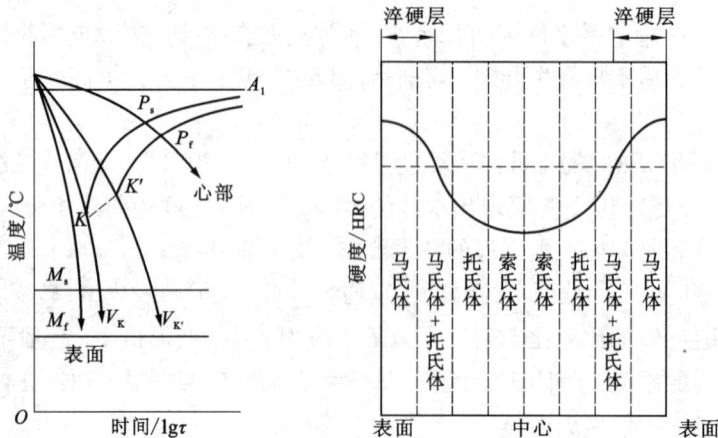

图 4-33　钢的淬透性示意图

用末端淬火法测定出的各种钢的淬透性曲线可在有关热处理手册中查到。由于钢的化学成分允许在一定范围内波动，因此手册上给出的各种钢的淬透性曲线通常是一条淬透性带。根据钢的淬透性曲线，通常用 $J\dfrac{HRC}{d}$ 表示钢的淬透性。例如，$J\dfrac{40}{6}$ 表示在淬透性带的距离末端 6 mm 处的硬度为 40HRC。显然 $J\dfrac{40}{6}$ 比 $J\dfrac{35}{6}$ 淬透性好。可见，根据钢的淬透性曲线，可以方便地比较钢的淬透性高低。

生产上也常用"临界淬透直径"来比较钢的淬透性大小。临界淬透直径是指钢在某种冷却介质中能够淬透的最大直径，用 Dc 表示。Dc 值越大，钢的淬透性越好。

表 4 -4 为部分常用钢种在水、油介质中淬火的临界淬透直径。

表 4 -4　部分常用钢种的临界淬透直径 Dc

钢 号	水淬 Dc/mm	油淬 Dc/mm	钢 号	水淬 Dc/mm	油淬 Dc/mm
45	15 ~ 18	6 ~ 8	20Cr	23 ~ 26	12 ~ 13.5
40Cr	32 ~ 36	20 ~ 24	18CrMnTi	36 ~ 41	25 ~ 26
40MnVB	66 ~ 71	50 ~ 51	T9	23 ~ 26	12 ~ 13.5
40CrNiMo	78 ~ 87	63 ~ 66	GCr15	36 ~ 41	25 ~ 26
65	39 ~ 43	26 ~ 28	GCr15SiMn	66 ~ 71	50 ~ 51
65Mn	40 ~ 45	27 ~ 29	9SiCr	47 ~ 51	34 ~ 36
50CrV	57 ~ 61	42 ~ 43	CrWMn	52 ~ 57	37 – 38

钢的淬透性越高，能淬透的工件截面尺寸越大。对于大截面的重要工件，为了增加淬透层的深度，必须选用 $A_过$ 很稳定的合金钢，工件越大，要求的淬硬层越深，钢的合金化程度应越高。所以淬透性是机器零件选材的重要参考数据。

从热处理工艺性能考虑，对于形状复杂、要求淬火变形小的工件（如精密模具、量具等），若选用淬透性较高的钢（如合金钢），则可在较缓和的介质中淬火，使工件淬火应力和变形倾向减小。

钢的淬透性对机械设计很重要。淬火时，同一工件表面和心部的冷却速度是不相同的，表面的冷却速度最大，越到中心冷却速度越小。淬透性好的钢经调质处理（淬火 + 高温回火）后，整个截面都是回火索氏体，强度高、韧性好，如图 4 - 34(a) 所示；而淬透性低的钢，当截面尺寸较大时，由于心部不能淬透，因此表层与心部组织不同，经高温回火后，表层为回火索氏体，心部则为片状索氏体 + 铁素体，心部强韧性显著下降，特别是作为零件设计依据的屈服强度下降很多，冲击韧度也显著降低，如图 4 - 34(b)、图 4 - 34(c) 所示。因此，钢材的淬透性是影响工件选材和热处理强化效果的重要因素。

影响淬透性的因素主要有：

碳含量：在碳钢中，共析钢的临界冷速最小，淬透性最好；亚共析钢随碳含量增加，临界冷速减小，淬透性提高；过共析钢随碳含量增加，临界冷速增加，淬透性降低。

合金元素：除钴以外，其余合金元素溶于 A 后，降低临界冷却速度，使 $A_过$ 的转变曲线右

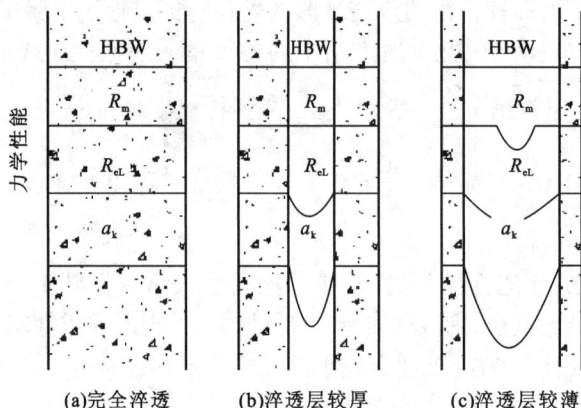

(a)完全淬透   (b)淬透层较厚   (c)淬透层较薄

图4-34　淬透性不同的钢调质后力学性能的比较

移,提高钢的淬透性,因此合金钢的淬透性往往比碳钢要好。

奥氏体化温度:提高钢材的奥氏体化温度,将使A成分均匀、晶粒长大,因而可减少P的形核率,降低钢的临界冷却速度,增加其淬透性。但A晶粒长大,生成的M也会比较粗大,会降低钢材常温下的力学性能。

钢中未溶第二相:钢加热奥氏体化时,未溶入A中的碳化物、氮化物及其他非金属夹杂物,会成为A分解的非自发形核核心,使临界冷却速度增大,降低淬透性。

4.5.2　钢的回火

将淬火后的零件加热到低于Ac_1的某一温度并保温,然后冷却到室温的热处理工艺称为回火。

(1)回火的目的

钢在淬火后,得到的组织M和A′是不稳定的,存在着自发向稳定组织转变的倾向,必须进行回火。回火的目的如下:

①稳定钢的组织和尺寸:淬火钢的组织主要是M和少量A′,二者都是不稳定的,能自发地逐渐转化,从而引起零件形状和尺寸发生变化,通过回火可使其转变为稳定的组织,从而达到稳定其形状和尺寸的目的。

②减少或消除内应力:淬火零件内部存在很大的内应力,如不及时消除,也会引起零件的变形和开裂。通过回火,可使淬火内应力大大减少,直至消除。

③获得所需的力学性能:零件淬火后强度和硬度有很大提高,但淬火后M的性能很脆,韧性差,不能满足零件的性能要求。通过选择适当温度的回火,可以提高零件的韧性、调整其硬度和强度,达到所需要的力学性能。

(2)淬火钢回火时的组织转变

随着回火温度的升高,淬火钢的组织发生以下四个阶段的变化。

①M的分解:淬火钢在100℃以下回火时,内部组织的变化并不明显,硬度基本上也不下降。当回火温度大于100℃时,马氏体开始分解。马氏体中的碳以ε碳化物($Fe_{2.4}C$)的形式析出,使过饱和度减小。到350℃左右时,α相中碳含量降至接近平衡浓度,马氏体分解基本结束,α相与$\varepsilon\text{-}Fe_{2.4}C$保持共格关系。所谓"共格关系"是指两相界面上的原子恰好位于

两相晶格的共同结点上。但此时 α 相仍保持针状特征。这种由极细 ε - Fe$_{2.4}$C 和低饱和度的 α 相组成的组织，称为回火马氏体（M$_回$），因易腐蚀，颜色较淬火 M 暗，如图 4 - 35 所示。

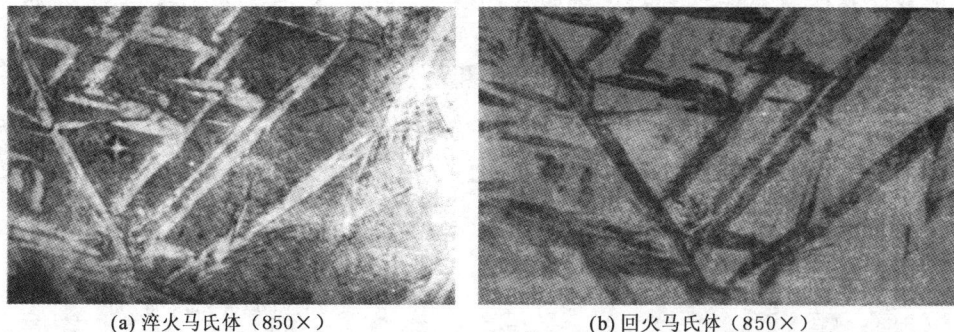

(a) 淬火马氏体（850×）　　　　　　(b) 回火马氏体（850×）

图 4 - 35　高碳钢的淬火马氏体和回火马氏体

②A′的分解：回火温度在 200 ~ 300℃时，M 分解为 M$_回$。此时，体积缩小并降低了对 A′的压力，使其在此温度区内转变为 B$_下$。A′从 200℃开始分解，到 300℃基本完成，得到的 B$_下$并不多，所以此阶段的主要组织仍为 M$_回$。此时硬度有所下降。

③Fe$_3$C 的形成：回火温度在 250 ~ 400℃时，因碳原子的扩散能力增加，过饱和 α 固溶体很快转变为 F。同时亚稳定的 ε 碳化物也逐渐转变为稳定的 Fe$_3$C，并与母相失去共格联系，淬火时晶格畸变所存在的内应力大大消除。此阶段到 400℃时基本完成，所形成的由尚未再结晶的 F 和细颗粒状的 Fe$_3$C 组成的混合物，称回火托氏体（T$_回$）。此时硬度继续下降。

④Fe$_3$C 的聚集长大和 F 的再结晶：回火温度达到 400℃以上时，Fe$_3$C 逐渐聚集长大，形成较大的粒状 Fe$_3$C，到 600℃以上时，Fe$_3$C 迅速粗化。同时，在 450℃以上 F 开始再结晶，失去 M 原有形态而成为多边形 F。这种由多边形 F 和粒状 Fe$_3$C 组成的混合物，称为回火索氏体（S$_回$）。

从回火的四个阶段可以看出：淬火钢回火时，随回火温度的升高，M 中的碳含量、A′的数量、Fe$_3$C 的粗细及内应力的大小等都在发生变化，都由不稳定向较为稳定的组织状态变化，这必然会引起钢性能的变化。

随着回火温度升高，硬度、强度下降，而塑性、韧性提高，弹性极限在 300 ~ 400℃附近达到最大值，如图 4 - 36 所示。

（3）回火种类及其应用

淬火钢回火后的性能主要取决于回火温度。根据对钢件的性能要求和回火温度的不同，一般将回火分为以下三类：

①低温回火（150 ~ 250℃）：得到回火马氏体组织，如图 4 - 37(a) 所示。目的在于保持高的硬度、强度和耐磨性的情况下，适当提高淬火钢的韧性和减少淬火内应力。回火后硬度一般可达到 55 ~ 64 HRC（共析钢和过共析钢）。主要用于各种高碳钢制作的切削工具、冷作模具、滚动轴承、精密量具、丝杠、以及渗碳后淬火及表面淬火的零件等。

②中温回火（350 ~ 500℃）：得到回火托氏体组织，如图 4 - 37(b) 所示。目的是使淬火钢中的内应力大大减少，使钢的弹性极限和屈服极限显著提高，同时又具有足够的强度、塑性、韧性。主要用于各种弹簧钢、塑料模、热锻模及某些要求强度较高的零件，如刀杆、轴套

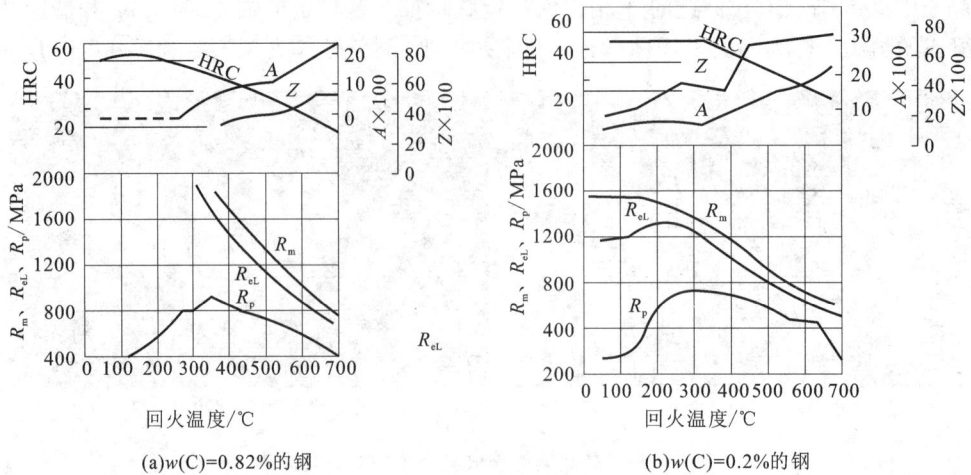

(a) $w(C)=0.82\%$的钢　　　　　　　　　(b) $w(C)=0.2\%$的钢

图 4 – 36　钢的力学性能与回火温度的关系

等。中温回火后硬度为 35 ~ 50 HRC。

③高温回火（500 ~ 650℃）：得到回火索氏体组织，如图 4 – 37（c）所示，目的是得到高的强度和较高塑性、韧性相配合的综合力学性能。生产中一般把淬火 + 高温回火的热处理称为调质处理。主要用于各种重要的结构零件，特别是在交变载荷下工作的连杆、螺栓、螺帽、曲轴和齿轮等零件。调质处理还可作为某些精密零件，如丝杠、量具、模具等的预备热处理，以减少最终热处理过程中的变形。调质处理后的硬度为 25 ~ 35 HRC。与正火比较，在相同的硬度下，强度、塑性和韧性均显著高于正火状态（如表 4 – 5 所示）。因此，重要构件一般都采用调质处理。

(a) 低温回火（400×）　　　(b) 中温回火（400×）　　　(c) 高温回火（400×）

图 4 – 37　T8 钢淬火及不同温度回火后的组织

表 4 – 5　45 钢（$\phi 20 ~ 40$ mm）调质与正火处理后力学性能的比较

热处理状态	R_m/MPa	A/%	A_{KU}/J	HBW	组　织
正　火	700 ~ 800	15 ~ 20	40 ~ 64	163 ~ 220	索氏体 + 铁素体
调　质	750 ~ 850	20 ~ 25	64 ~ 96	210 ~ 250	回火索氏体

高碳高合金钢（如速高速钢、高铬钢）回火温度在 500 ~ 600℃，以使发生二次硬化作用，

114

促进 A′的转变。高合金渗碳钢（如 18Cr2Ni4WA，20Cr2Ni4A）经高温回火使渗碳层中碳化物聚集、球化，降低硬度，便于切削加工。其温度在 600~680℃。

回火保温时间一般为 1~2 h，目的是通过扩散使钢的组织发生变化，以保证性能。

回火后的冷却方式对组织和性能的影响不大，通常回火后空冷即可。只有某些合金钢为防止高温回火脆性需采用快冷（水冷，油冷），但快冷有时会产生内应力，需采用低温去应力退火予以消除。

（4）钢的回火稳定性

淬火钢在回火过程中抵抗强度、硬度下降的能力称为回火稳定性。钢的回火稳定性高，表明在相同温度下回火的强度、硬度高。反之，为获得相同的强度、硬度，可采用较高的回火温度，从而使其韧性提高。

提高回火稳定性的决定因素是钢中的合金元素，其中，以 Si、Cr、Mo 等作用较显著。

另外，一些含有 Mo、W、V、Cr 等元素较多的钢，随回火温度的提高，硬度并不简单下降，而在某一较高回火温度，硬度反而显著升高，这一现象称为二次硬化。造成合金钢在回火时产生二次硬化的原因主要有两个：一是当回火温度升高到 500~600℃时，会从 M 中析出特殊碳化物，高度弥散分布在 M 基体上，并与 M 保持共格关系，阻碍位错运动，使钢的硬度反而有所提高；二是在某些高合金钢淬火组织中，A′量较多，且十分稳定，当加热到 500~600℃时，由于特殊碳化物的析出，使 A′中碳及合金元素浓度降低，故在随后冷却时就会有部分 A′转变为 M，使钢的硬度提高。

（5）回火脆性

由前述可知：回火温度越高，则塑性、韧性越高，强度、硬度越低。但实验发现，若在250~350℃及470~650℃两个范围内回火时，会出现韧性显著下降的现象，即在 250~400℃ 和 450~650℃两个温度区间回火后，钢的冲击韧度会出现明显下降现象（如图4-38所示）。这种脆化现象称为回火脆性。根据脆化现象产生的机理和温度区间，回火脆性可分为两类：

①第一类回火脆性（低温回火脆性）：指的是钢在 250~350℃范围内回火时出现的低温不可逆回火脆性。无论碳钢还是合金钢，这类回火脆性都存在；且无论回火冷却速度快慢，均不可避免。因冲击韧度显著降低，出现第一类回火脆性时大多为沿晶断裂。

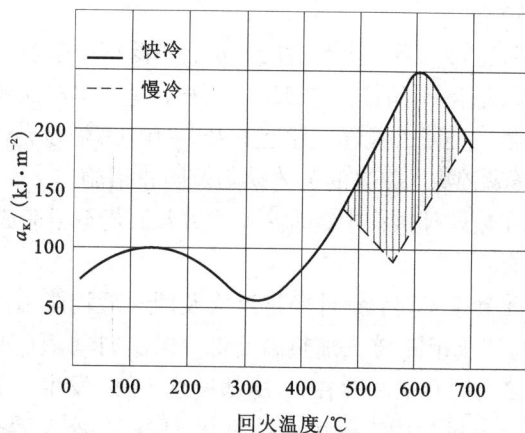

图 4-38　钢的韧性与回火温度的关系

影响第一类回火脆性的因素主要是化学成分。例如：有害杂质元素 S、P、As、Sn、Sb、Cu、N、H、O 等易导致出现第一类回火脆性；Mn、Si、Cr、Ni、V 等元素会促进第一类回火脆性；A 晶粒愈细，第一类回火脆性愈弱；A′量愈多则愈严重。

防止或减轻第一类回火脆性的方法有：降低钢中杂质元素含量；用 Al 脱氧或加入 Nb、

V、Ti 等元素以细化 A 晶粒；加入 Mo、W 等能减轻第一类回火脆性的合金元素；加入 Cr、Si 以调整发生第一类回火脆性的温度范围，使之避开所需的回火温度；采用等温淬火代替淬火加高温回火。

②第二类回火脆性(高温回火脆性)：有些合金钢尤其是含 Cr、Ni、Si、Mn 等元素的合金钢，在 450～650℃ 高温回火后缓冷时，会使冲击韧度下降的现象，这种脆性称为高温回火脆性。它仅产生于慢冷回火中，快冷则可避免(如图 4-38 所示)，属可逆型，即可通过重新加热到 600℃ 以上，然后快冷来消除。

影响第二类回火脆性的因素：

化学成分的影响：杂质元素 P、Sn、Sb、As、B、S 等引起第二类回火脆性；Ni、Cr、Mn、Si、C 等合金元促进第二类回火脆性；Mo、W、V、Ti 等合金元素可抑制第二类回火脆性，其中 W 扼制作用较 Mo 小，为达到同样扼制效果，W 扼制作用的加入量应为 Mo 的 2～3 倍。稀土元素(La)、Nb、Pr 等也能扼制第二类回火脆性。

热处理工艺参数的影响：在 450～650℃ 范围内回火引起的第二类回火脆性的脆化速度和脆化程度均与回火温度和时间有关；在 550℃ 以下，温度愈低，脆化速度愈慢，能达到的脆化程度愈大；在 550℃ 以上，随着温度升高，脆化速度愈慢，能达到的脆化程度进一步下降；缓冷脆化不仅与回火温度及时间有关，更主要的是与回火后的冷速有关；650℃ 回火后的冷速愈低，室温下冲击韧度值也愈低。

组织因素的影响：无论钢具有何种原始组织均有第二类回火脆性，以 M 组织的回火脆性最严重，B 次之，P 组织最轻。第二类回火脆性还与 A 晶粒有关，A 晶粒愈细，第二类回火脆性愈轻。

防止第二类回火脆性的方法：降低钢中杂质元素；加入能细化 A 晶粒的元素，如 Nb、V、Ti 等可细化 A 晶粒，增加晶界面积，降低单位面积杂质元素的偏聚量；加入 Mo、W 等元素以抑制第二类回火脆性；避免在 450～650℃ 温度范围内回火，或回火后快冷。

(6)淬火、回火的工艺缺陷及防止措施

在热处理过程中，因淬火、回火工艺不当造成的产品质量不合格时有发生。常见的工艺缺陷有：

①硬度不足：钢件经过淬火及回火后均能出现硬度不足的现象。

产生原因：淬火加热温度低、保温时间短(如亚共析钢加热温度低于 Ac_3 或保温时间不足，淬火后有 F 相存在)；冷却速度不够(发生了 P 型转变，导致未得到全部的 M 组织)；加热或保温过程中工件表面被氧化、脱碳，淬火后有非马氏体组织；钢的淬透性低；淬火钢中 A′过多；回火温度过高。

防止措施：首先查清原因，然后采取相应措施解决。如防止工件在加热过程中的氧化和脱碳，采用合理的加热和冷却规范，确保工艺的正确实施等。

②硬度不均匀：淬火工件硬度不均匀可能是由于原始组织粗大且不均匀、加热温度与冷却速度不均匀等原因造成的。可以通过正火后重新淬火来消除。

③变形与开裂：在淬火过程中所发生的钢件体积、形状、尺寸的变化通称为淬火变形。当钢件内的淬火应力超过材料的强度极限时便会开裂。

淬火变形包括工件体积的变化和几何形状的变化。体积的变化表现为尺寸的胀缩，是由于组织转变时比容变化所引起的；几何形状的变化表现为外形的弯曲或歪扭，是由于淬火内

116

应力所造成的。

产生原因：高碳 M 中的显微裂纹在外力作用下扩展成为宏观裂纹；淬火时产生的内应力（热应力和组织应力）导致开裂。

热应力是钢件在加热和冷却过程中由于表面和心部存在的温差引起胀缩时间不一致而产生的内应力；组织应力（又称相变应力）是工件在淬火冷却时，由于表层和心部存在着温差，而使 M 转变及体积膨胀不能同步，所产生的内应力称为组织应力。工件表层先冷到 M_s 点，发生 M 转变而膨胀，心部并未发生相变，使表层产生压应力，心部产生拉应力；当心部也冷到 M_s 点发生相变，体积膨胀时，使已完成 M 转变的表层受拉而心部则受压应力。组织应力发生在工件塑性较低的低温阶段，是产生淬火开裂的主要原因。

防止措施：正确选用材料，在考虑力学性能、工艺性能与成本的同时，应尽量选用变形开裂倾向小的材料；合理设计结构，尽量减少零件截面厚薄悬殊及形状不对称性，避免薄边与尖角等；合理制订工艺技术标准，在能满足使用性能要求的前提下，不应提出过高的热处理技术指标；正确安排零件制造的工艺路线，做到冷、热加工合理配合；正确制订淬火工艺，如正确确定淬火工艺方法、加热温度、加热速度、冷却方式等；淬火后及时回火，以消除内应力。

④过热与过烧：过热是由于加热温度过高或保温时间过长所造成的 A 晶粒粗大的缺陷称为"过热"，过热组织可通过重新淬火来消除；过烧是由于加热温度过高达到或超过固相线温度，使 A 晶界局部熔化或氧化的现象称为"过烧"，钢件一旦过烧则只能报废。

4.6　钢的表面热处理

表面热处理工艺

许多重要的零件（如曲轴、齿轮、花键轴、凸轮轴等）在工作时，总要承受摩擦、扭转、弯曲、交变载荷及冲击载荷作用。因此要求心部有高的韧性，而表面有高的强度、硬度、耐磨性和疲劳强度。但整体热处理工艺很难兼顾零件表面和心部各具有不同的性能要求，因而往往有必要对材料的表面进行特殊的热处理，如表面淬火或气相沉积等，统称为表面热处理。表面热处理的目的是提高表面硬度、耐磨性、耐蚀性、耐热性，防止或减轻表面损伤，提高零件的可靠性和使用寿命。

所谓表面热处理就是仅改变工件表面层的组织或同时改变表面层的化学成分的一种热处理方法。常用的有表面淬火和化学热处理。

4.6.1　钢的表面淬火

表面淬火是将零件表面层以极快的速度加热到奥低体化温度后（当热量还未传至工件心部时）急冷，使表层形成 M 而心部组织仍保持不变的热处理工艺。表面淬火只改变表层组织性能而不改变钢的化学成分。

表面淬火用钢大多选用中碳钢或中碳低合金钢，如 40、45、40Cr、40MnB 等低淬透性钢。碳含量过高，会增加淬硬层的脆性，降低心部塑性和韧性，并增加淬火开裂倾向；含碳过低则会降低钢的表面淬硬层硬度和耐磨性。另外，在某些条件下，高碳工具钢、低合金工具钢、铸铁（灰铸铁、球墨铸铁等）等制件也可通过表面淬火进一步提高表面耐磨性。

在表面淬火前，应先进行正火或调质处理。

常用的表面淬火方法有感应加热、火焰加热、电接触加热和激光加热表面淬火等。

（1）火焰加热表面淬火

火焰加热表面淬火是用氧－乙炔焰（火焰温度达3100℃），喷射在零件表面快速加热，当表面达到淬火温度后，立即喷水冷却的一种方法，如图4－39所示。

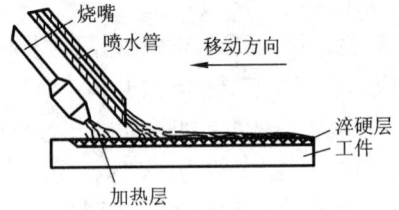

图4－39　火焰表面淬火示意图

火焰加热表面淬火的特点：① 操作简便，不需特殊设备；② 淬硬层深度一般为 2 ~ 6 mm；③ 加热温度不易控制，淬火质量难于稳定；④ 适于单件或小批生产的大型零件和需局部淬火的零件或工具，如大型轴类，大模数齿轮等。

（2）感应加热表面淬火

感应加热表面淬火是利用感应电流使零件表层快速加热到淬火温度，然后用水冷却的一种淬火方法。

①感应加热的基本原理：将与工件相适应的一个感应线圈（由空心铜管绕成）套在需要表面淬火的零件上，线圈和零件间必须保持 1.5 ~ 3 mm 的间隙（如图4－40所示）。将一定频率的交流电通入感应线圈，在线圈周围产生交变磁场，于是在零件中便会产生频率相同而方向相反的感应电流。这种感应电流主要集中在零件表面层，而心部几乎为零，这种现象称为交流电的"集肤效应"。由于钢本身具有电阻，因而集中于工件表面的涡流，几秒钟便可使工件表面温度升至 800 ~ 1000℃，而心部温度仍接近室温，随即喷水（合金钢浸油）快速冷却后，就达到了表面淬火的目的。由于加热速度快，珠光体转变成奥氏体后来不及长大就立即冷却，故淬火后零件表层得到极细的针状马氏体，而内部则仍为原始组织。

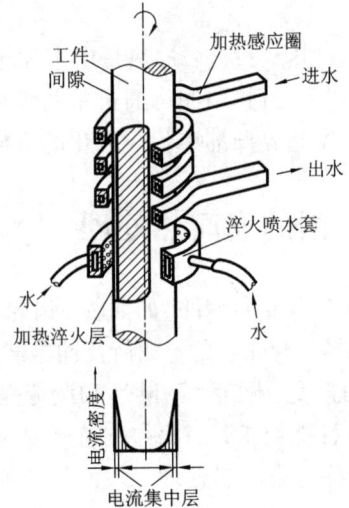

图4－40　感应加热表面淬火示意图

感应加热时，感应电流透入零件表层的深度主要取决于通入感应线圈中的电流频率。电流频率愈高，感应电流集中的表面层愈薄，淬硬层深度愈小。

因此，可通过调节通入感应线圈中的电流频率来获得不同的淬硬层深度，一般零件淬硬层深度为半径的1/10左右。对于小直径（10 ~ 20 mm）的零件，宜用较深的淬硬层深度，可达半径的1/5，对于大截面零件可取较浅的淬硬层深度，即小于半径1/10以下。

表4－6列出了不同电流频率感应加热设备的特性及应用范围。

表 4 - 6　感应加热种类及应用范围

感应加热类型	工作电流频率	淬硬层深度/mm	应用范围
高频感应加热	100 ~ 1000 kHz（常用 200 ~ 300 kHz）	1 ~ 2	中小模数齿轮（$m < 3$），中小轴,机床导轨等
超音频感应加热	20 ~ 60 kHz（常用 30 ~ 40 kHz）	2.5 ~ 3.5	中小模数齿轮（$m = 3 ~ 6$）,花键轴,曲轴,凸轮轴等
中频感应加热	500 ~ 10000 Hz（常用 2500 ~ 800 Hz）	2 ~ 10	大中模数齿轮（$m = 8 ~ 12$）,大直径轴类,机床导轨等
工频感应加热	50 Hz	10 ~ 20	大型零件如冷轧辊、火车车轮、柱塞等

②感应加热淬火的特点：与普通淬火相比，感应加热表面淬火的加热速度极快（几十秒），工件不易氧化脱碳，耐磨性好，因心部未被加热，淬火变形小；工件表层存在残余压应力，疲劳强度较高，一般工件可提高 20% ~ 30%；加热时间短，使 A 晶粒均匀细小，淬火后可在表层获得极细小的 M，硬度高（比普通淬火高 2 ~ 3 HRC），脆性小，疲劳强度好；加热温度和淬硬层深度易控制，便于实现机械化和自动化批量生产，生产率高；感应加热设备较贵，维修、调整较难，感应器制造成本也高，所以不适于形状复杂的零件和单件小批生产。

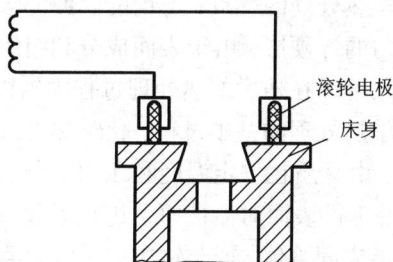

图 4 - 41　机床导轨电接触加热淬火示意图

（3）电接触加热表面淬火

电接触加热表面淬火（如图 4 - 41 所示）是利用滚轮或其他接触器和工件间的接触电阻，通以低电压的大电流，使工件表面迅速加热至奥氏体化状态，滚轮移去后靠自身未加热部分的热传导达到激冷淬火（不需回火）。电接触加热淬火的设备及工艺费用很低，操作方便，工件变形少，能显著提高工件的耐磨性及抗擦伤能力，已用于机床导轨、汽缸套等。主要缺点是硬化层较薄（0.15 ~ 0.30 mm），组织与硬度的均匀性差，形状复杂的工件不宜采用。

（4）激光加热表面淬火

激光加热表面淬火是以高能量激光束扫描工件表面，使工件表面快速加热到钢的临界点以上，利用工件基体的热传导进行自冷淬火，实现表面相变硬化。

激光加热表面淬火的加热速度极快（105 ~ 106℃/s），过热度大，相变驱动力大，A 形核数目剧增，扩散均匀化来不及进行，A 内碳及合金浓度不均匀性增大，A 中碳含量相似的微观区域变小，随后的快冷（104℃/s）中不同微观区域内 M 形成温度有很大差异，产生细小的 M 组织。快速加热使 P 组织通过无扩散转化为 A 组织；快速冷却使 A 组织通过无扩散转化为 M 组织，同时 A′量增多，碳来不及扩散，使得 $A_过$ 和 M 中碳含量增加，硬度提高。

激光加热表面淬火后，工件表层获得极细小的板条 M 和孪晶 M 的混合组织，且位错密度极高，表层硬度比淬火、低温回火后提高 20%，即使是低碳钢也能提高一定的硬度。

激光淬火硬化层深度一般为 0.3～1 mm，硬化层的硬度值一致。随着零件正常相对接触摩擦运动，表面虽然被磨去，但新的相对运动接触面的硬度值并未下降，耐磨性仍然很好，因而不会发生常规表面淬火件随接触摩擦增加，磨损随之加剧的现象，耐磨性提高了 50%，工件使用寿命提高了几倍甚至十几倍。

4.6.2 钢的化学热处理

（1）概述

①化学热处理的定义：化学热处理是将钢件置于一定温度的活性介质中加热、保温，使介质中的一种或几种元素渗入钢件表层，以改变其表层的化学成分和组织又能兼顾有更高强韧性的热处理工艺。

②化学热处理的作用：化学热处理能更有效地提高钢件的表面硬度、耐磨性及抗疲劳性能等。其作用主要有：强化表面，提高零件的力学性能，如表面硬度、耐磨性、疲劳强度和多次冲击抗力；保护零件表面，提高某些零件的物理和化学性质，如耐高温及耐腐蚀性能等。

③化学热处理的优点：与钢的表面淬火相比较，化学热处理不受零件外形的限制，可以获得较均匀的淬硬层；由于表面成分和组织同时发生变化，所以耐磨性和疲劳强度更高；表面过热现象可以在随后的热处理过程中给以消除。

④化学热处理的基本过程：化学热处理基本上都是由三个过程组成。

分解：由介质在一定温度和压力下分解出渗入元素的活性原子。

吸收：工件表面对活性原子进行吸收。吸收的方式有两种，即活性原子由钢的表面进入铁的晶格形成固溶体，或与钢中的某种元素形成化合物。

扩散：工件表面吸收渗入元素原子的浓度高，在浓度梯度作用下由表面向内部扩散，形成一定厚度的渗层。

对一定介质而言，渗层厚度主要取决于加热温度、保温时间及活性原子在工件表面的浓度。工件表面和内部的浓度差越大，温度越高，扩散越快，渗层越厚。

⑤化学热处理的种类：按渗入元素不同，化学热处理可分为渗碳、渗氮、碳氮共渗和渗金属等。

表 4－7 列出了化学热处理最常用的渗入元素及作用。

表 4－7　常用化学热处理渗入元素及作用

渗入元素	工艺方法	渗层组织	渗层厚度 /mm	表面硬度	作用与特点	应用
C	渗碳	淬火后为：碳化物、M、A′	0.3～1.6	57～63 HRC	提高表面硬度、耐磨性、疲劳强度。渗碳温度（930℃）较高,工件畸变较大	常用于低碳钢、低碳合金钢、热作模具钢制作的齿轮、轴、活塞、销、链条

120

渗入元素	工艺方法	渗层组织	渗层厚度/mm	表面硬度	作用与特点	应用
N	渗氮	合金氮化物、含氮固溶体	0.1 ~ 0.6	560 ~ 1100 HV	提高表面硬度、耐磨性、疲劳强度、抗蚀性、抗回火软化能力。渗氮温度较低，工件畸变小，渗层脆性大	常用于含铝低合金钢、含铬中碳低合金钢、热作模具钢、不锈钢制作的齿轮、轴、镗杆、量具
C、N	碳氮共渗	淬火后为碳氮化合物、含氮马氏体、A′	0.25 ~ 0.6	58 ~ 63 HRC	提高表面硬度、耐磨性、疲劳强度、抗蚀性、抗回火软化能力。工件畸变小，渗层脆性大	常用于低碳钢、低碳合金钢、热作模具钢制作的齿轮、轴、活塞、销、链条
N、C	氮碳共渗	氮碳化合物、含氮固溶体	0.007 ~ 0.020	500 ~ 1100 HV	提高表面硬度、耐磨性、疲劳强度、抗蚀性、抗回火软化能力。工件畸变小，渗层脆性大	常用于低碳钢、低碳合金钢、热作模具钢制作的齿轮、轴、活塞、销、链条

（2）渗碳

渗碳是将钢件在渗碳剂中加热到高温（900 ~ 950℃），保温使碳原子渗入钢件表层，以获得高碳表面组织的工艺方法。

渗碳的目的：提高钢件表层的硬度和耐磨性，而其内部仍保持原来的高塑性和高韧性。渗碳零件必须用低碳钢，为了使零件具有较高的强度，还可采用低碳合金钢。零件渗碳后应进行淬火加低温回火，以获得高硬度、高耐磨性的回火马氏体表层组织。

渗碳方法有固体渗碳、液体渗碳和气体渗碳三种，目前生产中应用较多的是气体渗碳法。

气体渗碳法（如图 4 - 42 所示）是把钢件置于密封的加热炉（一般为井式渗碳炉）中加热，并滴入气体渗碳

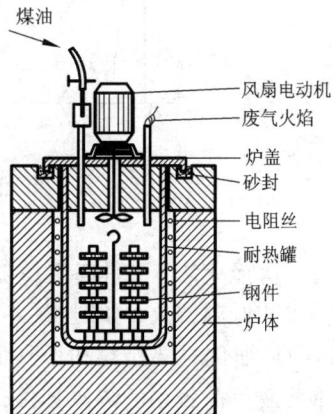

图 4 - 42　气体渗碳法示意图

剂（如煤油、甲苯等）或通入含碳气体，使工件在高温的碳气氛中进行渗碳。

气体渗碳时，含碳气氛在钢的表面进行如下反应，生成活性碳原子：

$$CH_4 \longrightarrow 2H_2 + [C]$$

$$2CO \longrightarrow CO_2 + [C]$$

$$CO + H_2 \longrightarrow H_2O + [C]$$

活性碳原子被钢表面吸收而溶入高温奥氏体中，并向内部扩散而形成渗碳层。渗碳层碳含量和深度靠控制通入的渗碳剂量、渗碳时间和渗碳温度来保证。图 4 - 43 为 15 钢 $[w(C)$

=0.15%]渗碳空冷后的组织。

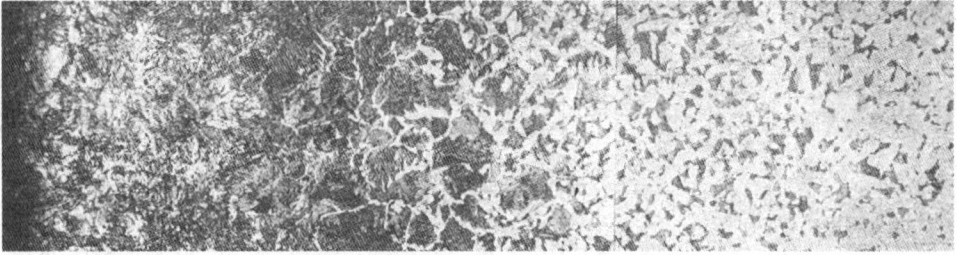

图4-43 15号钢渗碳空冷组织(400×)

零件渗碳后的热处理常采用如下几种方法。

①直接淬火法：工件渗碳完毕后，出炉经预冷后再进行淬火和低温回火，如图4-44(a)、图4-44(b)所示。预冷的目的是为了减小淬火变形，并使表面残余奥氏体因碳化物析出而减少。预冷温度应略高于钢的 A'_3，否则心部将析出铁素体。

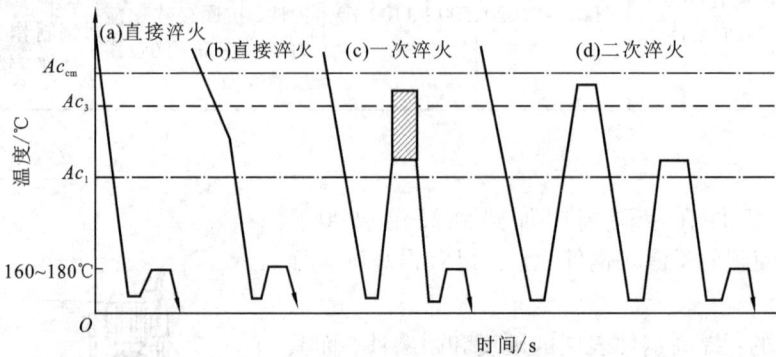

图4-44 渗碳后的热处理示意图

②一次淬火法：工件渗碳后随炉冷却或出炉坑冷或空冷到室温，然后再加热到淬火温度进行淬火和低温回火，如图4-44(c)所示。这种方法的淬火温度应选在略高于心部的 Ac_3 点，目的是细化心部晶粒和得到低碳马氏体。淬火后工件要在160~180℃回火1.5 h以上。对不重要或负荷较小的渗碳零件，一次淬火温度可选在 Ac_1 和 Ac_3 之间，约820~850℃，这样可以同时兼顾表层及心部组织都得到改善。与合金钢相比，碳钢容易过热，因此其淬火温度要选得稍低一些。

③二次淬火法：第一次淬火是为了细化心部组织和消除表层网状碳化物，因此加热温度应选在心部的 Ac_3 以上(850~900℃)；第二次淬火是为了改善渗碳层的组织和性能，使其获得细针状马氏体和均匀分布的未溶碳化物颗粒，通常加热到 Ac_1 以上30~50℃(750~800℃)，如图4-44(d)所示。经过二次淬火处理后的渗碳零件，表层组织为细针状马氏体和粒状碳化物及少量残余奥氏体，心部为铁素体加珠光体(碳钢)或低碳马氏体加少量铁素体(合金钢)。二次淬火法的主要缺点是：零件经两次高温加热后变形较严重；渗碳层易发生部分脱碳、氧化；生产周期长及成本高。

122

（3）氮化

氮化是向钢的表面层渗入氮原子的过程。其目的是提高表面硬度和耐磨性，并提高疲劳强度和抗蚀性。

氮化用钢通常是含有 Al、Cr、Mo 等合金元素的钢，近年来又在研究含 V、Ti 钢。Al、Cr、Mo、V、Ti 等元素极易与氮元素形成硬度很高、弥散度大、性质稳定且能承受 600℃ 高温的各种氮化物，如 AlN、MoN、VN、TiN 等。38CrMoAl、35CrMo、18CrNiW 等为较典型的氮化用钢。

氮化主要用于耐磨性要求很高的精密零件，如精密齿轮、高精度机床主轴、镗床镗杆、精密丝杆等；也用于较高温度下工作的耐磨零件，如汽缸套筒、气阀及压铸模等。为保证心部有足够的强度，氮化前应先进行调质处理。

常用的氮化有气体氮化和离子氮化。

①气体氮化：用氨气在加热（500～600℃）时，分解出活性氮原子，逐渐渗入零件表面形成氮化层。氨气分解反应如下：

$$2NH_3 \rightarrow 3H_2 + 2[N]$$

钢经氮化后，不再需要淬火，表面层便具有很高的硬度（65～70 HRC），并且有较高的热硬性，600～650℃仍保持其硬度，而渗碳零件在超过200℃后，硬度会明显下降。由于氮化温度较低，并可避免因淬火引起的变形，因此零件氮化后变形很小，特别适用于处理精密零件。氮化后的零件表面形成致密的合金氮化物层，所以还具有很高的抗腐蚀性。图 4-45 为 38CrMoAl 钢调质后氮化组织。

②离子氮化：离子氮化的原理是将需要氮化的零件接阴极，以真空钟罩接阳极，在抽到一定真空度的真空室内通入氨气或 H_2、N_2 的混合气体，并加以 100～150 V 的直流电压。在高压电场作用下，氨

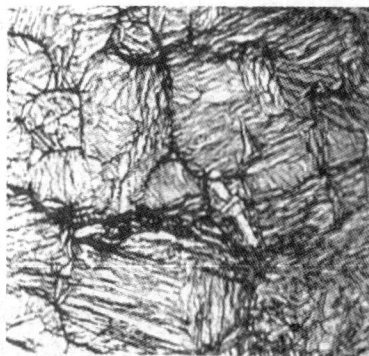

图 4-45　38CrMoAl 钢氮化组织（500×）

即电离分解成氮离子、氢离子和电子，并在工件表面产生辉光放电现象。高能量的氮离子在电场中高速运动，轰击零件的表面，使零件的表面温度升高到渗氮温度（一般为 350～570℃），同时氮的离子在阴极夺取电子后还原成氮原子而渗入金属件表面并向内部扩散，形成氮化层。

离子氮化的主要优点是渗氮件表面形成的氮化层具有优异的力学性能，如高硬度、高耐磨性、良好的韧性和疲劳强度等，使得离子渗氮零件的使用寿命成倍提高。例如，W18Cr4V 刀具在淬火、回火后再经 500～520℃ 离子氮化 30～60 min，使用寿命可提高 2～5 倍。此外，离子氮化可节约能源，渗氮气体消耗少，操作环境无污染；渗氮速度快，是普通气体氮化的 3～4 倍；氮化温度低，零件变形小，而且氮化层深度易控制。离子氮化的缺点是设备昂贵，工艺成本高，不宜于大批量生产。

（4）碳氮共渗

碳氮共渗是向钢件表面同时渗入碳和氮原子的化学热处理工艺。目前生产上常用的方法有中温气体碳氮共渗和低温气体碳氮共渗（又称气体软氮化）两种。

中温气体碳氮共渗是将渗碳气体和氨气同时通入炉中，在860℃保温1~8 h后，在工件表面获得一定深度的碳氮共渗层。它主要起渗碳作用，故还须进行淬火、低温回火。适用于低碳和中碳结构钢零件。由于同时渗入氮的影响，比渗碳时间大为缩短，零件变形较小，而硬度、耐磨性和抗疲劳性比渗碳高。但渗层较薄，大多在0.7 mm以下。

中温气体碳氮共渗对于齿轮和一些耐磨零件均有显著成效。如低合金钢制造的齿轮，碳氮共渗后接触疲劳寿命比渗碳齿轮提高80%，耐磨性提高40%~60%。

气体软氮化是将零件放入氮化炉内，加入尿素或甲胺；使它们在氮化温度(540~570℃)下分解出活性氮、碳原子渗入零件表层。因加热温度低，主要起氮化作用。

气体软氮化一般只需2~6 h即可在零件表面形成足够深度的氮化层。表面硬度高而不脆，能显著提高零件的耐磨性和抗疲劳、抗腐蚀等性能适用于碳钢、合金钢和铸铁等多种材料。

4.7 热处理的新技术、新工艺

随着科技的进步与发展，人们对金属内部组织状态变化规律的认识不断深入。特别是20世纪60年代以来，透射电镜和电子衍射技术的应用，各种测试技术不断完善，在研究M形态、亚结构及其与力学性能间的关系，获得不同形态及亚结构的M的条件，第二相的形态、大小、数量及分布对力学性能的影响等方面，都取得了很大的进展，建立在这些基础上的新工艺也层出不穷。

4.7.1 可控气氛热处理

在炉气成分可控的热处理炉内进行的热处理称为可控气氛热处理。

在热处理时实现无氧化加热是减少金属氧化损耗，保证制件表面质量的必备条件。而可控气氛则是实现无氧化加热的最主要措施。正确控制热处理炉内的炉气成分，可为某种热处理过程提供元素的来源，金属零件和炉气通过界面反应，其表面可以获得或失去某种元素，也可以对加热过程的零件提供保护。如可使零件不氧化、不脱碳或不增碳，保证零件表面耐磨性和抗疲劳性；缩短生产周期，节能、省时，提高经济效益。

(1)吸热式气氛

"吸热式气氛"，是气体反应中需要吸收外热源的能量，才能使反应向正方向发生的热处理气氛。因此，"吸热式"气氛的制备，均要采用有触媒剂(催化剂)的高温反应炉产生化学反应。

吸热式气氛可用天然气、液化石油气(主要成分是丙烷)、城市煤气、甲醇或其他液体碳氢化合物作原料，按一定比例与空气混合后，通入发生器进行加热，在触媒的作用下，经吸热而制成。吸热式气氛主要用作渗碳气氛和高碳钢的保护气氛。

(2)放热式气氛

"放热式气氛"可用天然气、乙烷、丙烷等作原料，按一定比例与空气混合后，依靠自身的燃烧放热反应而制成的气体。由于反应时放出大量热量，故称为放热式气氛。如用天然气为原料制备反应气：

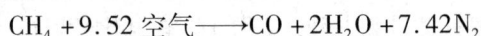

$$CH_4 + 9.52 空气 \longrightarrow CO + 2H_2O + 7.42N_2$$

放热式气氛是所有制备气氛中最便宜的,主要用于防止热处理加热时工件的氧化,在低碳钢的光亮退火、中碳钢的光亮淬火等热处理过程中普遍采用。

(3)滴注式气氛

用液体有机化合物(如甲醇、乙醇、丙酮、甲酰胺、三乙醇胺等)混合滴入或与空气混合后喷入高温热处理炉内所得到的气氛称为"滴注式气氛"。主要用于渗碳、碳氮共渗、软氮化、保护气氛淬火和退火等。

4.7.2　真空热处理

真空热处理是在 0.0133~1.33 Pa 真空度的真空介质中对工件进行热处理的工艺。

真空热处理具有无氧化、无脱碳、无元素贫化的特点,可以实现光亮热处理,能使零件脱脂、脱气,避免表面污染和氢脆;同时可以实现控制加热和冷却,减少热处理变形,提高材料性能;还具有便于自动化、柔性化和清洁热处理等优点。

真空热处理是和可控气氛热处理并驾齐驱的、应用面很广的无氧化热处理技术,也是当前热处理生产技术先进程度的主要标志之一。真空热处理不仅可实现钢件的无氧化、无脱碳,而且还可以实现生产的无污染和工件的少畸变。真空热处理具有下列优点:

①可以减少工件变形:工件在真空中加热时,工件升温速度缓慢,因而工件内外温度均匀,故处理时变形较小。

②可以减少和防止工件氧化:真空中氧的分压很低,金属在加热时的氧化过程受到有效抑制,可以实现无氧化加热,减少工件在热处理加热过程中的氧化、脱碳现象。

③可以净化工件表面:在真空中加热时,工件表面的氧化物、油污发生分解并被真空泵排出,因而可得到表面光亮的工件。洁净光亮的工件表面不仅美观,而且还会提高工件耐磨性、疲劳强度。

④脱气作用:工件在真空中长时间加热时,溶解在金属中的气体,会不断逸出并由真空泵排出。真空热处理的脱气作用,有利于改善钢的韧性,提高工件的使用寿命。

除了上述优点以外,真空热处理还可以减少或省去热处理后清洗和磨削加工工序,改善劳动条件,实现自动控制。

由于真空热处理本身所具备的一系列特点,这项新的工艺技术得到了突飞猛进的发展。现在几乎全部热处理工艺均可进行真空热处理,如退火、淬火、回火、渗碳、氮化、渗金属等,而且淬火介质也由最初仅能气淬发展到现在的油淬、水淬、硝盐浴淬火等。

4.7.3　形变热处理

形变热处理,是一种把塑性变形与热处理有机结合起来的一种复合强韧化处理新工艺,同时受到形变强化和相变强化的综合效果,因而能有效提高钢的力学性能。从广义上来说,凡是将零件的成型工序与组织改善有效结合起来的工艺都叫作形变热处理。

形变热处理的强化机理是:A 塑性变形使位错密度升高,由于动态回复形成稳定的亚结构,淬火后获得细小的马氏体,板条 M 数量增加,板条内位错密度升高,使 M 强化。此外,A 形变后位错密度增加,为碳氮化物弥散析出提供了条件,获得弥散强化效果。弥散析出的碳氮化物阻止 A 长大,转变后的 M 板条更加细化,产生细晶强化。M 板条的细化及其数量的增加,碳氮化物的弥散析出,都能使钢在强化的同时得到韧化。

根据形变与相变的关系,形变热处理可分为三种基本类型:在相变前进行形变;在相变中进行形变;在相变后进行形变。这三种类型的形变热处理,都能获得形变强化与相变强化的综合效果。现仅介绍相变前形变的高温形变热处理和中温形变热处理(如图 4 - 46 所示)。

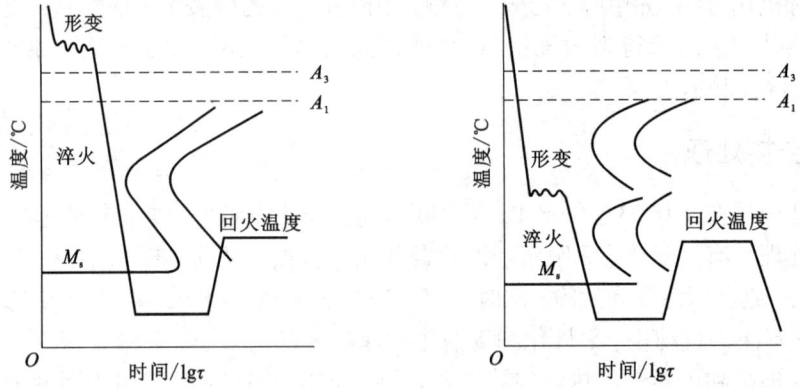

图 4 - 46 形变热处理工艺示意图

高温形变热处理是在 A 稳定区进行塑性变形,然后立即进行淬火和回火,例如锻热淬火和轧热淬火。这种热处理工艺能获得较明显的强韧化效果,与普通淬火相比,强度可提高 10% ~ 30%,塑性可提高 40% ~ 50%,韧性成倍提高,如表 4 - 8 所示。而且质量稳定,工艺简单,还可减少工件的氧化、脱碳和变形,适用于形状简单的零件或工具的热处理,如连杆、曲轴、刀具和模具等,对钢的强度增加不大,只达到 10% ~ 30%,但可大大提高韧性,减小回火脆性,降低缺口敏感性,大幅度提高抗脆性能力。这种工艺多用于调质钢及加工量不大的锻件或轧材,如连杆、曲轴、弹簧、叶片等。

表 4 - 8 高温变形淬火对钢性能的影响

材料种类	高温形变热处理条件			R_m/MPa		R_{eH}/MPa		$A_{11.3}$/%	
	形变量/%	形变温度/℃	回火温度/℃	形变淬火	一般淬火	形变淬火	一般淬火	形变淬火	一般淬火
20	20	950	200	1400	1000	1150	850	6	4.5
20Cr	40	950	200	1350	1100	1000	800	11	5
40Cr	40	900	200	2280	1970	1750	1400	8	3
60Si2	50	950	200	2800	2250	2230	1930	7	5
18CrNiW	60	900	100	1450	1150				

低温形变热处理是在 $A_过$ 孕育期最长的温度 500 ~ 600℃ 之间进行大量塑性变形(70% ~ 90%),然后进行淬火加中温或低温回火。这种热处理可在保持塑性、韧性不降低的前提下,大幅度提高钢的强度和耐磨性,主要用于要求强度极高的零件,如高速钢刀具、弹簧、飞机起落架等。

126

4.7.4　激光热处理

激光加热表面淬火是利用高功率密度的激光器扫描工件表面,将其迅速加热到钢的相变点以上,然后依靠零件本身的传热来实现快速冷却淬火的表面热处理工艺。激光热处理有如下特点:

①加热和冷却速度大:利用激光束加热,材料表面的激光功率密度大($10^3 \sim 10^{10}/\text{W·cm}^{-2}$),加热速度可达 $10^5 \sim 10^9\text{℃/s}$,对应的加热时间为 $10^{-7} \sim 10^{-3}\text{s}$,冷却速度为 $10^4 \sim 10^{10}\text{℃/s}$。扫描速度越快,冷却速度也越快。

②高硬度:激光淬火层的硬度比常规淬火层提高 15% ~ 20%,耐磨性能提高 1 ~ 10 倍。这是因为激光加热时间很短,加热区的温度梯度很大,过热度很大,可获得超细晶粒,M 中的位错密度大,碳含量高,致使硬度提高。淬火后硬化层较浅,通常为 0.3 ~ 0.5 mm。用 1 kW 的激光器扫描时,层深可达 1 mm;用 6 kW 的激光器扫描时,层深可达 2 mm。当要求淬火深度时,要严格控制扫描速度和功率密度的变化,以防止零件表面软化。

③变形小:因加热层薄,加热速度快,基体温度低,即使很复杂的零件,变形也非常小。

④表层显微组织:激光淬火后的组织分为相变硬化区、过渡区和基体三个部分。因加热速度大,过热度大,A 晶粒细小,冷却速度比任何淬火剂都快因而得到隐针或细针状的 M 组织。对碳钢来说,淬火层可分为两层:外层为完全淬火层,组织是隐针 M;内层是不完全淬火区,保留有 F。对合金钢而言,表层为极细的板条 M 或白亮的隐针 M;高碳钢也可分为两层:外层为隐针 M;内层为隐针 M 加未溶碳化物。铸铁大致可分为三层:表层为熔化 – 凝固所得的树枝状结晶,此区随扫描速度的增大而减小;第二层是隐针 M 加少量残留的石墨及磷共晶组织;第三层是较低温度下形成的 M。

⑤疲劳强度与残余应力:激光淬火件表面有很大的残余压应力(可达 4000 MPa),有利于提高疲劳强度。

⑥不需要淬火介质,自行冷却淬火,不会产生环境污染。

⑦能精确控制硬化层深度,可处理零件特殊部位,只要激光能照射到的,都可以实现表面硬化。

激光淬火最适于处理小面积的局部表面,但也可以用来处理复杂的和较大的零件,铸铁和低碳钢都可以用激光进行热处理,以便提高表面耐磨性。如激光淬火在邮票打孔机上的应用使打孔机较原来寿命提高了 20 倍;手锯条使用寿命比国家标准提高 61%,使用中无脆断。

4.7.5　强韧化处理

凡是可以同时改善钢件强度和韧性的热处理,总称为强韧化处理,主要有以下三种。

(1)获得板条马氏体的处理

除了选用碳含量低的钢种外,还可以通过以下途径获得板条 M。

①高温淬火:这里的高温指相对于常规淬火加热温度而言。

中碳钢若用比正常淬火温度 $[Ac_3 + (30 \sim 50\text{℃})]$ 更高的温度加热,可使 A 成分更均匀,达到钢的平均碳含量而不出现高碳区,从而得到板条状 M,或使板条状 M 的数量增多,获得良好的综合性能。若在淬火状态进行比较,高温淬火的断裂韧度比普通淬火几乎提高一倍。金相分析表明,高温淬火避免了片状 M(孪晶 M)的出现,全部获得了板条状 M。

②高碳低合金钢低温、快速、短时加热淬火：因为高碳低合金钢的淬火加热温度一般仅稍高于 Ac_1 点，碳化物的溶解、A 的均匀化需靠延长时间来达到。如采用快速、短时加热，A 中碳含量低，有利于获得板条 M，同时，加热温度低，A 晶粒较细小，因而可以提高钢的韧性。例如 T10A 钢制凿岩机活塞，采用 720℃预热 16 min，850℃盐浴 8 min 短时加热淬火，220℃回火 72 min，使用寿命可由原来平均进尺 500 m 提高到 4000 m。

（2）超细化处理（循环热处理）

多晶体材料的屈服强度与晶粒直径的平方根成反比，因此，如能获得非常细小的超细晶粒（通常将晶粒度高于 10 级者称为超细晶粒），必然会使材料的强度指标显著提高。

将钢在一定温度下通过多次反复快速加热和冷却，通过 α→γ→α 多次循环相变，可使 A 晶粒和室温组织逐步达到

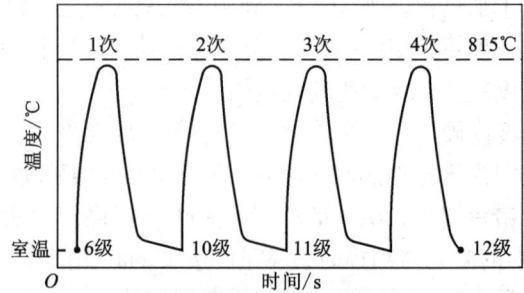

图 4-47 循环加热淬火

超细化。这种工艺又叫循环热处理。例如 45 钢在 815℃铅浴中反复加热淬火（4～5 次，每次≤20 s），可使 A 晶粒度由 6 级细化到 12 级以上（如图 4-47 所示）。

碳化物越细小，裂纹源越少；基体组织越细密，裂纹扩展通过晶界时阻碍越大。因而使钢得以强韧化。

（3）获得复合组织的热处理

通过调整热处理工艺，可使淬火 M 组织中同时存在一定数量的 F、$B_下$ 或 A'。这种复合组织往往不明显降低强度而能大大提高韧性。主要措施有：

①亚共析钢的亚温淬火：亚共析钢在两相区（$Ac_1 \sim Ac_3$）加热淬火称为亚温淬火。其目的是提高冲击韧度值，降低冷脆转变温度及回火脆性倾向。一方面，因加热温度比正常淬火温度低，而获得了细 M；另一方面，因淬火组织为 M 和 F，F（对杂质有较大的溶解度）的存在减少了回火时杂质元素的析出，从而减少了脆性倾向。

为了保证足够的强度，并使 F 均匀细小，亚温淬火温度以选在稍低于 Ac_3 的温度为宜。

②控制冷却速度淬火：在一些低合金结构钢中，淬火时根据 C 曲线控制冷却速度，使 A 首先形成一定量的低碳下贝氏体（将 A 细化），从而使随后形成的 M 细化。低碳 $B_下$ 和细小 M 都使钢具有较高的强度和韧性。

4.7.6 表面变形强化

把冷变形强化用于提高金属材料的表面性能，成为提高工件疲劳强度、延长使用寿命的重要工艺措施。目前常用的有喷丸、滚压和内孔挤压等表面形变强化工艺。以喷丸强化为例，它是将高速运动的弹丸流（$\phi 0.2 \sim 1.2$ mm 的铸铁丸、钢丸或玻璃丸）连续向零件喷射，使表面层产生极为强烈的塑性变形与冷变形强化，强化层内组织结构细密，又具有表面残余压应力，使零件具有高的疲劳强度。表面形变强化工艺已广泛用于弹簧、齿轮、链条、叶片、火车车轴、飞机零件等，特别适用于有缺口的零件、零件的截面变化处、圆角、沟槽及焊缝区等部位的强化。

4.8　热处理工艺路线安排与技术条件标注

热处理是机械制造过程中的重要工序,被安排在各个冷热加工工序之间,起着承上启下的作用。正确理解和标注热处理技术条件、合理选择热处理工艺方案及合理安排热处理在整个加工过程中的位置,对于改善钢的切削加工性能,保证产品质量,满足使用要求,具有重要的意义。

4.8.1　热处理方案的选择

每一种热处理工艺都有其特点,每一种材料也有其适宜的热处理工艺方法,实际工作中零件的结构、形状、尺寸及性能要求等都不一样。因此,要根据多方面的因素正确地选择热处理方案。

(1)确定预备热处理

常用预备热处理工艺方法有三大类:退火、正火及调质。钢材通过预备热处理可以细化晶粒、均匀成分及组织、消除内应力,为最终热处理做好组织准备。因此,预备热处理是减小应力、防止变形和开裂的有效措施。一般来说,零件预先热处理大都采用正火;但对成分偏析较严重、毛坯生产后内应力较大及正火后硬度偏高的零件,应采用退火工艺。共析钢及过共析钢多采用球化退火;亚共析钢则应采用完全退火(一般用等温退火代替);对毛坯中成分偏析严重的零件应采用高温扩散退火均匀其成分及组织;需较彻底消除内应力时应采用去应力退火;对零件综合力学性能要求较高时,应采用调质作为预先热处理。

(2)采用合理的最终热处理

最终热处理工艺方法很多,主要包括淬火、回火、表面淬火及化学热处理等。通过最终热处理,工件可获得所需组织及性能,满足使用要求。

①淬火方法选择:一般根据工件的材料类别、形状尺寸、淬透性大小及硬度要求等选择合适的淬火方法。对于形状简单的碳钢件,可采用单介质水冷淬火;而合金钢件则多采用单介质油冷淬火;为了减小淬火内应力,防止淬火变形与开裂,可采用预冷淬火、双介质淬火、分级淬火、等温淬火等方法;对于某些只需局部硬化的工件可进行局部淬火;对于精密零件和量具等,可采用冷处理或长时间低温时效处理,以达到稳定尺寸、提高耐磨性的目的。

②回火方法选择:淬火后的工件必须及时进行回火,而且回火应充分。对于要求高硬度、高耐磨性的工件应采用低温回火;对于要求较高韧性、较高强度的工件应进行中温回火;而对于要求具有良好综合力学性能的工件则要进行高温回火。

③表面处理及化学热处理方法选择:当工作条件要求零件的表层与心部具有不同性能时,可根据材料化学成分和具体使用性能的要求不同,选择相应的表面热处理方法。对于表层要求高的硬度、强度、耐磨性及疲劳强度,而心部要求足够塑性及韧性的中碳钢或中碳合金钢工件,可采用表面淬火;对于低碳钢或低碳合金钢工件,可采用渗碳工艺;对于承载不大,但精度要求较高的合金钢,多采用渗氮处理。为了提高化学热处理的效率,生产中还可采用低温及中温气体碳氮共渗。另外,还可根据需要对工件进行其他渗金属或非金属处理:为提高工件的抗高温氧化性可以渗铝;为提高工件的耐磨性和热硬性可以渗硼等;为了提高零件的表面硬度、耐磨性,减缓材料的腐蚀,可在零件表面涂覆其他超硬、耐蚀材料。

当然，在实际生产过程中，由于零件毛坯的类型及加工工艺过程的不同，在具体确定热处理方法及安排工艺位置时并不一定要完全按照上述原则，而应根据实际情况进行灵活调整。例如：对于精密零件，为消除机加工造成的残余应力，可在粗加工、半精加工及精加工后安排去应力退火工艺；对于淬火、回火后 A′ 较多的高合金钢，可在淬火后进行深冷处理，以尽量减少 A′ 量，稳定工件的形状及尺寸。

4.8.2 热处理工艺路线安排

在零件的制造流程中，合理安排热处理工艺路线对提高机械加工的质量和效率，保证零件的使用性能具有重要的意义。

按照目的和位置的不同，热处理工艺分为预先热处理和最终热处理两大类，其工序位置安排的基本原则如下：

（1）预先热处理的工序位置

预先热处理包括退火、正火和调质等。一般安排在毛坯生产之后，切削加工之前，或粗加工之后、半精加工之前。当工件的性能要求不高时，经退火、正火或调质后工件不再进行其他的热处理，此时它们属于最终热处理。

①退火、正火的工序位置：退火与正火的目的主要是消除工件中的残余应力、晶粒粗大和成分偏析等缺陷，为最终热处理做好组织准备；同时，还可以调整硬度，改善工件的切削加工性。退火和正火的工艺路线如下：

毛坯生产→退火（或正火）→切削加工等

②调质的工序位置：调质的目的是为了提高工件的综合力学性能，并为表面热处理做好组织准备。一般安排在粗加工之后，半精加工或精加工之前。调质件的工艺路线如下：

下料→锻造→正火（或退火）→粗加工→调质→半精加工（或精加工）等

（2）最终热处理的工序位置

最终热处理包括：整体淬火、回火（低温、中温）、表面淬火、渗碳和渗氮等。由于经过最终热处理后工件的硬度较高，难以切削加工（磨削除外），所以最终热处理一般安排在半精加工之后，精加工（一般为磨削）之前。

①整体淬火、回火的工序位置：下料→锻造→正火（或退火）→粗加工→半精加工→整体淬火、回火（低温、中温）→精加工（磨削）。

②表面淬火的工序位置：下料→锻造→正火（或退火）→粗加工→调质→半精加工→表面淬火、低温回火→精加工（磨削）。

③渗碳的工序位置：下料→锻造→正火（或退火）→粗加工→半精加工→渗碳→切除防渗余量→整体淬火、低温回火→精加工（磨削）。

④渗氮的工序位置：由于渗氮温度低，工件的变形极小，渗氮层薄而脆，因此渗氮后一般不再进行切削加工，只有精度要求特别高时才会安排精磨或研磨。渗氮件的工艺路线如下：

下料→锻造→正火（或退火）→粗加工→调质→半精加工→去应力退火→精加工（磨削）→渗氮（精磨或研磨）。

（3）热处理工艺举例与分析

①拖拉机连杆螺栓：连杆螺栓是发动机中一个重要的连接零件，要求具有较高的强度，

良好的塑性和韧性，以及较高的疲劳强度。

材料：40Cr 钢。

热处理技术要求：经调质后，硬度为 30 ~ 35 HRC，组织为回火索氏体。为保证强度和韧性，不允许有块状铁素体。

工艺路线：下料→锻造→正火→粗加工→调质→精加工。

正火的主要目的是为了消除毛坯锻造后的内应力；降低硬度以改善切削加工性；细化晶粒、均匀组织，为后面的热处理做好组织准备。加热温度为 (860 ± 10) ℃，保温 2 ~ 3 h 后空冷。

调质的主要目的是为了获得组织细密的回火索氏体。淬火加热温度为 (850 ± 10) ℃，保温 20 min，油冷，获得马氏体。高温回火温度为 (525 ± 25) ℃，保温 2 h 后水冷，以防止高温回火脆性。

②M12 手用丝锥：手用丝锥是加工内螺纹的切削刃具，工作时载荷较小，切削速度低，失效形式以磨损为主，因此，要求刃部具有较高的硬度和耐磨性，心部具有足够的强度和韧度。

材料：T12A 钢。

热处理技术要求：刃部硬度为 61 ~ 63 HRC，柄部硬度为 30 ~ 45 HRC。

工艺路线：下料→球化退火→机械加工→分级淬火、低温回火→柄部快速回火→防锈处理（发蓝）。

球化退火的主要目的是为了获得粒状珠光体，消除网状二次渗碳体，降低硬度以改善切削加工性，并为后面的热处理做好组织准备。加热温度为 (760 ± 10) ℃，保温 4 h 后炉冷。

分级淬火的主要目的是为了获得马氏体和减少淬火应力。先预热至 600 ~ 650℃ 停留 8 min，再加热至 (790 ± 10) ℃ 保温 4 min，然后在 210 ~ 220℃ 的盐浴中停留 30 ~ 45 min 后空冷。

低温回火的主要目的是为了获得回火马氏体和消除淬火应力。加热温度为 180 ~ 220℃，保温 1.5 ~ 2 h 后空冷。

柄部快速回火。柄部硬度要求不高，常用快速回火的方法，即把柄部的一半浸入 580 ~ 620℃ 的盐浴中加热 15 ~ 30 s，然后立即水冷，以防热量传到刃部使其硬度降低。

防锈处理（发蓝）。发蓝是指钢件在高温浓碱（NaOH）和氧化剂（$NaNO_2$ 或 $NaNO_3$）中加热，使表面形成致密氧化层（厚度约为 1 nm，呈天蓝色）的表面处理工艺。致密的氧化层可以保护钢件内部不受氧化，起到防锈作用。

③轴类零件的工艺路线：轴类零件是一类极为常见的机械零件，由于服役条件不同，其使用性能要求和加工工艺路线等均有所不同，常见的加工工艺路线有以下几种：

整体淬火轴的工艺路线：下料→锻造→正火或退火→粗加工→半精加工→调质→粗磨→去应力回火→精磨。

调质后再表面淬火轴的工艺路线：下料→锻造→退火或正火→粗加工→调质→半精加工→表面淬火→粗磨→时效→精磨或精磨后超精加工。

渗碳轴的工艺路线：下料→锻造→正火→粗加工→半精加工→渗碳→去除不需渗碳的表面层→淬火并低温回火→粗磨→时效→精磨或精磨后超精加工。

氮化主轴的工艺路线：下料→锻造→退火→粗加工→调质→半精加工→去应力回火→粗

磨→氮化→精磨或研磨。

4.8.3 热处理技术条件标注

工件的最终热处理方法、热处理后的组织、应当达到的力学性能指标、精度等级和工艺性能等要求,统称为热处理技术条件。设计者应根据零件的性能要求,在零件图的相应位置标出热处理技术条件,供热处理生产和检验时参考。

热处理技术条件根据零件的工作特性不同而不同。一般零件均以硬度作为热处理技术条件,标定的硬度值可允许有一定的波动范围:布氏硬度 30 ~ 40 HBW;洛氏硬度在 5 个单位左右,如淬火回火 48 ~ 53 HRC。但对于某些力学性能要求较高的重要零件,如重型零件、关键零件等则还需标出强度、塑性、韧性等指标,有的还对显微组织有相应要求,如连杆,其热处理技术条件为:调质 260 ~ 315 HBW,组织为回火索氏体,不允许有块状铁素体。

另外,对于表面淬火零件应标明淬硬层硬度、深度及淬硬部位,有的还对表面淬火后的变形量有要求。对渗碳、渗氮零件则应标明化学热处理后的硬度、渗碳或渗氮部位的渗层深度;有的还对显微组织有要求。

标注热处理技术条件时,可用文字在零件图上扼要说明,也可以采用国标规定的热处理工艺代号来表示。

习 题

1. 热处理的目的是什么?

2. 怎样把设计、选材和热处理联系起来?

3. 简述钢完全奥氏体化过程中的组织转变过程。

4. 何谓过冷奥氏体?过冷奥氏体会转变成哪些不平衡组织?其过程与组织怎样?

5. 将碳含量为 0.77% 的 T8 钢加热到 780℃,并保温足够时间,试问采用什么样的冷却工艺可得到如下组织:珠光体、索氏体、托氏体、上贝氏体、下贝氏体、托氏体 + 马氏体、马氏体 + 少量残余奥氏体。在 C 曲线上绘出冷却曲线示意图。

6. 贝氏体转变与珠光体转变有哪些异同点?

7. 马氏体与贝氏体转变有哪些异同点?

8. 珠光体、贝氏体和马氏体的组织和性能有什么区别?

9. 什么是残余奥氏体?它会引起什么问题?

10. 选择下列钢件的退火工艺,并说明其退火目的及退火后的组织:

(1)经冷轧后的 15 钢钢板,要求降低硬度;

(2)ZG370 - 500 铸钢齿轮;

(3)具有网状渗碳体的 T12 钢。

11. 哪些钢可以以正火代替退火?

12. 将 T12 钢分别加热到 600℃、780℃、950℃,并保温足够时间,然后淬入水中,试问它们的最终组织和硬度有什么区别?

13. 马氏体为什么要回火?回火后性能发生什么变化?

14. 何谓第一类回火脆性?何谓第二类回火脆性?如何避免?

15. 钢的淬透性、淬透深度和淬硬性三者之间的区别何在？

16. 淬火后的 45 钢经 150℃、450℃、550℃回火，试问其最终组织和性能有何区别？

17. 淬火钢的三大特性指什么？各自的影响因素有哪些？

18. 简述回火工艺的分类、目的、组织与应用。

19. 试列表分析比较表面淬火、渗碳、氮化在用钢、热处理工艺及应用方面的异同。

20. 某发动机轴承是用 GCr15 制造的，它经淬火和回火后达到所需要性能，正常操作条件下似乎满足要求。但在零度以下暴露一段时间后发动机失效了。拆卸后发现轴承尺寸明显胀大的同时，轴承中出现不少脆性裂纹。你认为失效的原因是什么？

21. 1906 年，德国工程师阿尔弗莱德·维尔姆将一种含有铜、镁和锰的铝合金加热到约 600℃后淬入水中，测出其强度并不比原来大多少。但几天后再测量时发现强度比原来增加了近一倍，试问这是什么原因？

22. 假设你的教师要求你制备一个在课堂演示的珠光体试样，如果可利用的只有一块具有贝氏体组织的共析钢试样，请说明用以完成任务的步骤。（提示：获得珠光体、贝氏体或马氏体等试样的唯一途径是从奥氏体分解。因而必须采取以下步骤：①合金在 727℃以上均匀化以获得奥氏体。②直接淬到 727℃以下和 550℃以上某温度、保温直至奥氏体全部转变成珠光体。）

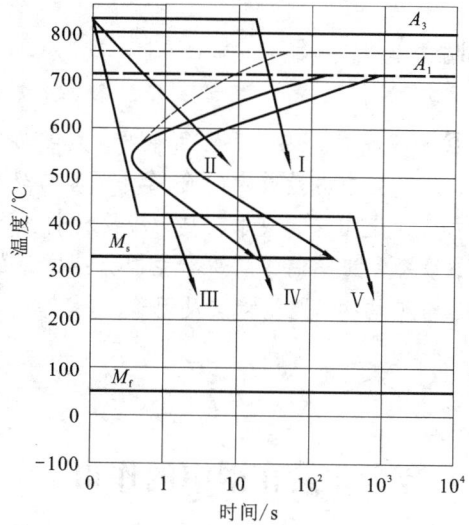

图 4-48 题 25 图

23. 比较共析钢过冷奥氏体等温转变曲线图和连续转变曲线图的异同点。

24. 用碳含量为 0.50% 的钢制成的 5 个零件完全奥氏体化后，分别按图 4-48 中 Ⅰ、Ⅱ、Ⅲ、Ⅳ和 Ⅴ 线冷却后得到什么组织？为什么？

25. 为了获得索氏体组织，将钢件加热到 Ac_3（或 Ac_{cm}）以上保温一段时间取出空冷，这种热处理工艺过程应根据 C 曲线图、CCT 曲线图还是 $Fe-Fe_3C$ 相图来分析其转变产物？为什么？

第5章
合金钢与铸铁

【概述】

◎碳钢价格低廉，工艺性能好，力学性能可满足一般工程结构和机械零件的使用要求，是工业中用量最大的金属材料。与碳钢相比，合金钢具有许多优点，性能更优越，但加工工艺复杂，成本较高；铸铁材料虽然力学性能较低，但工艺性能良好，生产成本低，设备和工艺简单。本章主要介绍常用的合金钢和铸铁材料的分类、牌号、热处理工艺、组织结构、性能特点及用途。

5.1　合金元素在钢中的作用

所谓合金钢是指在碳钢的基础上，有意识地加入一些合金元素的钢。常加入的元素有锰（Mn）、硅（Si）、铬（Cr）、镍（Ni）、钼（Mo）、钨（W）、钒（V）、钛（Ti）、铌（Nb）、锆（Zr）、稀土（Re）等。

合金元素对钢的相变、组织和性能的影响取决于它们与钢中铁或碳的相互作用。

5.1.1　合金元素在钢中的存在形式和对基本相的影响

合金元素在钢中可以两种形式存在：一是溶解于碳钢原有的相中，另一种是形成某些碳钢中所没有的新相。在一般的合金化理论中，按与碳亲和力的大小，可将合金元素分为碳化物形成元素与非碳化物形成元素两大类。常用的合金元素有以下几种：

非碳化物形成元素：Ni、Co、Cu、Si、Al、N、B；

碳化物形成元素：Mn、Cr、Mo、W、V、Ti、Nb、Zr。

此外，还有稀土元素，一般用符号 Re 表示。

铁素体和渗碳体是碳钢中的两个基本相，合金元素加入钢中时，可以溶于铁素体内，也可以溶于渗碳体内。

元素周期表

（1）形成合金铁素体

非碳化物形成元素，如镍、硅、铝、钴等，以及与碳亲和力较弱的碳化物形成元素，如锰，主要溶于铁素体中，形成合金铁素体。

合金元素溶于铁素体中，由于与铁的晶格类型和原子半径不同而造成晶格畸变；另外，

合金元素易分布于位错线附近，对位错线的移动起牵制作用，降低位错的易动性，从而提高塑变抗力，产生固溶强化效果。

（2）形成碳化物

锰是弱碳化物形成元素，与碳的亲和力比铁强，可溶于渗碳体中，形成合金渗碳体（Fe，Mn）$_3$C，这种碳化物的熔点较低、硬度较低、稳定性较差。

铬、钼、钨属于中强碳化物形成元素，既能形成合金渗碳体，如（Fe，Cr）$_3$C、（Fe，W）$_3$C 等，又能形成各自的特殊碳化物，如 Cr_7C_3、$Cr_{23}C_6$、MoC、WC 等，这些碳化物的熔点、硬度、耐磨性以及稳定性都比渗碳体高。

铌、钒、钛是强碳化物形成元素，在钢中优先形成特殊碳化物，如 NbC、VC、TiC 等，它们的稳定性最高，熔点、硬度和耐磨性也最高。

5.1.2　合金元素对 Fe – Fe$_3$C 相图的影响

合金元素的加入对铁碳合金相图的相区、相变温度、共析成分等都有影响。

合金元素会使奥氏体相区扩大或缩小。镍、锰、碳、氮等元素的加入会使奥氏体相区扩大，是奥氏体形成元素，特别以镍、锰的影响更大。图 5 – 1（a）为 Mn 对铁碳合金相图的影响。铬、钼、硅、钨等元素使奥氏体相区缩小，是铁素体形成元素。图 5 – 1（b）为 Cr 对相图的影响。

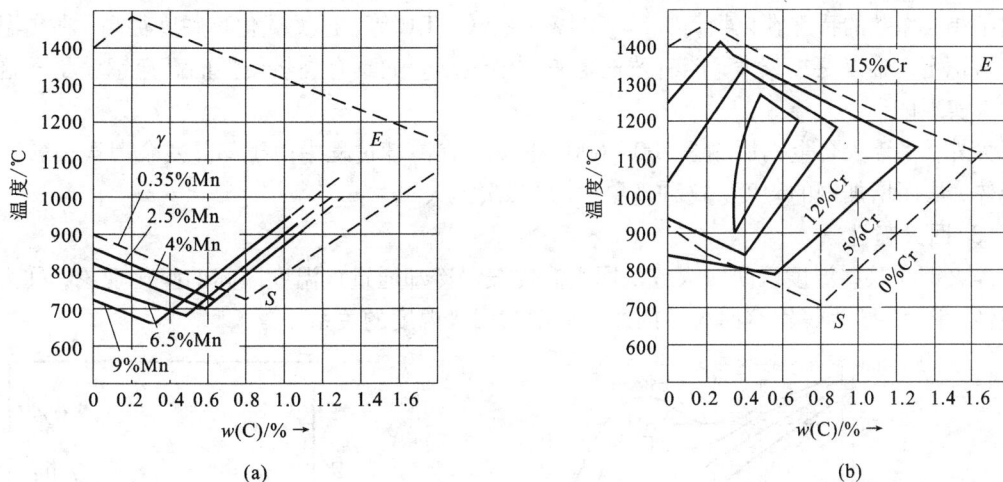

图 5 – 1　Mn、Cr 对铁碳合金相图的影响

由图 5 – 1 可见，随着 Mn 含量的增加，共析转变温度和共析成分向低温、低碳方向移动。因此，当 Mn 含量相当高时，由于扩大奥氏体区的结果，可能在室温下形成单相奥氏体钢；而随着 Cr 含量的增加，其共析温度和共析成分向高温、低碳方向移动，因此，当含 Cr 量相当高时，由于缩小奥氏体区的结果，有可能在室温下形成单相铁素体钢。此外，由于上述合金元素的作用，而使铁碳合金相图的 S 点和 E 点的碳含量降低，从而使钢中的组织与碳含量之间的关系发生变化。

5.1.3 合金元素对钢热处理的影响

合金元素对钢加热时的奥氏体化及过冷奥氏体分解过程都有着重要的影响。此外，合金元素对回火转变也产生一定的影响。

将淬火后的合金钢进行回火时，其回火过程的组织转变与碳钢相似，但由于合金元素的加入，使其在回火转变时具有如下特点：

（1）提高钢的回火稳定性

淬火钢件在回火时，组织分解与转变快慢的程度称为回火稳定性。不同的钢在相同温度回火后，强度、硬度下降少的其回火稳定性较高。

由于合金元素阻碍马氏体分解和碳化物聚集长大过程，使回火后硬度降低过程变缓，从而提高钢的回火稳定性。由于合金钢的回火稳定性比碳钢高，若要求得到同样的回火硬度，则合金钢的回火温度就比同样碳含量的碳钢来得高，回火的时间也长，内应力消除得好，钢的塑性和韧性指标就高。而当回火温度相同时，合金钢的强度、硬度都比碳钢高。如图 5 - 2 所示为含碳 0.35% 的钢中加入不同的钼，经淬火、回火后的硬度变化情况。

（2）产生二次硬化

当钨、钼、钒、钛含量较高的淬火钢，在 500 ~ 600℃ 温度范围回火时，其硬度并不降低，反而升高，这种在回火时硬度升高的现象称为二次硬化。图 5 - 2 表明 Mo 含量大于 2% 的钢产生二次硬化的情况。这是因为含上述合金元素较多的合金钢，在该温度范围内回火时，将析出细小、弥散的特殊碳化物，如 Mo_2C、W_2C、VC、TiC 等，这类碳化物硬度很高，在高温下也非常稳定，难以聚集长大，能有效地阻碍位错运动。如具有高热硬性的高速钢就是靠这种特性来实现的。

另外，将淬火合金钢加热至 500 ~ 600℃ 回火，在冷却过程中由于部分残余奥氏体转变为马氏体，从而增加钢的硬度，这种现象称为"二次淬火"。

（3）回火脆性

淬火钢在某些温度区间回火或从回火温度缓慢冷却通过该温度区间的脆化现象，称为回火脆性。图 5 - 3 为镍铬钢回火后的冲击韧度与回火温度的关系。

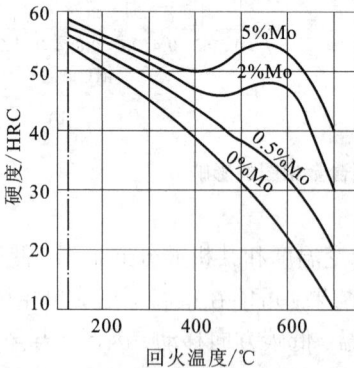

图 5 - 2　含碳 0.35% 加入不同 Mo 量的钢
对回火硬度的影响

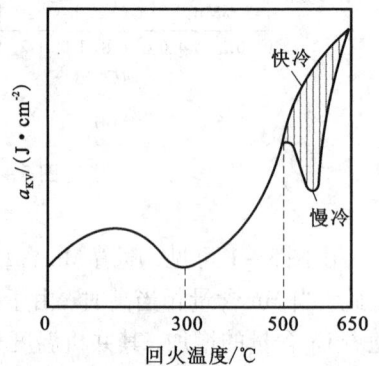

图 5 - 3　合金钢回火脆性示意图

钢淬火后在 300℃ 左右回火时产生的回火脆性称为第一类回火脆性。无论碳钢或合金钢，都可能发生这种脆性，并且它与回火后的冷却方式无关。这种回火脆性产生后无法消除。为了避免第一类回火脆性的发生，一般不在 250～350℃ 温度范围内回火。

含有铬、锰、铬、镍等元素的合金钢淬火后，在脆化温度区（400～550℃）回火，或经更高温度回火后缓慢冷却通过脆化温度区所产生的脆性，称为第二类回火脆性。它与某些杂质元素在原奥氏体晶界上偏聚有关。这种偏聚容易发生在回火后缓慢冷却的过程中，最容易发生在含铬、锰、镍等合金元素的合金钢中。如果回火后快冷，杂质元素便来不及在晶界上偏聚，就不易发生这类回火脆性。当出现第二类回火脆性时，可将其加热至 500～600℃ 经保温后快冷，即可消除回火脆性。对于不能快冷的大型结构件或不允许快冷的精密零件，应选用含有适量钼和钨的合金钢，能有效防止第二类回火脆性的发生。

5.1.4　合金元素对钢力学性能的影响

加入合金元素的目的是使钢具有更优异的性能，所以合金元素对性能的影响是人们最关心的问题。合金元素主要通过对组织的影响而对性能起作用，因此必须根据合金元素对相平衡和相变影响的规律来掌握其对力学性能的影响。

（1）合金元素对强度的影响

强度是金属材料最重要的性能指标之一，使金属材料强度提高的过程称为强化。强化是研制结构材料的主要目的。金属强化一般有以下几种方式。

①固溶强化：溶质原子由于与基体原子的大小不同，因而使基体晶格发生畸变，造成一个弹性应力场。此应力场增加了位错运动的阻力，产生强化。固溶强化的强化量与溶质的浓度有关，在达到极限溶解度之前，溶质浓度越大，强化效果越好。

②细晶强化：晶界或其他界面可以有效地阻止位错通过，因而可以使金属强化。晶界强化的强化量与晶界的数量，即晶粒的大小有密切的关系。晶粒越细，单位体积内的晶界面积越大，则强化量越大。

③弥散强化：合金元素加入金属中，在一定条件下会析出第二相粒子。而这些第二相粒子可以有效地阻止位错运动。当运动位错碰到位于滑移面上的第二相粒子时，必须通过它，滑移变形才能继续进行。这一过程需要消耗额外的能量，或者需要提高外加应力，这就造成了强化。

必须指出，只有当粒子很小时，第二相粒子才能起到明显的强化作用，如果粒子太大，则强化效应将微不足道。因此，第二相粒子应该细小而分散，即要求有高的弥散度。粒子越细小，弥散度越高，则强化效果越好。

（2）合金元素对塑性和韧性的影响

除了极少数几个置换式合金元素外，所有的合金元素都会降低钢材的塑性和韧性，使钢脆化。一般而言，除了细晶强化能同时提高钢的强度、塑性和韧性外，所有的强化方式都会降低塑性和韧性。在这些强化方式中，危害最大的是间隙固溶强化，因此，间隙固溶强化尽管能显著提高强度，也不能作为一种实用的基本强化机制。而淬火马氏体必须回火，也是为了减轻间隙固溶强化对塑性和韧性的影响。冷变形强化也会降低塑性和韧性，所以，对于大多数钢来说，冷变形强化只能作为一种辅助的强化方式。相对而言，析出强化（即第二相强化）的脆化作用最小，因此它是应用最广泛的强化方法之一。

5.1.5　合金元素对钢工艺性能的影响

合金元素对钢工艺性能的影响，同样是一个重要问题。材料没有良好的工艺性能，在实际中很难获得广泛的应用。

合金元素对钢工艺性能的影响，主要体现在以下几个方面：

（1）合金元素对铸造性能的影响

铸造性能主要与钢的固相线与液相线温度的高低和它们之间的温度差（结晶区间）有关。固、液相线温度越低，结晶温度区间越窄，则铸造性能越好。因此，合金元素对铸造性能的影响，主要体现在对相图的影响。一般共晶成分合金的铸造性能最好，由于钢的成分离共晶点很远，所以铸造性能不好。加入高熔点的合金元素后，液态金属黏度增大，铸造性能下降。

（2）合金元素对锻造性能的影响

金属的锻造性能主要取决于热加工时的变形抗力、热加工温度范围的大小、抗氧化能力及氧化皮的性质等因素。由于合金元素的影响，许多合金钢，特别是含有大量碳化物的合金钢与普通碳钢相比，高温强度很高，热塑性明显下降，锻造时容易锻裂。由于合金元素使钢的导热性能下降，所以锻造加热必须缓慢，以免造成热应力。与普通碳钢相比，合金钢的锻造性能明显下降。

（3）合金元素对焊接性能的影响

在钢的焊接性能中，最重要的是钢焊后开裂的敏感性和焊接区的硬度。通常用"碳当量"来表示成分对焊接性能的影响。对钢而言，碳含量是影响其焊接性能最重要的因素，碳含量越低，焊接性能越好。在相同的碳含量下，合金元素的含量越高，则焊接性能越差。

（4）合金元素对切削加工性能的影响

由于许多合金钢含有大量硬而脆的碳化物，所以其切削加工性能比普通碳钢差。而有些合金钢的加工硬化能力很强，其切削加工性能也是很差的。

为了提高钢的切削加工性能，可以在钢中加入一些改善切削性能的合金元素，得到所谓的易切削钢。最常用的元素是硫，在易切削钢中，硫含量可高达 0.08% ~0.2%。易切削钢不但使工具寿命延长，动力消耗减少，表面光洁度提高，而且断屑性好，因此广泛用于自动车床上的高速切削，这对于大批生产的一般零件是很有利的。

5.2　合金钢的分类与编号

5.2.1　合金钢的分类

合金钢种类繁多，为了便于生产、选材、管理及研究，根据某些特性，从不同角度出发可以将其分成若干种类。

（1）按用途分类

①合金结构钢：可分为机械制造用钢和工程结构用钢，主要用于制造各种机械零件、工程结构件等。

②合金工具钢：按 GB/T 1299—2014《工模具钢》标准，可分为量具刃具钢、耐冲击工具钢、热作模具钢、冷作模具钢、无磁模具钢和塑料模具钢等。

③特殊性能钢：可分为不锈钢、耐热钢、耐磨钢等。

（2）按合金元素含量分类

①低合金钢：合金元素的总含量在 5% 以下。

②中合金钢：合金元素的总含量在 5% ~ 10% 之间。

③高合金钢：合金元素的总含量在 10% 以上。

（3）按金相组织分类

①按平衡组织或退火组织分类，可分为亚共析钢、共析钢、过共析钢和莱氏体钢。

②按正火组织分类，可分为珠光体钢、贝氏体钢、马氏体钢和奥氏体钢。

（4）其他分类方法

除上述分类方法外，还有许多其他的分类方法，如按工艺特点可分为铸钢、渗碳钢、易切削钢等；按质量可分为普通质量钢、优质钢和高级质量钢，其区别主要在于钢中所含有害杂质元素（S、P）的多少。

5.2.2　合金钢的编号

（1）合金结构钢的牌号表示方法

根据国家标准规定，合金结构钢的牌号用"两位数字 + 元素符号 + 数字"表示。元素符号前的两位数字表示钢中平均碳的质量分数 $w(C)$，以万分之一为单位计。元素符号用合金元素的符号表示，其后面的数字表示该合金元素的平均质量分数，以百分之一为单位计。当 $w(Me) < 1.5\%$ 时，只标明元素名称，不标明质量分数；当 $w(Me)$ 为 1.5% ~ 2.4%，2.5% ~ 3.4%，…时，则在元素符号后相应地标上 2，3，4，…。如 15MnV，表示碳的平均质量分数为 0.15%，锰、钒的平均质量分数均小于 1.5% 的合金结构钢。若为高级优质钢，则在钢的牌号末尾加上"A"，如 18Cr2Ni4WA。

对属于合金结构钢的滚动轴承钢，则采用另外的方法来表示其牌号。滚动轴承钢牌号的首位用"滚"或"滚"字的汉语拼音字首"G"来表示其用途，后面紧跟的是滚动轴承钢中的常用合金元素"Cr"，其后面的数字则表示铬的平均质量分数，以千分之一为单位计。如 GCrl5，表示钢中铬的平均质量分数为 1.5%。易切削钢牌号的表示方法与其相似，用"易"或"易"字的汉语拼音字首"Y"开头，后面和合金结构钢牌号表示方法无异，如易 40 锰或 Y40Mn，表示 $w(C) = 0.40\%$，$w(Mn) < 1.5\%$ 的易切削钢。

（2）合金工具钢的牌号表示方法

与合金结构钢的牌号表示方法相比，合金工具钢中合金元素的表示方法未变，如 CrWMn 表示合金元素的平均质量分数 $w(Cr)$、$w(W)$、$w(Mn)$ 均小于 1.5%，合金工具钢中碳含量的表示方法则有所不同，当 $w(C) \geq 1.0\%$，不标出碳的质量分数，如 CrWMn 钢。当 $w(C) < 1.0\%$ 时，用一位数字在最前面表示平均碳的质量分数，以千分之一为单位计，其后紧随合金元素，如 9SiCr 表示平均碳的质量分数为 0.9%，$w(Si)$、$w(Cr)$ 皆小于 1.5%。高速工具钢平均碳的质量分数无论是多少，都不标出。如 W18Cr4V 钢平均碳的质量分数为 0.7% ~ 0.8%。

（3）特殊性能钢的牌号表示方法

与合金结构钢的牌号表示方法相比，特殊性能钢中合金元素的表示方法未变，但是不锈钢、耐热钢中碳含量的表示方法是在牌号前用两位或三位数字表示其平均碳的质量分数，当碳的质量分数 $\geq 0.03\%$ 时，以万分之一为单位计，否则以十万分之一为单位计。如

06Cr19Ni10、95Cr18、022Crl7Nil2Mo2、102Cr17Mo 钢等。

由于耐磨钢零件经常是铸造成型后使用，其牌号最前面是"ZG"，表示铸钢，紧随其后的数字代表平均碳的质量分数，以万分之一为单位计；合金元素的表示方法与合金结构钢相同。如 ZG120Mn13、ZG90Mn14Mo1 等。

5.3　合金结构钢及其应用

5.3.1　低合金高强度结构钢

（1）用途

广泛用于桥梁、车辆、船舶、锅炉、高压容器、输油管、大型钢结构以及汽车、拖拉机、挖土机械等产品方面。在某些场合用低合金高强度结构钢代替碳素结构钢可减轻构件重量，保证使用可靠、耐久。

（2）性能特点

这类钢具有较高的强度，良好的塑性、韧性、良好的焊接性、耐蚀性和冷成形性，低的韧脆转变温度，适于冷弯和焊接。其强度显著高于相同碳含量的碳素结构钢，若用低合金高强度结构钢来代替碳素结构钢，可在相同受载条件下使重量减轻 20% ~30%。此外，它还具有更低的韧脆转变温度，这对在北方高寒地区使用的构件及运输工具（例如车辆、容器、桥梁），具有十分重要的意义。

（3）化学成分特点

①碳含量：一般 $w(C) \leqslant 0.20\%$，以保证其具有良好的韧性、焊接性能及冷成形性能。

②合金元素：主加元素 Mn、Si 能固溶强化铁素体。辅加元素 Ti、V、Nb 等形成微细碳化物，起细化晶粒和弥散强化的作用，从而提高钢的强韧性。

（4）常用钢种

低合金高强度结构钢的牌号与碳素结构钢相似，常用的低合金高强度结构钢有 Q345、Q390、Q420、Q460 等，其中 Q345 应用最广泛。

（5）热处理特点

常在热轧退火（或正火）状态下使用，室温组织为铁素体加珠光体。焊接后一般不再进行热处理。

常用低合金高强度结构钢的牌号、成分、力学性能及用途如表 5－1 所示。

表 5 − 1　常用低合金高强度结构钢的牌号、化学成分、力学性能及用途（摘自 GB/T 1591—2008）

牌号	质量等级	化学成分 $w/\%$，≤			力学性能（≥）				用途举例
		C	Mn	Si	R_{eL}/MPa	R_m/MPa	A/MPa	KV_2/J	
Q345	A	0.20	1.70	0.50	345	470～630	20	—	桥梁、车辆、中低压力容器、化工容器、船舶、建筑构件、低压锅炉、薄板冲压件、输油管道、储油罐等
	B							34	
	C								
	D	0.18					21		
	E								
Q390	A	0.20	1.70	0.50	390	490～650	20	—	桥梁、压力容器、船舶、电站设备、起重设备、各种大中型钢结构、重型机械等
	B							34	
	C								
	D								
	E								
Q420	A	0.20	1.70	0.50	420	520～680	19	—	大型重要桥梁、大型船舶、高压容器、重型机械设备及其他大型焊接结构件
	B							34	
	C								
	D								
	E								
Q460	C	0.20	1.80	0.60	460	550～720	17	34	大型重要桥梁、大型船舶
	D								
	E								

注：R_{eL} 的公称厚度≤16 mm；R_m、A 的公称厚度≤40 mm；KV_2 的公称厚度为 10～15 mm。

5.3.2　合金渗碳钢

用于制造渗碳零件的钢叫做渗碳钢。

（1）用途

主要用于制造汽车、拖拉机上的变速齿轮、内燃机上的凸轮轴、活塞销等工作条件较复杂的机械零件，它们一方面承受强烈的摩擦磨损和交变应力的作用，另一方面又经常承受较强烈的冲击载荷作用。

合金渗碳钢应用

（2）性能特点

钢件经渗碳、淬火和低温回火后，表面具有较高的硬度和耐磨性，心部具有足够的强度和韧性。

（3）化学成分特点

①碳含量：一般 $w(C)$ 为 0.1%～0.25%，保证渗碳零件心部具有足够的韧性和塑性。

②合金元素：主要有 Cr、Mn、Ni、Mo、W、Ti、B、V 等。其中 Cr、Mn、Ni、B 的作用是提

高钢的淬透性，Mo、W、V、Ti 的作用是为了细化晶粒、抑制钢件在渗碳时发生过热。

（4）常用钢种

合金渗碳钢根据淬透性高低分为以下三类：

①低淬透性合金渗碳钢：典型钢种有 20Cr、15Mn2、20MnV 等。这类钢合金元素的总量 ≤2%，在水中的淬硬层深度一般小于 20~35 mm，经渗碳、淬火及低温回火后心部强度相对较低，强度和韧性配合较差，通常用于制造受力较小（R_m = 800~1000 MPa），截面尺寸不大的耐磨零件，如柴油机的凸轮轴、活塞销、滑块、小齿轮等。这类钢渗碳时心部晶粒易于长大，特别是锰钢；如性能要求较高时，这类钢在渗碳后经常采用两次淬火法。

②中淬透性合金渗碳钢：典型钢种有 20CrMnTi、20CrMnMo、20MnVB 等。这类钢含合金元素总量为 2%~5%，淬透性较好，在油中的最大淬硬层深度为 25~60 mm，零件淬火后心部强度可达 1000~1200 MPa。这类钢可用作承受中等动载荷的耐磨零件，如汽车变速齿轮、齿轮轴、花键轴套、气门座等。由于含有 Ti、V、Mo 等合金元素，渗碳时奥氏体长大倾向较小，自渗碳温度预冷到 870℃ 左右直接淬火，并经低温回火后具有较好的力学性能。

③高淬透性合金渗碳钢：典型钢种有 12Cr2Ni4A、20Cr2Ni4、18Cr2Ni4WA 等。这类钢含有较多的铬、镍等合金元素，合金元素的总量 >5%。在这些合金元素的复合作用下，钢的淬透性很高，油中最大淬透直径大于 100 mm。经渗碳、淬火及低温回火后心部强度可达 1300 MPa 以上，主要用于制造承受重载和强烈磨损的重要大型零件，如内燃机车的主动牵引齿轮、柴油机曲轴、连杆；蜗轮发动机的蜗轮轴、压气机前轴与后轴等。这类钢由于含有较高的合金元素，其 C 曲线大大右移，因而在空气中冷却也能得到马氏体组织；另外，其马氏体转变温度大为下降，渗碳表面在淬火后将保留大量的残留奥氏体。为了减少淬火后的残留奥氏体，可在淬火前先高温回火（650℃ 左右），使碳化物球化或在淬火后采用冷处理（-80~-70℃）。

（5）热处理特点

合金渗碳钢中碳含量低，生产中常将渗碳钢的锻件进行正火，以改善其切削加工性能。渗碳钢常用热处理方式有：①渗碳后直接淬火 + 低温回火；②渗碳后重新加热一次淬火 + 低温回火；③渗碳后重新加热两次（先高温后低温）淬火 + 低温回火等。具体淬火工艺根据钢种而定：碳素钢或低合金渗碳钢一般采用①或②，高合金渗碳钢则采用③。

渗碳后表层碳的质量分数要求达到 0.80%~1.05%，经淬火和低温回火后，表层获得高硬度和高耐磨性的回火马氏体 + 碳化物 + 少量残留奥氏体，硬度为 58~62 HRC。而心部组织分两种情况，在淬透时为低碳回火马氏体，硬度为 40~48 HRC；多数情况下是托氏体、少量回火马氏体及少量铁素体的混合组织，硬度约为 25~40 HRC。

常用合金渗碳钢的牌号、成分、热处理、性能和用途如表 5-2 所示。

（6）举例

以 20CrMnTi 合金渗碳钢制造的汽车变速齿轮为例，说明其生产工艺路线和热处理工艺方法。

20CrMnTi 钢制汽车变速齿轮生产工艺路线如下：

下料→毛坯锻造→正火→加工齿形→局部镀铜（防渗碳）→渗碳→预冷淬火、低温回火→喷丸→磨齿（精磨）

热处理技术要求：渗碳层厚度 1.2~1.6 mm，表面碳的质量分数为 1.0%；齿顶硬度 58~60 HRC，心部硬度 30~45 HRC。

表5-2　常用合金渗碳钢的牌号、成分、热处理、力学性能及用途（摘自GB/T 3077—2015）

类别	牌号	化学成分 w/%					热处理/℃			力学性能				用途举例
		C	Si	Mn	Cr	其他	第一次淬火温度	第二次淬火温度	回火温度	R_{eL}/MPa	R_m/MPa	A/%	KU_2/J	
										≥				
低淬透性	15Cr	0.12~0.17	0.17~0.37	0.40~0.70	0.70~1.00		880水,油	780~820水,油	180水,空	490	685	12	55	截面不大、心部要求较高强度和韧性、表面承受磨损的零件，如齿轮、凸轮、活塞、活塞环、联轴器、轴等
	20Cr	0.18~0.24	0.17~0.37	0.50~0.80	0.70~1.00		880水,油	780~820水,油	200水,空	540	835	10	47	截面在30 mm以下形状复杂、心部要求较高强度、工作表面受磨损的零件，如齿轮、变速箱齿轮、凸轮、蜗杆、活塞销、爪形离合器等
	20CrMo	0.17~0.24	0.17~0.37	0.40~0.70	0.80~1.10	Mo 0.15~0.25	880水,油		500水,空	685	885	12	78	截面尺寸不大、表面要求高硬度耐磨的零件，如齿轮、活塞销、小轴、传动齿轮、顶杆等
	20MnV	0.17~0.24	0.17~0.37	1.30~1.60		V0.07~0.12	880水,油		200水,空	590	785	10	55	锅炉、高压容器、大型高压管道等高载荷的焊接结构件，使用温度上限450~475℃，亦可用于冷冲压，如冷冲压零件、齿轮等
中淬透性	20Mn2	0.17~0.24	0.17~0.37	1.40~1.80			850水,空 / 880水,空		200水,空 / 440水,空	590	785	10	47	代替20Cr钢制作渗碳小齿轮、小轴，低要求的活塞销，气门顶杆、变速箱操纵杆等
	20CrNi3	0.17~0.24	0.17~0.37	0.30~0.60	0.60~0.90	Ni2.75~3.15	830水,油		480水,油	735	930	11	78	在高载荷条件下工作的齿轮、蜗轮、轴、螺杆、双头螺栓、销钉等

143

类别	牌号	化学成分 w/%					热处理/℃			力学性能 ≥				用途举例
		C	Si	Mn	Cr	其他	第一次淬火温度	第二次淬火温度	回火温度	R_{eL}/MPa	R_m/MPa	A/%	KU_2/J	
中淬透性	20CrMnTi	0.17~0.23	0.17~0.37	0.80~1.10	1.00~1.30	Ti0.04~0.10	880 油	870 油	200 水、空	885	1080	10	55	在汽车、拖拉机工业中用于截面在30mm以下，承受高速、中或重载荷以及渗碳、冲击、摩擦的重要渗碳件，如齿轮、轴、齿轮轴、爪形离合器、蜗杆等
	20MnVB	0.17~0.23	0.17~0.37	1.20~1.60		V0.07~0.12 B0.0008~0.0035	860 油		200 水、空	885	1080	10	55	模数较大、载荷较重的中小渗碳件，如重型机床上的齿轮、轴，汽车后桥主动、被动齿轮等淬透性件
	20Cr2Ni4	0.17~0.23	0.17~0.37	0.30~0.60	1.25~1.65	Ni3.25~3.65	880 油	780 油	200 水、空	1080	1180	10	63	大截面渗碳件，如大型齿轮、轴等
高淬透性	18Cr2Ni4W	0.13~0.19	0.17~0.37	0.30~0.60	1.35~1.65	Ni4.00~4.50 W0.80~1.20	950 空	850 空	200 水、空	835	1180	10	78	大截面、高强度、良好韧性以及缺口敏感性低的重要渗碳件，如大截面的齿轮、传动轴、曲轴、花键轴、活塞销、精密机床上控制进刀的蜗轮等

根据技术要求,确定其热处理工艺如图 5 - 4 所示。

锻造的主要目的是为了使齿轮毛坯内部获得正确的流线分布和提高组织致密度;正火的目的是为了改善锻造组织和调整硬度(170 ~ 210 HBW),以利于切削加工。渗碳温度定为 920℃左右,渗碳时间根据所要求的渗碳厚度 1.2 ~ 1.6 mm,查工艺手册确定为 7 h。渗碳后,自渗碳温度预冷到 870 ~ 880℃直接淬火,经 200℃低温回火 2 ~ 3 h 后,其表层具有很高的硬度(58 ~ 60 HRC)和耐磨性,其心部具有高强度和足够冲击韧性的良好配合。因此,20CrMnTi 钢制汽车变速齿轮经上述冷热加工和热处理后,所获得的性能基本满足技术要求。最后的喷丸处理不仅是为了清除氧化皮,使表面光洁,更重要的是作为一种强化手段,使零件表层压应力进一步增大,有利于提高齿轮的疲劳强度。经喷丸处理后进行精磨,利于增加齿面的光洁度。

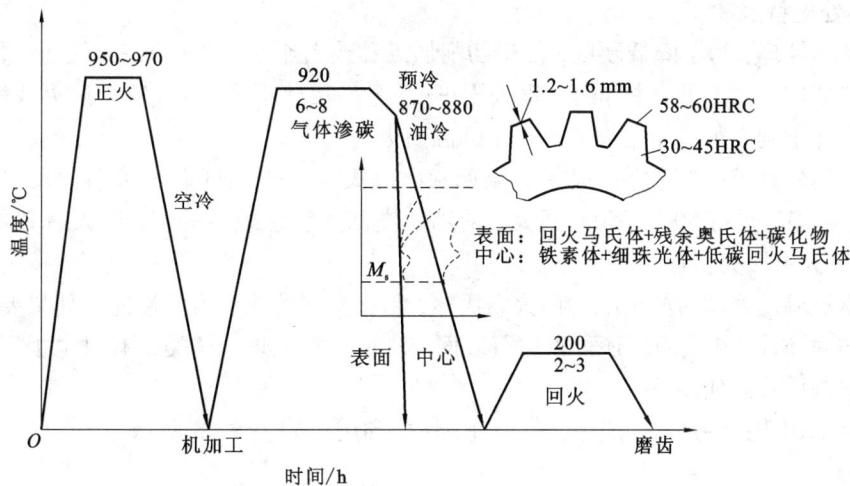

图 5 - 4　20CrMnTi 钢制汽车变速齿轮热处理工艺曲线

5.3.3　合金调质钢

通常将需经淬火和高温回火(即调质处理)强化而使用的钢种称为调质钢。

(1)用途

广泛用于制造汽车、拖拉机、机床及其他机器上要求具有良好综合力学性能的各种重要零件,如齿轮、轴类件、连杆、螺栓等。

(2)性能特点

合金调质钢应具备较高的淬透性,调质处理后具有高强度与良好塑性及韧性的配合,即具有良好的综合力学性能。

(3)化学成分特点

①碳含量:$w(\mathrm{C})$ 为 0.3% ~ 0.5%。碳含量过低时,回火后硬度、强度不足;碳含量过高则韧性和塑性降低。

②合金元素:$w(\mathrm{Me})$ 为 3% ~ 7%。主加合金元素为 Cr、Mn、Ni、Si、B 等,可提高淬透性,固溶强化铁素体;辅加元素 W、Mo、V 可提高回火稳定性。此外,Mo、W 还能减轻或防止第二类回火脆性,V 能细化晶粒。

合金调质钢应用

（4）常用钢种

合金调质钢根据淬透性高低分为以下三类：

①低淬透性钢：如40Cr、40MnB等，其油淬的最大淬透直径为30～40 mm，广泛用于制造较小的零件，如连杆、螺栓、进气阀等。

②中淬透性钢：如30CrMnSiA、35CrMo、42CrMo等，其油淬的最大淬透直径为40～60 mm，用于制造截面较大的零件，如发动机传动机件、重要螺栓以及汽车曲轴、连杆等。

③高淬透性钢：多数为Ni－Cr系钢，含合金元素多，典型钢种是40CrNiMo，其油淬直径可达60～100 mm，适于制造大截面、重负荷的零件，如航空发动机中的蜗轮轴、压气机轴以及机床和汽轮机主轴、叶轮等。

（5）热处理特点

①预备热处理：为了降低硬度，便于切削加工和改善组织，在热加工（轧压、锻造）后需进行预备热处理。对于低、中淬透性钢采用正火（零件尺寸很大时）或完全退火或等温退火；对于高淬透性钢则必须采用正火或淬火＋高温回火。

②最终热处理：一般采用淬火＋高温回火。淬火及回火温度取决于钢种及技术条件要求，通常是油淬后进行500～650℃回火。对第二类回火脆性敏感的钢，回火后必须快冷（水或油），防止高温回火脆性的产生。

调质钢经调质处理后的组织为回火索氏体，具有良好的综合力学性能。如果要求零件表面有较高的耐磨性，在调质后还可以进行表面淬火或渗氮处理。这类钢有时也采用淬火＋低温回火的非调质状态使用。

常用合金调质钢的牌号、成分、热处理、性能和用途如表5－3所示。

（6）举例

以40Cr钢制作的丰收－75拖拉机的连杆螺栓为例，说明其生产工艺路线和热处理工艺方法。连杆螺栓的生产工艺路线如下：

下料→锻造→退火（或正火）→机械加工（粗加工）→调质→机械加工（精加工）→装配

退火（或正火）作为预先热处理，其主要目的是为了改善锻造组织，细化晶粒，有利于切削加工，并为随后的调质处理做好组织准备。

图5－5为连杆螺栓及调质处理工艺曲线。调质处理采用（840±10）℃加热、油冷淬火，获得马氏体组织，然后在（525±25）℃回火，为防止第二类回火脆性，回火后水冷。经调质处理后金相组织为回火索氏体，硬度大约为30～38 HRC（263～322 HBW）。

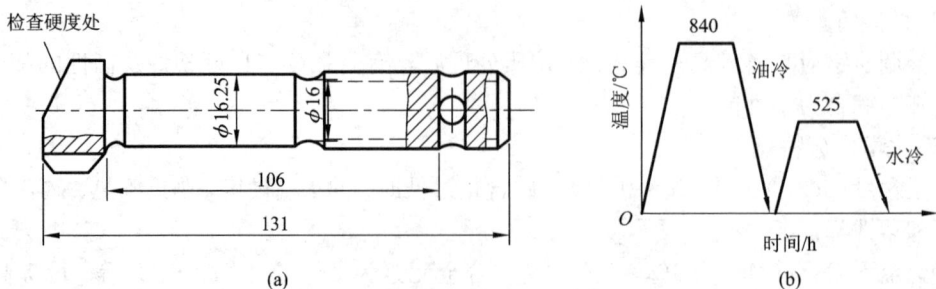

图5－5　连杆螺栓及其热处理工艺

146

表 5 - 3 常用合金调质钢的牌号、成分、热处理、力学性能及用途（摘自 GB/T 3077—2015）

种类	钢号	化学成分 w/%					热处理		力学性能					用途举例
		C	Si	Mn	Cr	其他	淬火温度	回火温度/℃	R_{eL}/MPa	R_m/MPa	A/%	Z/%	KU_2/J	
低淬透性	40Cr	0.37~0.44	0.17~0.37	0.50~0.80	0.80~1.10		850 油	520 水,油	785	980	9	45	47	制造承受中等载荷和中等速度工作下的零件,如汽车后半轴及机床上的齿轮、轴、花键轴、顶尖套等
	40MnB	0.37~0.44	0.17~0.37	1.10~1.40		B0.0008~0.0035	850 油	500 水,油	785	980	10	45	47	代替 40Cr 钢制造中小截面重要调质件,如汽车半轴、转向轴、蜗杆以及机床主轴、齿轮等
中淬透性	40CrNi	0.37~0.44	0.17~0.37	0.50~0.80	0.45~0.75	Ni1.00~1.40	820 油	500 水,油	785	980	10	45	55	制造截面较大、载荷较重的零件,如轴、连杆、齿轮轴等
	30CrMnSi	0.28~0.34	0.90~1.20	0.80~1.10	0.80~1.10		880 油	540 水,油	835	1080	10	45	39	重要用途的调质件,如高速高载荷轴、砂轮轴、齿轮、轴、螺母、螺栓、轴套等
	35CrMo	0.32~0.40	0.17~0.37	0.40~0.70	0.80~1.10	Mo0.15~0.25	850 油	550 水,油	835	980	12	45	63	通常用做调质件,也可在高、中频表面淬火或整体淬火、低温回火后用于高载荷下工作的重要结构件,特别是受冲击、弯曲、扭转载荷的机件,如主轴、大电机轴、曲轴、锤杆等

种类	钢号	化学成分 w/%					热处理/℃		力学性能					用途举例
		C	Si	Mn	Cr	其他	淬火温度	回火温度	R_{eL}/MPa	R_m/MPa	A/%	Z/%	KU_2/J	
中淬透性	38CrMoAl	0.35~0.42	0.20~0.45	0.30~0.60	1.35~1.65	Mo0.15~0.25 Al0.70~1.10	940 水,油	640 水,油	835	980	14	50	71	高级渗氮钢,常用于制造磨床主轴,自动车床主轴,精密丝杠,精密齿轮,高压阀门,压缩机活塞杆,橡胶及塑料挤压机上的各种耐磨件等
高淬透性	40CrMnMo	0.37~0.45	0.17~0.37	0.90~1.20	0.90~1.20	Mo0.20~0.30	850 油	600 水,油	785	980	10	45	63	截面较大,要求高强度和高韧性的调质件,如81卡车的后桥半轴,齿轮轴,偏心轴,齿轮,连杆等
	40CrNiMo	0.37~0.44	0.17~0.37	0.50~0.80	0.60~0.90	Mo0.15~0.25 Ni1.25~1.65	850 油	600 水,油	835	980	12	55	78	要求韧性好,强度高及大尺寸的重要质件,如重型机械中高载荷的轴类,直径大于250 mm的汽轮机轴,叶片,曲轴等
	25Cr2Ni4W	0.21~0.28	0.17~0.37	0.30~0.60	1.35~1.65	W0.80~1.20 Ni4.00~4.50	850 油	550 水,油	930	1080	11	45	71	200 mm以下要求淬透性的零件

5.3.4 合金弹簧钢

合金弹簧钢应用

（1）用途

主要用于制造各种弹簧和弹性元件。

（2）性能特点

具有高的弹性极限和屈强比，以避免在高负荷作用下产生永久变形；具有高的疲劳极限，以防止产生疲劳破坏；具有一定的塑性和韧性，以防止在冲击载荷下发生突然破坏。

（3）化学成分特点

①碳含量：$w(C)$ 为 0.5% ~ 0.7%，保证高的弹性极限和疲劳极限。

②合金元素：常加入的合金元素有 Si、Mn、Cr、V 等，主要作用是提高淬透性和回火稳定性，强化铁素体和细化晶粒，有效地改善弹簧钢的力学性能，提高弹性极限和屈强比。另外 Cr 和 V 还有利于提高钢的高温强度。

（4）常用钢种

常用弹簧钢的牌号、化学成分和用途如表 5 - 4 所示。大致可分为两类：①含 Si、Mn 的弹簧钢，如 60Si2Mn，其淬透性高于碳素弹簧钢（如 65、65Mn），价廉、应用广；②含 Cr、V、W 等的弹簧钢，如 50CrVA，其淬透性高，有较高的热强性，适于工作温度在 350 ~ 400℃ 下的重载大型弹簧。

（5）热处理特点

①热成形弹簧：对丝径或板厚 ≥8 mm 的大型弹簧钢丝或钢板常用热成形，即加热到比正常淬火温度高出 50 ~ 80℃ 进行热成形，然后利用余热立即淬火和中温回火，获得回火托氏体组织，硬度为 40 ~ 48 HRC，有高的屈服强度，尤其是弹性极限高，同时又具有一定的塑性、韧性。

②冷成形弹簧：对丝径或板厚 <8 mm 的小型弹簧，常用冷拔钢丝冷卷成形。成形后不需进行淬火处理，只进行去应力退火（一般为 200 ~ 300℃）即可，因为这类弹簧钢丝（片）在成形前已有很高的强度和足够的韧性。但对于用退火钢丝（片）绕制的弹簧，则要进行淬火、回火处理，工艺同于热成型弹簧。

（6）举例

图 5 -6 为某汽车板簧，选用 60Si2Mn 热轧弹簧钢制造。采取加热成形制造板簧工艺路线大致如下：

扁钢剪断→加热压弯成形后淬火、中温回火→喷丸→装配

图 5 - 6 60Si2Mn 钢汽车板簧

表 5-4 常用合金弹簧钢的牌号、成分、热处理、力学性能及用途（摘自 GB/T 1222—2016）

牌号	化学成分 w/%					热处理/℃		力学性能（≥）				用途举例
	C	Si	Mn	Cr	其他	淬火	回火	R_m/MPa	R_{eL}/MPa	A 或 $A_{11.3}$/%	Z/%	
56Si2MnCr	0.52~0.60	1.60~2.00	0.70~1.00	0.20~0.45		860 油	450	1500	1350	A 6.0	25	工作低于 250℃，直径为 20~30 mm 的汽车、拖拉机、机车上的减振板簧和螺旋弹簧、气缸安全阀簧、电力机车用升弓弹簧、止回阀簧等
60Si2Mn	0.56~0.64	1.50~2.00	0.70~1.00	≤0.35		870 油	440	1570	1375	$A_{11.3}$ 5.0	20	
50CrV	0.46~0.54	0.17~0.37	0.50~0.80	0.80~1.10	V 0.10~0.20	850 油	500	1275	1130	A 10.0	40	用作较大截面（直径为 30~50 mm）的高载荷重要弹簧及工作温度小于 400℃ 的阀门弹簧、活塞弹簧、安全阀弹簧等
60Si2Cr	0.56~0.64	1.40~1.80	0.40~0.70	0.70~1.00		870 油	420	1765	1570	A 6.0	20	用于直径小于 50 mm，工作温度低于 250℃ 的重载弹簧与螺旋弹簧
30W4Cr2V	0.26~0.34	0.17~0.37	≤0.40	2.00~2.50	V0.50~0.80 W 4.00~4.50	1075 油	600	1470	1325	A 7.0	40	用于 500℃ 以下工作的耐热弹簧，如锅炉安全阀弹簧、汽轮机汽封弹簧等

弹簧钢的淬火温度一般为 830～880℃，温度过高易发生晶粒粗大和脱碳现象。弹簧钢最忌脱碳，会使其疲劳强度大为降低。因此在淬火加热时，炉气要严格控制，并尽量缩短弹簧在炉中的停留时间，也可在脱氧较好的盐浴炉中加热。淬火加热后在 50～80℃油中冷却，冷至 100～150℃时即可取出进行中温回火。回火温度根据对弹簧的使用性能要求加以选择，一般是在 480～550℃范围内回火。

弹簧的表面质量对使用寿命影响很大，因为微小的表面缺陷(如脱碳、裂纹、夹杂、斑痕等)即可造成应力集中，使钢的疲劳强度降低。因此，弹簧在热处理后还要用喷丸处理来进行表面强化，使弹簧表面层产生残余压应力，以提高其疲劳强度。试验表明，采用 60Si2Mn 钢制作的汽车板簧经喷丸处理后，使用寿命可提高 5～6 倍。

喷丸处理

目前在弹簧钢热处理方面应用的等温淬火、形变热处理等工艺，对其性能的进一步提高，取得了一定的成效。

5.3.5　滚动轴承钢

滚动轴承钢应用

(1)用途

主要用于制造各种滚动轴承的零件，如滚珠、滚柱、轴承内外套圈等。此外，其化学成分类似于低合金工具钢，因而，也可以用于制造某些刀具、量具、模具及精密构件。

(2)性能特点

具有高而均匀的硬度(61～65 HRC)和耐磨性；高的接触疲劳强度，轴承元件工作时受很大的交变接触应力(3000～3500 MPa)，往往发生接触疲劳破坏，易产生麻点或剥落；一定的韧性、淬透性及耐腐蚀性(对大气或润滑剂)。

(3)化学成分特点

①碳含量：$w(C)$ 为 0.95%～1.10%，高的碳含量以保证轴承钢具有高的强度、硬度及耐磨性。

②合金元素：主加合金元素 $w(Cr)$ 为 0.40%～1.65%，可提高淬透性，形成合金渗体，提高耐磨性。辅加元素 Si、Mn，可强化铁素体，提高淬透性，用于大型轴承。

③杂质含量：一般规定硫含量应小于 0.02%，磷含量应小于 0.027%；非金属夹杂物(氧化物、硫化物、硅酸盐等)的含量必须很低，而且在钢中的分布状况要在一定的级别范围之内。

(4)常用钢种

最常用的铬滚动轴承钢有 GCr15 和 GCr15SiMn。其中用量最大的是 GCr15，主要用于制造中、小型滚动轴承和精密量具、冷冲模、机床丝杠等，制造大型和特大型滚动轴承常选用 GCr15SiMn 钢。

(5)热处理特点

①预备热处理：采用(正火 +)球化退火。球化退火后得到粒状珠光体，可降低硬度(170～210 HBW)，便于切削加工，且为淬火做组织准备。如果热加工后的组织中存在较严重的网状碳化物，则需在球化退火之前先进行正火处理。

②最终热处理：采用淬火 + 低温回火。显微组织为回火马氏体 + 均匀细小的碳化物 + 少

量残留奥氏体,硬度为 61 HRC 以上。

对于精密轴承,为稳定尺寸,可在淬火后立即进行冷处理(-80 ~ -60℃),以尽量减少残留奥氏体量,避免在以后使用过程中由于残留奥氏体的分解而造成尺寸变化。冷处理后进行低温回火和粗磨,然后进行人工时效处理(120 ~ 130℃,10 ~ 20 h),以进一步消除内应力,提高尺寸稳定性,最后进行精磨。

综上所述,铬滚动轴承钢制造轴承的生产工艺路线一般如下:

轧制、锻造→预先热处理(球化退火)→机械加工→淬火和低温回火→磨削加工→成品

常用铬滚动轴承钢的牌号、成分、热处理及用途如表 5-5 所示。

表 5-5   常用滚动轴承钢牌号、化学成分、硬度及用途(摘自 GB/T 18254—2016)

牌号	化学成分 w/%				硬度/HBW		用途举例
	C	Cr	Si	Mn	球化退火	软化退火,≤	
G8Cr15	0.75 ~ 0.85	1.30 ~ 1.65	0.15 ~ 0.35	0.20 ~ 0.40	179 ~ 207	245	一般工作条件下小尺寸的滚动体和内、外套圈
GCr15	0.95 ~ 1.05	1.40 ~ 1.65	0.15 ~ 0.35	0.25 ~ 0.45	179 ~ 207	245	一般工作条件下的滚动体和内外套圈,广泛用于汽车、拖拉机、内燃机、机床及其他工业设备上的轴承
GCr15SiMn	0.95 ~ 1.05	1.40 ~ 1.65	0.45 ~ 0.75	0.95 ~ 1.25	179 ~ 217	245	大型轴承或特大型滚动轴承(外径 > 440 mm)的滚动体和内外套圈
GCr15SiMo	0.95 ~ 1.05	1.40 ~ 1.70	0.65 ~ 0.85	0.20 ~ 0.40	179 ~ 217	245	

易切削结构钢应用

5.3.6   易切削结构钢

在钢中附加一种或几种合金元素,以提高其切削加工性,这类钢称为易切削结构钢。目前常用的附加合金元素有硫、铅、钙、磷等。

硫在钢中与锰、铁可形成 MnS、FeS 夹杂物,会中断基体的连续性,促使形成卷曲半径小而短的切屑,减少切屑与刀具的接触面积;还能起减摩作用,降低切屑与刀具之间的摩擦系数,并且使切屑不黏附在刀刃上。因此,硫能降低切削力和切削热,减少刀具磨损,提高表面精度和刀具寿命,改善排屑性能。中碳钢的切削加工性通常是随硫含量的提高而不断改善。硫化锰的形状呈圆形而且分布均匀时,钢的切削加工性会更好。但是钢中硫含量过多增加,会导致热加工性能进一步变坏,若形成纤维组织,则呈现各向异性;产生低熔点共晶,会引起热脆。易切削结构钢中的硫含量应限定为 0.08% ~ 0.30%,并适当提高锰的含量(0.6% ~ 1.55%)。

铅在钢中孤立地呈细小颗粒(3 μm)均匀分布时,能改善钢的切削加工性。铅含量一般控制在 0.15% ~ 0.25%,过多时将引起严重的偏析,形成粗粒的铅夹杂而削弱其对切削加工性的有利作用。与硫易切削结构钢相比,铅易切削结构钢可得到较高的力学性能。但铅易切

削结构钢容易产生密度偏析，并且在 300℃ 以上由于铅的熔化而使铅易切削结构钢的力学性能恶化。

此外，加入微量的钙(0.001% ~ 0.005%)能改善钢在高速切削下的切削加工性。这是因为其在钢中能形成高熔点(1300 ~ 1600℃)的钙 - 铝 - 硅的复合氧化物(钙铝硅酸盐)附在刀具上，形成薄而又具有减摩作用的保护膜，从而防止刀具磨损，显著延长高速切削刀具的寿命。常用易切削结构钢的化学成分及力学性能，如表 5 - 6 所示。

表 5 - 6　常用易切削钢的化学成分及力学性能(摘自 GB/T 8731—2008)

钢号	化学成分/%				力学性能			
	C	Mn	Si	其他	R_m/MPa	A/%　≥	Z/%　≥	硬度/HBW　≤
Y12	0.08 ~ 0.16	0.70 ~ 1.00	0.15 ~ 0.35		390 ~ 540	22	36	170
Y15	0.10 ~ 0.18	0.80 ~ 1.20	≤0.15		390 ~ 540	22	36	170
Y20	0.17 ~ 0.25	0.70 ~ 1.00	0.15 ~ 0.35		450 ~ 600	20	30	175
Y30	0.27 ~ 0.35	0.70 ~ 1.00	0.15 ~ 0.35		510 ~ 655	15	25	187
Y40Mn	0.37 ~ 0.45	1.20 ~ 1.55	0.15 ~ 0.35		590 ~ 850	14	20	229
Y12Pb	≤0.15	0.85 ~ 1.15	≤0.15	Pb 0.15 ~ 0.35	360 ~ 570	22	36	170
Y15Sn	0.13 ~ 0.18	0.40 ~ 0.70	≤0.15	Sn 0.09 ~ 0.25	390 ~ 540	22	36	165
Y45Ca	0.42 ~ 0.50	0.60 ~ 0.90	0.20 ~ 0.40	Ca 0.002 ~ 0.006	600 ~ 745	12	26	241

注：力学性能为热轧状态交货易切削结构钢条钢和盘条的指标。

易切削结构钢的钢号可写成汉字或字母两种方法。例如汉字式：易 12、易 20，易 40 锰等；字母式：Y12、Y20，Y40Mn 等。钢号冠以"易"或"Y"，以区别于非易切削结构钢，其后面的数字表示平均碳的质量分数，以万分之一为单位计。合金元素含量较高者，在钢号后标出，如表中 Y12Pb 则表示平均碳的质量分数为 0.12%、附加铅的易切削结构钢，Y45Ca 表示为硫钙复合的易切削结构钢。

自动机床加工的零件，大多选用低碳碳素易切削结构钢制造。若切削加工性要求高，可选用硫含量较高的 Y15，需要焊接的选用硫含量较低的 Y12，强度要求稍高的选用 Y20 或 Y30；车床丝杠常选用中碳锰含量较高的 Y40Mn。Y45Ca 广泛用于精密仪表行业中，如制造手表、照相机的齿轮轴等，可在比较广泛的切削速度范围中显示出良好的切削加工性。

5.4　合金工具钢及其应用

5.4.1　量具刃具钢

(1)用途

主要用于制造低速切削刃具，如木工工具、钳工工具、钻头、铣刀、拉刀等，以及测量工

量具刃具钢应用

具，如卡尺、千分尺、块规、样板等。

（2）性能特点

量具刃具钢要求具有高硬度（62～65 HRC）、高耐磨性、足够的强韧性、高的热硬性（即刃具在高温时仍能保持高的硬度）；为保证测量的准确性，要求量具刃具钢具有良好的尺寸稳定性。

（3）化学成分特点

①碳含量：$w(C)$ 为 0.8%～1.5%，高的碳含量以保证高的硬度和耐磨性。

②合金元素：加入 Cr、W、Mn 等合金元素，用以提高钢的淬透性、耐回火性、热硬性和耐磨性。

（4）常用钢种

常用的量具刃具钢有 8MnSi、9SiCr 等，主要用于制造 300℃ 以下的低速切削刃具，如板牙、丝锥、铰刀等；高精度的精密量具，如塞规、块规等常采用热处理变形小的钢，如 Cr2、9Cr2 等制造。常用量具刃具钢的化学成分、热处理及用途如表 5 – 7 所示。

表 5 – 7　常用量具刃具钢的化学成分、热处理及用途（摘自 GB/T 1299—2014）

牌号	化学成分 w/%					热处理				用途举例
						淬火		回火		
	C	Si	Mn	Cr	其他	温度/℃	硬度/HRC	温度/℃	硬度/HRC	
9SiCr	0.85～0.95	1.20～1.60	0.30～0.60	0.95～1.25		820～860 油	≥62	160～180	61～63	耐磨性高、切削不剧烈的刀具，如板牙、丝锥、钻头、铰刀、齿轮铣刀等
Cr2	0.95～1.10	≤0.40	≤0.40	1.30～1.65		830～860 油	≥62	150～170	60～62	低速、切削量小、加工材料不很硬的刀具，测量工具，如样板、冷轧辊等
9Cr2	0.80～0.95	≤0.40	≤0.40	1.30～1.70		820～850 油	≥62	160～180	60～62	冷轧辊、钢印冲孔凿、尺寸较大的铰刀、木工工具等

（5）热处理特点

量具刃具钢的预先热处理为球化退火，最终热处理为淬火加低温回火，热处理后硬度达 60～65 HRC。高精度量具在淬火后可进行冷处理，以减少残留奥氏体量，从而增加其尺寸稳定性。为了进一步提高尺寸稳定性，淬火、回火后，还可进行时效处理。

（6）举例

9SiCr 钢圆板牙：圆板牙（如图 5 – 7 所示）是用来切削外螺纹的刃具。它要求刃具钢中碳化物分布均匀，否则使用时易崩刃；板牙的螺距要求精密，要求热处理后齿形变形小，以保证加工质量，由于使用时螺纹直径和齿形部位容易磨损，因此还要求有高的硬度（60～63 HRC）和良好的耐磨性，以延长其使用寿命。为了满足上述性能要求，选用 9SiCr 钢是比较合适的，同时根据圆板牙产品和 9SiCr 钢成分特点来选定热处理方法和安排工艺路线。

圆板牙生产过程的工艺路线如下：

下料→球化退火→机械加工→淬火 + 低温回火→磨平面→抛槽→开口

9SiCr 钢的球化退火，一般采用如图 5 – 8 所示的等温退火工艺。退火后的硬度在 197 ~ 241 HBW 范围内，适宜于机械加工。

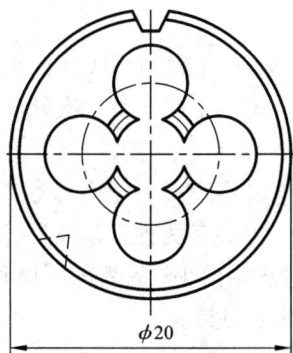

图 5 – 7　M6 × 0.75 圆板牙示意图

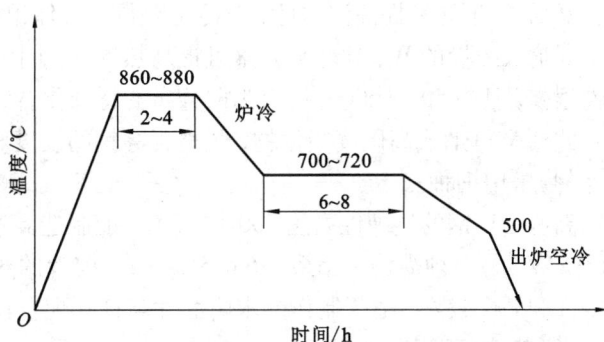

图 5 – 8　9SiCr 钢等温球化退火工艺

最终热处理工艺如图 5 – 9 所示。首先在 600 ~ 650℃预热，以减少高温停留时间，从而降低板牙的氧化脱碳倾向。淬火加热温度为 850 ~ 870℃，然后在 160 ~ 200℃的硝盐浴中进行分级淬火，以减小淬火变形。淬火后在 190 ~ 200℃进行低温回火，使之达到要求的硬度，并降低残余应力。

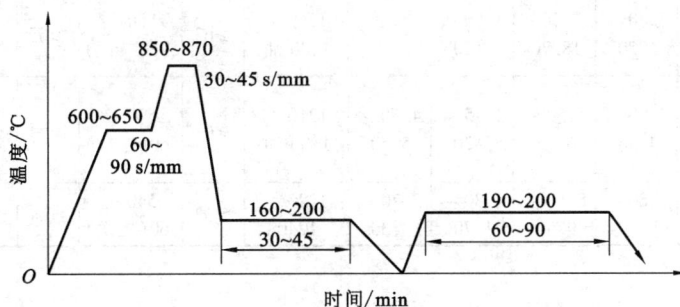

图 5 – 9　9SiCr 钢圆板牙淬火、回火工艺

5.4.2　高速工具钢

（1）用途

高速工具钢主要用来制造中、高速切削刀具，如车刀、铣刀、铰刀、拉刀、麻花钻等。

（2）性能特点

①高硬度、高耐磨性：切削加工时刀具的刃部与工件之间发生强烈摩擦，故一般要求硬度大于 60 HRC。

高速工具钢应用

②高热硬性(又称红硬性)：热硬性是指钢在高温下仍能维持高硬度的能力。热硬性的高低与回火稳定性和碳化物的弥散沉淀等因素有关。

③具有一定的强度、韧性和塑性：以免刀具在冲击、震动载荷作用下崩刃或断裂。

(3)化学成分特点

①碳含量为 $w(C)$ 为 0.7% ~1.5%，保证马氏体的硬度和形成合金碳化物，碳含量过高，会使碳化物偏析严重，降低钢的韧性。

②加入 Cr 元素提高淬透性，空冷可获得马氏体组织。

③加入大量的 W、Mo、V 元素可提高热硬性，因为含有 W、Mo、V 元素的马氏体回火稳定性很强，且在 500~600℃析出弥散分布的特殊化合物(如 W_2C、Mo_2C)，而产生二次硬化现象。此外 V 可形成高硬度碳化物，显著提高钢的硬度和耐磨性。

(4)常用钢种

高速工具钢的热硬性高达 500~600℃，能制造高速切削刀具。主要有两种：一种为钨系 W18Cr4V；另一种为钨–钼系 W6Mo5Cr4V2。前者的热硬性高，过热倾向小；后者的耐磨性、热塑性和韧性较好，适于制作要求耐磨性与韧性配合良好的薄刃细齿刀具。

(5)热处理特点

由于合金元素含量高，则淬火温度高、回火温度高且次数多。

常用高速工具钢的化学成分、热处理及用途，如表5-8所示。

表5-8 常用高速工具钢的化学成分、热处理及用途(摘自 GB/T 9943—2008)

牌号	化学成分 w/%					热处理				用途举例
	C	Cr	W	V	Mo	淬火温度/℃	硬度/HRC	回火温度/℃	硬度/HRC	
W18Cr4V	0.73 ~ 0.83	3.80 ~ 4.50	17.20 ~ 18.70	1.00 ~ 1.20	—	1260 ~ 1280 油	≥63	550 ~ 570(二次)	≥63	制作高速切削用车刀、刨刀、钻头、铣刀等
W6Mo5Cr4V2	0.80 ~ 0.90	3.80 ~ 4.40	5.50 ~ 6.75	1.75 ~ 2.20	4.50 ~ 5.50	1210 ~ 1230 油	≥63	540 ~ 560(二次)	≥64	制作要求耐磨性和韧性相配合的高速切削刀具，如丝锥、钻头等
W9Mo3Cr4V	0.77 ~ 0.87	3.80 ~ 4.40	8.50 ~ 9.50	1.30 ~ 1.70	2.70 ~ 3.30	1220 ~ 1240	≥63	540 ~ 560(二次)	≥64	通用型高速钢

(6)举例

W18Cr4V 钢盘形齿轮铣刀。

盘形齿轮铣刀(如图5-10所示)的主要用途是铣制齿轮，在工作过程中，齿轮铣刀往往会磨损变钝而失去切削能力，因此要求齿轮铣刀具有高硬度(刃部硬度要求为 63~65 HRC)、高耐磨性及热硬性。为了满足上述性能要求，根据盘形齿轮铣刀规格(模数 $m = 3$)和钢的成分特点来选定热处理工艺方法和安排工艺路线。

生产过程的工艺路线如下：

下料→锻造→退火→机械加工→淬火＋回火→喷砂→磨加工→成品。

①锻造：高速钢的铸态组织中有大量的莱氏体，莱氏体中的碳化物呈鱼骨骼状，这些碳化物粗大且分布很不均匀，因而很脆，致使高速钢既易崩刃又易磨损变钝，导

高速工具钢的组织

致早期失效。这些粗大的碳化物用热处理的方法很难消除,只能用锻造的方法将其击碎,使碳化物细化并均匀分布。高速钢锻造时应反复镦粗、拔长多次,绝不应一次成型。

由于高速钢的塑性和热导性均较差,而又有很高的淬透性,在空气中冷却即可得到马氏体淬火组织,因此高速钢坯料锻造后应予缓慢冷却,通常采取砂中缓冷,以免产生裂纹。

②退火:锻造后必须经过退火,以降低硬度(退火后的硬度约为 207 ~ 255 HBW),消除内应力,并为随后的淬火、回火热处理做好组织准备。为了缩短时间,一般采用等温退火,W18Cr4V 钢的等温退火工艺如图 5 - 11 所示,退火后的组织为索氏体 + 合金碳化物(白色块状)。

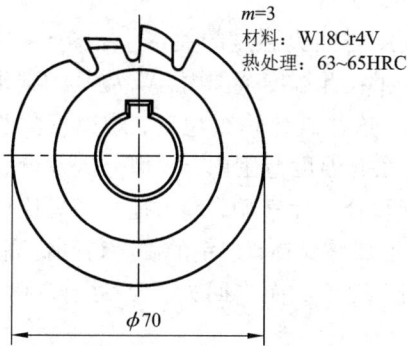

图 5 - 10　盘形齿轮铣刀示意图

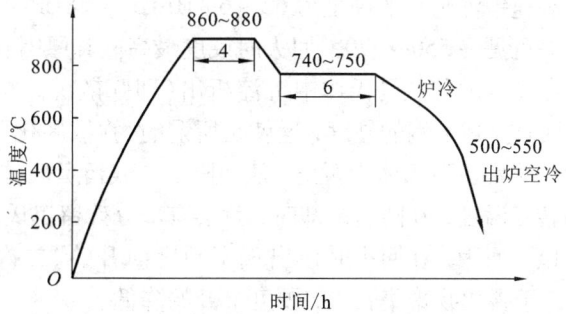

图 5 - 11　W18Cr4V 钢锻件退火工艺

③淬火和回火:工艺曲线如图 5 - 12 所示。可见在淬火之前先要进行一次预热(800 ~ 840℃)。这是由于高速钢热导性差、塑性低而淬火温度又很高,假如直接加热到淬火温度就很容易产生裂纹和变形。对于大型或形状复杂的工具,还要采用两次预热。

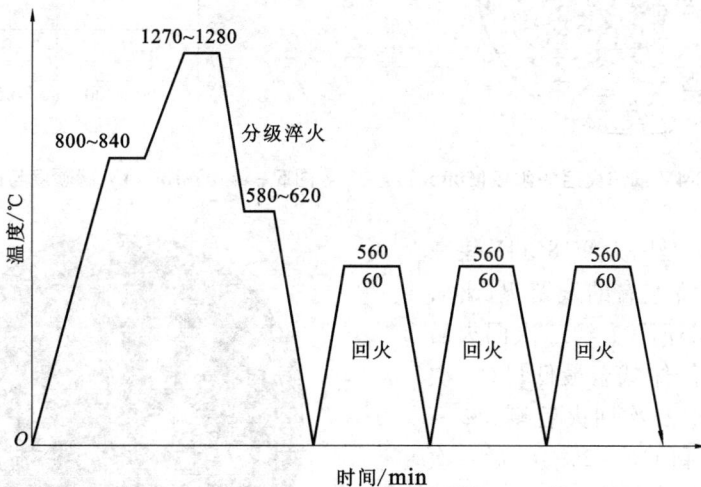

图 5 - 12　W18Cr4V 钢盘形齿轮铣刀淬火、回火工艺

W18Cr4V 钢淬火温度为 1270 ~ 1280℃,淬火温度之所以取这么高,是因为其热硬性主要取决于马氏体中合金元素的含量,即高温加热时溶入奥氏体中的合金元素含量。温度越高溶

于奥氏体中的合金元素含量也越多。W 和 V 元素在 1000℃ 以上时溶于奥氏体中的量才明显提高，在 1270 ~ 1280℃ 时，奥氏体中钨含量为 7% ~ 8%，铬含量为 4%，钒含量为 1%。温度再高奥氏体晶粒就会迅速长大变粗，淬火状态残留奥氏体也会迅速增多，从而降低高速钢的性能。高速钢刀具淬火加热时间一般按 8 ~ 15s/mm（厚度）计算。

淬火冷却一般多采用盐浴分级淬火或油冷淬火。分级淬火是将工件淬入 580 ~ 620℃ 的中性盐中，使工件均温后空冷，以减少变形和开裂倾向。对于小尺寸或形状简单的刀具也可采用空冷淬火。淬火后组织为隐针马氏体 + 块状碳化物 + 较多的残留奥氏体。由于淬火后的马氏体和残留奥氏体中合金元素含量较高，组织的抗腐蚀能力很高，腐蚀后仅能显示出块状合金碳化物和原奥氏体晶界。淬火后的金相组织如图 5 - 13 所示。

高速钢淬火后的硬度为 62 ~ 63 HRC。W18Cr4V 钢硬度与回火温度的关系，如图 5 - 14 所示。可见在 550 ~ 570℃ 回火时硬度最高。其原因有二：①在此温度范围内，W 及 V 的碳化物呈细小分散状从马氏体中沉淀析出（即弥散沉淀析出），这些碳化物很稳定，难以聚集长大，从而提高了钢的硬度，这就是所谓的"弥散硬化"；②在此温度范围内，一部分碳及合金元素也从残留奥氏体中析出，从而降低了残留奥氏体中碳和合金元素的含量，提高了马氏体开始转变温度，在随后冷却时，就会有部分残留奥氏体转变成马氏体，使钢的硬度得到提高。由于以上原因，在回火时便出现了硬度回升的"二次硬化"现象。而当回火温度大于 560℃ 后，由于碳化物聚集长大，硬度又开始降低。

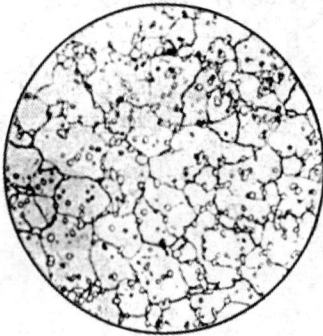

图 5 - 13　W18Cr4V 钢淬火后的组织（500 ×）

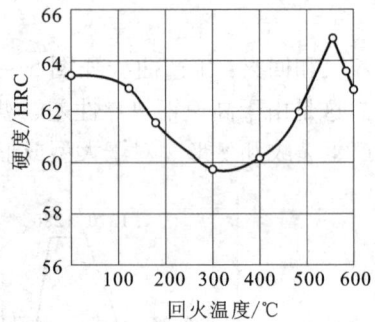

图 5 - 14　W18Cr4V 钢硬度与回火温度的关系

进行三次回火是因为 W18Cr4V 钢在淬火状态约有 25% 左右的残留奥氏体，一次回火难以全部消除，经三次回火后即可以使残留奥氏体减至最低量（一次回火后约剩 15%，二次回火后剩 3% ~ 5%，三次回火后剩 1% ~ 2%）。后一次回火还可以消除前一次回火由于奥氏体转变为马氏体而产生的内应力。回火后的组织如图 5 - 15 所示，由回火马氏体 + 少量残留奥氏体 + 碳化物所组成，硬度 ≥65 HRC。

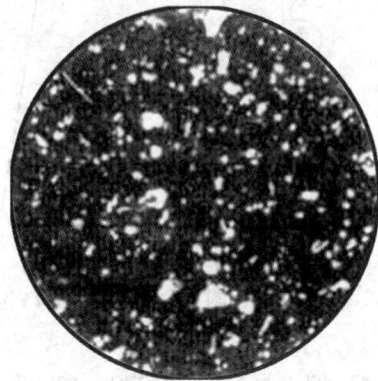

图 5 - 15　W18Cr4V 钢淬火回火后的组织（500 ×）

158

5.4.3　冷作模具钢

（1）用途

冷作模具钢主要用于制造接近室温状态（低于 200 ~ 300℃）下对金属进行变形加工的模具，如冷冲模、冷镦模、冷挤压模以及拉丝模、滚丝模、搓丝模等。

冷作模具钢及应用

（2）性能特点

冷作模具工作时，刃口部位承受很大的压力、冲击力，模具的工作部分与坯料之间产生强烈的摩擦。因此，冷作模具钢要求具有较高的硬度和良好的耐磨性，以及足够的强度和韧性。对于高精度模具要求热处理变形小，大型模具要求具有良好的淬透性。

（3）化学成分特点

①碳含量 $w(C)$ 为 1.0% ~ 2.0%，高碳含量以保证高的硬度（58 ~ 62 HRC）及耐磨性。

②合金元素 Cr、Mo、W、V，可提高淬透性、耐磨性、回火稳定性和细化晶粒，Mo 还能改善钢的韧性。

（4）常用钢种

尺寸较小、轻载的模具，可采用 T10A、9SiCr、9Mn2V 等一般刃具钢来作为模具材料。尺寸较大、重载或要求精度较高、热处理变形小的模具，一般都采用 Cr12 型钢，如 Cr12、Cr12MoV 或 W18Cr4V 等高合金钢制造。

（5）热处理特点

①碳素工具钢或量具刃具钢的预备热处理为球化退火；最终热处理为淬火 + 低温回火。

②Cr12 型冷作模具钢的热处理方案有两种：

一次硬化法：工艺为 950 ~ 1000℃加热淬火、160 ~ 180℃低温回火，硬度为 58 ~ 60 HRC，具有良好的耐磨性和韧性，常用于重载模具。

二次硬化法：工艺为 1100 ~ 1150℃淬火、510 ~ 520℃回火三次，使之产生二次硬化，硬度为 60 ~ 62 HRC，热硬性和耐磨性较高，但韧性较低，适用于在 400 ~ 450℃温度下工作的模具。

Cr12 型钢最终热处理后的组织为回火马氏体、颗粒状碳化物和残留奥氏体。

常用冷作模具钢的牌号、化学成分、热处理工艺及用途如表 5 - 9 所示。

（6）举例

如图 5 - 16 所示为冲孔落料模，因其工作条件繁重，对凸模和凹模均要求有高的硬度（58 ~ 60 HRC）和高的耐磨性，以及足够的强度和韧性，并要求淬火变形小。据此，采用 Cr12MoV 钢制造比较合适。为满足上述性能要求，根据冲孔落料模具规格和 Cr12MoV 钢成分特点来选定热处理工艺方法和安排工艺路线。

Cr12MoV 钢制冲孔落料模具生产过程的工艺路线如下：

锻造→退火→机械加工→淬火 + 回火→精磨或电火花加工→成品

Cr12MoV 钢类似于高速钢，在锻造空冷后会出现淬火马氏体组织，因此锻后应缓冷，以免产生裂纹。锻后退火工艺也类似于高速钢，850 ~ 870℃加热、保温 3 ~ 4 h，然后在 720 ~ 750℃等温退火 6 ~ 8 h，退火后硬度≤225 HBW。经机械加工后进行淬火、回火处理，其工艺如图5 - 17所示。淬火、回火后的金相组织为回火马氏体 + 残留奥氏体 + 合金碳化物。

表 5 – 9　常用冷作模具钢的牌号、化学成分、热处理工艺及用途(摘自 GB/T 1299—2014)

牌号	化学成分 w/%					交货状态(退火)硬度/HBW	热处理工艺		用途举例
	C	Si	Mn	Cr	其他		淬火温度/℃	硬度/HRC	
CrWMn	0.90 ~ 1.05	≤0.40	0.80 ~ 1.10	0.90 ~ 1.20	W 1.20 ~ 1.60	207 ~ 255	800 ~ 830 油	≥62	制作淬火要求变形很小、长而形状复杂的切削刀具,如拉刀、长丝锥及形状复杂、高精度的冷冲模等
Cr12	2.00 ~ 2.30	≤0.40	≤0.40	11.50 ~ 13.00		217 ~ 269	950 ~ 1000 油	≥60	制作耐磨性高、不受冲击、尺寸较大的模具,如冷冲模、冲头、钻套、量规、螺纹滚丝模、拉丝模等
Cr12MoV	1.45 ~ 1.70	≤0.40	≤0.40	11.00 ~ 12.50	Mo 0.40 ~ 0.60 V 0.15 ~ 0.30	207 ~ 255	950 ~ 1000 油	≥58	制作截面较大、形状复杂、工作条件繁重的各种冷作模具及螺纹搓丝板等

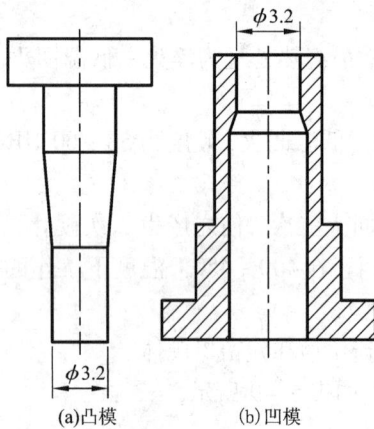

(a)凸模　　　(b)凹模

图 5 – 16　冲孔落料模

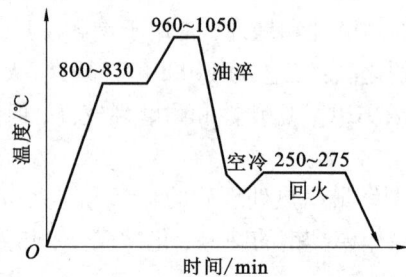

图 5 – 17　Cr12MoV 钢制冲孔落料模具淬火、回火工艺

如果对 Cr12MoV 钢要求有良好的热硬性,可采取二次硬化法。一般可将淬火温度适当提高至 1115 ~ 1130℃,但会因组织粗化而使钢的强度和韧性有所下降。淬火后由于组织中存在大量残留奥氏体(>80%)而使硬度仅为 42 ~ 50 HRC,但在 510 ~ 520℃回火时会出现二次硬化现象,使钢的硬度回升至 60 ~ 61 HRC。

5.4.4　热作模具钢

(1)用途

用于制造对金属进行热变形加工的模具,如热锻模、热镦模、热挤压模、精密锻造模、高速锻模等。

热作模具钢及应用

160

（2）性能特点

热作模具工作时受到较高的冲击载荷作用，同时模腔表面与炽热金属接触并摩擦，局部温度可达 500℃ 以上，并且还要反复受热与冷却，常因热疲劳而使模腔表面产生龟裂。故要求在高温下具有足够的强度、韧性和硬度，有较高的耐磨性、良好的热导性和抗热疲劳性。对于尺寸较大的模具，还应具有较高的淬透性。

（3）化学成分特点

①碳含量：$w(C)$ 为 0.3% ~0.6%，中碳含量以保证足够的强度、韧性和硬度。

②合金元素：常加入 Cr、Mn、Si、Mo、W、V 等合金元素，以提高淬透性、回火稳定性、耐磨性，并可抑制第二类回火脆性。Cr、Si、W 等元素还可以提高抗热疲劳性等。

（4）常用钢种

制造中、小型模具（模具有效厚度 <400 mm）一般选用 5CrMnMo，制造大型模具（模具有效厚度 >400 mm）一般选用 5CrNiMo。5CrNiMo 钢的淬透性和抗热疲劳性比 5CrMnMo 好。

对于在静压力下使金属产生变形的挤压模和压铸模，由于变形速度小，模具与炽热金属接触时间长，需要模具具有较高的高温强度和较高的热硬性，通常采用 3Cr2W8V 或 4Cr5W2VSi 钢制造。

（5）热处理特点

热锻模坯料锻造后需进行退火，以消除锻造应力，利于切削加工；最终热处理为淬火 + 高温（或中温）回火，以获得均匀的回火索氏体（或回火托氏体）组织，硬度为 40 HRC 左右。回火温度则根据性能要求和淬火温度来选择。

常用热作模具钢的牌号、化学成分、热处理和用途如表 5 -10 所示。

表 5 -10　常用热作模具钢的牌号、化学成分、热处理和用途（摘自 GB/T 1299—2014）

牌号	化学成分 w/%					交货状态（退火）硬度/HBW	淬火温度/℃	用途举例
	C	Si	Mn	Cr	其他			
5CrMnMo	0.50 ~ 0.60	0.25 ~ 0.60	1.20 ~ 1.60	0.60 ~ 0.90	Mo0.15 ~ 0.30	197 ~ 241	820 ~ 850 油	制作中小型热锻模（边长≤300 ~400 mm）
5CrNiMo	0.50 ~ 0.60	≤0.40	0.50 ~ 0.80	0.50 ~ 0.80	Ni1.40 ~ 1.80 Mo0.15 ~ 0.30	197 ~ 241	830 ~ 860 油	制作形状复杂、冲击载荷大的各种大、中型热锻模（边长 >400 mm）
3Cr2W8V	0.30 ~ 0.40	≤0.40	≤0.40	2.20 ~ 2.70	W7.50 ~ 9.00 V0.20 ~ 0.50	≤255	1075 ~ 1125 油	制作压铸模，平锻机上的凸模和凹模、镶块，铜合金挤压模等
4Cr5W2VSi	0.32 ~ 0.42	0.80 ~ 1.20	≤0.40	4.50 ~ 5.50	W1.60 ~ 2.40 V0.60 ~ 1.00	≤229	1030 ~ 1050 油或空	可用于高速锤用模具与冲头，热挤压用模具及芯棒，有色金属压铸模等

（6）举例

由图 5 -18 可见，扳手热锻模的高度为 250 mm，属于小型模具。热锻模钢的力学性能要求一般为：当硬度为 351 ~387 HBW（相当于 40 HRC 左右）时，R_m 为 1200 ~1400 MPa，A_{KU} 为 32 ~56 J。热锻模钢还必须具有高的淬透性、回火稳定性、抗热疲劳性、热导性以及足够的耐磨性。为了满足上述性能要求,同时根据扳手热锻模规格,选用5CrMnMo钢是比较合适的。

热锻模生产过程的工艺路线如下:

锻造→退火→粗加工→成形加工→淬火、高温回火→精加工(修形抛光)

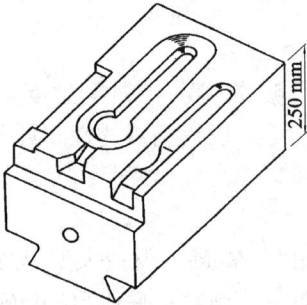

图 5 – 18　扳手锻模(下模)示意图

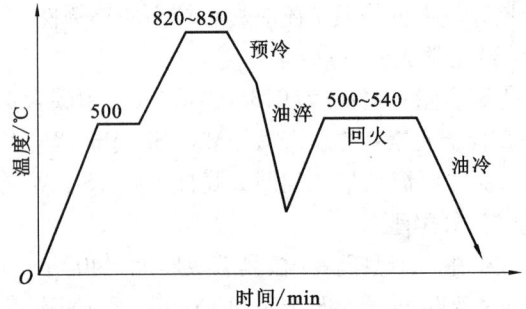

图 5 – 19　5CrMnMo 钢制热锻模淬火、回火工艺

锻造后的冷却应缓慢,以防止裂纹出现。退火工艺为:加热至780~800℃,保温4~5 h后炉冷。

5CrMnMo 钢制热锻模淬火、回火工艺如图 5 – 19 所示。一般热锻模的尺寸都比较大,为避免加热时由于内外温差产生的热应力导致模具开裂,在500℃采取了预热措施。为防止淬火开裂,出炉一般先预冷至 750~780℃,然后置于油中冷却,冷却至接近M_s点时(约为210℃)取出尽快回火。一般不允许冷至室温再回火,以免开裂。回火的目的在于消除淬火应力,形成均匀的回火托氏体或回火索氏体组织,以获得所要求的性能。

查相关表可知,高度为 250 mm 的 5CrMnMo 扳手热锻模的模面硬度规定为 41~44 HRC 左右;再查表可知这个硬度可采用 500~540℃ 回火后获得。

各类热作模具选用的材料举例如表 5 – 11 所示。

表 5 – 11　热作模具选材举例

名称	类型	选材举例	硬度/HRC
锻模	高度 <250 mm 小型热锻模	5CrMnMo,5Cr2MnMo	39~47
	高度在 250~400 mm 中型热锻模		
	高度 >400 mm 大型热锻模	5CrNiMo,5Cr2MnMo	35~39
	寿命要求高的热锻模	3Cr2W8V,4Cr5MoSiV,4Cr5W2VSi	
	热镦模	4Cr3Mo3W4VNb,4Cr5MoSiV, 4Cr5W2VSi,3Cr3Mo3VNb,基体钢	40~54
	精密锻造或高速锻模	3Cr2W8V 或 4Cr5MoSiV, 4Cr5W2VSi,4Cr3Mo3W4VNb	39~54 45~54

名称	类型	选材举例	硬度/HRC
压铸模	压铸锌、铝、镁合金	4Cr5MoSiV,4Cr5W2VSi,3Cr2W8V	43 ~ 50
	压铸铜和黄铜	4Cr5MoSiV,4Cr5W2VSi,3Cr2W8V,钨基粉末冶金材料,钼、钛、锆难熔金属	—
	压铸钢铁	钨基粉末冶金材料,钼、钛、锆难熔金属	
挤压模	温挤压和温镦锻(300~800℃)	8Cr8Mo2SiV,基体钢	—
	热挤压	挤压钢、钛或镍合金用 4Cr5MoSiV,3Cr2W8V(>1000℃)	43 ~ 47
		挤压铜或铜合金用 3Cr2W8V(<1000℃)	36 ~ 45
		挤压铝、镁合金用 4Cr5MoSiV,4Cr5W2VSi(<500℃)	46 ~ 50
		挤压铅用 45 号钢(<100℃)	16 ~ 20

5.5　特殊性能钢及其应用

5.5.1　不锈钢

在自然环境或一定工业介质中具有耐蚀性的一类钢称为不锈钢。不锈钢应能够抵抗空气、蒸汽、酸、碱、盐等腐蚀介质的腐蚀。

（1）金属腐蚀的概念

金属表面与周围介质相互作用，使金属基体逐渐遭受破坏的现象称为腐蚀。腐蚀分为化学腐蚀和电化学腐蚀两类。金属直接与介质发生化学反应造成的腐蚀称为化学腐蚀。在化学腐蚀过程中没有电流产生，例如金属在高温下的氧化、钢的脱碳、钢在石油中的腐蚀以及氢和含氢气体对普通碳钢的强烈腐蚀（氢蚀）等。

金属在电介质溶液中因原电池作用，产生电流而引起的腐蚀现象称为电化学腐蚀。较活泼的金属，即电极电位较负的金属（腐蚀电池的阳极）被腐蚀。电化学腐蚀比化学腐蚀更为普遍，危害性也更大。例如珠光体中的两个相在电解质溶液中就会形成微电池，铁素体相的电极电位较负，成为阳极而被腐蚀，渗碳体相的电极电位较正，成为阴极而不被腐蚀。如图 5 - 20 所示，图中凸出部分为渗碳体，凹陷部分为铁素体。

金属电化学腐蚀

电化学作用是金属腐蚀的主要原因。为此，要提高金属的抗蚀能力，主要采取以下措施：①尽量使合金在室温下呈单一均匀的组织；②减小合金中各相的电极电位差。例如在钢中加入以 13% 以上的 Cr，铁的电极电位由 -0.56 V 突然升高到 0.2 V，如图 5 - 21 所示，这样就减小了铁素体与渗碳体的电位差，从而提高了钢的抗蚀性；③加入合金元素，使金属表面腐蚀后形成致密的氧化膜（钝化膜）；④牺牲阳极保护阴极。

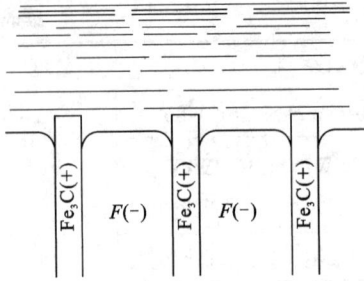

图 5 - 20 片状珠光体电化学
腐蚀结果示意图

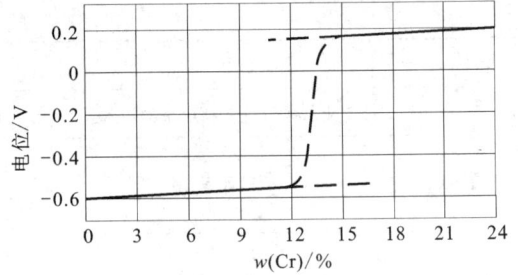

图 5 - 21 铁铬合金的电极电位(大气条件)

（2）常用不锈钢

不锈钢的分类方法很多。按室温下的组织结构分类，可分为马氏体不锈钢、铁素体不锈钢、奥氏体不锈钢、铁素体 - 奥氏体双相不锈钢等；按主要化学成分分类，可分为铬不锈钢和铬镍不锈钢等；按用途分类，可分为耐硝酸不锈钢、耐硫酸不锈钢、耐海水不锈钢等；按耐蚀类型分类，可分为耐点蚀不锈钢、耐应力腐蚀不锈钢、耐晶间腐蚀不锈钢等；按功能特点分类，可分为无磁不锈钢、易切削不锈钢、低温不锈钢、高强度不锈钢等。常用不锈钢的牌号、成分、热处理、力学性能及用途如表 5 - 12 所示。

表 5 - 12　常用不锈钢的牌号、成分、热处理、性能及用途(摘自 GB/T 1220—2007、GB/T 4237—2015)

类别	牌号	化学成分/%			热处理温度/℃		力学性能（≥）				用途举例
		C	Cr	其他	淬火	回火	R_m /MPa	$R_{p0.2}$ /MPa	Z /%	硬度 /HBW	
马氏体型	12Cr13	0.08 ~ 0.15	11.50 ~ 13.50		950 ~ 1000 油冷	700 ~ 750 快冷	540	345	55	159	制作抗弱腐蚀介质并承受冲击的零件，如汽轮机叶片、水压机、螺栓、螺母等
	20Cr13	0.16 ~ 0.25	12.00 ~ 14.00		920 ~ 980 油冷	600 ~ 750 快冷	640	440	50	192	
	30Cr13	0.26 ~ 0.35	12.00 ~ 14.00		920 ~ 980 油冷	600 ~ 750 快冷	735	540	40	217	制作刃具、喷嘴、阀座、阀门、医疗器具等
	32Cr13Mo	0.28 ~ 0.35	12.00 ~ 14.00	Mo 0.5 ~ 1.0	1025 ~ 1075 油冷	200 ~ 300 油、水、空冷				HRC 50	制作高温及高耐磨的热油泵轴、轴承、阀片、弹簧等
铁素体型	10Cr17	0.12	16.00 ~ 18.00		退火 780 ~ 850 空冷或缓冷		450	205	50	≤183	制作建筑内装饰、家庭用具、重油燃烧部件、家用电器部件等
	008Cr30Mo2	0.01	28.50 ~ 32.00	Mo 1.50 ~ 2.50	退火 900 ~ 1000 快冷		450	295	45	≤228	耐腐蚀性很好，用作苛性碱设备及有机酸设备

类别	牌号	化学成分/%			热处理温度/℃		力学性能（≥）				用途举例
		C	Cr	其他	淬火	回火	R_m /MPa	$R_{p0.2}$ /MPa	Z /%	硬度 /HBW	
奥氏体型	06Cr19Ni10	0.08	18.0 ~ 20.0	Ni 8.0 ~ 11.0	固溶处理 1010 ~ 1150 快冷		520	205	60	≤187	制造食品设备、一般化工设备、原子能工业等
	12Cr18Ni9	0.15	17.00 ~ 19.00	Ni 8.0 ~ 10.0			520	205	60	≤187	制造建筑用装饰部件及耐有机酸、碱溶液腐蚀的设备零件、管道等
	06Cr18Ni11Ti	0.08	17.00 ~ 19.00	Ni 8.0 ~ 12.0 Ti 5C ~ 0.70	固溶处理 920 ~ 1150 快冷		520	205	50	≤187	制造焊芯、抗磁仪表、医疗器械、耐酸容器及设备衬里、输送管道等
	06Cr19Ni- 13Mo3	0.08	18.00 ~ 20.00	Ni 11.0 ~ 15.0 Mo 3.0 ~ 4.0	固溶处理 1010 ~ 1150 快冷		520	205	60	≤187	耐点蚀性好，制造染色设备零件
	022Cr19Ni- 13Mo3	0.03	18.00 ~ 20.00	Ni 11.0 ~ 15.0 Mo 3.0 ~ 4.0			480	175	60	≤187	制作要求耐晶间腐蚀性好的零件

①马氏体不锈钢：常用马氏体不锈钢碳的质量分数为 0.08% ~ 0.45%，铬的质量分数为 12% ~ 14%，通称 Cr13 型不锈钢。

马氏体不锈钢只在氧化性介质中耐腐蚀，在非氧化性介质中由于不能建立很好的钝化状态，耐腐蚀性很低。而且随钢中碳含量的增加，其强度、硬度及耐磨性提高，但耐腐蚀性下降。实践证明，铬钢要有高的耐蚀性，其基体中的铬含量最少要达到 11.7%。Cr12MoV 钢中平均铬含量虽然大于 11.7%，但由于其碳含量很高，所以其基体中的铬含量却远远低于 11.7%，因而 Cr12MoV 钢不属于不锈钢。

12Cr13 和 20Cr13 不锈钢具有良好的抗大气、海水、蒸气等介质腐蚀的能力，且有良好的塑性和韧性，主要用以制造耐腐蚀结构零件，如汽轮机叶片、水压机阀、结构架、螺母等零件。其最终热处理为淬火＋高温回火，得到回火索氏体组织。

马氏体不锈钢产品

碳含量较高的 30Cr13 和 32Cr13Mo 不锈钢，热处理后硬度、强度较高，常用以制造弹簧、轴承和各种不锈钢工具，如医用钳子、手术剪、手术刀等。用作弹簧时需进行淬火＋中温回火处理，用作轴承和工具时，进行淬火＋低温回火处理。

②铁素体不锈钢：常用铁素体不锈钢碳的质量分数低于 0.15%，铬的质量分数为 12% ~ 32%，也属于铬不锈钢。典型钢号有 Cr17 型不锈钢。由于碳含量低，铬含量又高，使钢从室温加热到高温（960 ~ 1100℃），其组织始终是单相铁素体，因此不能热处理强化。铁素体不锈钢的耐蚀性（对硝酸、氨水）、塑性和焊接性均优于马氏体不锈钢，但强度低。这类钢都在退火或正火状态下使用，主要用于耐腐蚀性要求较高而受力不大的构件，如化工设备中的容器、管道、食品工厂的设备等。

铁素体不锈钢产品

③奥氏体不锈钢：奥氏体不锈钢是应用最广泛的不锈钢。这类钢中最具有代表性的是18-8型铬镍不锈钢，其化学成分特点为低碳（<0.15%），铬、镍含量较高，有时加入钛或铌。Cr的主要作用是产生钝化，阻碍阳极反应，增加耐蚀性；Ni的主要作用是扩大奥氏体区，降低钢的 M_s 点（降低至室温以下），使钢在室温时就能得到单相奥氏体组织。铬和镍在奥氏体中的共同作用，进一步改善了钢的耐蚀性。钢中加入Ti、Nb可优先形成TiC、NbC，抑制 $(Cr, Fe)_{23}C_6$ 在晶界析出，以防止晶间腐蚀（由于晶界"贫铬"而遭受电化学腐蚀的现象）。

奥氏体不锈钢的耐腐蚀性和耐热性很好，具有很好的塑性、韧性和焊接性，强度、硬度低，无磁性。一般采取冷加工变形强化来提高其强度。这类钢广泛用于在强腐蚀介质（硝酸、磷酸及碱水溶液等）中工作的设备、管道、储槽等，也广泛用于要求无磁性的仪表元件。

奥氏体不锈钢的热处理主要是固溶处理。奥氏体不锈钢在退火状态下是奥氏体和少量的碳化物组织。碳化物的存在，对钢的耐腐蚀性有很大损伤，故通常采用固溶处理方法，将钢加热至1100℃左右，让所有碳化物全部溶于奥氏体，然后水淬快冷，以获得单相奥氏体组织。

对于含钛或铌的不锈钢，在固溶处理后还应进行稳定化处理，使碳几乎全部稳定于碳化钛中，而 $(Cr, Fe)_{23}C_6$ 不会再析出，从而防止晶间腐蚀的发生。稳定化处理工艺为：加热温度850~880℃，保温6 h，空冷或炉冷。

还应指出，尽管奥氏体不锈钢是一种优良的耐腐蚀钢，如果存在应力，在某些介质中使用，常产生应力腐蚀破裂。故经过冷加工或焊接的18-8型不锈钢应进行去应力处理，其工艺如下：①对于消除冷加工残余应力，经常加热至300~350℃；②对于消除焊件残余应力，宜加热至850℃以上，可同时起到减轻晶间腐蚀倾向的作用，因为加热至850℃以上可使 $(Cr, Fe)_{23}C_6$ 完全溶解，并且通过扩散使贫铬区消失。

奥氏体不锈钢及晶间腐蚀

5.5.2　耐热钢

耐热钢是指在高温下具有较好的抗氧化性并兼有高温强度的钢。

一般钢铁材料加热到570℃以上时表面容易产生氧化，这是由于空气中的氧原子与铁原子在高温下形成疏松多孔的FeO。温度越高，氧化速度越快，长时间氧化会使钢材表面起皮和剥落，钢的抗氧化性是指钢在高温下对氧化作用的稳定性。除氧化外，钢铁在高温下由于原子间结合力减弱，其强度也大大下降。当工作温度高于金属的再结晶温度，工作应力超过金属在该温度下的弹性极限时，随着时间的延长金属会发生极其缓慢的变形，这种现象称为"蠕变"。

（1）化学成分特点

耐热钢碳的质量分数一般为0.1%~0.5%。为了提高钢在高温下的抗氧化能力，向钢中加入足够的Cr、Si、Al等钝化元素，使钢在高温下与氧接触时，表面能形成致密的高熔点氧化膜，以保护钢不再继续氧化。例如钢中含有15%的铬时，其抗氧化温度可达900℃，若含20%~25%的铬，则抗氧化温度可达1100℃。为了提高钢的高温强度，可加入提高再结晶温度的合金元素如W、Mo等，或加入强碳化物形成元素如Ti、Nb、V等，利用碳化物弥散析出产生强化来提高高温强度。

（2）常用耐热钢

按照组织特征可将耐热钢分为奥氏体型耐热钢、铁素体型耐热钢、马氏体型耐热钢和沉淀硬化型耐热钢等类型。

①奥氏体型耐热钢：奥氏体型耐热钢与奥氏体不锈钢一样，含有大量的 Cr 和 Ni，以保证钢的抗氧化性和高温强度，并使组织稳定。加入 Ti、W、Mo 等元素是为了进一步提高其高温强度。故这类钢的耐热性优于马氏体型耐热钢，并有很好的冷塑性变形性能和焊接性能，塑性、韧性也较好，但切削加工性较差。广泛用于汽轮机、燃汽轮机、航空、舰艇、火箭、电炉、石油及化工等工业部门中。如加热炉管、炉内传送带、炉内支架，汽轮机叶片、轴，内燃机重负荷排气阀等。常用钢号有 06Cr18Ni11Nb、45Cr14Ni14W2Mo、06Cr25Ni20 等。奥氏体型耐热钢需经过固溶处理等才能使用。

奥氏体耐热钢产品

②铁素体型耐热钢：这类钢铬含量较高，是在铁素体不锈钢的基础上加入适量的 Si、Al 元素发展起来的。其特点是抗氧化性强，但高温强度较低，焊接性能也较差，经退火处理后多用于受力不大的加热炉构件。常用钢号有 16Cr25N、06Cr13Al、10Cr17 等。

铁素体耐热钢产品

③马氏体型耐热钢：这类钢含有大量的 Cr，并含有 Mo、W、V 等合金元素，以提高钢的再结晶温度和形成稳定的碳化物，加入 Si 以提高其抗氧化能力和强度。故这类钢的抗氧化性、热强性均高，硬度和耐磨性良好，淬透性也很好。因此广泛用于制造工作温度在 650℃ 以下，承受较大载荷且要求耐磨的零件，如汽轮机叶片、汽车发动机排气阀等。常用钢号有 13Cr13Mo、15Cr12WMoV、40Cr10Si2Mo 等。马氏体型耐热钢一般是经过调质处理后，在回火索氏体状态下使用，以保证其在使用温度下组织和性能的稳定。

马氏体耐热钢产品

④沉淀硬化型耐热钢：沉淀硬化型耐热钢按其组织不同，可分为马氏体型沉淀硬化耐热钢、半奥氏体 - 马氏体型沉淀硬化耐热钢和奥氏体型沉淀硬化耐热钢等。常用钢号有 05Cr17Ni4Cu4Nb、07Cr17Ni7Al、06Cr15Ni25Ti2MoAlVB 等。主要用于工作温度在 550℃ 以下的高温承载部件。沉淀硬化热处理：沉淀硬化的热处理工艺为固溶处理 + 时效处理；沉淀硬化机制为弥散强化。

常用耐热钢的牌号、热处理、性能及应用如表 5 - 13 所示。

表 5 - 13　常用耐热钢的牌号、热处理、性能及应用（摘自 GB/T 1221—2007）

类别	钢号	热处理/℃	力学性能（≥）					最高使用温度		应用举例
			R_m /MPa	$R_{p0.2}$ /MPa	A /%	Z /%	硬度/ HBW，≤	抗氧化 /℃	热强性 /℃	
奥氏体型	06Cr18Ni11Nb	固溶处理 980 ~ 1150 快冷	520	205	40	50	187	850	650	用于 400 ~ 900℃ 腐蚀条件下使用的部件、焊接结构件等
	45Cr14Ni14-W2Mo	退火处理 820 ~ 850 快冷	705	315	20	35	248	850	750	用于 500 ~ 700℃ 汽轮机零件、重负荷内燃机排气阀
	06Cr25Ni20	固溶处理 1030 ~ 1180 快冷	520	205	40	50	187	1035		用于 < 1035℃ 的炉用材料、汽车净化装置

类别	钢号	热处理/℃	力学性能（≥）					最高使用温度		应用举例
			R_m/MPa	$R_{p0.2}$/MPa	A/%	Z/%	硬度/HBW，≤	抗氧化/℃	热强性/℃	
铁素体型	16Cr25N	退火 780～880 快冷	590	275	20	40	201	＜1082		用于1080℃以下炉用构件，如燃烧室等
	06Cr13Al	退火 780～830 空冷或缓冷	410	177	20	60	183	＜900		用于900℃以下炉用构件，如退火炉罩、燃气透平叶片、淬火台架等
	10Cr17	退火 780～850 空冷或缓冷	450	205	22	50	183	＜900		用于900℃以下耐氧化性部件，如散热器、炉用部件、油喷嘴等
马氏体型	13Cr13Mo	淬火 970～1020 油冷 回火 650～750 快冷	685	490	20	60	200	800	500	用于800℃以下的耐氧化件，480℃以下的蒸汽用机械部件
	15Cr12WMoV	淬火 1000～1050 油冷 回火 680～700 油冷	735	585	15	47	—	750	580	用于580℃以下汽轮机叶片、叶轮、转子、紧固件等
	42Cr9Si2	淬火 1020～1040 油冷 回火 700～780 油冷	885	590	19	50	—	800	650	用于700℃以下的内燃机进、排气阀及料盘等
	40Cr10Si2Mo	淬火 1010～1040 油冷 回火 720～760 空冷	885	685	10	35	—	850	650	用于700℃以下的内燃机进、排气阀及料盘等
沉淀硬化型	05Cr17Ni4-Cu4Nb	固溶处理＋550 时效	1070	1000	12	45	302			用于燃气透平压缩机叶片，燃气透平发动机周围材料
	07Cr17Ni7Al	固溶处理＋565 时效	1140	960	5	25	363			用作高温弹簧、膜片、固定器、波纹管
	06Cr15Ni25-Ti2MoAlVB	固溶处理＋时效	900	590	15	18	248			用于700℃以下的汽轮机转子、叶片、骨架、燃烧室部件和螺栓等

上述介绍的耐热钢仅适用于 750℃ 以下的工作温度。如果零件的工作温度超过 750℃，则应考虑选用镍基、钴基等耐热合金；工作温度超过 900℃ 可考虑选用铌基、钼基合金以及陶瓷材料等。

耐磨钢及应用

5.5.3　耐磨钢

耐磨钢作为一种专用钢大约始于 19 世纪后半叶。1883 年英国人哈德菲尔德(Hadfield)首先取得了高锰钢的专利，至今已有 100 多年的历史，高锰钢是一种碳含量和锰含量较高的耐磨钢，这个具有百余年历史的古老钢种，由于它在大的冲击磨料磨损条件下使用时具有很强的加工硬化能力，同时兼有良好的韧性和塑性，以及生产工艺易于掌握等优点，因此，目前它仍然是耐磨钢中用量最大的一种，尤其是在矿山等部门。

在铸态高锰钢组织中存在大量碳化物沿奥氏体晶界分布，故其性质硬而脆，耐磨性也差，实际应用时必须用"水韧处理"获得全部奥氏体组织。"水韧处理"是一种淬火处理的操作，其方法是将钢加热至临界点温度以上(1050~1100℃)，保温一定时间，使钢中碳化物能全部溶解到奥氏体中，然后迅速浸淬于水中冷却。水韧处理后，高锰钢组织全是单一的奥氏体，其硬度并不高，约为 180~220 HBW。当它受到剧烈冲击或较大压力作用时，表面层奥氏体将迅速产生加工硬化，并有马氏体及 ε 碳化物沿滑移面形成，从而使表面层硬度提高到 450~550 HBW，获得高的耐磨性。其心部仍维持原来状态。当旧表面磨损后，新露出的表面又可在冲击和摩擦作用下形成新的耐磨层。高锰钢铸件水韧处理后一般不作回火，因为回火加热到 300℃ 以上时将有碳化物析出，使性能恶化。

高锰钢制件在使用中必须伴随外来的压力和冲击作用，不然高锰钢是不能耐磨的，其耐磨性并不比硬度相同的其他钢种好。

高锰钢广泛用于制造在工作中受冲击和压力作用并要求耐磨的零件，如挖掘机、拖拉机、坦克等的履带板，铁道道叉，挖掘机铲斗，碎石机颚板，球磨机衬板，防弹板及保险箱钢板等。由于高锰钢是非磁性的，也可用于要求既耐磨损又抗磁化的零件，如吸料器的电磁铁罩。

常用高锰钢的牌号及其化学成分如表 5-14 所示。

表 5-14　奥氏体锰钢铸件的牌号及其化学成分(摘自 GB/T 5680-2010)

牌号	化学成分 w/%								
	C	Si	Mn	P	S	Cr	Mo	Ni	W
ZG120Mn7Mo1	1.05~1.35	0.3~0.9	6~8	≤0.060	≤0.040		0.9~1.2		
ZG110Mn13Mo1	0.75~1.35	0.3~0.9	11~14	≤0.060	≤0.040		0.9~1.2		
ZG100Mn13	0.90~1.05	0.3~0.9	11~14	≤0.060	≤0.040				
ZG120Mn13	1.05~1.35	0.3~0.9	11~14	≤0.060	≤0.040				
ZG120Mn13Cr2	1.05~1.35	0.3~0.9	11~14	≤0.060	≤0.040	1.5~2.5			
ZG120Mn13W1	1.05~1.35	0.3~0.9	11~14	≤0.060	≤0.040				0.9~1.2
ZG120Mn13Ni3	1.05~1.35	0.3~0.9	11~14	≤0.060	≤0.040			3~4	
ZG90Mn14Mo1	0.70~1.00	0.3~0.9	13~15	≤0.060	≤0.040		1.0~1.8		
ZG120Mn17	1.05~1.35	0.3~0.9	16~19	≤0.060	≤0.040				
ZG120Mn17Cr2	1.05~1.35	0.3~0.9	16~19	≤0.060	≤0.040	1.5~2.5			

注：允许加入微量 V、Ti、Nb、B 和 RE 等元素。

5.6 铸铁及其石墨化

5.6.1 铸铁概述

工业上常用铸铁的碳含量一般为 2.5% ~ 4.0%，含有较多的 Si、Mn、S、P 等杂质元素，从含量上看比碳钢高。与碳钢相比，铸铁的力学性能通常较低，尤其是塑性、韧性较差。但铸铁具有优良的铸造性能和切削加工性能，良好的耐磨性和减震性，低的缺口敏感性，生产工艺简单，成本低廉，铸铁件被广泛应用于机械制造、冶金、矿山及交通运输等部门。按质量百分比统计，在各类机械中，铸铁件占 40% ~ 70%，在机床和重型机械中可达 60% ~ 90%。近年来，连铸铸铁板材、棒材的使用日益增多。

5.6.2 $Fe - Fe_3C$ 与 $Fe - G$ 双重相图

碳在铸铁中的存在形式主要有渗碳体(Fe_3C)和游离状态的石墨(G)两种。渗碳体是由铁原子和碳原子所组成的金属化合物，具有较复杂的晶格结构。石墨的晶体结构为简单六方晶格，如图 5 - 22 所示。晶体中碳原子呈层状排列，同一层上的原子间为共价键结合，原子间距为 1.42Å，结合力强。层与层之间为分子键结合，间距为 3.40Å，结合力较弱。因此，石墨的结晶形态容易发展成

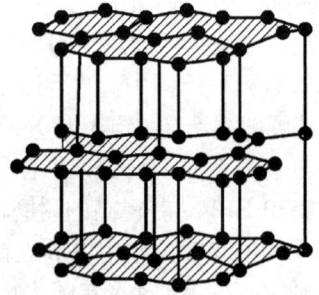

图 5 - 22 石墨的晶体结构

为片状，强度、硬度、塑性极低，石墨的这些特征在很大程度上影响着铸铁的性能。

在铁碳合金中，将铸铁在高温下进行长时间加热，其中渗碳体便会发生分解形成单相石墨，即 $Fe_3C \rightarrow A(F) + G$。这表明石墨是稳定相，而渗碳体是亚稳相。研究表明，铁液中 C、Si 的含量越高，冷却速度越慢，析出石墨的可能性越大；反之，析出渗碳体的可能性越大。因此，描述铁碳合金结晶过程的相图应有两个，即 $Fe - Fe_3C$ 相图(亚稳相 Fe_3C 的析出规律)和 $Fe - G$ 相图(稳定相石墨的析出规律)。为了便于比较和应用，习惯上把这两个相图合画在一起，称为铁碳合金双重相图，如图 5 - 23 所示。图中实线表示 $Fe - Fe_3C$ 相图，虚线表示 $Fe - G$ 相图，凡虚线与实线重合的线条都用实线表示。

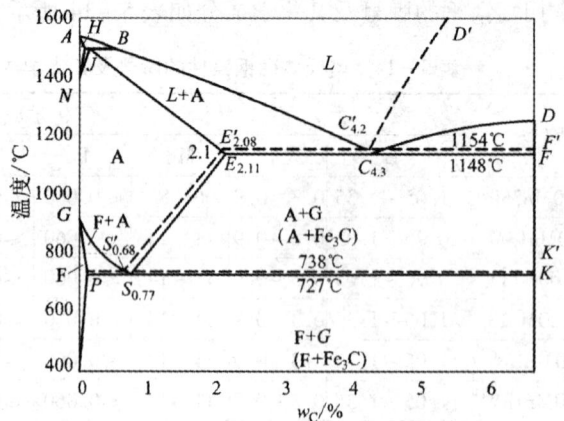

图 5 - 23 $Fe - Fe_3C$ 和 $Fe - G$ 双重相图

5.6.3　铸铁的石墨化过程及影响因素

铸铁组织中石墨的形成过程称为石墨化。

铸铁的石墨化有以下两种方式：① 按照 Fe - G 相图，从液体和奥氏体中直接析出石墨。灰铸铁和球墨铸铁中的石墨主要是从液体中析出。在生产中经常出现的石墨飘浮现象，就证明了石墨可从铁液中直接析出。② 按照 Fe - Fe₃C 相图结晶出渗碳体，随后渗碳体在一定条件下分解出石墨。可锻铸铁中的石墨完全由白口铸铁经高温长时间退火获得，就证实了石墨也可由渗碳体分解得到。

按照 Fe - G 相图，铸铁的石墨化过程可分为三个阶段：

第一阶段（液相 - 共晶阶段）：从液体中直接析出石墨，包括从过共晶液相沿着液相线 $C'D'$ 冷却时析出的一次石墨 G_I，以及共晶转变时形成的共晶石墨 $G_{共晶}$，其反应式可写成：

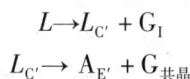

$$L \rightarrow L_{C'} + G_I$$
$$L_{C'} \rightarrow A_{E'} + G_{共晶}$$

第二阶段（共晶 - 共析阶段）：过饱和奥氏体沿着 $E'S'$ 线冷却时析出的二次石墨 G_{II}。

第三阶段（共析阶段）：在共析转变阶段，由奥氏体转变为铁素体和共析石墨 $G_{共析}$，其反应式可写成：

$$A_{S'} \rightarrow F_{P'} + G_{共析}$$

铸铁组织与石墨化过程进行程度密切相关。由于高温下原子扩散能力较高，故第一、第二阶段石墨化过程比较容易进行，即通常按照 Fe - G 相图进行结晶；第三阶段石墨化温度较低，原子扩散能力低，不易石墨化。依据合金元素不同、冷却速度不同，第三阶段石墨化过程被部分或全部抑制，从而得到三种不同的组织：F + G、F + P + G 和 P + G。

影响铸铁石墨化的主要因素是结晶过程中的冷却速度和化学成分。

（1）冷却速度的影响

在实际生产中，往往存在同一铸件厚壁处为灰铸铁，而薄壁处却出现白口铸铁。这种情况说明，在化学成分相同的情况下，铸铁结晶时，厚壁处由于冷却速度慢，有利于石墨化过程的进行，薄壁处由于冷却速度快，不利于石墨化过程的进行。由于 Fe - G 相图较 Fe - Fe₃C 相图更为稳定，因此成分相同的铁液在冷却时，冷却速度越缓慢，即过冷度越小时，越有利于按 Fe - G 相图结晶，析出稳定相石墨的可能性就愈大。相反，冷却速度越快，即过冷度增大时，越有利于按 Fe - Fe₃C 相图结晶，析出亚稳相渗碳体的可能性就越大。

（2）化学成分的影响

根据碳及合金元素对石墨化的作用，将其分为促进石墨化元素（如 C、Si、Al、Cu、Ni、Co 等）和阻碍石墨化元素（如 Cr、W、Mo、V、Mn、S 等）两类。

C、Si 是强烈促进石墨化的元素，铸铁中 C 和 Si 的含量愈高，越容易石墨化；这是因为随着碳含量的增加，液态铸铁中石墨晶核数增多，促进石墨化。Si 与铁原子的结合力较强，Si 溶于铁素体中，不仅会削弱铁、碳原子间的结合力，而且还会使共晶点的碳含量降低，共晶温度提高，有利于石墨的析出。生产中常用碳当量 $[w(CE) = w(C) + 1/3w(Si)]$ 来评价铸铁的石墨化能力，实践证明每 3% 的硅可使铸铁的共晶成分含量降低 1%。由于共晶成分的铸铁具有最佳的铸造性能，因此在灰铸铁中，一般将其碳当量控制在 4% 左右。

S 是强烈阻止石墨化的元素，还降低铁液的流动性和促使高温铸件开裂，是有害元素，所以硫铸铁中硫含量愈低愈好。铸铁中不含 S 时，Mn 本身阻碍石墨化，使渗碳体更稳定。当铸铁中含硫时，Mn 因形成 MnS 降低铸铁中 S 含量而有促进石墨化作用，当 Mn 含量超出形成 MnS 所需的含量后，Mn 将阻碍石墨化过程。Cr、W、Mo、V 等碳化物形成元素都阻碍石墨化。

如果第三阶段石墨化过程完全没有进行，且第二阶段和第一阶段石墨化过程也仅部分进行，甚至完全没有进行，则将获得麻口铸铁甚至白口铸铁。

各阶段的石墨化过程能否进行和进行的程度如何，完全取决于影响石墨化的因素。图 5-24 表示在砂型铸造条件下，影响石墨化两个主要因素——铸件壁厚(冷却速度)和化学成分(碳、硅总量)对铸件组织的影响。

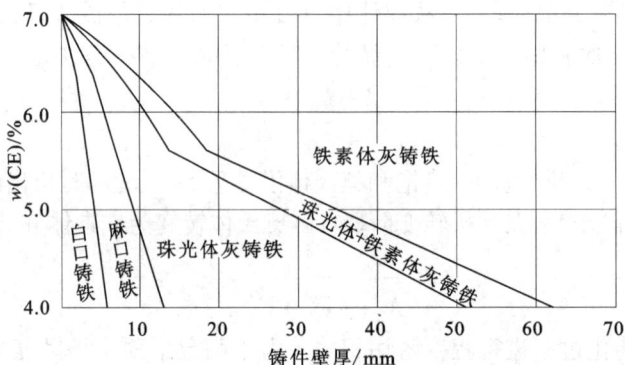

图 5-24　铸件壁厚和化学成分对铸铁组织的影响

5.6.4　铸铁的分类

根据铸铁在结晶过程中石墨化程度不同可将其分为三类。

(1)白口铸铁

第一、第二、第三阶段的石墨化过程全部被抑制，完全按照 Fe-Fe$_3$C 相图进行结晶而得到的铸铁，其中的碳几乎全部以 Fe$_3$C 形式存在，此类铸铁组织中存在大量莱氏体，性能硬而脆，切削加工较困难，断口白亮，称为白口铸铁。除少数用来制造不需加工的硬度高、耐磨零件外，主要用作炼钢原料。

(2)灰口铸铁

第一、第二阶段石墨化过程充分进行而得到的铸铁，其中碳主要以石墨形式存在，断口呈暗灰色，故称灰口铸铁，是工业上应用最多最广的铸铁。根据第三阶段石墨化程度不同，又可分为三种不同基体组织的灰口铸铁：铁素体、铁素体加珠光体和珠光体灰口铸铁，基体相当于钢的组织，故可以将灰口铸铁看成在钢基体上分布着石墨夹杂。

(3)麻口铸铁

第一、第二阶段石墨化过程部分进行而得到的铸铁，其中一部分碳以石墨形式存在，另一部分以 Fe$_3$C 形式存在，其组织介于白口铸铁和灰口铸铁之间，断口呈黑白相间构成麻点，故称为麻口铸铁。该铸铁含有不同程度的莱氏体，具有较大的硬脆性、切削加工困难，故工业上很少使用。

5.6.5　灰口铸铁的分类

根据灰口铸铁中石墨存在的形态不同,可将其分为如下四类。

(1)灰铸铁

铸铁组织中的石墨呈片状。这类铸铁力学性能不太高,但生产工艺简单,价格低廉,工业上应用最广。

(2)球墨铸铁

铸铁组织中的石墨呈球状。此类铸铁生产工艺比可锻铸铁简单,且力学性能较好,故得到广泛应用。

(3)可锻铸铁

铸铁中的石墨呈团絮状。其力学性能,尤其是冲击韧度比普通灰铸铁好,但生产工艺复杂,成本高,故只用来制造一些重要的小型铸件。

(4)蠕墨铸铁

铸铁组织中的石墨呈短小的蠕虫状。蠕墨铸铁的强度和塑性介于灰铸铁和球墨铸铁之间,但铸造性能、耐热疲劳性能比球墨铸铁好,因此可用来制造大型复杂的铸件,以及在较大温度梯度下工作的铸件。

5.7　灰口铸铁

5.7.1　灰铸铁

(1)灰铸铁的成分和组织

控制铸铁中碳及合金元素含量是控制其组织和性能的基本方法。灰铸铁生产中主要是控制 C、Si 含量,限制 S、P 含量。目前生产中,灰铸铁的化学成分范围一般为: $w(C)$ 为 2.7% ~3.6%, $w(Si)$ 为 1.0% ~2.5%, $w(Mn)$ 为 0.5% ~1.3%, $w(P) \leqslant 0.3\%$, $w(S) \leqslant 0.15\%$。

灰铸铁的第一、第二阶段石墨化过程进行充分,根据第三阶段石墨化程度不同,可以获得三种不同基体组织的灰铸铁,如图 5-25 所示。

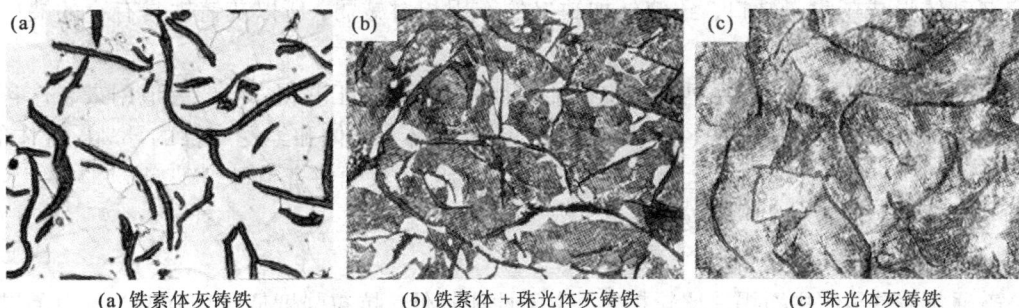

(a) 铁素体灰铸铁　　(b) 铁素体 + 珠光体灰铸铁　　(c) 珠光体灰铸铁

图 5-25　灰铸铁的显微组织(125 ×)

第一、第二和第三阶段石墨化过程都充分进行,获得铁素体灰铸铁,其组织是在铁素体基体上分布着片状石墨；若第三阶段石墨化过程完全没有进行，获得珠光体灰铸铁，其组织是在珠光体基体上分布着片状石墨；若第三阶段石墨化过程仅部分进行，则获得珠光体＋铁素体灰铸铁，其组织是在珠光体加铁素体基体上分布着片状石墨。

灰铸铁组织相当于以钢为基体加上片状石墨的夹杂。基体中含有比钢更多的硅、锰等元素，这些元素可溶于铁素体中而使基体得到强化。因此，其基体的强度与硬度不低于相应的钢。片状石墨的强度、塑性、韧性几乎为零，可近似地把它看成是微裂纹，破坏了基体的连续性，缩小了承受载荷的有效截面，而且在石墨片的尖端处还会引起应力集中，使材料形成脆性断裂。故灰铸铁的抗拉强度、塑性、韧性远比相应基体的钢低。石墨片的数量愈多、愈粗大，分布愈不均匀，对基体的割裂作用和应力集中现象愈严重，则铸铁的强度、塑性与韧性就愈低。由于灰铸铁的抗压强度、硬度与耐磨性主要取决于基体，石墨的存在对其影响不大，故灰铸铁的抗压强度一般是其抗拉强度的 3~4 倍。同时，珠光体基体比其他两种基体的灰铸铁具有更高的强度、硬度与耐磨性。

（2）灰铸铁的性能与用途

灰铸铁属于脆性材料，抗拉强度和弹性模量均比钢低，塑性和韧性接近于零。灰铸铁的显微组织由钢的基体（铁素体、珠光体、贝氏体等）和片状石墨组成，石墨的强度、硬度、塑性极低，对基体起着割裂作用，减少了承载的有效面积，石墨的尖角处还会引起应力集中。但灰铸铁的抗压强度受石墨的影响小，并与钢接近，可达到 600~800 MPa。

灰铸铁的碳当量接近共晶成分，故与钢相比，不仅熔点低，流动性好，而且铸铁在凝固过程中要析出比容较大的石墨，部分地补偿了基体的收缩，从而减小了灰铸铁的收缩率，所以灰铸铁的铸造性能优良，能浇铸形状复杂与壁薄的铸件，铸件产生缺陷的倾向小。灰铸铁的塑性极差，不能锻造和冲压。灰铸铁焊接时焊接区容易出现白口组织，裂纹的倾向较大，故焊接性差。另外灰铸铁的硬度适中，切削性能较好。

灰铸铁中石墨本身具有润滑作用，而且当它从铸铁表面掉落后，所遗留下的孔隙具有吸附和储存润滑油的能力，使摩擦面上的油膜易于保持而具有良好的减摩性。铸铁在受震动时，石墨能阻止震动的传播，起缓冲作用，并把震动能量转变为热能，灰铸铁减振能力为钢的 5~10 倍。由于石墨割裂了基体的连续性，使铸铁切削时容易断屑和排屑，且石墨对刀具具有一定润滑作用，故可使刀具磨损减少，故灰铸铁的耐磨性优于钢。灰铸铁中石墨本身已使金属基体形成了大量缺口，致使外加缺口的作用相对减弱，所以灰铸铁具有小的缺口敏感性。

由于灰铸铁具有以上一系列的优良性能，而且价廉，易于获得，被广泛地用来制作各种承受压力和要求消震性的床身、机架，结构复杂的箱体、壳体和经受摩擦的导轨、缸体等。灰铸铁的牌号、力学性能和用途如表 5－15 所示，牌号中汉语拼音字母"HT"表示"灰铁"，后面的三位数字表示最小抗拉强度值。

（3）灰铸铁的孕育处理

普通灰铸铁组织中石墨片比较粗大，力学性能较低，抗拉强度低于 300 MPa。为了提高灰铸铁的力学性能，生产上常进行孕育处理（或变质处理）。孕育处理就是在浇注前向铁水中加入少量孕育剂（或变质剂），使铸铁在凝固过程中产生大量的人工晶核，促进石墨的形核和结晶，从而获得细珠光体基体加上细小均匀分布的片状石墨组织的工艺过程。经孕育处理后的铸铁称为孕育铸铁（或变质铸铁），具有较高的强度，塑性、韧性也有所提高。

　　孕育铸铁的生产常常是采用适当降低碳和硅含量、同时添加硅铁或硅钙(加入量为铁水质量的 0.25% ~0.6%)作为孕育剂的方法进行的。孕育铸铁常用作静载荷下力学性能要求高、且截面尺寸变化较大的大型铸件。

表 5 - 15　灰铸铁的牌号、力学性能及用途(摘自 GB/T 9439—2010)

牌号	铸铁类别	铸件壁厚/mm		最小抗拉强度 R_m/MPa, ≥		布氏硬度/HBW	适用范围及举例
		>	≤	单铸试棒	附铸试棒或试块		
HT100	铁素体灰铸铁	5	40	100	—	≤170	低载荷和不重要的零件,如盖、外罩、手轮、手把、支架、底座、重锤等
HT150	铁素体 + 珠光体灰铸铁	5	10	150	—	125 ~ 205	承受中等应力(抗弯应力小于 100 MPa)的零件,如端盖、汽轮机体、支柱、底座、齿轮箱、工作台、刀架、阀体、管路附件及一般无工作条件要求的零件
		10	20		—		
		20	40		120		
		40	80		110		
		80	150		100		
		150	300		90		
HT200	珠光体灰铸铁	5	10	200	—	180 ~ 230	承受较大应力(抗弯应力小于 300 MPa)和较重要的零件,如汽缸体、齿轮、低架、机座、飞轮、衬筒、阀体、液压缸、齿轮、机座、飞轮、凸轮、齿轮箱、轴承座等
		10	20		—		
		20	40		170		
		40	80		150		
		80	150		140		
		150	300		130		
HT225		5	10	225	—	170 ~ 240	
		10	20		—		
		20	40		190		
		40	80		170		
		80	150		155		
		150	300		145		
HT250		5	10	250	—	180 ~ 250	
		10	20		—		
		20	40		210		
		40	80		190		
		80	150		170		
		150	300		160		

牌号	铸铁类别	铸件壁厚/mm		最小抗拉强度 R_m/MPa, ≥		布氏硬度 /HBW	适用范围及举例
		>	≤	单铸试棒	附铸试棒或试块		
HT275		10	20	275	—	190 ~ 260	
		20	40		230		
		40	80		205		
		80	150		190		
		150	300		175		
HT300	孕育铸铁	10	20	300	—	200 ~ 275	承受高弯曲应力(抗弯应力小于 500 MPa)及抗拉应力的重要零件,如齿轮、凸轮、车床卡盘、剪床和压力机的机身、床身、高压液压缸、滑阀壳体等
		20	40		250		
		40	80		220		
		80	150		210		
		150	300		190		
HT350		10	20	350	—	220 ~ 290	
		20	40		290		
		40	80		260		
		80	150		230		
		150	300		210		

(4)灰铸铁的热处理

由于热处理只能改变灰铸铁的基体组织,而不能改变其石墨片的存在状况,故利用热处理来提高灰铸铁力学性能的效果不大,生产中主要用来消除铸件内应力,改善切削加工性能和提高铸件表面耐磨性等。

①去内应力退火:铸件在铸造冷却过程中容易产生内应力,可能导致铸件产生变形和裂纹,为保证尺寸的稳定,防止变形和开裂,对一些大型复杂的铸件,如机床床身、柴油机汽缸体等,往往需要进行消除内应力的退火处理(又称人工时效)。工艺规范一般为:加热温度 500~550℃,加热速度一般在 60~120℃/h,经一定时间保温后,炉冷到 150~220℃出炉空冷。加热温度过高可能发生共析渗碳体的球化和石墨化,降低铸件的强度、硬度和耐磨性。

②消除白口、降低硬度的高温退火:灰铸铁的表层及一些薄截面处,由于冷速较快,可能产生白口,硬度增加,切削加工困难,需要退火以降低硬度。退火在共析温度以上进行,使渗碳体分解成石墨,所以又称为高温退火。厚壁铸件加热至 850~950℃,保温 2~3 h;薄壁铸件加热至 800~850℃,保温 2~5 h。冷却方法根据性能要求而定,如果是为了改善切削加工性,可采用炉冷或以 30~50℃/h 速度缓慢冷却;若需要提高铸件的耐磨性,采用空冷可得到珠光体为主要基体的灰铸铁。

③表面淬火:某些铸件的工作表面需要较高的硬度和耐磨性,如机床导轨的表面以及内燃机气缸套的内壁等,可采用感应加热表面淬火、火焰表面淬火、激光加热表面淬火、接触

电阻加热表面淬火等。淬火后表面硬度可达 50 HRC。

5.7.2　球墨铸铁

球墨铸铁是 20 世纪 50 年代发展起来的一种铸铁材料。在浇注前向铁水中加入一定量的球化剂(镁、稀土镁合金)和孕育剂(硅铁或硅钙合金),浇注后可直接获得球状石墨结晶的铸铁,称为球墨铸铁。球墨铸铁具有很高的强度,良好的塑性和韧性,综合力学性能与钢接近,加工性能和铸造性能良好,生产工艺简单、成本低廉,在工业中的应用广泛。

(1)球墨铸铁的成分、组织、性能和用途

球墨铸铁成分要求比较严格,一般是:$w(C)$ 为 3.6% ~ 3.9%,$w(Si)$ 为 2.0% ~ 2.8%,$w(Mn)$ 为 0.6% ~ 0.8%,$w(S) < 0.07\%$,$w(P) < 0.1\%$。由于球化剂镁和稀土元素都起阻止石墨化的作用,并使共晶点右移,所以球墨铸铁的碳当量较高[$w(CE)$ 为 4.5% ~ 4.7%],一般为过共晶成分,以利于石墨球化。

球墨铸铁的组织特征:球铁的显微组织由球形石墨和金属基体两部分组成。随着化学成分和冷却速度的不同,球铁在铸态下的金属基体可分为铁素体、铁素体 + 珠光体、珠光体三种,如图 5 - 26 所示。在光学显微镜下观察时,石墨的外观接近球形。

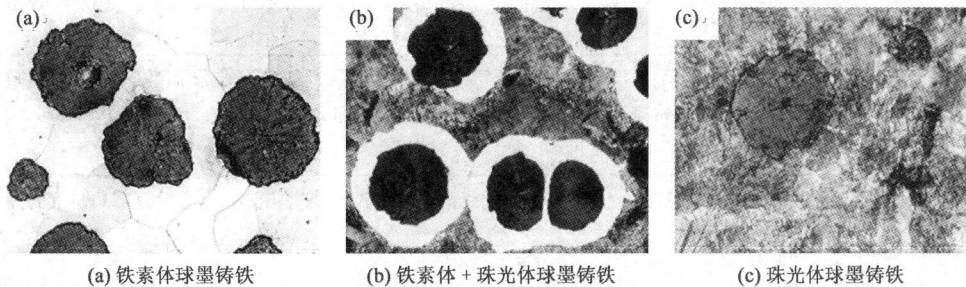

(a) 铁素体球墨铸铁　　(b) 铁素体 + 珠光体球墨铸铁　　(c) 珠光体球墨铸铁

图 5 - 26　球墨铸铁的显微组织(200 ×)

球墨铸铁的抗拉强度远远超过灰铸铁,与钢相当。由于球墨铸铁中的石墨呈球状,对基体的强度、塑性和韧性的影响更小。球墨铸铁中的石墨球越小越分散,球墨铸铁的力学性能越好,也就是铸铁基体强度的利用率越高。球墨铸铁的基体强度利用率可高达 70% ~ 90%,而灰铸铁的基体强度利用率仅为 30% ~ 50%。所以球墨铸铁的抗拉强度、塑性、韧性不仅高于其他铸铁,而且可与相应组织的铸钢相媲美,如疲劳极限接近一般中碳钢,冲击疲劳抗力则高于中碳钢,特别是球墨铸铁的屈强比几乎比钢提高一倍,一般钢的屈强比为 0.35 ~ 0.50,而球墨铸铁的屈强比达 0.7 ~ 0.8。

由于石墨呈球状在钢的基体上分布,使球墨铸铁不仅仅具有远高于灰铸铁的力学性能,还具有近似于灰铸铁的良好的铸造性能、减摩性、切削加工性和低的缺口敏感性等。但球墨铸铁的过冷倾向大,易产生白口现象,而且铸件也容易产生缩松等缺陷,因而球墨铸铁的熔炼工艺和铸造工艺都比灰铸铁要求高,其消震性能不如灰铸铁。

常用球墨铸铁的牌号、性能及应用举例如表 5 - 16 所示,其牌号由"QT"与两组数字组成,"QT"表示"球铁"的汉语拼音首字母,后面的两组数字中,第一组数字表示最小抗拉强度值,第二组数字表示最小伸长率值。

表 5-16　球墨铸铁的牌号、性能及应用举例（摘自 GB/T 1348—2009）

牌　号	基体组织	力学性能（单铸试样）				应用举例
		$R_m/$ MPa，$\geqslant$	$R_{p0.2}/$ MPa，$\geqslant$	A /%	硬度 /HBW	
QT400 - 18L	F	400	240	18	120 ~ 175	承受冲击、振动的零件，如汽车、拖拉机底盘零件；1.6 ~ 6.4 MPa阀门的阀体、阀盖、齿轮箱、机油泵齿轮
QT400 - 18R	F	420	250	18	120 ~ 175	
QT500 - 07	F + P	500	320	7	170 ~ 230	
QT550 - 05	F + P	550	350	5	180 ~ 250	机器座架、传动轴、飞轮、电动机架、内燃机的机油泵齿轮、铁路机车车辆轴瓦
QT600 - 03	F + P	600	370	3	190 ~ 270	
QT700 - 02	P	700	420	2	225 ~ 305	载荷大、受力复杂的零件，如汽车、拖拉机的曲轴、连杆、凸轮轴、气缸套，部分磨床、铣床、车床的主轴、机床蜗杆、涡轮、轧钢机轧辊、大齿轮、小型水轮机主轴，汽缸体，桥式起重机大小滚轮等
QT800 - 02	P 或 S	800	480	2	245 ~ 335	
QT900 - 02	T + S 或 $M_{回}$	900	600	2	280 ~ 360	高强度齿轮，如汽车后桥螺旋锥齿轮，大减速器齿轮，内燃机曲轴，凸轮轴等

注：字母"L"表示该牌号有低温（-20℃或-40℃）下的冲击性能要求；字母"R"表示该牌号有室温（23℃）下的冲击性能要求。

　　球墨铸铁通过热处理可获得不同的基体组织，其力学性能可提高到更高的水平。加上球墨铸铁的生产周期短，成本低（接近于灰铸铁），球墨铸铁在机械制造业中得到了广泛的应用，成功地代替了不少碳钢、合金钢和可锻铸铁，用来制造一些受力复杂，强度、韧性和耐磨性要求高的零件。如具有高强度与耐磨性的珠光体球墨铸铁，常用来制造拖拉机或柴油机中的曲轴、连杆、凸轮轴，各种齿轮、机床的主轴、蜗杆、蜗轮、轧钢机的轧辊、大齿轮以及大型水压机的工作缸、缸套、活塞等。具有高的韧性和塑性的铁素体基体球墨铸铁，常用来制造受压阀门、机器底座、汽车的后桥壳等。

　　球墨铸铁经过各种热处理后的力学性能，如表 5-17 所示。

表 5-17　球墨铸铁经过各种热处理后的力学性能

球墨铸铁类型	热处理	力学性能			备注
		R_m/MPa	A/%	硬度	
铁素体球墨铸铁	退火	400 ~ 500	15 ~ 25	121 ~ 179 HBW	可替代碳素钢，如35、40 钢
珠光体球墨铸铁	正火	700 ~ 950	2 ~ 5	229 ~ 302 HBW	可替代碳素钢、合金钢，如45、35CrMo、40CrMnMo 钢
	调质	900 ~ 1200	1 ~ 5	32 ~ 43 HRC	
	等温淬火	1200 ~ 1500	1 ~ 3	38 ~ 50 HRC	可替代合金钢，如20CrMnTi 钢

（2）球墨铸铁的热处理

球墨铸铁的热处理主要用来改变其基体组织，其热处理原理与钢大致相同，但由于球墨铸铁中含有较多的碳、硅、锰等元素，其热处理工艺与钢相比，有其特殊性：一是共析转变温度提高，转变温区加大，其奥氏体化加热温度高于碳钢；二是奥氏体等温转变曲线右移，珠光体和贝氏体转变曲线明显分离，临界冷却速度降低，使球墨铸铁的淬透性高于碳钢，容易实现油冷淬火和等温淬火；三是通过对淬火加热工艺的控制可调整奥氏体中的碳含量。高温长时间保温可使以石墨形式存在的碳更多地溶解在奥氏体中，提高淬火前奥氏体中的碳含量。

球墨铸铁常用的热处理方法有退火、正火、等温淬火、调质处理等。

①退火：主要有以下几种。

去应力退火：球墨铸铁的铸造内应力比灰铸铁大，对于不再进行其他热处理的球墨铸铁铸件，都应进行去应力退火。将铸件缓慢加热到 500～600℃左右，保温 2～8 h，然后随炉缓冷。在退火过程中内部组织不发生变化。

石墨化退火：球墨铸铁在浇注以后，铸态组织中常出现不同程度的珠光体和自由渗碳体，力学性能低，切削性能差。石墨化退火的目的是降低硬度，改善切削加工性能，获得铁素体球墨铸铁。根据铸态基体组织不同，分为高温退火和低温退火两种。

高温退火：球墨铸铁白口倾向较大，因而铸态组织往往会出现自由渗碳体，为了获得铁素体球墨铸铁，需要进行高温退火。高温退火工艺是将铸件加热到 900～950℃，保温 2～5 h，使自由渗碳体石墨化，然后随炉缓冷至 600℃，使铸件发生第二、三阶段石墨化，再出炉空冷。其工艺曲线和组织变化如图 5-27 所示。

低温退火：当铸态基体组织为珠光体+铁素体、而无自由渗碳体存在时，为了获得

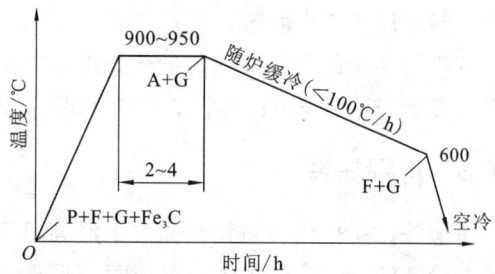

图 5-27　球墨铸铁高温石墨化退火工艺曲线

塑性、韧性较高的铁素体球墨铸铁，可进行低温退火。将铸件加热 700～760℃，保温 3～6 h，随炉缓冷至 600℃，再出炉空冷。

②正火：球墨铸铁正火的目的是为了获得珠光体基体，并细化组织，提高铸件的强度、硬度和耐磨性，也可作为表面淬火的预先热处理。正火可分为高温正火和低温正火两种。

高温正火：将铸件加热至共析温度范围以上，一般为 900～950℃，保温 1～3 h，使基体组织全部奥氏体化，然后出炉空冷，使其在共析温度范围内，由于快冷而获得珠光体基体。对含硅量高的厚壁铸件，则应采用风冷，或者喷雾冷却，以确保正火后能获得珠光体基体。

低温正火：将铸件加热至共析温度范围内，即 820～860℃，保温 1～4 h，使基体组织部分奥氏体化，然后出炉空冷，获得珠光体+铁素体球墨铸铁，可以提高铸件的韧性与塑性，强度比高温正火的低些。

③调质处理：对于受力比较复杂、截面积较大、综合力学性能要求较高的零件，如承受拉压交变应力的连杆、承受交变弯曲应力的曲轴等，可采用调质处理。其工艺为：淬火加热温度为 860～920℃，一般采用油冷（除形状简单的铸件采用水冷外），550～600℃回火 2～

4 h，获得回火索氏体和球状石墨组织，硬度为 250～380 HBW，具有良好的综合力学性能。

球墨铸铁淬火后，也可采用中温或低温回火处理。中温回火后获得回火托氏体基体组织，具有高的强度与一定的韧性，例如用球墨铸铁制作的铣床主轴就是采用这种工艺。低温回火后获得回火马氏体基体组织，具有高的硬度和耐磨性，例如用球墨铸铁制作的轴承内外套圈就是采用这种工艺。

④等温淬火：对于铸件形状复杂、热处理易变形或开裂，又需要高的强度和较好的塑性、韧性的零件，如齿轮、滚动轴承套圈、凸轮轴等，常采用等温淬火。将铸件加热至 860～920℃，保温一定时间（约是钢的一倍）后，迅速放入温度为 250～300℃的等温盐浴中进行 0.5～1.5 h 的等温处理，然后取出空冷，一般不再回火。

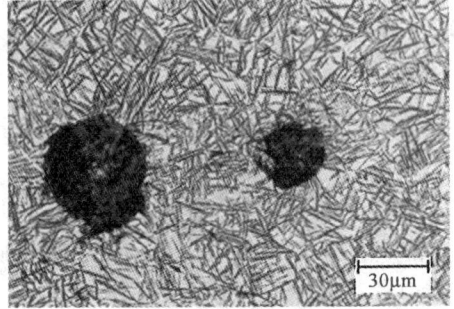

图 5－28　球墨铸铁等温淬火组织

等温淬火后的组织为下贝氏体 + 球状石墨（如图 5－28 所示）。球墨铸铁经等温淬火后的抗拉强度 R_m 可达 1100～1600 MPa，硬度为 38～51 HRC，冲击韧度 a_k 为 300～360 kJ/m^2。但由于等温盐浴的冷却能力有限，故一般仅适用于截面尺寸不大的零件。

球墨铸铁除能进行上述各种热处理外，为了提高球墨铸铁零件表面的硬度、耐磨性、耐蚀性及疲劳极限，还可以进行表面热处理，如表面淬火、渗氮等。

5.7.3　可锻铸铁

可锻铸铁是用白口铸铁在固态下经高温石墨化退火得到的具有团絮状石墨的一种铸铁。它具有较高的强度、塑性和冲击韧度，可部分替代碳钢。可锻铸铁又称为展性铸铁或玛钢，实际上可锻铸铁并不能锻造。

按照退火方法不同，可将可锻铸铁分为黑心可锻铸铁和白心可锻铸铁两种。黑心可锻铸铁经石墨化退火获得，白心可锻铸铁通过氧化脱碳退火获得，我国主要生产黑心可锻铸铁。

可锻铸铁的生产分为两个步骤：第一步，浇注成为白口铸件；第二步，石墨化退火。如果在第一步的浇注过程中得到的不是完全的白口组织，有片状石墨存在，在随后的石墨化退火过程中分解的石墨会沿着原来的片状石墨析出，得到的石墨将不是团絮状。石墨化退火工艺是将白口铸件加热至 900～980℃保温约 15 h，使其组织中的渗碳体发生分解，得到奥氏体和团絮状的石墨组织。在随后缓冷过程中，从

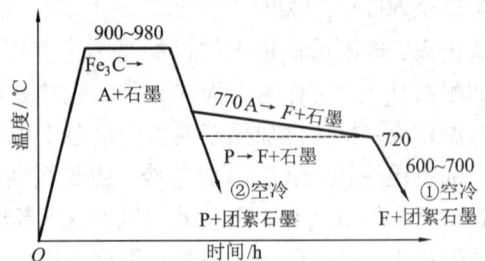

图 5－29　可锻铸铁的可锻化退火工艺曲线
① 铁素体可锻铸铁退火工艺；② 珠光体可锻铸铁退火工艺

奥氏体中析出二次石墨，并沿着团絮状石墨的表面长大；当冷却至 750～720℃时，奥氏体发生转变生成铁素体和石墨，最终得到铁素体可锻铸铁，其退火工艺曲线如图 5－29 中曲线①

所示，如果在共析转变过程中冷却速度较快，如图 5 - 29 中的曲线②所示，最终将得到珠光体可锻铸铁。

为了保证通常冷却条件下能获得完全的白口组织，可锻铸铁的化学成分应控制在 $w(C)$ 为 2.2% ~ 2.8%、$w(Si)$ 为 1.2% ~ 1.8%、$w(Mn)$ 为 0.4% ~ 1.2%、$w(P) < 0.1%$、$w(S) < 0.2%$。

可锻铸铁的组织特征：如图 5 - 29 中曲线①所示的生产工艺进行完全石墨化退火，获得铁素体基体可锻铸铁，在铁素体基体上分布着团絮状石墨，显微组织如图 5 - 30(a) 所示。若按图 5 - 29 中曲线②所示的生产工艺只进行第一阶段石墨化退火，获得珠光体基体可锻铸铁，在珠光体基体上分布着团絮石墨，其显微组织如图 5 - 30(b) 所示。

可锻铸铁的力学性能远优于灰铸铁，常用来制作一些截面较薄而形状较复杂、工作时受震动而强度、韧性要求较高的零件，因为这些零件如用灰铸铁制造，则不能满足力学性能要求，如用球墨铸铁铸造，易形成白口，如用铸钢制造，则因铸造性能较差，质量不易保证。

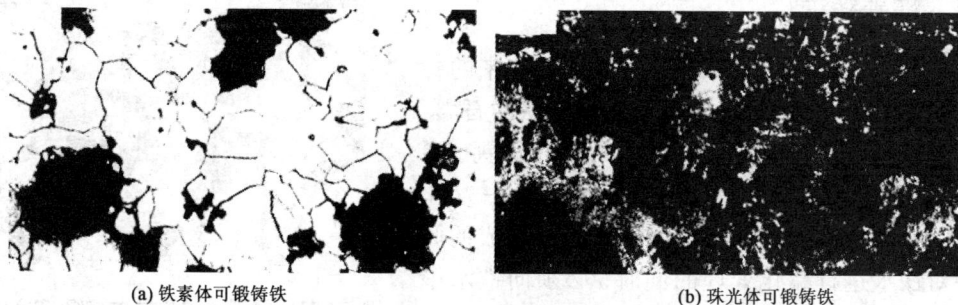

(a) 铁素体可锻铸铁　　　　　　　　(b) 珠光体可锻铸铁

图 5 - 30　可锻铸铁的显微组织(200 ×)

常用可锻铸铁的牌号、力学性能及应用举例，如表 5 - 18 所示。其牌号由"KTH"或"KTZ"及两组数字组成，"KTH"是"可铁黑"的汉语拼音字首，"KTZ"是"可铁珠"的汉语拼音字首，后面的两组数字中，第一组数字表示最小抗拉强度值，第二组数字表示最小伸长率值。

表 5 - 18　常用可锻铸铁的牌号、力学性能及应用举例(摘自 GB/T 9440—2010)

分类	牌　号	力学性能				应用举例
		R_m /MPa, $\geqslant$	$R_{p0.2}$ /MPa, $\geqslant$	A /%	硬度 /HBW	
黑心可锻铸铁	KTH275 - 05	275	—	5	≤150	弯头、管道、接头、三通、中压阀门、犁刀、螺丝扳手、犁柱、印花机盘头等
	KTH300 - 06	300		6		
	KTH330 - 08	330		8		汽车、拖拉机中的前后轮壳、差速器壳、制动器支架；农机中的犁刀、犁柱等
	KTH350 - 10	350	200	10		
	KTH370 - 12	370	—	12		

分类	牌 号	力学性能				应用举例
		R_m /MPa, ≥	$R_{p0.2}$ /MPa, ≥	A /%	硬度 /HBW	
珠光体可锻铸铁	KTZ450 – 06	450	270	6	150 ~ 200	曲轴、凸轮轴、连杆、齿轮、活塞环、摇臂、轴套、犁刀、耙片、万向接头、棘轮、扳手、传动链条、矿车轮等
	KTZ550 – 04	550	340	4	180 ~ 250	
	KTZ650 – 02	650	430	2	210 ~ 260	

注：试样直径为 12 mm 或 15 mm。

由于球墨铸铁的迅速发展，加之可锻铸铁退火时间长、工艺复杂、成本高，不少可锻铸铁零件已被球墨铸铁所代替。

5.7.4 蠕墨铸铁

蠕墨铸铁是 20 世纪 60 年代开始发展起来的一种新型铸铁材料，在钢基体上分布着蠕虫状的石墨，如图 5 – 31 所示。在浇注前用蠕化剂（稀土硅钙、稀土硅铁等）处理铁水以获得蠕虫状的石墨——蠕化处理。由于蠕化剂的添加有促进白口组织生成的倾向，在对铁水进行蠕化处理的同时，必须向铁水中加入一定数量的硅铁或硅钙进行孕育处理，保证得到细小均匀分布的石墨。

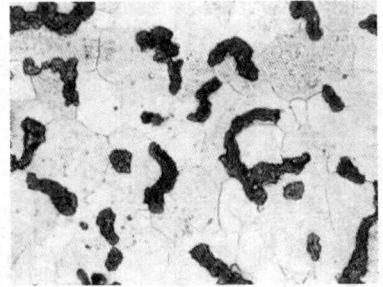

图 5 – 31 蠕墨铸铁的显微组织（200 ×）

蠕虫状石墨的外形介于片状石墨和球状石墨之间，与片状石墨相似，但片短、端部较圆、长厚比较小，对基体的割裂作用和引起应力集中程度介于片状石墨和球状石墨之间。蠕墨铸铁具有良好的综合性能，强度与球墨铸铁接近，具有一定的塑性、韧性，与灰铸铁一样具有良好的铸造性能和导热性，同时蠕墨铸铁具有优良的抗热疲劳性能和减震性能。常用于制造结构复杂、承受热循环载荷、强度要求高的铸件，如缸盖、玻璃模具、钢锭模、液压阀、气缸套、刹车盘等。蠕墨铸铁的牌号、力学性能和应用举例如表 5 – 19 所示。

表 5 – 19 蠕墨铸铁的牌号、力学性能和应用举例（摘自 GB/T 26655—2011）

牌 号	基体组织	力学性能（单铸试样）			硬度 /HBW	应用举例
		R_m/MPa	$R_{p0.2}$/MPa	A/%		
		≥				
RuT420	珠光体	420	335	0.75	200 ~ 280	活塞环、气缸套、制动盘、玻璃模具、制动鼓、钢珠研磨盘、吸淤泵体等
RuT380	珠光体	380	300	0.75	193 ~ 274	

牌　号	基体组织	力学性能(单铸试样)				应用举例
		R_m/MPa	$R_{p0.2}$/MPa	A/%	硬度/HBW	
		≥				
RuT340	珠光体 + 铁素体	340	270	1.0	170 ~ 248	带导轨面的重型机床件、大型龙门铣横梁,大型齿轮箱体、盖、座,制动鼓、飞轮、玻璃模具、起重机卷筒、烧结机滑板等
RuT300	珠光体 + 铁素体	300	240	1.5	140 ~ 217	排气管、变速箱体、气缸盖、纺织机零件、钢锭模、液压件、小型烧结机篦条等
RuT260	铁素体	260	195	3	121 ~ 197	增压器废气进气壳体,汽车、拖拉机的某些底盘零件等

注:蠕化率 V_G 不小于 50%(铸铁金相组织中蠕虫状石墨在全部石墨中所占的比例)

5.8　特殊性能铸铁

随着工业的发展,除了对铸铁有一般力学性能的要求外,常常还需要它们具有某些特殊性能,如耐热性、耐蚀性以及耐磨性等。为此,在铸铁中加入一定量的合金元素,以获得具有特殊性能的铸铁(或称合金铸铁)。合金铸铁与相似条件下使用的合金钢相比,熔炼简便、成本低廉,具有良好的使用性能。但由于合金元素较多,合金铸铁大多具有较大的脆性,力学性能较差。

5.8.1　耐磨铸铁

耐磨铸铁按其工作条件可分为两种类型:一种是在润滑条件下工作的,如机床的导轨、气缸套、活塞环、轴承等;另一种是干摩擦条件下工作的,如犁铧、轧辊、球磨机的衬板、磨球等。

①干摩擦条件下的耐磨铸铁应具有均匀的高硬度组织。白口铸铁硬度高、脆性大,不能承受冲击载荷。生产中常采用激冷的办法获得冷硬铸铁(称激冷铸铁或冷硬铸铁),即采用金属型来铸造铸件上要求耐磨的表面,其他部位采用砂型铸造,同时注意适当调整铁水的化学成分,利用高碳低硅,保证白口层深度,而心部为灰口铸铁,从而使整个铸件既有高的强度和耐磨性,又能承受一定的冲击。

为了进一步提高铸铁的耐磨性及其他力学性能,常加入 Cr、Mn、Mo、V、Ti、P、B 等合金元素,形成耐磨性更高的合金铸铁。

典型的耐磨铸铁材料是抗磨白口铸铁,具有高的硬度和耐磨性,具有一定的韧性。抗磨白口铸铁的牌号用汉语拼音首字母"BTM" + 合金元素符合及含量表示,依据 GB/T 8263—2010 的标准规定,抗磨白口铸铁的牌号有 BTMNi4Cr2 - DT、BTMNi4Cr2 - GT、BTMCr9Ni5、BTMCr2、BTMCr8、BTMCr12 - DT、BTMCr12 - GT、BTMCr15、BTMCr20、BTMCr26。抗磨白口铸铁件主要以硬度作为依据指标，铸态下的硬度在45HRC以上，硬化态的硬度在50HRC以上，故适合在磨料磨损条件下使用。

②在润滑条件下工作的耐磨铸铁的组织应为软基体上分布有硬的组织组成物，以便在磨合后使软基体磨损后形成沟槽，保持油膜。普通珠光体基体的铸铁基本符合要求，铁素体为软基体、渗碳体片为硬组织，石墨同时也可起储油和润滑作用。为进一步改善珠光体灰铸铁的耐磨性，可提高磷含量，形成铁素体或珠光体磷化物共晶（$F + Fe_3P$、$P + Fe_3P$ 或 $F + P + Fe_3P$），呈断续的网状分布，构成高硬度的组织组成物。生产上常用这种高磷铸铁制造机床导轨、汽车发动机缸套等零件。

近年来，我国还发展了钒钛耐磨铸铁、铬钼铜耐磨铸铁及廉价的硼耐磨铸铁，也具有优良的耐磨性能。

5.8.2　耐热铸铁

普通灰铸铁的耐热性较差，只能在小于400℃的温度下工作。研究表明，铸铁在高温下的损坏形式，主要是在反复加热、冷却过程中，发生相变和内氧化引起铸铁的"热生长"（体积膨胀）和微裂纹的形成。

为了提高铸铁的耐热性，第一种方法是在铸铁中加入硅、铝、铬等合金元素进行合金化，使铸铁表面形成一层致密的、稳定性高的氧化膜，如 SiO_2、Al_2O_3、Cr_2O_3 等，阻止氧化气氛渗入铸铁内部产生继续氧化，从而抑制铸铁的生长；第二种方法是对铁水进行球化处理或变质处理，使石墨转变成球状和蠕虫状，提高铸铁金属基体的连续性，减少氧化气氛渗入铸铁内部的可能性，从而有利于防止铸铁内部氧化和生长；第三种方法是提高铸铁的相变点，加入合金元素，使基体为单一的铁素体，这样使其在工作范围内不发生相变，从而减少因相变而引起的铸铁生长和微裂纹。

常用耐热铸铁的牌号、性能、使用温度及应用举例如表5-20所示。

表 5-20　常用耐热铸铁的牌号、性能、使用温度及应用举例（摘自 GB/T 9437—2009）

牌　号	室温力学性能		使用温度 /℃，≤	应用举例
	R_m/MPa，≥	硬度/HBW		
HTRCr2	150	207～288	600	适用于急冷急热的薄壁、细长件。用于煤气炉内灰盆、矿山烧结车挡板等
HTRCr16	340	400～450	900	可在室温及高温下作抗磨件使用。用于退火罐、煤粉烧嘴、炉栅、水泥焙烧炉零件、化工机械零件等
HTRSi5	140	160～270	700	用于炉条、煤粉烧嘴、锅炉用梳形定位析、换热器针状管、二硫化碳反应瓶等
QTRSi4Mo	520	188～241	680	用于内燃机排气歧管、罩式退火炉导向器、烧结机中后热筛板、加热炉吊梁等

牌　号	室温力学性能		使用温度 /℃，≤	应用举例
	R_m/MPa，≥	硬度/HBW		
QTRSi5	370	228～302	800	用于煤粉烧嘴、炉条、辐射管、烟道闸门、加热炉中间管架等
QTRAl4Si4	250	285～341	900	适用于高温轻载荷下工作的耐热件。用于烧结机箅条、炉用件等
QTRAl22	300	241～364	1100	适用于高温、载荷较小、温度变化较缓的工件。用于锅炉用侧密封块、链式加热炉炉爪、黄铁矿焙烧炉零件等

5.8.3　耐蚀铸铁

　　耐蚀铸铁是指在腐蚀介质中工作时具有耐蚀能力的铸铁，广泛地应用于化工部门，用来制造管道、阀门、泵类、反应锅及盛贮器等。

　　耐蚀铸铁的化学和电化学腐蚀原理以及提高耐蚀性的途径基本上与不锈耐酸钢相同。即加入大量的 Si、Al、Cr、Ni、Cu 等合金元素，提高铸铁基体的电极电位，使铸件表面形成牢固、致密而又完整的保护膜，阻止腐蚀继续进行。同时，铸铁组织最好是在单相组织的基体上分布着彼此孤立的球状石墨。

　　目前生产中，应用最广泛的耐蚀铸铁材料是高硅耐蚀铸铁，主要成分为 $w(C) \leqslant 1.2\%$、$w(Si)$ 为 $10\% \sim 15\%$，组织为含硅合金铁素体 + 石墨 + Fe_3Si（或 FeSi）。这种铸铁在硝酸、硫酸等含氧酸类中的耐蚀性不亚于 12Cr18Ni9 钢，而在碱性介质和盐酸、氢氟酸中，由于铸铁表面的 Fe_2SO_4 保护膜受到破坏，使耐蚀性下降。

　　依据 GB/T 8491—2009 的规定，高硅耐蚀铸铁材料的牌号有 HTSSi11Cu2CrR、HTS-Si15R、HTSSi15Cr4MoR 和 HTSSi15Cr4R。所有牌号的高硅耐蚀铸铁材料都适用于腐蚀的工况条件，HTSSi15Cr4MoR 尤其适用于强氯化物的工况条件，HTSSi15Cr4R 适用于阳极电板。

习　题

　　1. 合金钢中经常加入哪些合金元素？如何分类？

　　2. 合金元素 Mn、Cr、W、Mo、V、Ti 对过冷奥氏体的转变有哪些影响？

　　3. 合金元素对钢中基本相有何影响？对钢的回火转变有什么影响？

　　4. 何谓渗碳钢？为什么渗碳钢的碳含量均为低碳？合金渗碳钢中常加入哪些合金元素？它们在钢中起什么作用？

　　5. 何谓调质钢？为什么调质钢的碳含量均为中碳？合金调质钢中常加入哪些合金元素？它们在钢中起什么作用？

　　6. 弹簧钢的碳含量应如何确定？合金弹簧钢中常加入哪些合金元素？最终热处理工艺如何确定？

7. 滚动轴承钢的碳含量如何确定? 钢中常加入的合金元素有哪些? 其作用如何?

8. 用 9SiCr 制造的圆板牙要求具有高硬度、高的耐磨性、一定的韧性,并且要求热处理变形小。试编写加工制造的简明工艺路线,说明各热处理工序的作用及板牙在使用状态下的组织及大致硬度。

9. 何谓热硬性? 为什么 W18Cr4V 钢在回火时会出现"二次硬化"现象? 65 钢淬火后硬度可达 $60 \sim 62HRC$,为什么不能制造车刀等要求耐磨的工具?

10. W18Cr4V 钢的淬火加热温度应如何确定(Ac_1 约为 820℃)? 若按常规方法进行淬火加热能否达到性能要求? 为什么? 淬火后为什么进行 560℃的三次回火?

11. 试述用 CrWMn 钢制造精密量具(块规)所需的热处理工艺。

12. 用 Crl2MoV 钢制造冷作模具时,应如何进行热处理?

13. 与马氏体不锈钢相比,奥氏体不锈钢有何特点? 为提高其耐蚀性可采取什么工艺?

14. 常用的耐热钢有哪几种? 合金元素在钢中起什么作用? 用途如何?

15. 试比较各类铸铁之间性能的优劣顺序,与钢相比较铸铁性能有什么优缺点?

16. 影响石墨化的主要因素有哪些? 各是如何影响的?

17. 铸铁分为哪几类? 其最基本的区别是什么?

18. 在铸铁的石墨化过程中,如果第一、第二阶段完全石墨化,第三阶段完全石墨化、或部分石墨化、或未石墨化时,各获得哪种组织的铸铁?

第6章
非铁金属材料

【概述】

◎通常将铁及其合金(钢、铸铁)称为黑色金属材料,而把非铁金属及其合金称为有色金属材料。与黑色金属相比,有色金属具有许多优良特性,例如铝、镁、钛等金属及其合金具有密度小、比强度(强度/密度)高的特点,在飞机、汽车和船舶制造等工业中应用十分广泛;又如银、铜、铝等金属及其合金的电导性、热导性能好,是电气、仪表工业不可缺少的材料;再如钨、钼、钽、铌等金属及其合金的熔点高,是制造耐高温零件及电真空元件的理想材料。本章主要介绍在机械、仪表、飞机等工业中广泛使用的铝、铜、钛及其合金、轴承合金以及粉末冶金材料等。

6.1　铝及铝合金

在金属材料中,铝及铝合金的应用仅次于钢铁,而在有色金属中占首位。铝及铝合金能得到广泛的应用,除了资源丰富、容易制取和成本较低廉外,尤为重要的是它具有一系列可贵的特性,如密度低、比强度高、导电和导热性好、耐蚀性好等。

6.1.1　工业纯铝

(1)工业纯铝的主要特性

铝的熔点为660.4℃,在固态具有面心立方晶体结构,塑性好($A_{11.3}$为30%～50%,Z为80%),可进行冷热压力加工,一般做成线、丝、箔、片、棒、管材等使用。铝的密度低,为2.72 g/cm^3,仅为铁的1/3,属于轻金属。

铝的电导性和热导性好,广泛用于电气工业及热传导机械中。铝的磁导率低,接近非铁磁材料。铝的化学活泼性极高,标准电极电位很低(-1.67 V),极易在铝的表面生成一层与铝结合很牢固的致密的Al_2O_3薄膜,阻止氧向金属内部扩散和进一步氧化,抗大气腐蚀性能好。铝在淡水、食物中也具有很好的耐蚀性。但在碱和盐的水溶液中,氧化膜易被破坏,因此不能用铝制作盛碱和盐溶液的容器。无磁性和冲击不会产生火花是纯铝的可贵特性,所以常用于制作如仪表材料,电气设备的屏蔽材料,易燃、易爆物的生产器材等。

纯铝的强度低,R_m仅为70 MPa,可通过冷加工强化或加入合金元素及其热处理强化。铝

在 -253 ~ 0℃范围的低温或超低温下也具有良好的塑性和韧性。

纯铝中的主要杂质是 Fe 和 Si,其次尚有 Cu、Zn、Mn、Ni、Ti 等。铝中的杂质主要是由冶炼原料铁钒土带入。生产实践证明,Fe 和 Si 的含量及相对比例(通常称为铁硅比)对纯铝的工艺性能和使用性能影响很大。冶炼后杂质常以 Si、$FeAl_3$ 和 $Fe_2Al_6Si_3$ 形式存在,一般都存在于晶界处,使铝的强度和塑性降低。铝中的杂质在有电解质溶液的条件下形成微电池,使 Al 受到腐蚀,因此必须加以限制。

(2)纯铝的牌号及应用

纯铝按纯度可分为工业纯铝、工业高纯铝、高纯铝三类,工业上广泛使用的纯铝主要是工业纯铝和工业高纯铝。

①工业纯铝:纯度为 98.0% ~ 99.0%,牌号有 L1、L2、L3、L4、L5、L6 和 L7。铝材用汉语拼音第一个字母"L"表示,数字越大,纯度越低。

L1、L2、L3 用于高导电体、电缆、导电机件和防腐机械;L4、L5、L6 用于器皿、管材、棒材、型材和铆钉等;L7 用于日用品。

②工业高纯铝:一般定为纯度为 99.90% ~ 99.99% 的铝。中国塑性变形加工工业高纯铝的牌号有 1A99(LG5)、1A97(LG4)、1A95、1A93(LG3)、1A90(LG2)、1A85(LG1)(括号前为新牌号、括号内为旧牌号),以 1A99 的纯度最高(99.99%),依次下降,1A85 的纯度为 99.85%。主要杂质为铁、硅和铜。

工业高纯铝除具有铝的一般特性外,由于纯度高,导电、导热性能好,退火状态 20℃时的电导率为 64.5% IACS;经电解抛光的表面对可见光的反射率高,可达 85% ~ 90%;抗腐蚀性能和焊接性能极好;切削性能差;强度比工业纯铝的低,并随冷变形量的增大而提高,以 1A99 为例,冷变形量为 10% ~ 75% 时,R_m 为 59 ~ 120 MPa,$R_{p0.2}$ 为 57 ~ 115 MPa,Z 为40% ~ 50%。强度差别取决于晶粒的大小和杂质铁、硅、铜含量。铝的纯度越高,再结晶温度越低,纯度≥99.99%,在 16℃即可发生再结晶,因此容易引起晶粒粗大化。此外,纯度较高的铝在熔炼时也容易受杂质污染。

工业高纯铝主要做电解电容器用的阳极箔、电容器引线、集成电路导线、真空蒸发材料、超导体的稳定导体、磁盘合金和高断裂韧性铝合金的基体金属,以及在科研、化工等方面的特殊用途。

6.1.2 铝合金及其应用

铝合金产品

纯铝因硬度和强度低,不适宜作受力的机械结构零件。向铝中加入适量的合金元素制成铝合金,可改变其组织结构,提高其性能。常加入的合金元素有铜、镁、硅、锌、锰等,有时还辅加微量的钛、锆、铬、硼等元素。这些合金元素通过固溶强化和第二相强化作用,可提高强度并保持纯铝的特性。不少铝合金还可以通过冷变形和热处理方法,进一步强化,其抗拉强度可达 500 ~ 1000 MPa,相当于低合金结构钢的强度,因此,用铝合金可以制造承受较大载荷的机械零件和构件,成为工业中广泛使用的有色金属材料。

(1)铝合金的分类

铝合金一般都具有如图 6 - 1 所示的相图。它们的共同特点是有以 Al 为基的 α 固溶体、(α + β)共晶体,D 点是固溶体溶解度的极限。根据该相图可将铝合金分为变形铝合金和铸造铝合金两类。

①变形铝合金(锻造铝合金)：合金成分小于 D 点，在加热时均能形成单相固溶体，具有良好的塑性，适于锻造、轧制和挤压等压力加工，故称为变形铝合金。其中，合金成分小于 F 点时，其固溶体成分不随温度而变化，不能进行热处理，故称不能热处理强化的铝合金，也称不时效强化铝合金，只能用冷加工硬化的方法来强化。成分在 $F \sim D$ 之间的铝合金，其固溶体成分随温度而变化，即有固溶线 DF，此时可将合金加热到 DF 线以上用急冷的方法使高温状态的固溶体保留

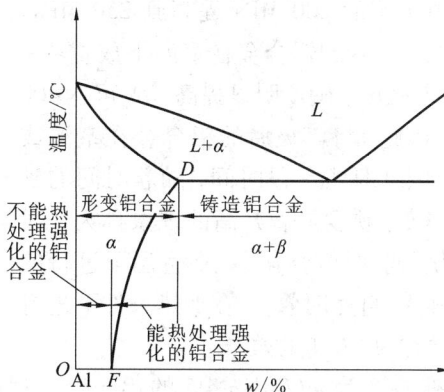

图 6-1　铝合金分类示意图

到室温，形成过饱和固溶体，它处于不稳定状态，随时间延长将有第二相(化合物)析出，致使合金硬化，即时效强化。凡是有固溶线强化的铝合金，因为可以用热处理方法强化，故也称能热处理强化铝合金。

②铸造铝合金：合金成分大于 D 点时可发生共晶反应，其组织中除单相固溶体外，还有低熔点共晶组织，流动性好，适于铸造，故称为铸造铝合金。应当指出，有些铝合金，如耐热铝合金，成分虽然大于 D 点，但既可以铸造又可以压力加工，所以 D 点只是一个理论分界线，而不是区分铝合金类型的绝对标准。

(2)铝合金的主要强化途径

提高铝及铝合金强度的主要途径有：冷变形(加工硬化)、热处理(时效强化)和变质处理(细晶强化)。以下只介绍时效强化方法。

铝合金的热处理是固溶(淬火)+时效处理。其强化效果是依靠时效过程中所产生的硬化来实现的。现以 Al-Cu 合金为例，讨论其时效硬化的基本规律。

图 6-2 是 Al-Cu 合金相图，由图可以看出，铜在铝中的溶解度是随温度升高而增加，在共晶温度 548℃时，Cu 在 Al 中的溶解度为 5.65%，在室温时，铜在铝中溶解度不到 0.5%。在固溶线温度以上为 α 固溶体，在固溶线温度以下为 $\alpha + \theta(Al_2Cu)$ 组织。其 α 是 Cu 溶入 Al 形成的置换式固溶体，具有面心立方结构，而 θ 是 Al 和 Cu 形成的金属化合物 Al_2Cu，是正方点阵结构，硬度为 500 HBW，较脆。

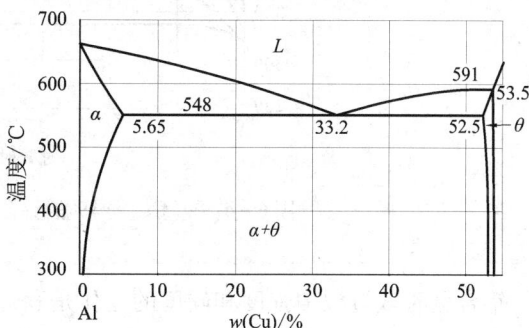

图 6-2　Al-Cu 合金相图的铝端部分

将含铜量为 0.5% ~ 5.65% 的铝合金(如 $w(Cu)=4\%$ 的铝合金)加热到高于固溶度曲线的某一温度(如 550℃)并保温一段时间后，得到均匀的单相 α 固溶体，然后将其急冷(类似于淬火)，使第二相 $\theta(Al_2Cu)$ 来不及从 α 固溶体中析出，而获得不稳定的过饱和 α 固溶体组织，这种处理过程称为固溶处理(淬火)。此时，由于 α 相产生固溶强化，使该合金的抗拉强

度由退火态的 200 MPa 提高到 250 MPa。
然后把淬火后的铝合金在室温下放置 4~
5 天,其强度、硬度明显提高,R_m 可达 400
MPa。因此,将淬火后的铝合金在室温或
低温加热下保温一段时间,随着时间的延
长其强度、硬度显著升高的现象称为"时
效硬化"或"时效强化"。在室温下进行的
时效称为"自然时效",在加热条件下进行
的时效称为"人工时效"。

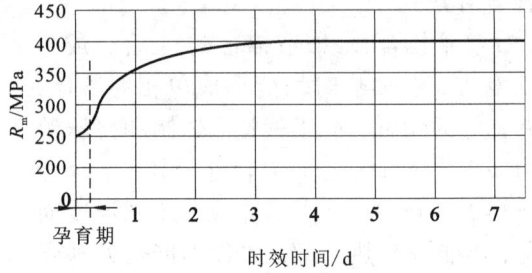

图 6 - 3　$w(Cu) = 4\%$ 的铝合金自然时效曲线

　　图 6 - 3 为 $w(Cu) = 4\%$ 的铝合金自然时效的曲线。由图可知,时效初期,强度变化很
小,在最初几小时内强度不发生明显变化,这一时期称为孕育期,此时合金塑性很好,在生
产中可利用孕育期进行合金的铆接、弯曲和矫直等加工。时效进行到 5~15 h 强化速度最大,
4~5 天后强度达到最高值,以后强度不再发生明显变化。

　　图 6 - 4 为 $w(Cu) = 4\%$ 的铝合金在不同温度下的时效曲线。可以看出,人工时效(100~
200℃)比自然时效的强化效果低,时效温度愈高,时效速度愈快,但强化效果愈低。时效温
度过高或时间过长,会使合金软化,这种现象称为过时效。当温度低于 -50℃时,孕育期很
长,过饱和 α 固溶体可保持相对稳定,即低温可以抑制时效进行。

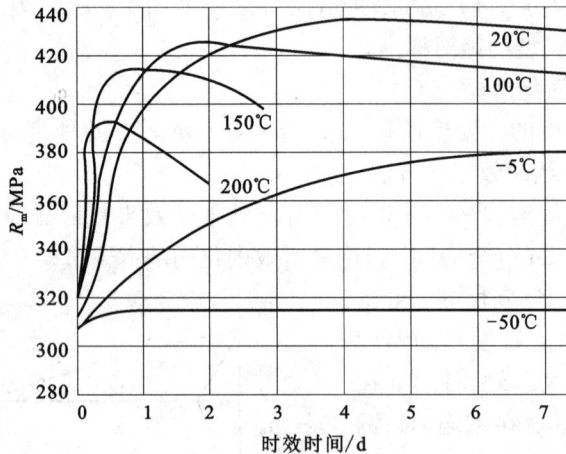

图 6 - 4　$w(Cu) = 4\%$ 的铝合金不同温度的时效曲线

　　铝合金时效过程中强度和硬度的变化是和合金中结构和组织的变化相联系的。$w(Cu) =
4\%$ 的铝合金的时效过程如下:

　　第一阶段:在急冷状态下的 α 固溶体中,Cu 原子在 Al 中是无序、任意分布的。时效初
期,即时效温度低或时效时间短时,在 α 固溶体的(110)晶面上聚集了较多的 Cu 原子,称为
富 Cu 区,也称为 GP 区(G 和 P 是两个法国人 Guinler 和 Preston 的名字的字头)。这种 GP 区
只是由于 Cu 原子的偏聚引起,称为 GP (Ⅰ)区,它的直径约为 40~50Å,其厚度只有几个原
子间距,成圆片状,没有完整的晶体结构,与母相(基体)共格,并保留在母相晶格中,但与
母相没有界面。由于 Cu 原子的偏聚,使 GP 区附近的晶格发生很大的畸变,阻碍位错运动,

190

引起合金强化。

第二阶段：随时间延长或温度升高，Cu 原子集聚扩散，GP 区逐渐变厚，直径长大，而且 Cu 和 Al 原子呈规则有序排列，形成 GP（Ⅱ）区，又称 θ 相，其直径为 100 ~ 400Å（10 ~ 40nm），厚度为 10 ~ 40Å（1 ~ 4 nm），它虽与母相共格相连，并以相同晶格形式存在，但因尺寸不同而产生更加严重的畸变强化，使强化达到最高阶段。

第三阶段：随时间延长或温度升高，在 GP（Ⅱ）区的基础上形成了新的过渡相 θ'，其成分与 θ 相（Al_2Cu）相同，具有正方结构，其晶格的两个棱边 $a = b$，并与母相晶格常数相同，但另一个晶格常数 c 略显收缩。θ' 已部分与母相晶格脱离关系，即大部分还与母相有共格关系，但基体晶格畸变已减轻，阻碍位错运动的作用减小，合金趋向于软化。

第四阶段：随着时效时间的再延长或温度的再升高，过渡相 θ' 继续长大，共格面附近的畸变也随之增加，达到一定程度后，θ' 与母相共格关系完全被破坏，并脱离了母相，形成具有正方点阵结构的独立晶格的晶体。在高倍光镜下可见第二相（θ 相）质点，合金的畸变减小，时效强化效果降低，合金软化，这种现象称为过时效。

总之，$w(Cu) = 4\%$ 的铝合金在时效过程中其结构的变化顺序是由过饱和 α 固溶体→GP（Ⅱ）区→GP（Ⅱ）区，它们是合金强化的主要结构，并在 GP（Ⅱ）区的末期和 θ' 相的初期使合金强化达到峰值。到 θ' 相后期已开始软化，当 θ 相大量出现，软化非常严重，达到过时效。

从以上分析可以看出，铝合金的时效强化是由于大量的小片状的 GP 区弥散在合金内部，阻碍了滑移，使合金强度升高，其实质是由于大量 GP 区与母相共格关系的出现，使合金中的位错在基体上通过比较困难，位错线遇到 GP 区将发生弯曲，此时位错移动将需要的外加应力就要加大，使合金强度提高。因此用时效强化要考虑用最大的冷速来达到最大的过饱和度、最佳温度和最佳时间，只有这样，才能达到最好效果。

（3）变形铝合金

铝合金由于比强度高，用它代替某些钢铁材料，可减轻机械产品的重量，因此，铝合金在机械、电子、化工、仪表、航空航天等部门得到了广泛应用。变形铝及铝合金的牌号表示方法和分类，如表 6 - 1 和表 6 - 2 所示。

表 6 - 1　变形铝及铝合金牌号表示方法（摘自 GB/T 16474—2011）

组　别	牌号表示方法
纯铝（铝含量不小于 99.00%）	1 × × ×
以铜为主要合金元素的铝合金	2 × × ×
以锰为主要合金元素的铝合金	3 × × ×
以硅为主要合金元素的铝合金	4 × × ×
以镁为主要合金元素的铝合金	5 × × ×
以镁和硅为主要合金元素，并以 Mg_2Si 为强化相的铝合金	6 × × ×
以锌为主要合金元素的铝合金	7 × × ×
以其他元素为主要合金元素的铝合金	8 × × ×
备用合金组	9 × × ×

表 6-2 常用变形铝合金的牌号、化学成分及力学性能(摘自 GB/T 3190—2008 和 GB/T 3191—2010)

类别	合金系统	牌号(代号)	化学成分 w/%					力学性能		
			Cu	Mg	Mn	Zn	其他	R_m/MPa	$R_{p0.2}$/MPa	A/%
防锈铝合金	Al-Mg	5A02(LF2)		2.0~2.8	0.15~0.4			170	70	—
	Al-Mg	5A05(LF5)		4.8~5.5	0.3~0.6			265	120	15
	Al-Mn	3A21(LF21)			1.0~1.6			≤165	—	20
硬铝合金	Al-Cu-Mg	2A02(LY2)	2.6~3.2	2.0~2.4	0.45~0.70			430	275	10
	Al-Cu-Mg	2A11(LY11)	3.8~4.8	0.4~0.8	0.4~0.8			370	215	12
	Al-Cu-Mg	2A12(LY12)	3.8~4.9	1.2~1.8	0.3~0.9			390	255	12
	Al-Cu-Mn	2A16(LY16)	6.0~7.0		0.4~0.8		Ti:0.1~0.2	355	235	8
超硬铝合金	Al-Zn-Mg-Cu	7A04(LC4)	1.4~2.0	1.8~2.8	0.2~0.6	5.0~7.0	Cr:0.1~0.25	490	370	7
	Al-Zn-Mg-Cu	7A09(LC9)	1.2~2.0	2.0~3.0	0.15	5.1~6.1	Cr:0.16~0.30	490	370	7
锻铝合金	Al-Cu-Mg-Si	2A50(LD5)	1.8~2.6	0.4~0.8	0.4~0.8		Si:0.7~1.2	355	—	12
	Al-Cu-Mg-Si	2A14(LD10)	3.9~4.8	0.4~0.8	0.4~1.0		Si:0.6~1.2	440	—	10
	Al-Cu-Mg-Fe-Ni	2A70(LD7)	1.9~2.5	1.4~1.8			Ti:0.02~0.10 Ni:0.9~1.5 Fe:0.9~1.5	355	—	8

用变形铝和铝合金可制成棒、板、带、线、型材、管材、箔材及锻件用，因此，要求这类合金要具有较好的塑性。变形铝合金可以分为热处理不强化的变形铝合金和热处理强化的变形铝合金。

①热处理不强化的变形铝合金：这类合金包括 Al－Mn 系合金和 Al－Mg 系合金，其成分及组织比较简单，塑性好，焊接性能也好，并且具有良好的低温性能。最大的特性是具有优良的耐蚀性，所以称为防锈铝合金。这类合金的牌号以汉语拼音铝防 LF 为字头，后面的数字为合金顺序号。

Al－Mn 系防锈铝合金：以 Mn 为主要合金元素，其中还有适量的 Mg 和少量的 Si、Fe 等元素，Mn 和 Mg 可提高合金的抗蚀性和塑性，并起固溶强化作用。常见的合金牌号是 3A21、3003、3103、3004，其抗蚀性和强度比纯铝高，并有良好的塑性和焊接性能，但因太软而切削加工性能不良。主要用于焊接零件、容器、管道或需用深延伸、弯曲等方法制造的低载荷零件、制品及铆钉等。

Al－Mg 系防锈铝合金：常见代号有 LF2、LF5、LF6、LF11 等。这类合金是以 Mg 为主要合金元素（一般为 2% ～10%），再加入适量的 Mn 和少量的 Si、Fe 等元素。这些合金元素的主要作用是：镁起固溶强化作用，提高抗蚀性，并使合金的密度降低；锰可以提高铝合金的抗蚀能力，并起固溶强化作用；Si、Fe 主要起固溶强化作用。

防锈铝合金锻造退火后形成单相固溶体，其特点是时效极微弱，不能用时效热处理强化，属于不能热处理强化的铝合金，只能用冷加工硬化方法进行强化。LF5、LF11 的密度比纯铝小，强度比 Al－Mn 合金高，具有高的抗蚀性和塑性，焊接性能良好，但切削加工性差。主要用于焊接容器、管道以及承受中等载荷的零件及制品，也可用于制作铆钉等。

②热处理强化的变形铝合金：热处理可强化的变形铝合金抗蚀性和焊接性稍差，但其强度可以通过淬火和时效得到显著提高。因此，这类合金在铝合金中占据很重要的地位，并且品种多、用途广。根据合金元素的不同分为 Al－Cu－Mg 系合金、Al－Zn－Mg 系合金、Al－Mg－Si 系合金、Al－Mg－Si－Cu 系合金等。

硬铝合金：常用代号有 LY2、LY11、LY12 等。LY 是"铝"和"硬"的汉语拼音的字头。后面的数字为合金顺序号，这类合金也称杜拉铝，属于 Al－Cu－Mg 系合金，含有少量的 Mn。Cu 和 Mg 是为了形成强化相 Al_2Cu（θ 相）和 Al_2CuMg（S 相），Mn 主要是提高合金的抗蚀性，并有一定的固溶强化作用，但 Mn 的析出倾向小，不参与时效过程，有时还可加入钛和硼以细化晶粒和提高合金强度。这类合金可用时效热处理强化，也可用冷变形加工强化。

LY2、LY10 等合金属于低合金硬铝，其中 Mg、Cu 含量较低，塑性好，强度低。可采用固溶处理和自然时效提高其强度和硬度，时效速度较慢，主要用于制作铆钉，常称为铆钉硬铝。

LY11 等合金属于合金元素含量中等、塑性和强度均属中等的标准硬铝。退火后变形加工性能良好，时效后切削性能也好。主要用于轧材、锻材、冲压件以及螺旋桨叶片和大型铆钉等重要零部件。

LY12、LY6 等合金元素含量较多，强度和硬度较高，塑性及变形加工性能较差，也称为高合金硬铝。固溶处理和时效后的强化效果比 LY11 更高，用于航空模锻件和重要的轴、销等零件。

硬铝合金的缺点：耐蚀性差，易产生晶间腐蚀，特别是在海水中更差。为了提高其耐蚀能力，常在硬铝表面包覆一层纯铝，称为包铝，其厚度约为硬铝板厚的 4% ～8%；固溶处理加热温度范围窄，一般温度波动范围不应超过 ±5℃，若加热温度过低，则因溶入固溶体的铜量和镁量不足，致使时效后强度和塑性偏低，反之如果过高，则固溶体晶界将发生熔化，产生"过烧"，致使零件报废。所以热处理时必须严格控制加热温度。

超硬铝合金：常用代号有 LC4、LC6 等。LC 是"铝"和"超"的汉语拼音的字头，后面的数字为合金的顺序号。这类合金属于 Al－Zn－Mg－Cu 系合金，含有少量的铬和锰。Zn、Mg、Cu 和 Al 能形成固溶体和多种复杂的强化相，例如 θ 相、S 相、Zn_2Mg 相（η 相）和 $Al_2Mg_3Zn_3$（T 相）等，所以这类合金是经固溶处理和时效后获得的强度最高的一种铝合金。铬和锰能提高合金的强度和耐蚀性。

这类合金的缺点，一是受热后易软化，工作温度不能超过 120℃，二是抗腐蚀性差，常用包铝来提高其耐蚀性。

超硬铝合金多用于制造受力较大的结构件，如飞机大梁、起落架、飞机蒙皮等。

锻铝合金：常用代号有 LD5、LD7 等，LD 是"铝"和"锻"的汉语拼音的字头，数字表示顺序号。这类合金属于 Al－Mg－Si－Cu 系合金和 Al－Cu－Mg－Ni－Fe 系合金，合金中元素种类多，但数量少，具有良好的热塑性和锻造性，并有较高的力学性能，耐热性好。合金中的强化相有 θ 相、S 相、Mg_2Si（β 相）和 Al_3FeNi 等。主要用于承受重载荷的锻件和模锻件，例如航空发动机活塞、直升机的桨叶等。

（4）铸造铝合金

铸造铝合金是铝合金的一个重要组成部分，生产中许多重要的、形状复杂的铝合金零件都是由铸造方法获得的。常用铸造铝合金的牌号、成分、铸造方法、合金状态、力学性能及用途如表 6－3 所示。为了使合金有良好的铸造性和足够的强度，合金中要有适量的低熔点共晶组织。因此，其合金元素含量比变形铝合金要多些，其合金元素总质量分数可达 8%～25%。根据主要合金元素的不同，可分为 Al－Si 系合金、Al－Cu 系合金、Al－Mg 系合金和Al－Zn 系合金四类。

铸造铝合金的代号由 Z（铸）Al 以及主要合金元素的化学符号及其平均质量分数（%）组成，如 ZAlSi12 表示含硅为 12%，含铝为 88% 的铸造铝硅合金。

铸造铝合金的代号用 ZL 加三位数字表示，ZL 为"铸"和"铝"二字汉语拼音的字头，第一位数字表示合金类别，第二、三位数字表示顺序号。例如，

Al－Si 系用 ZL101、ZL102、…、ZL110 等表示；Al－Cu 系用 ZL201、ZL202、…表示；Al－Mg 系用 ZL301、ZL302、…表示；Al－Zn 系用 ZL401、ZL402、…表示。

这类合金主要用于制造重要的、形状复杂的铝合金零部件，如汽车、拖拉机发动机的活塞，飞机发动机的汽缸体，增压器的缸体，曲轴箱等。

①Al－Si 系铸造合金：Al－Si 系铸造合金又称"硅铝明"。Al－Si 合金相图如图 6－5 所示，共晶成分硅含量为 12.5%，共晶温度为 577℃，相当于 ZL102 合金成分。由于它有低熔点的共晶组织（α＋Si），其优点是铸造性能好，并且有较好的耐蚀性与耐热性。该组织是在 α 基体上分布着粗大的针片状 Si 晶体，强度和塑性都很低。为提高 ZL102 合金的性能，常进行变质处理，即在浇注前在合金中加入占合金总质量 2%～3%（常用 2/3NaF＋1/3NaCl）的钠盐混合物或质量分数为 0.1% 的纯钠变质剂。促进 Si 晶体的形核，阻碍 Si 晶体的长大，并使Al－Si 合金相图上的共晶成分和共晶温度，即共晶点向右下方移动，获得亚共晶组织 α＋（α＋Si）。由于合金结晶时产生了大量的结晶核心，从而细化了晶粒，使合金的强度和塑性提高。ZAlSi12 合金变质前后的铸态组织如图 6－6 所示。

表 6-3 常用铸造铝合金的牌号、成分、铸造方法、合金状态、力学性能及用途（摘自 GB/T 1173—2013）

类别	牌号	代号	化学成分/%							铸造方法	合金状态	力学性能, ≥			用途
			Si	Cu	Mg	Mn	Ti	Al	其他			R_{m} /MPa	A /%	硬度 /HBW	
铝硅合金	ZAlSi7Mg	ZL101	6.50~7.50		0.25~0.45			余量		S、J、R、K	F	155	2	50	飞机、仪器零件
	ZAlSi12	ZL102	10.00~13.00					余量		SB、JB、RB、KB	F	145	4	50	仪表、抽水机壳体等外形复杂零件
	ZAlSi9Mg	ZL104	8.00~10.50		0.17~0.35	0.20~0.50		余量		S、J、R、K	F	150	2	50	电动机壳体、汽缸体等
	ZAlSi5Cu1Mg	ZL105	4.50~5.50	1.00~1.50	0.40~0.60			余量		S、J、R、K	T1	155	0.5	65	风冷发动机汽缸头、油泵壳体等
	ZAlSi2Cu1Mg1Ni1	ZL109	11.00~13.00	0.50~1.50	0.80~1.30			余量	Ni:0.80~1.50	J	T1	195	0.5	90	活塞及高温下工作的零件
铝铜合金	ZAlCu5Mn	ZL201		4.50~5.30		0.60~1.00	0.15~0.35	余量		S、J、R、K	T4	295	8	70	内燃机汽缸头、活塞等
	ZAlCu10	ZL202		9.00~11.00				余量		S、J	F	104	—	50	高温不受冲击的零件
铝镁合金	ZAlMg10	ZL301			9.50~11.00			余量		S、J、R	T4	280	9	60	舰船配件
	ZAlMg5Si1	ZL303	0.80~1.30		4.50~5.50	0.10~0.40		余量		S、J、R、K	F	143	1	55	氨用泵
铝锌合金	ZAlZn11Si7	ZL401	6.00~8.00		0.10~0.30			余量	Zn:9.00~13.00	S、R、K	T1	195	2	80	结构形状复杂的汽车、飞机仪器零件
	ZAlZn6Mg	ZL402			0.50~0.60	0.20~0.50	0.15~0.25	余量	Zn:5.00~6.50 Cr:0.40~0.60	J	T1	220	4	65	结构形状复杂的汽车、飞机仪器零件

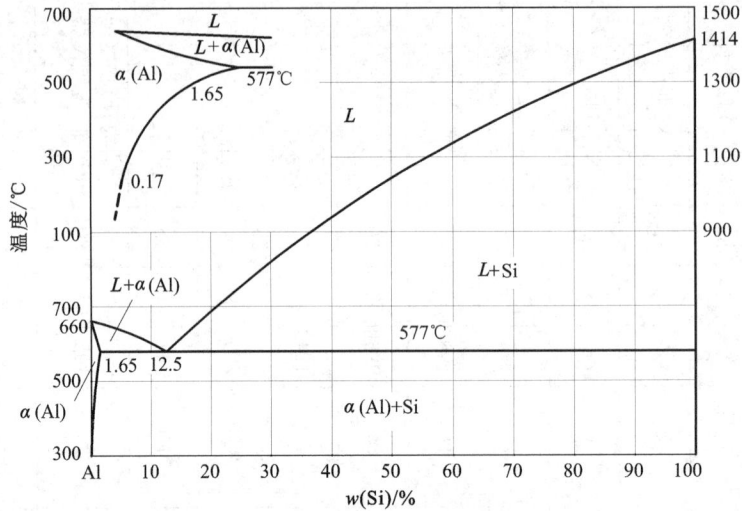

图 6-5　Al-Si 合金相图

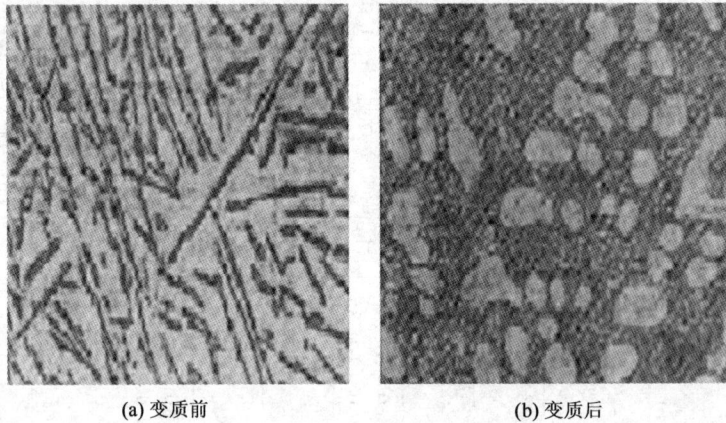

(a) 变质前　　　　　　　　　　　　(b) 变质后

图 6-6　ZAlSi12 合金的铸态组织(200×)

ZL102 铸造铝合金，也称简单 Al-Si 铸造合金，其铸造性和焊接性均好，抗蚀性和耐热性亦尚可，但时效热处理强化效果很小、强度低。为了提高强度，在合金中加入 Cu、Mg 等元素，使之形成强化相 Al_2Cu、Mg_2Si、Al_2CuMg 等，以得到能进行时效强化的特殊铸造铝合金，也可进行变质处理，获得较高的力学性能。这类合金具有铸造性能好，而且又有耐磨、耐蚀、耐热、膨胀系数小等优点，故应用广泛。常用来制造内燃机活塞、汽车缸体、风扇叶片等。常用的牌号有 ZL101、ZL102、ZL104、ZL107、ZL109 和 ZL110 等。

②Al-Cu 系铸造铝合金：Al-Cu 系铸造铝合金是应用最早的一种铸造合金，由于主要强化相是 θ 相(Al_2Cu)，具有高的热处理效果和热稳定性，适用于铸造高温铸件。这类合金具有较高的强度和塑性，并具有很好的耐热性能，但铸造性和耐蚀性差，因此常用于要求高强度和高温(300℃以下)条件下工作的零件。典型的牌号有 ZL201、ZL202、ZL203 等。

③Al-Mg 系铸造铝合金：又称耐蚀铸造铝合金。其优点是耐蚀性好、强度高、密度小(2.55 g/cm³)，具有良好的切削加工性能。缺点是铸造性能差，熔炼和铸造时容易氧化，铸件

196

的耐热性能差。Al - Mg 系铸造铝合金常用于制造承受冲击载荷、在腐蚀介质中工作、而外形不复杂、便于铸造的零件,如舰船的机械零件、氨用泵体等。常用的牌号有 ZL301、ZL302 等。

④Al - Zn 系铸造铝合金:这类合金价格便宜,具有良好的铸造性能、切削加工性能、焊接性和尺寸稳定性,铸态有明显的时效强化能力,经变质处理和时效处理后强度高。其缺点是耐蚀性差,铸造时热裂倾向大,从而使应用范围受到限制。常用于制造汽车、拖拉机、发动机的零件,以及形状复杂的仪器零件和医疗器械等。常用牌号有 ZL401、ZL402 等。

6.2　铜及铜合金

6.2.1　工业纯铜

铜是人类最早使用的金属,至今也是应用最广的金属材料之一。在有色金属中,铜的产量仅次于铝。紫铜容易和氧化合,表面形成氧化铜薄膜后,外观呈紫红色,故又称紫铜。由于纯铜常用电解方法制得,也称为电解铜。纯铜具有良好的导电性、导热性、耐蚀性、可焊,并可通过冷热压力加工制成管、棒、线、板、带等材料,工业上广泛用于制作导电、导热、耐蚀的器材。

纯铜的熔点为 1083℃,密度为 8.93g/cm³,比钢的密度大 15% 左右;具有高的导电性、导热性和耐腐蚀性。

(1)纯铜的性能

①导电、导热性:纯铜最突出的性能是具有高的导电性、导热性,仅次于银而居第二位。工业上纯铜用作各种导线、电缆、电器开关等导电器材和各种冷凝管、散热管、热交换器、真空电弧炉的结晶器等。杂质对铜的导电、导热性影响很大,所有杂质和加入的元素,都不同程度地降低铜的导电、导热性能。固溶于铜的元素(除 As、Cd 外)对铜的导电、导热性能降低较多,而呈第二相析出的元素则对铜的导电、导热性能降低较少。冷变形对铜的导电、导热性能影响不大,与其他强化方法(如固溶强化)相比,冷加工后导电性的降低要小得多,所以冷加工是强化导电材料比较满意的方法,有些铜导线(如架空用线)常通过冷加工来提高其强度和硬度。也有用 Al_2O_3 弥散强化的方法来提高其强度,又不使其导电率明显降低。

②耐蚀性:铜的标准电极电位为 +0.345 V,比氢高,在水溶液中不能置换氢,因此,铜具有良好的化学稳定性,在大气、淡水及冷凝水中均有优良的抗蚀性能;但在海水中耐蚀性差,易被腐蚀。纯铜在含有 CO_2 的湿空气中其表面将产生碳酸盐 $CuCO_3 \cdot Cu(OH)_2$ 或 $2CuO_3 \cdot Cu(OH)_2$ 的绿色薄膜,一般称为铜绿。铜在常温干燥空气中几乎不氧化,但当温度超过 100℃ 时开始氧化,并在其表面生成黑色的 CuO 薄膜。在高温下,铜的氧化速度大大增加,并在表面上生成红色的 Cu_2O 薄膜。

③加工性能:铜为面心立方晶格,强度和硬度低,具有较多的形变滑移系,室温、高温变形能力都很好,退火状态的铜,不经过中间退火可压缩 85% ~95% 而不产生裂纹。在退火状态下,R_m 为 200 ~250 MPa,硬度为 40 ~50 HBW,A 为 40% ~50%,故通常制成板材、带材、线材和管材等。经冷变形强化可使强度和硬度分别提高到 R_m 为 400 ~430 MPa,硬度为 100 ~120 HBW,但塑性降低,A 为 1% ~3%。纯铜在 500 ~600℃ 会呈现"中温脆性",热压力加工常在高于此脆性区的温度进行。工业纯铜中含有质量分数为 0.1% ~0.5% 的杂质,例如 Pb、

Bi、O、S、P 等，它们使铜的导电能力降低。同时，Pb 和 Bi 能与 Cu 形成低熔点的共晶体(Cu + Pb)和(Cu + Bi)，分布在晶界上，它们的共晶温度为 326℃和 270℃。当铜进行热压力加工(820～860℃)时，共晶体发生熔化，破坏了晶粒间的结合，造成脆性断裂，这种现象称为"热脆"。而 S 和 O 也能与 Cu 形成共晶体(Cu + Cu_2S)和(Cu + Cu_2O)，它们的共晶温度分别为 1067℃和 1065℃，虽不会引起热脆，但由于 Cu_2S 和 Cu_2O 均为脆性化合物，在冷变形加工时易产生破裂，这种现象称为"冷脆"。

（2）工业纯铜的牌号及应用

我国工业纯铜根据所含杂质的多少分为三级：T1、T2、T3。"T"为铜的汉语拼音字头，数字表示顺序号。数字越大，纯度越低。纯铜除工业纯铜外，还有一类叫无氧铜，主要用作电真空器件和高电导性铜线，其氧含量极低(0.001%、0.002%、0.003%)，无氧铜用 TU 加上序号表示，如 TU1、TU2 等。常用纯铜的牌号、成分和用途如表 6 - 4 所示。

表 6 - 4　常用纯铜的牌号、成分和用途(摘自 GB/T 5231—2012)

组别	牌号	铜和银的质量分数 /%，≥	杂质的质量分数/%		氧的质量分数 /%，≤	主要用途
			Sb	Pb		
工业纯铜	T1	99.95	0.002	0.003	0.02	电线、电缆、雷管、储藏器等
	T2	99.90	0.002	0.005	—	
	T3	99.70	—	0.01	—	电器开关、垫片、铆钉、油管等
无氧铜	TU0	99.97	0.002	0.003	0.001	电真空器件
	TU1	99.97	0.002	0.003	0.002	电真空器件
	TU2	99.95	0.002	0.004	0.003	焊接等用铜材
	TU3	99.95	—	—	0.001	电真空器件

纯铜的强度低，不适于做结构材料。工业上结构零件用的是铜合金，主要是利用合金化的方法来提高性能。

6.2.2　铜合金及其应用

铜合金制品

由于铜合金具有较高的强度，又保持了纯铜的优点，因此在工业中得到了广泛应用。常用的铜合金主要有黄铜、青铜两类。

（1）黄铜

Cu - Zn 合金或以 Zn 为主要加入合金元素的铜合金称为黄铜。黄铜是锌含量在 0～50% 之间的铜 - 锌合金，具有较好的力学性能，易加工成形，对大气和海水有较好的耐蚀性，价格低廉，色泽美丽，是应用最广泛的铜合金。

黄铜按其所含合金元素的种类分为普通黄铜和特殊黄铜；按生产方式分为压力加工黄铜和铸造黄铜。常用压力加工黄铜和铸造黄铜的代号、成分、力学性能和用途分别列于表 6 - 5 和表 6 - 6。

表 6 – 5 常用压力加工黄铜代号、成分、力学性能及用途 (摘自 GB/T 5231—2012 和 GB/T 2040—2017)

组别	代 号	主要化学成分的质量分数/%		力学性能			用 途 举 例
		Cu	其他	R_m /MPa	$A_{11.3}$ /%	硬度 /HV	
简单黄铜	H95	94.0 ~ 96.0	Zn 余量	≥215	≥30	—	冷凝管、散热器管及导电零件
	H90	89.0 ~ 91.0	Zn 余量	≥245	≥35	—	奖章、双金属片、供水和排水管
	H85	84.0 ~ 86.0	Zn 余量	≥260	≥35	≤85	虹吸管、蛇形管、冷却设备制件及冷凝器管
	H80	78.5 ~ 81.5	Zn 余量	≥265	≥50	—	造纸网、薄壁管
	H70	68.5 ~ 71.5	Zn 余量	≥290	≥40	≤90	弹壳、造纸用管、机械和电气用零件
	H68	67.0 ~ 70.0	Zn 余量	≥290	≥40	≤90	复杂的冷冲件和深冲件、散热器外壳、导管
	H65	63.0 ~ 68.5	Zn 余量	≥290	≥40	≤90	小五金、小弹簧及机械零件
	H62	60.5 ~ 63.5	Zn 余量	≥290	≥35	≤95	销钉、铆钉、螺帽、垫圈导管、散热器
	H59	57.0 ~ 60.0	Zn 余量	≥290	≥10	—	机械、电器用零件、焊接件,热冲压件
铅黄铜	HPb63 – 3	62.0 ~ 65.0	Pb2.4 ~ 3.0,Zn 余量	—	—	—	钟表、汽车、拖拉机及一般机器零件
	HPb63 – 0.1	61.5 ~ 63.5	Pb0.05 ~ 0.3,Zn 余量	—	—	—	钟表、汽车、拖拉机及一般机器零件
	HPb62 – 0.8	60.0 ~ 63.0	Pb0.5 ~ 1.2, Zn 余量	—	—	—	钟表零件
	HPb61 – 1	58.0 ~ 62.0	Pb0.6 ~ 1.2, Zn 余量	—	—	—	结构零件
	HPb59 – 1	57.0 ~ 60.0	Pb0.8 ~ 1.9, Zn 余量	≥340	≥25	—	适用于热冲压及切削加工零件,如销子、螺钉、垫圈等
铝黄铜	HAl67 – 2.5	66.0 ~ 68.0	Al2.0 ~ 3.0,Fe0.6, Pb0.5,Zn 余量	≥390	≥15	—	海船冷凝管及其他耐蚀零件
	HAl60 – 1 – 1	58.0 ~ 61.0	Al0.70 ~ 1.5, Fe0.70 ~ 1.5, Mn0.1 ~ 0.6, Zn 余量	≥440	≥15	—	齿轮、蜗轮、衬套、轴及其他耐蚀零件
	HAl59 – 3 – 2	57.0 ~ 60.0	Al2.5 ~ 3.5,Ni2.0 ~ 3.0, Fe0.5,Zn 余量	—	—	—	船舶电机等常温下工作的高强度耐蚀零件

组别	代号	主要化学成分的质量分数/%		力学性能			用途举例
		Cu	其他	R_m /MPa	$A_{11.3}$ /%	硬度 /HV	
锡黄铜	HSn90－1	88.0～91.0	Sn0.25～0.75, Zn 余量	—	—	—	汽车、拖拉机弹性导管等
	HSn62－1	61.0～63.0	Sn0.7～1.1, Zn 余量	≥295	≥35	—	船舶、热电厂中高温耐蚀冷凝管
	HSn60－1	59.0～61.0	Sn1.0～1.5, Zn 余量	—	—	—	与海水和汽油接触的船舶零件
铁黄铜	HFe59－1－1	57.0～60.0	Fe0.6～1.2, Mn0.5～0.8, Sn0.3～0.7, Zn 余量	—	—	—	在摩擦及海水腐蚀下工作的零件,如垫圈、衬套等
锰黄铜	HMn58－2	57.0～60.0	Mn1.0～2.0, Zn 余量	≥380	≥30	—	船舶和弱电用零件
硅黄铜	HSi80－3	79.0～81.0	Si2.5～4.0, Fe0.6, Zn 余量	—	—	—	耐磨锡青铜的代用品
镍黄铜	HNi65－5	64.0～67.0	Ni5.0～6.5, Zn 余量	≥290	≥35	—	压力计管、船舶用冷凝管

根据国家标准规定,压力加工普通黄铜的牌号,以"H"加数字表示,"H"是"黄"的汉语拼字头,数字是表示平均铜含量。如 H70 表示含铜量为 70%,其余为锌。特殊黄铜的牌号用 H＋主加元素符号＋含铜量＋主加元素含量表示。如 HMn58－2,表示含 58% Cu,2% Mn,其余为锌的特殊黄铜,称为锰黄铜。铸造黄铜在牌号前加"Z"表示,Z 是"铸"字汉语拼音字头,也可以用铸造有色金属材料的统一牌号表示,如 ZCuZn38 等。

①普通黄铜:Cu－Zn 二元系合金相图如图 6－7 所示,该图由五个包晶反应,一个共析反应组成,固态下有六个单相固溶体(α、β、γ、δ、ε、η)。

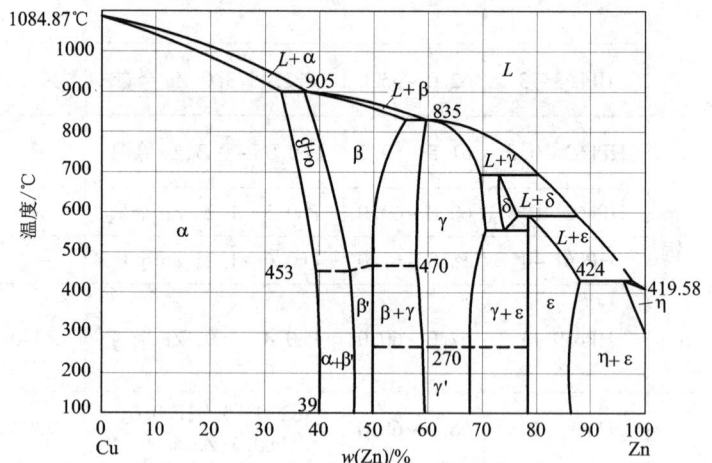

图 6－7 Cu－Zn 相图

α 相是 Zn 溶解在 Cu 中形成的固溶体,呈面心立方晶格,其晶格常数随锌含量的增加而加大,Zn 在 Cu 中的溶解度与一般合金相反,随温度升高而下降,在 453℃ 时溶解度达最大值(含锌量 39%)。α 相固溶体具有良好的塑性,适用于冷热压力加工,并有很好的锻造、焊接及镀锡能力。

β 相是以电子化合物 CuZn 为基的固溶体,具有体心立方晶格。冷却过程中,当温度降到453~470℃时产生有序化转变。这个温度以上称为无序固溶体,用 β 表示。β 相塑性好,可进行热变形加工。这个温度以下称为有序固溶体,用 β' 表示,β' 相塑性低,硬而脆,冷加工困难。

γ 相是以电子化合物 $CuZn_3$ 或 (Cu_5Zn_2)为基的固溶体,呈复杂立方晶格,在270℃时产生有序转变,高温无序,较软;低温有序,很脆。由于 γ 相很脆,使合金的强度和塑性很低,不能进行冷热变形加工,工业上一般不采用含 γ 相的黄铜。当含锌量大于50%时,Cu – Zn 合金无实际使用价值。

表 6 – 6　常用铸造黄铜的牌号、成分、性能及用途(摘自 GB/T 1176—2013)

牌号	主要化学成分的质量分数/%		铸造方法	力学性能,≥			应用举例
	Cu	其他		R_m /MPa	A/%	硬度 /HBW	
ZCuZn38	60.0~63.0	Zn 余量	S	295	30	60	一般结构和耐蚀零件,如法兰、阀座、支架、手柄和螺母等
			J	295	30	70	
ZCuZn25Al6Fe3Mn3	60.0~66.0	Al4.5~7.0, Fe2.0~4.0, Mn2.0~4.0, Zn 余量	S	725	10	160	高强、耐磨零件,如桥梁支撑板、螺母、螺杆、耐磨板、滑块和蜗轮等
			J	740	7	170	
ZCuZn26Al4Fe3Mn3	60.0~66.0	Al2.5~5.0, Fe2.0~4.0, Mn2.0~4.0, Zn 余量	S	600	18	120	要求强度高、耐蚀的零件
			J	600	18	130	
ZCuZn31Al2	66.0~68.0	Al2.0~3.0, Zn 余量	S、R	295	12	80	适用于压力铸造,如电机、仪表等压铸件,以及造船和机械制造业的耐蚀零件
			J	390	15	90	
ZCuZn38Mn2Pb2	57.0~60.0	Pb1.5~2.5, Mn1.5~2.5, Zn 余量	S	245	10	70	一般用途的机构件,船舶、仪表等外形简单的铸件,如套筒、衬套、轴瓦、滑块等
			J	345	18	80	
ZCuZn40Mn2	57.0~60.0	Mn1.0~2.0, Zn 余量	S、R	345	20	80	在空气、淡水、海水、蒸汽(<300℃)和各种液体燃料中工作的零件和阀体、阀杆、泵、管接头等
			J	390	25	90	
ZCuZn40Mn3Fe1	53.0~58.0	Mn3.0~4.0, Fe 0.5~1.5, Zn 余量	S、R	440	18	100	耐海水腐蚀的零件,以及300℃以下工作的管配件,制造船舶螺旋桨等大型铸件
			J	490	15	110	
ZCuZn16Si4	79.0~81.0	Si2.5~4.5, Zn 余量	S、R	345	15	90	接触海水工作的管配件,以及水泵、叶轮、旋塞和在空气、淡水中工作的零件
			J	390	20	100	

普通黄铜按其退火组织可分为单相 α 黄铜和双相 $\alpha + \beta'$ 黄铜。在工业上大都采用含锌量小于32%的 α 单相黄铜和含锌量在32% ~45%的 $\alpha + \beta'$ 双相黄铜。含锌量大于45%的 β' 单相黄铜等不能使用。

单相 α 黄铜，强度较低，塑性好。适用于冷压力加工制成冷轧板材、冷拉线材和管材等，故也称冷加工用 α 黄铜。常用于冷冲压或深冲拉伸制造各种形状复杂的零件。如用来制造枪弹壳、炮弹筒等，故常称为弹壳黄铜。常用牌号有 H80、H70 和 H68。

双相黄铜，又称 $\alpha + \beta'$ 黄铜，强度高，室温塑性差，只能承受微量变形。高温时 β 呈体心立方晶格，塑性好，所以 $\alpha + \beta'$ 适宜热压力加工，故也称热加工用 $\alpha + \beta'$ 黄铜。当温度高于800℃时甚至比 α 黄铜更易变形。因此常轧成棒材、线材和管材等用于制作水管、油管、散热器等。常用牌号有 H59、H62 等，也称商业黄铜。

变形再结晶退火后的 α 黄铜，得到的是等轴晶粒，而且出现很多退火孪晶，如图6-8(a)所示。图6-8(b)为铸态 $\alpha + \beta'$ 黄铜的显微组织，其中的 α 相呈亮色(因含锌少，腐蚀浅)，β' 相呈黑色(含锌多，腐蚀深)。

二元黄铜性能变化规律为：导电性、导热性随锌含量的增加而下降，力学性能(抗拉强度、硬度)随锌含量的增加而上升；因此，二元黄铜在工业上的应用，主要根据其性能来选择。

低锌黄铜 H96、H90 和 H85 具有良好的电导率、热导率和耐蚀性，并有足够的强度和良好的冷、热加工性能，常用来制作冷凝管、散热管、散热片、冷却设备等。三七黄铜 H70、H68 具有高的塑性和较高的强度，冷成形性能特别好，适于用冷冲压或深拉法制造各种形状复杂的零件。H62 是 $\alpha + \beta$ 二相黄铜，有很高的强度，在热态下塑性较好，切削加工性能好，耐蚀、易焊接，以板材、棒材、管材、线材等在工业广泛上应用。

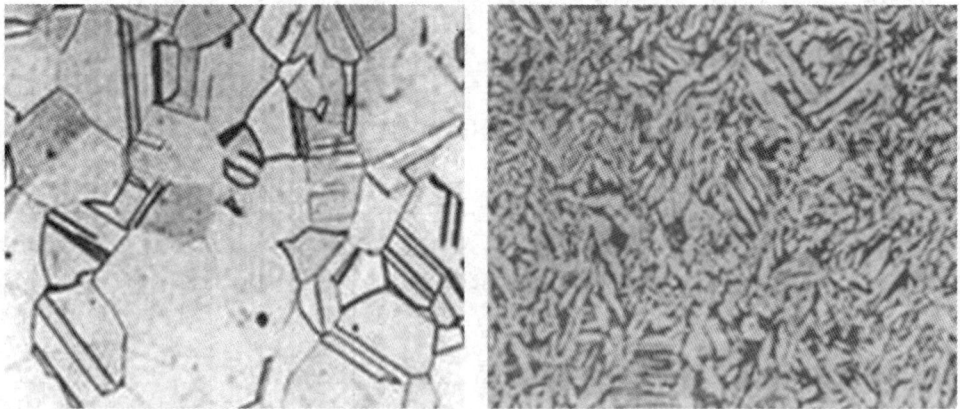

(a)退火 α 黄铜(H68)　　　　　　　　(b)铸态 $\alpha + \beta'$ 黄铜(H62)

图6-8　α 黄铜和 $\alpha + \beta'$ 黄铜的显微组织(200×)

②特殊黄铜：为了提高黄铜的耐蚀性、强度、硬度和切削加工性等，在普通黄铜中加入少量(一般为1% ~2%，少数为3% ~4%，极个别的为5% ~6%)Sn、Al、Mn、Pb、Si 和 Ni 等合金元素，构成三元、四元甚至多元合金，即为特殊黄铜(或称复杂黄铜)。加入不同元素，起不同作用。

铅黄铜：铅的作用是提高耐磨性和切削加工性，使零件获得高的表面加工质量。铅黄铜 HPb59 - 1，含 59% 的 Cu 和 1% 的 Pb，其余为 Zn。压力加工铅黄铜主要用于要求有良好切削加工性和耐蚀性的零件，如钟表零件。铸造铅黄铜可制作轴瓦、衬套等。

锡黄铜：锡的作用是抑制黄铜脱锌，提高黄铜的耐蚀性。锡黄铜在淡水和海水中均耐腐蚀，故称"海军黄铜"。锡还能提高合金的强度和硬度，常用锡黄铜含 1% 的 Sn，锡含量过多会降低合金的塑性。锡黄铜主要用于海轮、热电厂高强耐蚀冷凝管、热交换器、船舶零件等。

铝黄铜：黄铜中加入铝能在合金表面形成坚固的氧化膜，提高合金对气体、溶液、特别是海水的耐蚀性；强化效果高，显著提高合金的强度和硬度。铝黄铜 HAl59 - 3 - 2 含有 59% 的 Cu、3% 的 Al、2% 的 Ni，其余为 Zn。在热态下有良好的变形能力，用于制造船舶、电机和化工工业中高强度和高耐蚀的零件。

硅黄铜：硅的作用是提高黄铜的力学性能、耐磨性、耐蚀性和铸造流动性。硅黄铜 ZH-Si80 - 3 含有 80% 的 Cu、3% 的 Si，其余为 Zn。能获得表面光洁、高精密度的铸件，也能进行焊接和切削加工。主要用于制造船舶、化工和水泵等机械零件。

黄铜在大气和淡水中是稳定的，但在酸和盐类溶液中耐蚀性较差。黄铜的腐蚀形式最常见的是"脱锌"和"自裂"两种。

锰黄铜：锰起固溶强化作用，少量的锰可以提高黄铜的强度、硬度。锰黄铜能够较好地承受热、冷压力加工。锰能够显著升高黄铜在海水，氯化物和过热蒸汽中的耐蚀性。锰黄铜、特别是同时加入铝、锡或铁的锰黄铜广泛用于造船及军工等部门。

（2）青铜

青铜是人类历史上应用最早的合金，特别是 Cu - Sn 合金，由于合金中有 δ 相，呈青白色而得名青铜。铸造时体积收缩量很小、充型能力强、耐蚀性好，有极高的耐磨性，因而得到广泛应用。近几十年来采用了大量的含 Al、Si、Be、Pb 和 Mn 的铜合金，习惯上也叫青铜，为了区别起见，把 Cu - Sn 合金称为锡青铜，而将其他铜合金分别称为铝青铜、硅青铜、铅青铜、铍青铜和锰青铜等。

青铜按生产方式分为压力加工青铜和铸造青铜两类。压力加工青铜的编号方法是用 Q + 主加元素符号 + 主加元素平均含量（或 + 其他元素平均含量）表示，"Q"是"青"字汉语拼音字头。例如 QAl5 表示含质量分数为 5% 的 Al 的铝青铜，QSn4 - 3 表示含质量分数为 4% 的 Sn、3% 的 Zn 的锡青铜。铸造青铜的编号前加"Z"，例如 ZQSn10 - 5 表示含质量分数为 10% 的 Sn、5% 的 Pb，其余为 Cu 的铸造锡青铜。此外，青铜还可以合金成分的名义百分含量命名，例如 ZCuSn10Pb5 表示含质量分数为 10% 的 Sn、5% 的 Pb 铸造的锡青铜。

常用的压力加工青铜和铸造青铜的代号、成分、力学性能及用途分别列于表 6 - 7 和表6 - 8。

表 6 - 7　常用压力加工青铜的代号、成分、性能及用途(摘自 GB/T 5231—2012 和 GB/T 2040—2017)

组别	代号	主要化学成分的质量分数/%			力学性能			用途举例
		主加元素	其他		R_m /MPa	$A_{11.3}$ /%	硬度 /HV	
锡青铜	QSn4 - 3	Sn3.5 ~ 4.5	Zn2.7 ~ 3.3	Cu 余量	≥290	≥40	—	弹性元件、化工机械耐磨零件和抗磁零件
	QSn4 - 4 - 2.5	Sn3.0 ~ 5.0	Zn3.0 ~ 5.0 Pb1.5 ~ 3.5	Cu 余量	≥290	≥35	—	航空、汽车、拖拉机用承受摩擦的零件,如轴套等
	QSn4 - 4 - 4	Sn3.0 ~ 5.0	Zn3.0 ~ 5.0 Pb3.5 ~ 4.5	Cu 余量	≥290	≥35	—	航空、汽车、拖拉机用承受摩擦的零件,如轴套等
	QSn6.5 - 0.1	Sn6.0 ~ 7.0	P0.10 ~ 0.25	Cu 余量	≥315	≥40	≤120	弹簧接触片、精密仪器中的耐磨零件和抗磁元件
	QSn6.5 - 0.4	Sn6.0 ~ 7.0	P0.26 ~ 0.40	Cu 余量	≥295	≥40	—	金属网、弹簧及耐磨零件
铝青铜	QAl5	Al4.0 ~ 6.0	Cu 余量		≥275	≥33	—	弹簧
	QAl7	Al6.0 ~ 8.5	Cu 余量		≥635	≥5	—	弹簧
	QAl9 - 2	Al8.0 ~ 10.0	Mn1.5 ~ 2.5 Zn1.0	Cu 余量	≥440	≥18	—	海轮上的零件,在 250℃ 以下工作的管配件和零件
	QAl9 - 4	Al8.0 ~ 10.0	Fe2.0 ~ 4.0 Zn1.0	Cu 余量	≥585	—	—	船舶零件及电气零件
	QAl10 - 3 - 1.5	Al8.5 ~ 10.0	Fe2.0 ~ 4.0 Mn1.0 ~ 2.0	Cu 余量	—	—	—	船舶用高强度抗蚀零件,如齿轮、轴承等
	QAl10 - 4 - 4	Al9.5 ~ 11.0	Fe3.5 ~ 5.5 Ni3.5 ~ 5.5	Cu 余量	—	—	—	高强度耐磨零件和 400℃ 以下工作的零件,如齿轮、阀座等
	QAl11 - 6 - 6	Al10.0 ~ 11.5	Fe5.0 ~ 6.5 Ni5.0 ~ 6.5	Cu 余量	—	—	—	高强度耐磨零件和 500℃ 以下工作的零件
硅青铜	QSi3 - 1	Si2.70 ~ 3.5	Mn1.0 ~ 1.5 Cu 余量		≥340	≥40	—	弹簧、耐蚀零件以及蜗轮、蜗杆、齿轮、制动杆等
	QSi1 - 3	Si0.6 ~ 1.1	Ni2.4 ~ 3.4 Mn0.1 ~ 0.4	Cu 余量	—	—	—	发动机和机械制造中结构零件,300℃ 以下的摩擦零件

组别	代号	主要化学成分的质量分数/%			力学性能			用途举例
		主加元素	其 他		R_m/MPa	$A_{11.3}$/%	硬度/HV	
铍铜	TBe2	Be1.80 ~ 2.10	Ni0.2 ~ 0.5	Cu 余量	—	—	—	重要的弹簧和弹性元件、耐磨零件、以及高压、高速、高温轴承
	TBe1.7	Be1.60 ~ 1.85	Ni0.2 ~ 0.4	Ti0.10 ~ 0.25	Cu 余量	—	—	—	各种重要的弹簧和弹性元件
	TBe1.9	Be1.85 ~ 2.10	Ni0.2 ~ 0.4	Ti0.10 ~ 0.25	Cu 余量	—	—	—	各种重要的弹簧和弹性元件

表6 - 8 常用铸造青铜的牌号、化学成分、性能及用途(摘自 GB/T 1176—2013)

牌 号	主要化学成分的质量分数/%		铸造方法	力学性能，≥			用途举例
	主加元素	其他		R_m/MPa	A/%	硬度/HBW	
ZCuSn3Zn8Pb6Ni1	Sn 2.0 ~ 4.0	Zn6.0 ~ 9.0, Pb4.0 ~ 7.0, Ni0.5 ~ 1.5 Cu 余量	S J	175 215	8 10	60 70	在各种液体燃料、海水、淡水和蒸汽(≤250℃)中工作的零件，压力不大于2.5MPa 的阀门和管配件
ZCuSn3Zn11Pb4	Sn2.0 ~ 4.0	Zn9.0 ~ 13.0, Pb3.0 ~ 6.0, Cu 余量	S、R J	175 215	8 10	60 60	海水、淡水、蒸汽中压力不大于2.5MPa 的管配件
ZCuSn5Pb5Zn5	Sn4.0 ~ 6.0	Zn4.0 ~ 6.0, Pb4.0 ~ 6.0, Cu 余量	S、R J	200 200	13 13	60 60	在较高负荷、中等滑动速度下工作的耐磨、耐腐蚀零件，如轴瓦、衬套、缸套、活塞离合器、泵杆压盖以及蜗轮等
ZCuSn10P1	Sn9.0 ~ 11.5	P0.8 ~ 1.1, Cu 余量	S、R J	220 310	3 2	80 90	用于高负荷(20 MPa以下)和高滑动速度(8 m/s)下工作的耐磨零件，如连杆、衬套、轴瓦、齿轮、蜗轮等
ZCuSn10Pb5	Sn9.0 ~ 11.0	Pb4.0 ~ 6.0, Cu 余量	S J	195 245	10 10	70 70	结构材料。耐蚀、耐酸的配件以及破碎机衬套、轴瓦等
ZCuSn10Zn2	Sn9.0 ~ 11.0	Zn1.0 ~ 3.0, Cu 余量	S J	240 245	12 6	70 80	在中等及较高负荷和小滑动速度下工作的重要管配件，以及阀、旋塞、泵体、齿轮、叶轮和蜗轮等

牌 号	主要化学成分的质量分数/%		铸造方法	力学性能，≥			用途举例
	主加元素	其 他		R_m/MPa	A/%	硬度/HBW	
ZCuPb10Sn10	Pb8.0~11.0	Sn9.0~11.0，Cu余量	S	180	7	65	表面压力高又存在侧压的滑动轴承，如轧辊、车辆用轴承、负载峰值60MPa的受冲击的零件及内燃机的双金属轴瓦等
			J	220	5	70	
ZCuPb15Sn8	Pb13.0~17.0	Sn7.0~9.0，Cu余量	S	170	5	60	表面压力高又有侧压轴承、冷轧机的钢冷却管、耐冲击负荷达50 MPa的零件、内燃机双金属轴瓦、活塞销套等
			J	200	6	65	
ZCuP17Sn4Zn4	Pb14.0~20.0	Sn3.5~5.0，Zn2.0~6.0，Cu余量	S	150	5	55	一般耐磨件、高滑动速度的轴承
			J	175	7	60	
ZCuPb20Sn5	Pb18.0~23.0	Sn4.0~6.0，Cu余量	S	150	5	45	高滑动速度的轴承、抗腐蚀零件、负荷达70 MPa的活塞销套等
			J	150	6	55	
ZCuPb30	Pb27.0~33.0	Cu余量	J	—	—	25	高滑动速度的双金属轴瓦、减摩零件等
ZCuAl8Mn13Fe3	Al7.0~9.0	Fe2.0~4.0，Mn12.0~14.5，Cu余量	S	600	15	160	重型机械用轴套以及只要求强度高、耐磨、耐压、的零件，如衬套、法兰、阀体泵体等
			J	650	10	170	
ZCuAl8Mn13Fe3Ni2	Al7.0~8.5	Ni1.8~2.5，Fe2.5~4.0，Mn11.5~14.0，Cu余量	S	645	20	160	要求强度高、耐蚀性的重要铸件，如船舶螺旋桨、高压阀体，以及耐压、耐磨零件，如蜗轮、齿轮等
			J	670	18	170	
ZCuAl9Mn2	Al8.0~10.0	Mn1.5~2.5，Cu余量	S、R	390	20	85	管路配件和要求不高的耐磨件
			J	440	20	95	

①锡青铜：以 Sn 为主加元素的铜合金称为锡青铜。锡青铜最主要的特点是耐蚀、耐磨、弹性好和铸件体积收缩小等，根据其特点，锡青铜的主要用途包括：用作高强、弹性材料，如弹簧、弹片、弹性元件；用作耐磨零件，如制作滑动轴承的轴套、齿轮等耐磨零件；由于其铸件体积收缩小、耐蚀，所以广泛用作艺术铸件，如铜像、各种艺术品等。

Cu-Sn 合金相图如图 6-9 所示，其中 α 相是 Sn 溶入 Cu 中形成的置换固溶体，具有面心立方晶格，是 Cu-Sn 合金的基本相，其最大含锡量为 15.8%。由于锡青铜在铸造条件下 Sn 原子在 Cu 中扩散比较困难，所以不易达到平衡状态，在实际生产条件下 Cu-Sn 合金所获得的组织与平衡条件下的组织相差很大。在铸造状态下，只有当合金中的锡含量 <5%~6%时才能获得单相 α 固溶体。当锡含量 >5%~6%时，在铸造状态组织中就会出现 $(\alpha+\delta)$ 共析体组织。而 δ 相是以 $Cu_{31}Sn_8$ 化合物为基的固溶体，呈复杂立方晶格，硬而脆，不能进行塑

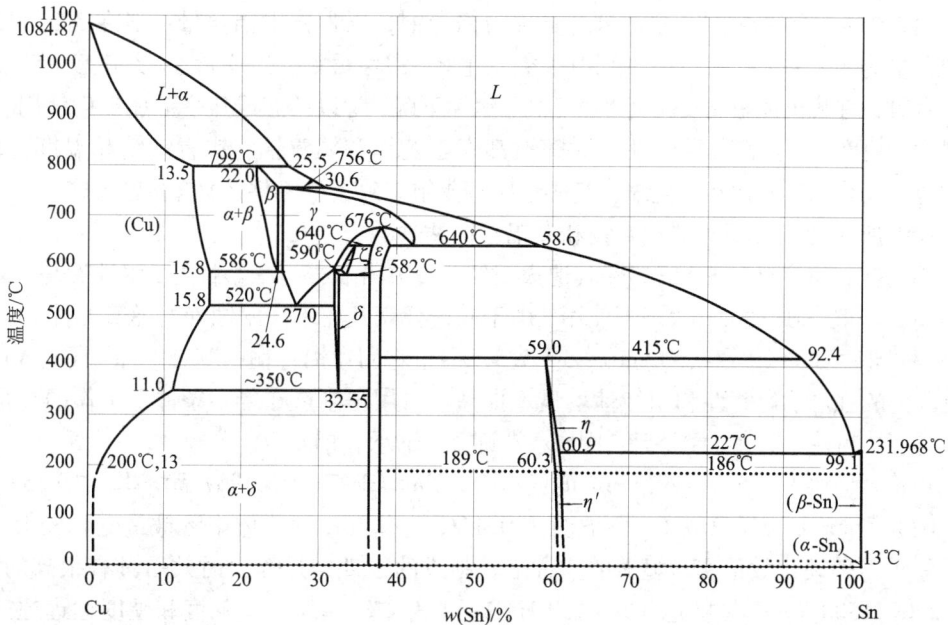

图 6-9　Cu-Sn 合金相图

性变形。工业上使用的锡青铜锡含量一般在 3%~14% 之间。锡含量 <5% 的锡青铜适用于冷变形加工，锡含量在 5%~7% 的锡青铜适用于热变形加工，锡含量 >10% 的锡青铜适用于铸造。

锡青铜性能：铜 - 锡合金的结晶温度间隔大（有的可达 150~160℃），铸造时流动性差，枝晶偏析严重；凝固时不形成集中缩孔，只形成沿铸件断面均匀分布在枝晶的分散缩孔，铸件致密性差，在高压下容易渗漏，不适合铸造密度和气密性要求高的零件。但铸造收缩率为有色合金中最小的（线收缩率为 1.45%~1.5%），故适用于铸造形状复杂、壁厚较大的零件。锡青铜在大气、水蒸气、淡水、海水和无机盐类溶液中有极好的耐蚀性能，比纯铜和黄铜优良，但在盐酸、硫酸和氨水中的耐蚀性差。锡青铜具有无磁性、冲击时不产生火花、耐寒和极好的耐磨性等特点。

常用的锡青铜有以下几种：

锡锌青铜：锌能缩小青铜的结晶温度，减少偏析，提高流动性和铸件致密度。典型的锡锌青铜如 QSn4-3，含有质量分数为 4% 的 Sn 和 3% 的 Zn。在冷热状态下均可进行压力加工，常用于制造仪器上的弹簧、耐磨零件和抗磁零件。

锡磷青铜：常见的锡磷青铜有 QSn6.5-0.1，含有质量分数为 6.5% 的 Sn 和 0.1% 的 P，该材料具有好的加工性能，高的弹性极限、弹性模量和疲劳极限。广泛用于制造仪器上的耐磨零件、弹性元件以及轴承、垫圈和蜗轮等。

锡铅青铜：铅实际上不固溶于青铜，以纯组元状态存在，可以改善切削和耐磨性（降低摩擦系数）。含铅低时（1%~2%），主要为了改善切削加工性，含铅高时（4%~5%）用作轴承材料，降低摩擦系数。所以锡铅青铜用以制造耐蚀、耐磨、易切削零件或轴套、轴承内套等零件。

②铝青铜：以铝为主加元素的铜合金称为铝青铜。铝青铜中铝含量一般在 5% ~12% 之间。铝含量为 5% ~7% 时，具有单相固溶体组织，塑性最好，适于冷变形加工。铝含量在 10% 左右时，有共析体析出，硬度、强度高，塑性下降，常以铸态或热变形加工后使用。铝青铜的强度、硬度、耐热性、耐蚀性和耐磨性都高于黄铜和锡青铜。铝青铜结晶温度范围小、流动性好、枝晶偏析倾向小，且缩孔集中，易铸成组织致密的零件，但焊接性差。

工业上所用的铝青铜有低铝青铜和高铝青铜两种：

低铝青铜：如 QA15、QA17 等，其退火组织为 α 单相固溶体，塑性好，耐蚀性高，又有适当的强度。一般在压力加工状态下使用，用于制造弹簧及要求高耐蚀性的弹簧元件。

高铝青铜：如 QA19 – 4，QA110 – 3 – 1.5。由于它们在铝青铜的基础上加入 Fe、Mn 等元素，使合金的强度、耐磨性和耐蚀性均显著提高。可用来制造在复杂条件下工作的高强度的耐磨零件，如齿轮、轴套、摩擦片、阀座、螺旋桨、轴承和蜗轮等。

③铍铜：是加入 1.5% ~2.5% Be 的铜合金。Be 溶于 Cu 中形成 α 固溶体，在 866℃ 时 Be 在 Cu 中最大量溶解度为 2.7%，室温时为 0.16%。由于 α 固溶体中溶铍量变化较大，因而铍铜是一种时效硬化效果非常显著的铜合金。制成的零件经过淬火时效后具有很高的强度，R_m 达 1250 ~ 1500 MPa，硬度达 330 ~ 400 HBW，A 为 2% ~4%。其强度和硬度远远超过目前常用的其他铜合金。

常用牌号有 TBe2、TBe1.7、TBe1.9 等。后两种铍铜中加入少量 Ti，可减少贵重的铍量，并改善工艺性能和提高强度。

铍铜具有高的弹性极限(700 ~ 800 MPa)，同时其弹性稳定性好，弹性滞后小，而且耐蚀、耐磨、耐寒、耐疲劳，无磁性，冲击时不发生火花，更可贵的是铍铜的导电、导热性能好，通常被用作高级弹性元件(如重要用途的弹簧、膜片、手表中的游丝等)，特殊要求的耐磨元件，高速、高压下工作轴承、衬套齿轮。

④硅青铜：是以 Si 为主加元素的铜合金，含硅量一般在 3.5% 以内。其力学性能比锡青铜好，而且价格低廉，并有很好的铸造性能和冷热加工性能。加入 Ni 元素可形成金属间化合物 Ni_2Si，使硅青铜通过固溶时效处理后获得较高的强度和硬度。同时具有很高的导电性、耐热性和耐蚀性，若向硅青铜加入 Mn 可显著提高合金的强度和耐磨性。

常用硅青铜有 QSi3 – 1，QSi1 – 3，用于制造弹簧、蜗轮和齿轮等。

6.3　钛及钛合金

钛及钛合金，具有质量小、强度高(R_m 最高可达 1400 MPa) 等特点，和某些高强度合金钢相近，具有良好的低温性能，在 –253℃(液氮温度)下强度高，还有良好的塑性和韧性，且有优良的耐蚀性能等优点。由于其资源丰富，所以获得广泛应用，但钛及钛合金的加工条件较复杂，在很大程度上限制了它们的应用。

钛合金制品

6.3.1　工业纯钛

(1)钛的基本性质

①物理性能：钛在固态下具有两种晶体结构，在 882.5℃ 以上为 β – Ti，呈体心立方晶

格，$a = 3.32$；在 882.5℃ 以下为 $\alpha - Ti$，呈密排六方晶格，$a = 2.95$，$c = 4.68$。在 882.5℃ 发生同素异构转变，即 $\alpha - Ti$ 与 $\beta - Ti$ 发生相互转换。

钛是灰白色轻金属，密度小（$4.507\ g/cm^3$），相当于铜的 50%。钛的弹性模量低，只为铁的一半，影响构件刚度，但对制做弹性元件有利。钛的熔点高（1668℃），导电性较差，热膨胀系数小，使其在高温工作条件下或热加工过程中产生的热应力小，热导性差，加工钛的摩擦系数大（$\mu = 0.2$），使切削、磨削加工困难。钛阻尼性低，适合做共振材料。当温度低于 0.49 K 时，钛呈现超导性，如果适当合金化，超导温度可提高到 9 ~ 10 K。

②化学性质和耐蚀性能：钛在室温下比较稳定，表面易生成致密氧化膜，使它具有耐蚀作用，并有光泽。但在高温下却很活泼，当加热到 600℃ 以上时氧化膜就失去保护作用。高温时，在熔化状态下能够与绝大多数坩埚或造型材料发生作用。同时在海水和氯化物中具有优良的耐蚀性，在硫酸、盐酸、硝酸、氢氧化钠等介质中都具有良好的稳定性。但不能抵抗氢氟酸的浸蚀作用。

③力学性能和工艺性能：钛的力学性能和其密度密切相关，随着杂质含量的增加，其强度升高，塑性降低。纯钛的力学性能和纯铁相似，塑性好，强度不高。常温下，钛为密排六方结构，与其他立方结构的金属（镉、锌、镁）相比，钛的塑性好、强度低，易于加工成形，可制成板材、管材、棒材和线材等。钛具有良好的工艺性能，锻压后退火处理的钛可碾压成 0.2 mm 厚的薄板或冷拔成细丝。其切削加工性能和不锈钢类似。钛可在氢气中进行焊接，焊后进行正火，焊缝强度与原材料相近。

（2）工业纯钛的牌号、性能及用途

工业纯钛中常含少量的氮、碳、氧、氢、铁和镁等杂质元素，使钛的强度、硬度显著增加，塑性、韧性明显降低。工业纯钛按杂质含量不同分为三个等级，即 TA1、TA2 和 TA3。"T"为钛的汉语拼音首字头，数字编号越大，则杂质越多。

纯钛不能用热处理强化，只能用冷变形强化。工业纯钛一般制作 350℃ 以下工作的、强度不高的零件。如作为重要的耐蚀结构材料，广泛用于化工设备、海滨发电装置、海水淡化装置和舰艇零部件。

6.3.2　钛合金及其应用

（1）钛合金的类型及编号

像其他金属一样，纯钛延性和韧性虽好，但强度低，加入适当合金元素，可明显改善组织和性能，以满足不同性能的要求。在钛中加入合金元素，可形成钛合金。不同合金元素对钛的强化作用、同素异构转变温度及相稳定性的影响都不同。有些元素在 $\alpha - Ti$ 中溶解度较大，溶入后形成 α 固溶体，并使钛的同素异构转变温度升高，这类元素称为 α 稳定元素，如 Al、C、N、H 和 B 等；有些元素在 $\beta - Ti$ 的溶解度较大，溶入后形成 β 固溶体，并使钛的同素异构转变温度降低，这类元素称为 β 稳定元素，如 Fe、Mo、Mg、Cr、Mn 和 V 等；还有一些元素在 $\alpha - Ti$ 和 $\beta - Ti$ 的溶解度都很大，对钛的同素异构转变温度影响不大，这类元素称为中性元素，如 Sn、Zr 等元素。Al 还能显著提高钛合金的再结晶温度，加入质量比为 5% 铝的钛合金，其再结晶温度由 600℃ 升至 800℃，提高了合金的热稳定性。但当铝含量大于 8% 时，组织中出现硬脆化合物 Ti_3Al，使合金变脆。

根据退火或淬火状态的组织，将钛合金分为三类：α 钛合金、β 钛合金和 $(\alpha + \beta)$ 钛合金，其牌号分别用 TA、TB 和 TC 加上编号表示，如 TA4、TB2、TC3 等。常用钛合金的牌号和力学性能如表 6－9 所示。

（2）加工钛及钛合金

①α 型钛合金：钛中加入 Al、B 等 α 稳定元素及中性元素 Sn、Zr 等，在室温或使用温度下均处于单相 α 固溶体状态，故称为 α 钛合金，它在室温下的强度比 α 钛合金和（α＋β）钛合金低，但在 500～600℃ 的高温下，其强度比 β 钛合金和（α＋β）钛合金高。具有很好的强度、塑性和韧性，在冷态也能加工成板材和棒材等，并且组织稳定，抗氧化性、焊接性能和加工性能好。α 钛合金不能进行相变强化，主要是合金元素的固溶强化。

表 6－9　常用钛合金的牌号及力学性能（摘自 GB/T 3621—2007 和 GB/T 2965—2007）

牌号	主要化学成分 w/%	材料状态（尺寸）/mm	室温力学性能			高温力学性能（不小于）		
			R_m /MPa	$R_{p0.2}$ /MPa	A/%	试验温度/℃	R_m /MPa	$R_{100 h}$ /MPa
TA1	工业纯钛	板材，退火（0.3～25.0）	≥240	140～310	≥30	—	—	—
TA2	工业纯钛	板材，退火（0.3～25.0）	≥400	275～450	≥25	—	—	—
TA3	工业纯钛	板材，退火（0.3～25.0）	≥500	380～550	≥20	—	—	—
TA4	Ti－3Al	板材，退火（0.3～25.0）	≥580	485～655	≥20	—	—	—
TA5	Ti－4Al－0.005B	板材，退火（0.5～1.0）	≥685	≥585	≥20	—	—	—
TA6	Ti－5Al	棒材，退火（0.8～1.5）	≥685	—	≥20	350	420	390
TA7	Ti－5Al－2.5Sn	棒材，退火（0.8～1.5）	735～930	≥685	≥20	350	490	440
TB2	Ti－5Mo－5V－8Cr－3Al	板材，固溶（1.0～3.5）	≥980	—	≥20	—	—	—
TB5	Ti－15V－3Al－3Cr－3Sn	板材，固溶（0.80～1.75）	705～945	690～835	≥12	—	—	—
TB6	Ti－10V－2Fe－3Al	板材，固溶（1.0～5.0）	≥1000	—	≥6	—	—	—
TC1	Ti－2Al－1.5Mn	板材，退火（0.5～1.0）	590～735	—	≥25	350	340	320
TC2	Ti－4Al－1.5Mn	板材，退火（0.5～1.0）	≥685	—	≥25	350	420	390
TC3	Ti－5Al－4V	板材，退火（0.8～2.0）	≥880	—	≥12	400	590	540
TC4	Ti－6Al－4V	板材，退火（0.8～2.0）	≥895	≥830	≥12	400	590	540

α 型钛合金的典型牌号有 TA4、TA5、TA6、TA7 等。其中 TA7 是常用的 α 型钛合金，其成分为 Ti－5Al－2.5Sn。加入 Al 和 Sn 除产生固溶强化外，还提高抗氧化和蠕变能力，使钛

合金还具有优良的低温性能，在 $-253℃$ 下，力学性能为 $R_m = 1575$ MPa，$R_{p0.2} = 1505$ MPa，$A = 12\%$。常用于使用温度不超过 $500℃$ 的零件，如导弹的燃料罐、航空发动机压气机叶片和管道、超音速飞机的蜗轮机匣和宇宙飞船的高压低温容器等。而 TA4、TA5、TA6 主要用作钛合金的焊丝材料。

②β 型钛合金：钛中加入 Mo、Cr、V 等 β 稳定元素及少量的 Al 等 α 稳定元素，在正火或淬火时很容易将高温 β 相保留到室温，获得介稳定的 β 单相组织，故称 β 钛合金。β 钛合金可热处理强化，淬火后合金的强度不高（R_m 为 $850\sim950$ MPa），塑性好（A 为 $18\%\sim20\%$），具有良好的成形性。在时效状态下，合金的组织为 β 相基本上分布着弥散的细小 α 相粒子，提高了合金的强度（$480℃$ 时效，R_m 为 1300 MPa，A 为 5%）。

β 钛合金的典型牌号为 TB2，其成分为 Ti - 5Mo - 5V - 8Cr - 3Al。它有较高的强度，同时焊接性能和压力加工性能良好，但性能不稳定，熔炼工艺复杂。其应用不如 α 钛合金和（α + β）钛合金广泛，常用在 $350℃$ 以下的零件。主要用于制造各种整体热处理（固溶、时效）的板材冲压件和焊接件，如压气机叶片、轮盘、轴类等重载荷旋转件，以及飞机的构件等。TB2合金一般在固溶处理状态下交货，固溶、时效后使用。

③（α + β）型钛合金：在钛合金中同时加入 α 稳定元素和 β 稳定元素，如 Al、V 和 Mn 等元素，在室温下可得到（α + β）钛合金组织。它兼有 α 型钛合金和 β 型钛合金的优点，强度高、塑性好、耐热强度高，耐蚀性和耐低温性能好，具有良好的压力加工性能，并可通过固溶处理和时效进行强化，使合金的强度大幅度提高。但热稳定性较差，焊接性能不如 α 型钛合金。

（α + β）型钛合金使用量最多（约占钛总用量的 50% 以上），牌号有 TC1、TC2、TC3、…、TC10 等，其中应用最广的是 TC4，其成分为 Ti - 6Al - 4V，加入 Al 和 V 分别溶入 $\alpha - Ti$ 和 $\beta - Ti$，它们固溶后的共同作用，使 TC4 合金在室温下 α 相和 β 相共存，也可通过热处理改变 α 和 β 两相的相对含量和形态，以达到改变性能的目的。TC4 经 $930℃$ 保温 1 h 固溶处理后，再经 $540℃$ 时效 2 h，其性能可达 $R_m = 1300$ MPa，$R_{p0.2} = 1200$ MPa，$A = 13\%$，由于其强度高、塑性好、抗蠕性、耐腐蚀，并且有低温韧性，例如它在 $-196℃$ 时，其 $R_m = 1425$ MPa，$R_{p0.2} = 1425$ MPa，$A = 12\%$，TC4 合金适于制造 $400℃$ 以下和低温下工作的零件，例如，火箭发动机外壳，航空发动机压气机盘和叶片、压力容器、化工用泵、火箭和导弹的液氧燃料箱部件等。

（3）铸造钛及钛合金

铸造钛及钛合金的抗拉强度和疲劳强度接近于加工钛及钛合金，尤其是其冲击韧度高于钛锻件，同时铸造能节省大量的材料和加工费用。常用铸造钛及钛合金的牌号、化学成分及力学性能如表 6 - 10 所示。

表 6 - 10　常用铸造钛及钛合金的牌号、化学成分及力学性能（摘自 GB/T 15073—2014 和 GB/T 6614—2014）

| 铸造钛及钛合金 | | 化学成分（质量分数）/% | | | | | | 力学性能，≥ | | | |
牌号	代号	Ti	Al	Sn	Mo	V	Nb	R_m/MPa	$R_{P0.2}$/MPa	A/%	硬度/HBW
ZTi1	ZTA1	其余	—	—	—	—	—	345	275	20	210
ZTi2	ZTA2	其余	—	—	—	—	—	440	370	13	235

铸造钛及钛合金		化学成分(质量分数)/%						力学性能, ≥			
牌号	代号	Ti	Al	Sn	Mo	V	Nb	R_m/MPa	$R_{P0.2}$/MPa	A/%	硬度/HBW
ZTi3	ZTA3	其余	—	—	—	—	—	540	470	12	245
ZTiAl4	ZTA5	其余	3.3 ~ 4.7	—	—	—	—	590	490	10	270
ZTiAl5Sn2.5	ZTA7	其余	4.0 ~ 6.0	2.0 ~ 3.0	—	—	—	795	725	8	335
ZTiMo32	ZTB32	其余	—	—	30.0 ~ 34.0	—	—	795	—	2	260
ZTiAl6V4	ZTC4	其余	5.50 ~ 6.75	—	—	3.5 ~ 4.5	—	835	765	5	365
ZTiAl6Sn4.5Nb2Mo1.5	ZTC21	其余	5.5 ~ 6.5	4.0 ~ 5.0	1.5 ~ 2.0	—	1.5 ~ 2.0	980	850	5	350

ZTA1、ZTA2、ZTA3、ZTA4、ZTA5、ZTA7、ZTC4 的特性及用途,可参见 TA1、TA2、TA3、TA5、TA7 和 TC4,而 ZTB32 属于 β 钛合金,其特点是耐蚀性高。

6.4 滑动轴承合金

6.4.1 滑动轴承合金的工作条件及性能要求

滑动轴承合金应用

滑动轴承是机器中用以支撑轴进行运转的零部件。一般滑动轴承是由轴承体和轴瓦组成,制造轴瓦及其内衬的合金称为轴承合金。机器在运转时滑动轴承直接与轴颈接触,它们之间存在着强烈的摩擦,其磨损是不可避免的。当轴高速转动时,轴瓦表面承受一定的周期性交变负荷,并与轴发生摩擦。在理想的工作条件下,轴与轴瓦之间有一层润滑油相隔,进行理想的液体摩擦,如图 6 – 10 所示。但在实际工作中,特别是启动、停车以及负荷变动时,润滑油膜往往遭到破坏,而进行半干摩擦甚至干摩擦。根据轴承的工作条件,对轴承合金提出了如下性能要求:

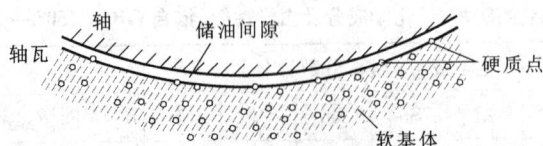

图 6 – 10 轴承与轴的理想配合示意图

212

①有足够的抗压强度和疲劳强度：轴是在高速旋转下工作，它对轴承施以周期性交变负荷的作用。因此轴承首先应当有比较高的疲劳强度，同时在承受磨损受热的条件下，轴承能保持有足够的抗压强度。

②有足够的塑性和韧性：塑性是保证从轴上剥落下来的硬颗粒或从润滑油中带来的硬颗粒能容易嵌入轴承中，否则这些颗粒使轴磨损，保证不了磨合；韧性是保证轴承工作时，在受冲击力作用下不会产生裂纹，继续正常运转。

③低的摩擦系数：是保证对轴的磨损要小，在润滑条件下能有存储润滑油的空隙和对润滑油有抗腐蚀的性能，并具有耐磨性。

④有良好的导热性和较小的膨胀系数：主要是防止轴瓦和轴因强烈摩擦升温发生咬合而影响工作或失去工作能力。

6.4.2 滑动轴承合金的组织特征

迄今为止，还没有一种减磨理论能够圆满地解释所有耐磨合金的减磨机理。但是比较统一的看法是，改善轴承合金的减磨性能，关键在于当轴承处于边界润滑或干摩擦条件时，如何减少摩擦面间的分子力(粘着力)和相互交错的表面微观不平度所产生的机械阻力，以及在不同摩擦状态下所产生的疲劳磨损。为此，轴承合金成分和组织应满足下列要求：

①轴承材料的基体应该采用对钢、铁互溶性小的元素，即与铁的晶格类型、晶格常数、电子密度、电化学性能等差别大的元素，如锡、铅、铝、铜、锌等，这些元素与铁配对时，对铁的互溶性小或不溶，或形成化合物，这样对钢铁轴颈的粘着性与擦伤性小。

②轴承材料中应含有适量的低熔点元素。当轴承和轴颈直接接触点产生高温时，低熔点元素熔化，并在摩擦力的作用下展平于摩擦面，形成一层塑性好的薄润滑层，该层不仅具有润滑作用，而且有利于减少接触点上的压力和摩擦面交错峰谷的机械阻力。

③显微组织应具有多相结构。轴承材料应由较软和塑性好的材料制成，软基体上均匀分布着硬质点，软相和硬相互相配合。软的被磨损下凹，可储存润滑油，并形成连续的油膜，硬质点则凸起来支承轴颈，使轴承和轴颈的实际接触面积小，减少摩擦。另外，多相结构粘着的倾向也较小。

6.4.3 常用的滑动轴承合金

常用的滑动轴承合金按主要化学成分可分为锡基、铅基、铝基、铜基和铁基轴承合金等，其中锡基和铅基合金为低熔点轴承合金，又称为巴氏合金。轴承合金一般在铸态下使用，其牌号表示方法为：Z(铸字汉语拼音的首写字母) + 基体元素与主加元素符号 + 主加元素与辅加元素的符号及含量(质量分数 × 100)。例如，ZSnSb8Cu4 为铸造锡基轴承合金，主加元素锑的含量为8%，辅加元素铜的含量为4%，余量为锡。表6-11为铸造轴承合金的牌号、化学成分、硬度及主要应用举例。

表 6-11 铸造轴承合金的牌号、化学成分、硬度及主要应用举例(摘自 GB/T 1174—1992)

种类	牌号	化学成分 w/%								杂质总量 ≤	硬度 /HBW ≥	主要应用举例
		Sn	Pb	Cu	Zn	Al	Sb	As	其他			
锡基	ZSnSb12Pb10Cu4	其余	9.0~11.0	2.5~5.0	0.01	0.01	11.0~13.0	0.1	Fe0.1 Bi0.08	0.55	29	硬、耐压,适用于一般发动机的主轴承,不适合高温部件
	ZSnSb11Cu6	其余	0.35	5.5~6.5	0.01	0.01	10.0~12.0	0.1	Fe0.1 Bi0.03	0.55	27	较硬,适用于功率较大的高速汽轮机和蜗轮机,透平压缩机,透平泵及高速内燃机等的轴承
	ZSnSb8Cu4	其余	0.35	3.0~4.0	0.005	0.005	7.0~8.0	0.1	Fe0.1 Bi0.03	0.55	24	韧性与 ZSnSb4Cu4 相同,适用于一般大型机械轴承及轴套
	ZSnSb4Cu4	其余	0.35	4.0~5.0	0.01	0.01	4.0~5.0	0.1	Bi0.08	0.50	20	耐蚀、耐热、耐磨,适用于蜗轮机及内燃机高速轴承及轴衬
铅基	ZPbSb16Sn16Cu2	15.0~17.0	其余	1.5~2.0	0.15	—	15.0~17.0	0.3	Bi0.1 Fe0.1	0.6	30	轻负荷高速轴衬,如汽车、轮船、发动机
	ZPbSb15Sn5Cu3Cd2	5.0~6.0	其余	2.5~3.0	0.15	—	14.0~16.0	0.6~1.0	Cd1.75~2.25 Fe0.1 Bi0.1	0.40	32	重负荷柴油机轴衬
	ZPbSb15Sn10	9.0~11.0	其余	0.7	0.005	0.005	14.0~16.0	0.6	Bi0.1 Fe0.1 Cd0.05	0.45	24	中负荷中速机械轴衬
	ZPbSb15Sn5	4.0~5.5	其余	0.5~1.0	0.15	0.01	14.0~15.5	0.2	Bi0.1 Fe0.1	0.75	20	汽车和拖拉机发动机轴衬
	ZPbSb10Sn6	5.0~7.0	其余	0.7	0.005	0.005	9.0~11.0	0.25	Bi0.1 Fe0.1 Cd0.05	0.70	18	重负荷高速机械轴衬
铜基	ZCuSn5Pb5Zn5	4.0~6.0	4.0~6.0	其余	4.0~6.0	0.01	0.25		Ni2.5 Fe0.3 Si0.01	0.70	60	高强度,适用于中速及受较大固定载荷的轴承,如电动机、泵、机床用轴瓦
	ZCuSn10P1	9.0~11.5	0.25	其余	0.05	0.01	0.05	0.10	P0.5~1.0	0.70	90	
	ZCuPb30	1.0	27.0~33.0	其余	—	0.1	0.20		Mn0.3 Fe0.5 Si0.02	1.0	25	高耐磨性,高导热性,适用于高速、高温(350℃)、重负荷下工作的轴承,如航空发动机、高速柴油机等的轴瓦
	ZCuPb15Sn8	7.0~9.0	13.0~17.0	其余	2.0	0.01	0.5		Ni2.0 Fe0.25 Mn0.2	1.0	65	
	ZCuAl10Fe3	0.3	0.2	其余	0.4	8.5~11.0		Fe2.0~4.0	Ni3.0 Mn1.0 Si0.2	1.0	110	高强度,适用于中速及受较大固定载荷的轴承
铝基	ZAlSn6Cu1Ni1	5.5~7.0	—	0.7~1.3	—	其余			Fe0.7 Si0.7 Ni0.7~1.3 Mn0.1	1.5	40	耐磨、耐热、耐蚀,适用于高速、重载发动机轴承

（1）锡基轴承合金

锡基轴承合金是在锡锑基础上添加铜所形成的合金，其组织由典型的软基体加硬质点组成。

以 ZSnSb11Cu6 合金为例，它是以 Sn 为主，并加少量 Sb、Cu 等元素的合金，显微组织如图 6 – 11 所示。Sb 溶入 Sn 中形成的 α 固溶体为软基体，Sn 溶入 SnSb 化合物中形成的 β 固溶体为硬质点。

Cu 和 Sn 还能生成化合物 Cu_3Sn。在铸造时由于 SnSb 化合物较轻，易上浮，造成严重的密度偏析，所以在合金中加入 Cu 能形成白星状或放射状骨架分布的 Cu_3Sn，阻止 SnSb 上浮，可以有效地防止或减轻密度偏析。Cu_3Sn 的硬度较高，也起着硬质点的作用，提高了合金的耐磨性。ZSnSb11Cu6 合金的显微组织由 $\alpha + \beta'(SnSb) + Cu_3Sn$ 组成。图中黑色部分（基体）为 α 固溶体，白色方块或三角块为硬质点 β' 相，白针状或白星状或放射状是硬骨架分布的 Cu_3Sn 化合物。

图 6 – 11　ZSnSb11Cu6 合金的显微组织（100 ×）

锡基轴承合金具有较小的摩擦系数（0.005）和线性膨胀系数，优良的抗咬合性、潜藏性、顺应性和耐蚀性，能承受较大的载荷，有良好的塑性和韧性，广泛用于工作条件比较苛刻的轴承上。这类合金的缺点是疲劳强度低，同时熔点也低，最高工作温度不超过 150℃。常用于浇注大型机器的轴瓦，如汽轮机、发动机和压气机等高速轴瓦。

（2）铅基轴承合金

以 ZPbSb16Sn16Cu2 为例，它是以 Pb 为主，并加入质量分数为 16% 的 Sb、16% 的 Sn 和 2% 的 Cu 的合金。α 相是 Sb 溶入 Pb 中形成的固溶体，但在室温下 α 几乎为纯 Pb，很软，β 相是 Pb 溶入 SnSb 化合物中形成的固溶体，较硬。当含锡量为 16% 时，其组织为（α +β) +β。（$\alpha + \beta$) 共晶体为软基体，β 为以 SnSb 化合物为基的固溶体，呈方块或三角块，是硬质点。由于 β 相密度轻，易上浮造成偏析，加入质量分数为 2% 的 Cu 可形成白针状的 Cu_2Sb 或白色星状的 Cu_6Sn_5，防止密度偏析，并起硬质点作用。其显微组织如图 6 – 12 所示。

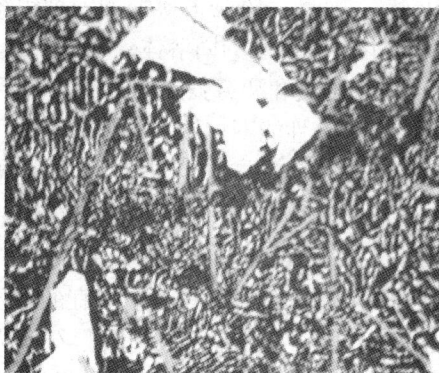

图 6 – 12　ZPbSb16Sn16Cu2
轴承合金的显微组织（200 ×）

铅基轴承合金特点是成本低，潜藏性、顺应性和亲油性都比较好，具有自润滑特性，适用于润滑条件较差的场合，可作为锡基轴承合金的部分代替品。但是其强度、韧性，耐磨性和耐蚀性都不如锡基轴承合金，摩擦系数也较大（0.007），只适用于低速、低负荷或静载中负荷轴承。常用于制造中等载荷的轴承，如汽车、拖拉机曲轴、电动机轴瓦等。

（3）铜基轴承合金

许多铸造青铜和铸造黄铜均可用于铸造轴承合金，铜基轴承合金主要有铅青铜、锡青铜和锑青铜等，应用广泛。

锑青铜是以锑为主添加元素的铜合金。含锑量在6%左右时，其组织由铜基固溶体和铜锑化合物所组成。若为了提高耐磨性而加铅时，组织中还存在有铅的晶粒。这类合金具有高的减磨性，良好的切削加工性和铸造性能，对大气及各种燃油具有很好的抗蚀性。加入镍、锌、磷等均可进一步提高其耐蚀性。因此，在航空工业上常用锑青铜制作发动机附件中要求抗燃油的腐蚀，并在高速滑动下工作的各种摩擦零件，如轴承、轴垫、燃油装置附件的转子和分油盘等。

（4）铝基轴承合金

铝基轴承合金是为了适应近代汽车、拖拉机、船舶、航空发动机向高速、高压、重载方向发展而出现的一种新型的减摩材料，具有密度小、导热性好、疲劳强度高、价格低廉等优点。按化学成分可分为铝锡系（Al – Sn20% – Cu1%）、铝锑系（Al – Sb 4% – Mg 0.5%）和铝石墨系（Al – Si 8% – 石墨3% ~6%）三类。

①铝锡轴承合金：铝锡轴承合金化学成分为17.5% ~22.5%的Sn，0.75% ~1.25%的Cu，余为Al。加锡可改善合金抗咬合性、潜藏性和顺应性等，以减少轴瓦与轴颈的磨损。合金中加入少量的铜或镍，可固溶于铝中，起固溶强化基体作用。但随铜含量的增加，合金强度、硬度提高，而塑性降低。故加入铜含量以合金中不析出 Cu_2Al 相为宜。铝锡轴承合金以 Al – Sn 20% – Cu 1% 最常用。由于 Sn 在固态下几乎不溶入 Al，其组织为 Al + Sn，Al 为硬基体，Sn 为软质点，加入 Cu 可溶入 Al 使之强化，是一种硬基体加软质点类型的轴承合金。它具有高疲劳强度、良好的耐磨性、耐热性和耐蚀性，生产简便，成本低，广泛用于制造高速汽车、拖拉机的柴油机轴承。

②铝锑轴承合金：其化学成分为：3.5% ~5.5%的 Sb，0.3% ~0.7%的 Mg，余为 Al。Al – Sb 4% – Mg 0.5% 是最典型的一种铝锑轴承合金。其组织为 Al + β，Al 为软基体，β 相是以 AlSb 化合物为基的固溶体，为硬质点。加入 Mg 可使针状 AlSb 变成片状，可提高合金的塑性、韧性、强度和疲劳强度。与锡基轴承合金相比较，具有较高的机械强度和耐磨性，但适应性和抗咬合性能不如锡基轴承合金。主要缺点是承载能力不够大，允许滑动线速度还不够高（<10 m/s），冷启动性等都不如高锡铝轴承合金，故只能适用于轻负荷的柴油机轴承。

③铝石墨轴承合金：为了提高铝石墨轴承合金基体的力学性能，基体可以选用铝硅合金（含 Si 6% ~8%）。由于石墨在铝中的溶解度很小，且在铸造时易产生偏析，故采用特殊铸造办法把石墨粉加入到合金中去，适宜的石墨含量为 3% ~6%。Al – Si 8% – 石墨6%的铝合金，是以亚共晶铝硅合金为硬基体、石墨为软质点类型的轴承合金，具有优良的自润滑性、减震性以及耐高温性能，在干摩擦和250℃温度的条件下具有良好的耐磨性，常用于制造活塞和机床主轴的轴瓦。

6.5　粉末冶金材料

粉末冶金制品

粉末冶金是一种制取金属粉末，以及采用成型和烧结工艺将金属粉末（或金属粉末与非金属粉末的混合物）制成制品的工艺技术。由于粉末冶金的生产工艺与陶瓷的生产工艺在形式上类似，这种工艺方法又被称为金属陶瓷法。

粉末冶金材料或制品种类较多，主要有：难熔金属及其合金(如钨、钨 - 钼合金)；组元彼此不相熔、熔点十分悬殊的特殊性能材料(如钨 - 铜合金型电触头材料)；难熔的化合物和金属组成的各种复合材料(如硬质合金、金属陶瓷)等。

粉末冶金的特点：

①某些特殊性能材料的唯一制造方法；

②可直接制出尺寸准确，表面光洁的零件，是少切削甚至无切削生产工艺；

③节约材料和加工工时，成本低；

④制品强度较低；

⑤流动性较差，形状受限制；

⑥压制成形的压强较高，制品尺寸较小；

⑦压模成本较高。

6.5.1　粉末冶金材料的生产

粉末冶金材料或制品的工艺流程如图 6 - 13 所示。归结起来主要工序有粉末制备、粉末预处理、成形、烧结及后处理等。

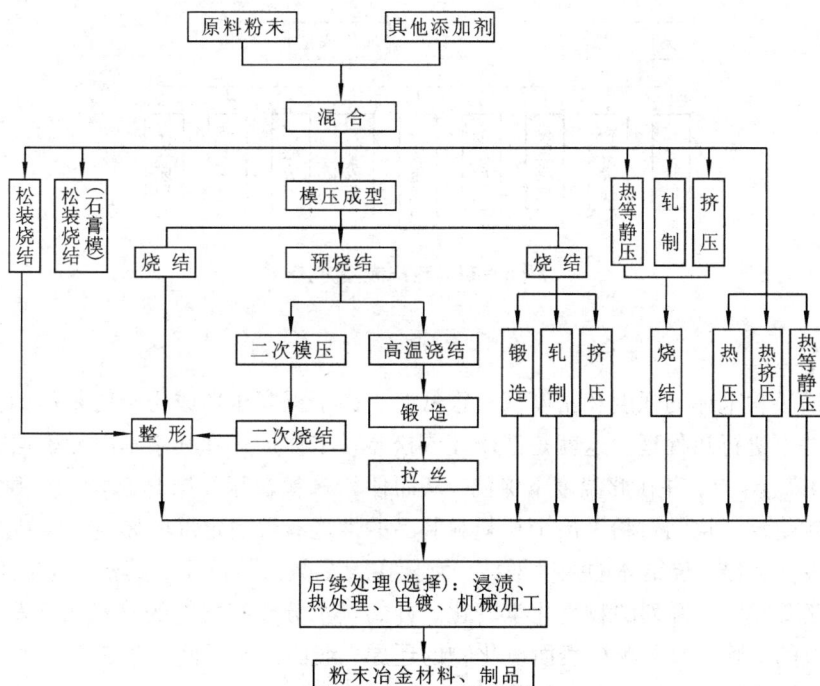

图 6 - 13　粉末冶金材料或制品的工艺流程

(1)粉末制备

粉末冶金的生产工艺是从制取原材料粉末开始的。金属粉末的制取方法可以分为机械法和物理化学法两大类。机械法制取粉末是将原材料机械地粉碎而化学成分基本上不发生变化的工艺过程。物理化学法是借助化学的或物理的作用，改变原材料的化学成分或聚集状态而获得粉末的工艺过程。

（2）粉末预处理

预处理包括粉末退火、筛分、混合、制粒和加润滑剂等。

粉末的预先退火可使氧化物还原，降低碳和其他杂质含量，提高粉末纯度；同时，还能消除粉末的加工硬化、稳定粉末的晶体结构 。

筛分的目的在于把颗粒大小不同的原始粉末进行分级。

混合一般是指将两种或两种以上不同成分的粉末混合均匀的过程。混合可采用机械法和化学法。

制粒是将小颗粒的粉末制成大颗粒或团粒的工序，以此来改善粉末的流动性。

（3）粉末成型

成型是粉末冶金工艺的重要步骤，成型的目的是制得具有一定形状、尺寸、密度和强度的压坯。粉末冶金常用的成型方法如图 6 - 14 所示。成型包括无压成型和加压成型，其中模压成型是加压成型中最基本的方法。

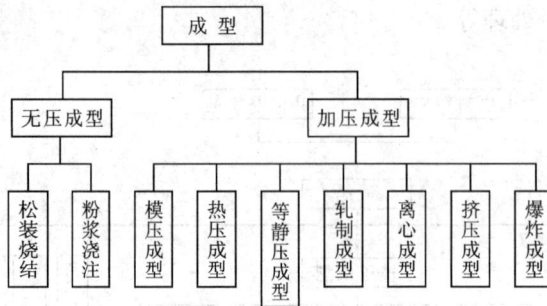

图 6 - 14　粉末成型方法

（4）烧结

压坯或松装粉末体的强度和密度都是很低的。为了提高压坯或松装粉末体的强度，需要在适当的条件下进行热处理。这就是把压坯或松装粉末体加热到其基本组元熔点以下的温度$[(0.7 \sim 0.8)T_{绝热温度}]$，并在此温度下保温，从而使粉末颗粒相互结合起来，改善其性能，这种热处理就叫烧结。烧结对粉末冶金材料和制品的性能有着决定性的影响，烧结的结果是粉末颗粒之间发生黏结，烧结体的强度增加，而且在大多数的情况下，其密度也提高。在烧结过程中，压坯要经历一系列的物理化学变化。开始是水分或有机物的蒸发或挥发、吸附气体的排除、应力的消除、粉末颗粒表面氧化物的还原，继而是原子间发生扩散、黏性流动和塑性流动，颗粒间的接触面增大，发生再结晶、晶粒长大等。

（5）粉末冶金工艺

粉末冶金工艺是将粉末压制成型的工艺和随后的烧结（即固结过程）与致密化最终成型的材料与设计性能（物理与力学）结合起来的方法。粉末冶金生产工艺大体上可分为两类：常规压制 - 烧结工艺和全密实工艺。

①常规压制 - 烧结工艺：常规压制 - 烧结工艺除压制、烧结工序外，有时还包括压制 - 烧结 - 精整、二次压制 - 二次烧结及熔渗铜工序。

218

②全密实工艺：将使生产的产品密度尽量接近理论密度的工艺定义为全密实工艺。这类工艺与上述的常规压制 – 烧结工艺的主要区别在于，后者的主要目的不是制取完全密实的粉末冶金制品或材料。全密实工艺有粉末锻造（P/F）、金属注射成形（MIM）、热等静压（HIP）、轧制、热压和挤压。

（6）后处理

后处理的方法按其目的不同，有以下几种：

①为提高制件的物理及力学性能，方法有复压、复烧、浸油、热锻与热复压、热处理及化学热处理。

②为改善制件表面的耐腐蚀性，方法有水蒸气处理、磷化处理、电镀等。

③为提高制件的形状与尺寸精度，方法有精整、机械加工等。

④熔渗处理，它是将低熔点金属或合金渗入到多孔烧结制作的孔隙中去，以增加烧结件的密度、强度、塑性或冲击韧度。

6.5.2　常用的粉末冶金材料

常用的粉末冶金材料主要有硬质合金、烧结减摩材料、烧结铁基结构材料、烧结摩擦材料等，这里仅介绍硬质合金材料和典型的烧结减摩材料。

（1）硬质合金

硬质合金是指由一种或多种难熔金属的碳化物（如碳化钨、碳化钛等）作为硬质相，用金属黏结剂作为黏结相，经粉末冶金技术制造出来的材料。作为切削刀具用的硬质合金，常用的碳化物有碳化钨（WC）、碳化钛（TiC）、碳化钽（TaC）、碳化铌（NbC）等，常用的黏结剂有钴（Co）、镍（Ni）、铁（Fe）。硬质合金的强度主要取决于黏结剂的含量。硬质合金具有高强度、高硬度（常温硬度为 69～81 HRC）、高的热硬性（可达 900～1000℃）、耐磨损、耐腐蚀、耐高温和膨胀系数低等优点。

①钨钴类硬质合金：WC – Co 组成的硬质合金，主要牌号有 YG3、YG6、YG8 等，后面的数字表示 Co 的质量分数（以百分数表示），这类硬质合金主要用于加工铸件、非铁金属和非金属材料。YG 类合金中钴含量多时，其抗弯强度及冲击韧度均较好，特别是提高了疲劳强度，因此适用于在受冲击和振动的条件下做粗加工用；钴含量较少时，其耐磨性和耐热性较高，适合用于作连续切削的精加工用。

②钨钴钛类硬质合金：WC – TiC – Co（YT）类硬质合金适合加工塑性材料，如钢材。主要牌号有 YT5、YT15、TY30 等，YT 后面的数字表示 TiC 的质量分数（以百分数表示），合金具有较高的硬度，特别是具有较高的耐热性，在高温时的硬度和抗压强度比 YG 类合金高，抗氧化性能好。另外，在加工钢材时，YT 类合金有很高的耐磨性。YT 类硬质合金含钴量较多、含碳化钛较少时，抗弯强度较高，较能承受冲击，适于作粗切削加工用；含钴量较少，含碳化钛较多时，耐磨性和耐热性较好，适于精加工用。含碳化钛越高，其磨削性和焊接性能也越差，刃磨及焊接时容易出现裂纹。

另外，还有通用硬质合金，包括 WC – TaC（NbC）– Co 类和 WC – TiC – TaC（NbC）– Co 类硬质合金。适合制作切削耐热钢、不锈钢、高锰钢、高速钢等切削性能差的钢材的刀具。

由于硬质合金具有一系列的优点，在工业部门中应用很广，已成为最优良的工具材料。各类硬质合金因其成分和性能的不同，有着不同的应用领域。其主要应用范围：用作刀具材料，如车刀、铣刀、刨刀、钻头等，硬质合金作刀具材料的用量最大；用作模具材料，用硬质合金作模具主要是指冷作模，如冷拉模、冷冲模、冷挤模和冷镦模等；用作量具及耐磨零件。如千分尺、块规、塞规等。

（2）粉末冶金含油轴承

粉末冶金含油轴承是指以金属和金属或非金属复合材料为原料，采用粉末冶金法制造的滑动轴承，以及钢背－烧结合金双金属轴承。按照润滑剂不同，烧结金属轴承分为以液体润滑油润滑轴承和用固体润滑剂（如石墨、MoS_2、聚四氟乙烯等）润滑轴承。前者又可分靠烧结金属轴承自身存储的油进行润滑的轴承，即所谓的自润滑轴承，以及用普通润滑方法润滑的轴承，如钢－烧结铜铅合金双金属轴承。粉末冶金含油轴承常用的有铁石墨和铜石墨两大类，将铁粉或铜粉与石墨一起通过压制和烧结制成轴瓦，其特点是含油，而且能够自润滑。在轴瓦中含有一定量的空隙，其大小决定于载荷的大小，载荷大则空隙小，但含油也少。自润滑的机理是当轴不转动时，油借助空隙的毛细管作用保存在轴承的空隙中，当轴承转动时，温度升高，毛细管作用减弱，同时轴与轴承间为半真空，因此油能够从孔隙中吸出形成油膜进行润滑。当轴停止转动时，温度下降，油借助毛细管的作用又吸入孔隙中。而且，由于油是经过连通孔隙输送的，无滴漏现象，油的消耗量很少，一般其存储的润滑油足够整个有效工作期间消耗使用的。粉末冶金含油轴承在我国纺织机械、汽车、农机、冶金矿山、机械等方面已得到应用。

习　题

1. 根据二元铝合金一般相图，说明铝合金是如何分类的。

2. 形变铝合金分哪几类？主要性能特点是什么？并简述铝合金强化的热处理方法。

3. 铜合金分哪几类？举例说明黄铜的代号、化学成分、力学性能及用途。

4. 钛合金分哪几类？各钛合金的性能特点是什么？

5. 滑动轴承合金必须具备哪些特性？常用滑动轴承合金有哪些？

6. 指出下列合金的名称、化学成分、主要特性及用途。

   3A21、ZLl02、ZL401、LD5、H68、HPb59－1、ZCuZn40Mn2、TA7

7. 粉末冶金技术有何特点？

8. 硬质合金是如何分类的？硬质合金的性能特点与应用如何？

第7章
非金属材料

【概述】

◎非金属材料是指除金属材料以外的其他材料的总称，主要包括高分子材料、陶瓷材料及复合材料等。它们具有金属材料所不及的一些特殊性能，如塑料的质轻、绝缘、耐磨、隔热、美观、耐腐蚀、易成型；橡胶的高弹性、吸震、耐磨、绝缘等；陶瓷的高硬度、耐高温、抗腐蚀等；加上其原料来源广泛，自然资源丰富，成型工艺简便，在某些生产领域中已成为不可取代的材料。本章主要介绍常用的高分子材料、陶瓷材料、复合材料的分类、结构、性能特点和应用。

7.1　高分子材料

人类很早就在利用天然高分子材料，但有目的地人工合成高分子材料还只有一个多世纪的发展历史。自1872年最早发现酚醛树脂以来，已经成功地运用于电气和仪器仪表等工业产品中，高分子材料由于其独特的性能特点而得到了迅猛发展，并且广泛应用于工业、农业和尖端科学技术的各个领域。

7.1.1　高分子材料概述

高分子材料是指以高分子化合物为主要组成部分的材料。高分子化合物是指相对分子量很大的有机化合物，常称为聚合物或高聚物，其相对分子量一般

高分子材料产品

在5000以上，如橡胶的相对分子质量为10万左右，聚乙烯相对分子质量可以在几万到几百万之间。本章讲述的高分子材料主要包括广泛应用于机械、电子、化工、建筑等行业的塑料、合成橡胶、合成纤维、胶黏剂等。

（1）高分子化合物的合成方法

高分子化合物的分子量虽然很大，但化学组成却相对简单。一是组成高分子化合物的元素主要是C、H、O、N、Si、S、P等少数几种元素；二是所有的高分子都是由一种或几种简单的结构单元通过共价键连接并不断重复而形成的。

由单体聚合成高分子化合物的基本方法有两种：加成聚合（简称加聚）和缩合聚合（简称缩聚）。如由氯乙烯加聚成聚氯乙烯（PVC）的反应式为：

$$n(\mathrm{CH_2} \!=\!\!=\! \mathrm{CHCl}) \longrightarrow \mathrm{[CH_2 - CHCl]}_n$$

加聚反应：单体分子借助于引发剂或高温等条件，打开双键而彼此连接在一起形成大分子链。由一种单体经过加聚反应形成的高分子化合物（高聚物）称为均聚物，如产量很大、用途很广的聚乙烯、聚氯乙烯、聚四氟乙烯等都是均聚物。这类聚合物的性能往往比较局限，甚至有明显的不足，不能满足很多工件的使用要求。将两种或两种以上单体通过加聚反应生成的高聚物，称为共聚物。通过共聚反应生成共聚物是改善均聚物性能、创造新品种高分子材料的重要途径。如耐磨性能较好的丁苯橡胶是丁二烯和苯乙烯的共聚物，腈纶（人造毛）是由丙烯腈和丙烯酸甲酯共聚而成的。

在加聚反应中没有低分子物质（如水、氨、卤化氢等）的析出，因此加聚反应生成的高分子化合物和原料单体具有相同的成分。

由氨基己酸通过缩聚反应生成聚酰胺 6（尼龙 6）的反应式为：

$$n\mathrm{[NH_2(CH_2)_5COOH]} \overset{\text{均缩聚}}{=\!=\!=} \mathrm{H[NH(CH_2)_5CO]}_n - \mathrm{OH} + (n-1)\mathrm{H_2O}$$

氨基己酸 　　　　　尼龙 6

缩聚反应：由一种或多种单体相互混合而连接成聚合物，同时析出某种低分子物质（如水、氨、卤化氢等）的反应。通过缩聚反应合成的高分子材料有环氧树脂、酚醛树脂、聚苯醚、涤纶以及芳香尼龙等。

缩聚反应因其特有的反应规律和产物结构上的多样性，是合成杂链聚合物，即在大分子主链上引进 O、N、S、Si 等原子的重要途径，对改善聚合物性能和发展新品种都具有非常重要的意义。在近代技术的发展中，对性能要求严格和特殊的新型耐热高分子材料，如聚酰亚胺、吡龙等都是由缩聚合成的。在缩聚反应过程中，由于有低分子物质析出，所以反应所得高分子化合物和原料单体具有不同的成分。表 7-1 为加聚反应与缩聚反应的比较。

表 7-1　加聚反应与缩聚反应的比较

比较项目	加聚反应	缩聚反应
原料特征	单体含不饱和键或为环状化合物	单体为多官能团低分子化合物
反应特征	不饱和键打开，互相连接	官能团互相作用，析出低分子物质
反应过程	属链式反应，瞬间生成大分子链	随反应过程逐步形成大分子链
链节特征	链节与原料单体相同	链节与原料单体不同
反应可逆性	不可逆反应	可逆反应
常见产物	聚乙烯、聚甲醛、聚四氟乙烯等	尼龙 66、酚醛树脂、环氧树脂等

（2）高分子材料的分类和命名

①高分子材料的分类：高分子材料的种类很多，数量也很大，可以从不同的角度对其进行分类。

按聚合物主链上的化学组成分类：可将其分为碳链高分子材料、杂链高分子材料、元素有机高分子材料和无机高分子材料四类。

碳链高分子材料指大分子主链全部由碳原子键结合而成，即：

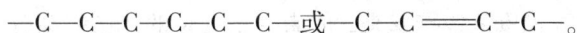

—C—C—C—C—C—C—或—C—C══C—C—。

杂链高分子材料指大分子主链中除 C 原子外，还有 O、N、S 等其他原子，如：

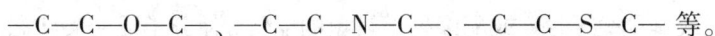

—C—C—O—C—、—C—C—N—C—、—C—C—S—C— 等。

杂原子的存在，能大大改善高分子的性能，如氧原子能增加分子链的柔性；磷和氯原子能提高耐热性；氟原子能提高化学稳定性等。树脂和橡胶均属于此类。

元素有机高分子材料指大分子主链上不一定含有碳原子，而由 Si、Ti、Al、B 等无机元素原子和有机元素 O 原子等构成，如 —O—Si—O—Si—O— ，它的侧基一般为有机基团，有机基团使高分子化合物具有强度和弹性，无机基团则能提高耐热性。有机硅树脂和无机硅橡胶均属于此类。

无机高分子材料指大分子主链和侧基均由无机元素或基团构成，如无机耐火橡胶的构成为：￤PCl₂══N￥ 。陶瓷、云母、石棉、硅酸盐玻璃等都属于该类。

按分子链的几何形状分类：可将其分为线型高分子材料、支链高分子材料、体型网状高分子材料三种。

按高分子材料的来源分类：可分为天然高分子材料与合成高分子材料两类。天然高分子材料，如天然橡胶、皮革、棉纤维等；合成高分子材料，如合成橡胶、塑料、化学纤维等。

按性能和用途分类：可分为塑料、橡胶、合成纤维三类。

按合成反应分类：可分为加聚聚合物和缩聚聚合物。所以高分子化合物常称为高聚物或聚合物，高分子材料称为高聚物材料。

按高分子材料的热行为及成型工艺特点分类：可分为热塑性高分子材料和热固性高分子材料两类。

②高分子材料的命名：高分子材料的命名方法和名称比较复杂，有些名称是专用词，如淀粉、蛋白质、纤维素等。还有许多是商品名称，如有机玻璃、涤纶、腈纶等，不胜枚举。研究高分子学科采用的命名方法，与有机化学中各类物质的名称有密切的关系。

常用的高分子材料名称大多数采用习惯命名法。对于加聚物，通常在其单体原料名称前加一个"聚"字即为高聚物名称，如乙烯加聚生成聚乙烯；对于缩聚和共聚反应生成的高分子，在单体名称后加"树脂"或"橡胶"，如酚醛树脂、乙丙橡胶；有些高分子名称是在其链节名称前加一个"聚"字即可，如聚乙二酰己二胺（尼龙 66）；而一些组成和结构复杂的高聚物常用商品名称，如有机玻璃、电木等。

7.1.2　高分子材料的结构

高分子材料是以高分子化合物为主要组分的有机材料，包括天然橡胶、蚕丝、羊毛、合成橡胶、塑料、合成纤维、涂料和胶黏剂等，工程上使用的主要是人工合成的高分子材料。

能相互连接形成高分子化合物的低分子化合物称为单体，而所得到的高分子化合物就是高聚物。高分子材料是由许多单体通过聚合反应获得的。例如，聚乙烯是由乙烯（CH₂═CH₂）单体聚合而成的，而合成聚氯乙烯的单体是（CH₂═CHCl）。

（1）大分子链的结构

高分子化合物主要呈长链状，这种大分子链由许多结构相同的基本单元重复连接构成，组成高聚物的这种基本结构单元称为链节。若用 n 值表示链节的数目，则 n 值愈大，高分子化合物的相对分子质量 M 也愈大，即 $M = n \times m$（m 为链节的相对分子质量，n 为聚合度）。整个高分子键就相当于由几个链节按一定方式重复连接起来，成为一条细长的链条。高分子合成材料大多数是以碳和碳结合为分子主链，即分子主干是由众多的碳原子相互排列成长长的碳链，两旁再配以氢、氯、氟或其他分子团，或配以另一较短的支链，使分子成交叉状态而构成的，分子链和分子链之间依赖分子间的作用力而连接。高分子化合物的化学结构有以下特点：①化学组成一般都比较简单，同有机化合物一样仅由几种元素所组成；②高分子化合物的结构像由链节组成的一条长链，链节与链节之间以共价键结合。③化学组成相同的高聚物其聚合度不一定相等。

高分子材料的结构主要取决于其化学成分，组成高分子材料大分子链的化学元素主要有：碳、氢和氧，以及氮、氯、氟、硼、硅、硫等。根据组成元素不同，大分子链可分为三类：碳链、杂链和元素链。

1）均聚物的结构

均聚物只含有一种单体链节，若干个链节由共价键按一定方式重复连接而成，其结构有线型、支链型和网状型三种。

①线型结构：各链节以共价键连接成线型长链分子，在拉伸状态或低温下，像一根长线，如图 7-1(a) 所示；而在较高温度或稀溶液中，则呈卷曲状或线团状。均聚物的特点是可以溶解在一定的溶液之中，加热时可以熔化。基于这一特点，线型结构的聚合物易于加工，可以反复应用。一些合成纤维、热塑性塑料（如聚氯乙烯、聚苯乙烯等）就属于这一类。

②支链型结构：这种结构在主链的两侧以共价键连接相当数量的长短不一的支链，如图 7-1(b) 所示，主链较长，支链较短，其性质和线型高聚物结构基本相同。

③网状型结构：这种结构是在一根根长链之间，沿横向通过链节以共价键把若干个支链交联起来，构成一种网状连接，如图 7-1(c) 所示。如果这种网状的支链向空间发展，便得到体型高聚物结构。这种高聚物结构的特点是：在任何情况下都不熔化，也不溶解。成型加工只能在形成网状结构之前进行，一经形成网状结构，就不能再改变其形状。这种高聚物可保持形状稳定、耐热及耐溶剂作用。热固性塑料（如酚醛、脲醛等塑料）就属于这一类。

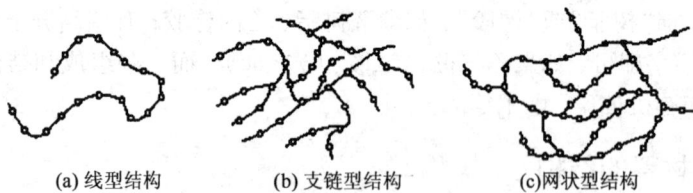

(a) 线型结构　　　(b) 支链型结构　　　(c) 网状型结构

图 7-1　均聚物结构示意图

2）共聚物的结构

共聚物是由两种以上不同的单体链节聚合而成的高分子聚合物。由于各种单体的成分不同，共聚物的高分子排列形式也各不相同。对于 M1 和 M2 两种不同结构的单体，其排列方式有无规则型、交替型、嵌段型和接枝型四种类型，如图 7-2 所示。无规则型共聚物是 M1、M2 两种不同单体在高分子长链中呈无规则排列；交替型共聚物是 M1、M2 单体有规则地交替排列在高分子长链中；嵌段型共聚物是 M1 聚合片段和 M2 聚合片段彼此交替连接；接枝型

共聚物是 M1 单体连接成主链，又连接了不少 M2
单体组成的支链。

　　由于共聚物能把两种或多种自聚的特性综合
到一种聚合物中，共聚物在实际应用中具有十分
重要的意义。共聚物常常被人称为非金属的"合
金"，例如 ABS 树脂是由丙烯腈、丁二烯和苯乙
烯组成的三元共聚物，具有较好的耐冲击、耐热、
耐腐蚀及易加工等性能。

　　(2)高聚物的聚集状态

　　高聚物的聚集状态有结晶态、部分结晶态和
非结晶态三种。结晶态聚合物分子排列规则有
序；部分结晶态聚合物分子排列部分规则有序；
非结晶态(亦称玻璃态)聚合物分子排列杂乱不
规则。通常线型聚合物在一定条件下可以形成结
晶态或形成部分结晶态；而网状结构聚合物为非
结晶态(或玻璃态)。非晶态聚合物的结构中的
大分子排列过去一直被认为是杂乱无章、相互穿
插交缠的；近来研究发现，非晶态聚合物的结构
只在大距离范围内是无序的，小距离范围内是有
序的，即为远程无序。

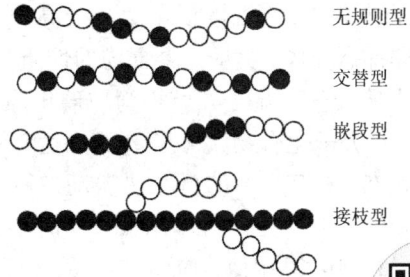

图 7-2　共聚物结构示意图
（●表示 M1，○表示 M2）

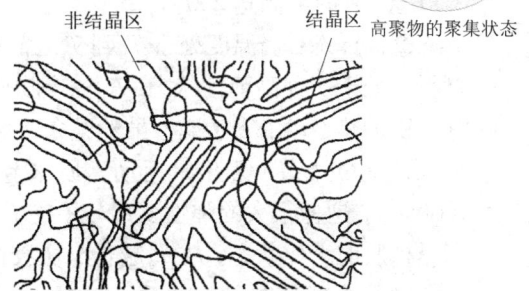

图 7-3　高聚物的结晶区
与非结晶区示意图

　　在实际生产中获得完全结晶态的聚合物是很困难的，大多数聚合物都是部分结晶态和完全
非结晶态。聚合物由结晶区(分子有规则紧密排列的区域)和非结晶区(分子处于无序状态的区
域)组成，如图 7-3 所示。通常用结晶度来表示聚合物的结晶程度。结晶度即聚合物中结晶区
域所占的百分数。聚合物结晶度的变化范围很大，一般为 30% ~ 90%，特殊情况下可达 98%。

　　结晶态与非结晶态结构均影响高聚物的性能。结晶态聚合物分子排列紧密而有规则，分
子间作用力较大，所以高聚物的密度、强度、硬度、刚度、熔点、耐热性、耐化学性、抗液体
及气体透过性等性能较高；依赖链运动的有关性能，如弹性、塑性和韧性等性能较低。非结
晶态聚合物由于分子链无规则排列，分子链的活动能力大，其弹性、塑性和韧性等性能较高。
部分结晶态聚合物性能介于上述二者之间，且随着结晶度的增加，熔点、相对密度、强度、刚
度、耐热性和抗熔性均提高，而弹性、塑性和韧性等性能降低。在实际生产中，具有不同聚
集态的聚合物具有不同的性能。

7.1.3　高分子材料的性能

　　(1)高分子材料的物理状态

　　高分子材料的大分子链结构特征，使其具有许多独特物理、化学性能的内在条件。一种
已经确定了大分子链结构的高分子材料,在不同的温度下会呈现不同的物理状态，因而具有
不同的性能特点，如有机玻璃在室温下像玻璃一样坚硬，但若将它加热至 100℃ 左右，则变得
像橡胶一样柔软而富有弹性。图 7-4 为线型无定型结构高分子材料的温度 - 变形曲线。由
图可见，随着温度的升高，高分子材料将由玻璃态过渡到高弹态再到黏流态。

①玻璃态：当温度低于 T_g 时，高分子化合物是一种非晶态固体，此时，聚合物的性质与玻璃相似，故称为玻璃态。温度 T_g 就称为玻璃化温度。在玻璃态时，高分子化合物大分子链的热运动基本上处于停止状态，只有链节的微小热振动及链中键长和键角的弹性变形。在外力作用下，弹性变形的特征与低分子材料的很相似，应力与应变成正比，且材料具有一定的刚度。玻璃态是塑料的工作状态，T_g 越高，塑料的耐高温性能越好。一般塑料的 T_g 均在室温以上，有的可高达 200℃。

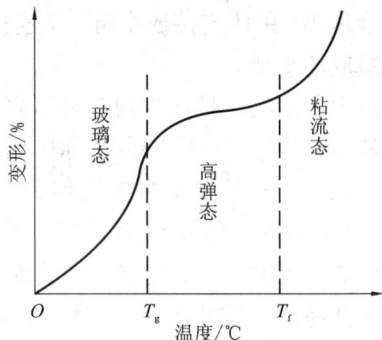

图 7 - 4　线型无定型高分子化合物的温度 - 变形曲线

②高弹态：当温度处于 T_g 到 T_f 之间时，高分子材料将处于一种高弹性状态，就像橡胶那样，故称为高弹态。在高弹态时，高分子化合物大分子链的热运动有所改善，虽然整条大分子链不能整体移动，但大分子链中的某些链段（几个或几十个链节）已开始运动。原来卷曲的链段将沿受力方向发生变形（$A_{11.3} = 100\% \sim 1000\%$），这种很大的弹性变形并不能立即回复，须经过一定时间才能缓慢恢复原状。高弹态是橡胶的工作状态，故 T_g 越低，橡胶的耐寒性就越好，T_f 越高，其耐热性相应也就越好。一般橡胶的 T_g 都在室温以下，有的可达 -100℃ 以下。

③黏流态：当温度高于 T_f 时，高分子化合物将变成流动的黏液状态，故称黏流态。在黏流态时，高分子化合物大分子链的热运动非常活跃，整条大分子链都可以自由运动。黏流态是高分子化合物成型加工的工艺状态，也是有机胶黏剂的工作状态。由单体聚合生成的高分子化合物一般是块状、颗粒状或粉末状，将这些原料加热至黏流态后，通过吹塑、挤压、模铸等方法，能加工成各种形状的型材及零件。

如果将黏流态的高分子材料再继续升温，不能得到气态高分子材料，因为其大分子链的汽化温度很高，而链的热稳定性较差，当温度还远低于汽化温度时，其大分子链就已经瓦解了。

（2）高分子材料的性能特点

由于结构的多层次，状态的多重性，以及对温度和时间较为敏感，高分子材料的许多性能相对不够稳定，变化幅度较大，其力学性能、物理及化学性能都具有某些明显的特点。

①高弹性：高聚物与金属相比，弹性模量只有金属的 1/1000，而弹性变形却超过金属的 1000 倍。无定型和部分晶态高分子材料在玻璃化温度以上时，由于其链段能自由运动，从而表现出很高的弹性。它与金属材料的弹性在数量上存在巨大差别，说明它们之间在本质上是不同的。高分子材料的高弹性决定于分子链的柔顺性，且与分子量及分子间交联密度紧密相关。

②重量轻：高分子材料是最轻的一类材料，一般密度在 $1.0 \sim 2.0 \ g/cm^3$ 之间，为钢的 $1/8 \sim 1/4$，陶瓷的一半以下。最轻的塑料聚丙烯的密度为 $0.91 \ g/cm^3$。重量轻是高分子材料最大优点之一，对其在工程结构中的应用具有非常重要的实际意义。

③滞弹性：某些高分子材料的高弹性表现出强烈的时间依赖性，即应变不随应力即时建立平衡，而有所滞后。产生滞弹性的原因是链段的运动遇到困难时，需要时间来调整构像以适应外力的要求。所以，应力作用的速度越快，链段越来不及做出反应，则滞弹性越明显。滞弹性的主要表现有蠕变、应力松弛和内耗等。

④强度与断裂：高分子材料的强度比金属低得多，但由于其密度小，所以其比强度还是很高的，某些高分子材料的比强度比钢铁和其他金属还高。高分子材料的实际强度远低于理论强度，预示了提高高分子材料实际强度的潜力很大。

高分子材料的断裂形式有脆性断裂和韧性断裂两种，根据拉伸过程中的断裂行为，工程高分子材料的特性可大致分为五种类型。图 7-5 为无定型高分子材料各种典型的应力 - 应变曲线。

高分子材料的力学性能对温度和时间有着强烈的依赖性，从而使得其力学性能的变化比金属材料更为复杂。

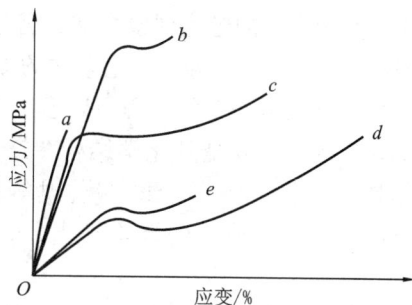

图 7-5　线型无定型高分子材料几种典型
应力状态下的应力 - 应变曲线
a—硬脆；b—强硬；c—强韧；
d—柔韧；e—软弱

⑤韧性：高分子材料的塑性相对较好，因此在非金属材料中，其韧性是比较好的。但是只有材料的强度和塑性都高时，其韧性的绝对值才可能高。而高分子材料的强度低，因此其冲击韧度值比金属低得多，一般仅为金属百分之一的数量级。这也是高分子材料不能作为重要工程结构材料使用的主要原因之一。为了提高高分子材料的韧性，可采取提高其强度或增加其断裂伸长量等办法。

⑥减摩、耐磨性：大多数塑料对金属或塑料对塑料的摩擦系数值一般在 0.2 ~ 0.4 范围内，有一些塑料的摩擦系数很低，如聚四氟乙烯对聚四氟乙烯的摩擦系数只有 0.04，几乎是所有固体中最低的。像尼龙、聚甲醛、聚碳酸酯等工程塑料，均有较好的摩擦性能，可用于制造轴承、轴套、机床导轨贴面等。塑料（一部分）除了摩擦系数低以外，更主要的优点是磨损率低，自润滑性能好，对工作条件及磨粒的适应性强。特别在无润滑和少润滑条件下，它们的减摩、耐磨性能是金属材料无法比拟的。

⑦绝缘性：高分子的化学键为共价键，没有自由电子和可移动的离子，不能电离，因此是良好的绝缘体，其绝缘性能与陶瓷材料相当。随着材料技术的发展，出现了许多具有各种优异电性能的新型高分子材料，并且还出现了高分子半导体、超导体等。另外，由于高分子链细长、卷曲，在受热、声之后振动困难，所以对热、声通常也具有良好的绝缘性能。

⑧耐热性：同金属材料相比，高分子材料的耐热性是比较低的，大多数塑料在高温下受力时会变软或产生变形。热固性塑料的耐热性比热塑性塑料要高，但一般只能在 200℃ 以下长期工作。提高高分子材料的耐热性可通过下列途径：增大主链的刚性，如引进较大的侧基，增大链的内旋转阻力等；增强分子间的作用力，如形成交联、氢键，引入较强的极性基团等；提高高分子的结晶度，以及加入填充剂、增强剂等。

⑨耐蚀性：由于高分子材料的大分子链都是强大的共价键结合，没有自由电子和可移动的离子，不发生电化学腐蚀，只可能存在化学腐蚀问题。高分子化合物的分子链长而卷曲、缠结，链上的基团大多被包围在内部，只有少数露在外面的基团才与活性介质起反应，因此其化学稳定性相当高。高分子材料具有良好的耐蚀性能，能耐水、无机溶剂、酸、碱的腐蚀。

⑩老化：老化是指高分子材料在加工、储存和使用过程中，由于内外因素的综合作用，使高分子材料失去原有性能而丧失使用价值的过程。在日常生活中高分子材料的力学、物

理、化学性能衰退的老化现象是非常普遍的。有的表现为材料变硬、变脆、龟裂，有的则变软、褪色、透明度下降等。产生老化的原因主要是高分子材料分子链的结构发生了降解（大分子链发生断裂或裂解的过程）或交联（分子链之间生成新的化学键，形成网状结构）。影响老化的内在因素主要是其化学结构、分子链结构和聚集态结构。外在因素有热、光、辐射、应力等物理因素；水、氧、酸、碱、盐等化学因素；昆虫、微生物等生物因素。老化现象是一个影响高分子材料使用的严重缺点，应采取积极有效的措施来提高高分子材料的抗老化能力。

为了改善高分子材料的性能，可根据需要向高分子材料中加入其他一些物质（高分子化合物或低分子物质）组成更加复杂的混合物体系。如在脆性高分子材料中加入增塑剂可显著改善其韧性和塑性成型的能力；加入铁、铜等可提高高分子材料的承载能力和导热性；加入石棉、云母可提高其耐热性和绝缘性等。

7.1.4　常用的高分子材料

常用的高分子材料主要包括塑料、合成橡胶、合成纤维、胶黏剂及涂料等。下面主要介绍在机械工业中应用广泛的塑料与合成橡胶。

（1）塑料

塑料是以天然或合成的高分子化合物为主要成分，加入各种添加剂所制成的有机高分子材料。具有质轻、绝缘、减摩、耐蚀、消音、吸振、价廉、美观等优点，绝大部分塑料都是以合成高分子化合物作为基本原料，在一定温度和压力下塑制成型的，故称为塑料。

1）塑料的组成

塑料大多是由合成树脂和其他添加剂组成。其中合成树脂是塑料的主要成分，树脂的种类、性能及其在塑料中所占的比例，对塑料的性能起着决定性的作用，在常温下呈固体或黏稠液体，受热后软化或呈熔融状态，可把其他添加剂黏结起来。大多数塑料都是以树脂名称来命名的，如聚氯乙烯塑料的树脂就是聚氯乙烯。

添加剂是为了改善塑料的某些性能而加入的物质，各种添加剂的加入与否及加入量的多少，需根据塑料的性能和用途来确定。主要有以下几种：

①填充剂：又称填料，在塑料中主要起增强作用，有时也可以改善和提高塑料的某些性能，以扩大其应用范围。例如，加入有机材料可提高塑料的机械强度；加入无机物可使塑料具有较高的耐磨、耐蚀、耐热、导热及自润滑性等。如石棉纤维、玻璃纤维等可提高塑料的强度；云母可增强塑料的电绝缘性；铜、银金属粉末可改善塑料的电导性；石墨可改善塑料的摩擦和磨损性能。

②增塑剂：其作用是进一步提高树脂的可塑性，增加塑料在成型时的流动性，并赋予制品以柔软性和弹性，减少脆性，还可改善塑料的加工工艺性。如在聚氯乙烯中加入适量的磷苯二甲酸二丁酯增塑剂后，就可制得软质聚氯乙烯薄膜、人造革等。增塑剂含量过高会降低塑料的刚度，故其在塑料中含量一般为 5% ~ 20%。

③固化剂：通过与树脂中的不饱和键或反应基团作用，使各条大分子链相互交联，让受热可塑的线型结构变成体型（网状）的热稳定结构，成型后获得坚硬的塑料制品。为了加速固化，常与促进剂配合使用。

④稳定剂：防止某些塑料在成型加工和使用过程中受光、热等外界因素影响而使分子连

断裂，分子结构变化，性能变差（即老化）。稳定剂的加入可延长塑料制品的使用寿命。其用量一般为千分之几。

⑤着色剂：装饰用塑料常要求有一定的色泽和鲜艳美观，着色剂可使塑料具有各种不同的颜色，以适应使用要求。着色剂分为有机染料和无机染料两大类。它因色泽鲜艳，易于着色，耐热耐晒，与塑料结合牢靠，在加工成型温度下不变色，不起化学反应，不因加入着色剂而降低塑料性能、价格便宜等。

⑥其他：如润滑剂、发泡剂、防静电剂、阻燃剂、稀释剂、芳香剂等。

2）塑料的分类

塑料的种类繁多，分类方法也多种多样。

①按塑料受热后所表现的性能不同，可分为热塑性塑料和热固性塑料两大类。

热塑性塑料合成树脂的分子链具有线型结构，柔顺性好，经加热后软化并熔融成为流动的黏稠液体，冷却后即成型固化。此过程是物理变化，其化学结构基本不发生改变，可反复多次进行，其性能并不发生显著变化。如聚乙烯、聚氯乙烯、聚酰胺（尼龙）等均属热塑性塑料。这类塑料的优点是成型加工简便，具有较高的力学性能，缺点是刚性及耐热性较差。

热固性塑料在受热后软化，冷却后成型固化，发生化学变化，在加热时不再转化（即变化是不可逆的）。如酚醛、环氧、氨基塑料及有机硅塑料等均属热固性塑料。这类塑料具有耐热性高，受压不易变形等优点。缺点是脆性较大，力学性能不好，但可通过加入填料或磨压塑料，以提高其强度，成型工艺复杂，生产效率低。

②按应用范围可分为通用塑料和工程塑料两大类。

通用塑料指产量大、用途广，价格低廉，通用性强的聚乙烯、聚氯乙烯、聚苯乙烯、聚丙烯、酚醛塑料和氨基塑料等六大品种，占塑料总产量的 3/4 以上。

工程塑料的力学性能比较好，可以代替金属在工程结构和机械设备中应用的塑料，通常具有较高的强度、刚度和韧性，而且耐热、耐辐射、耐蚀性能以及尺寸稳定性能好。常用的有聚酰胺（尼龙）、聚甲醛、酚醛塑料、有机玻璃、ABS 等。

3）塑料的性能

①密度小、比强度高：塑料的相对密度一般在 0.83 ~ 2.2 之间，仅为钢铁材料的 1/8 ~ 1/4，铝的 1/2。这样，塑料的比强度（强度与相对密度之比）就较高，如用玻璃纤维增强的塑料其比强度可以达到甚至超过钢材的水平。这对于需要全面减轻结构自重的车辆、船舶、飞机、宇航器等都具有重要的意义。

②化学稳定性高：塑料对酸、碱和有机溶剂均有良好的耐蚀性。特别是号称"塑料王"的聚四氟乙烯，除能与熔融的碱金属作用外，对各种酸、碱均有良好的耐蚀能力，甚至使黄金都能溶解的"王水"也不能腐蚀它。因此，塑料在腐蚀条件下和化工设备中被广泛应用。

③绝缘性能好：在高分子塑料的分子链中因其化学键是共价键，不能电离，故没有自由电子和可移动的离子，所以塑料是电的不良导体。此外，由于分子链细长、卷曲，在受热、声之后振动困难，故对热、声也有良好的绝缘性能。广泛用于电机、电器和电子工业作绝缘材料。

④减摩性好：大部分塑料的摩擦系数都较小，具有良好的减摩性。用塑料制成的轴承、齿轮、凸轮、活塞环等摩擦零件，可以在各种液体、半干摩擦和干摩擦条件下有效地工作。

⑤减振、消音、耐磨性好：用塑料制作传动件、摩擦零件，可以吸收振动，降低噪声，而且耐磨性好。

⑥生产效率高、成本低：塑料制品可以一次成型，生产周期短，比较容易实现自动化或半自动化生产，加上其原料来源广泛，故价格低廉。

塑料在性能上也存在不少的缺点：如强度低，耐热性差（一般仅能在100℃以下长期工作，只有少数能在200℃左右温度下工作），热膨胀系数很大（约为金属的10倍），导热性很差，以及易老化、易燃烧等。

4）常用的工程塑料

工程塑料的品种很多，常见的主要有以下几种：

①聚酰胺（PA）：又称尼龙或锦纶，是热塑性塑料。它是由二元胺与二元酸缩合或由氨基酸脱水成内酰胺再聚合而成。具有较高的强度和韧性，耐磨、耐水、耐疲劳、减摩性好，并有自润滑性、抗霉菌、无毒等综合性能。但吸水性和成型收缩率较大，影响尺寸稳定性；耐热性不高，通常工作温度不能超过100℃。主要用于制作一般机械零件，减摩、耐磨件及传动件，如轴承、齿轮、螺栓、导轨贴合面等。

②聚甲醛：是较常用的一种热塑性塑料，具有很高的硬度、刚性和抗拉强度，优良的耐疲劳性、减摩性，较小的高温蠕变性，吸水性低、尺寸稳定性好，且电绝缘性也较好。但其耐酸性和阻燃性比较差，密度较大。可代替金属制作各种结构零件，如轴承、齿轮、汽车面板、弹簧衬套等。

③ABS塑料：是由丙烯腈（A）、丁二烯（B）、苯乙烯（S）组成的三元共聚物，兼有三组元的共同性能，具有硬、韧、刚的混合特性，综合力学性能较好，又称塑料合金。ABS塑料还具有良好的耐磨性、电绝缘性及成型加工性。但其耐高温和耐低温性能差，易燃。ABS塑料产量大，价格低廉，应用广泛，主要用于制造齿轮、轴承、把手、仪表盘、装饰板、小汽车车身等。

④聚甲基丙烯酸甲酯：又称有机玻璃，这种塑料密度小（是普通玻璃的1/2），透光性极好，且具有高强度和韧性，不易破碎，耐紫外线和防大气老化，容易加工成型，着色性好。但其硬度低，耐磨性差，易擦伤，耐热性差，热膨胀系数大。主要用作透明件和装饰件，如汽车前窗玻璃、仪表灯罩、光学镜片、防弹玻璃等。

⑤聚砜：这种热塑性塑料具有突出的耐热、抗氧化性能，可在-100~150℃中长期使用。同时具有较高的强度，良好的耐辐射性和尺寸稳定性，另外，具有非常优良的电绝缘性能，可在潮湿的空气或水中以及在190℃的高温下保持相当好的电绝缘性。常用来制作强度高、耐热且尺寸较准确的结构传动件，如小型精密的电子、电器和仪表中的零件等。

⑥酚醛塑料：即电木，是以酚醛树脂为基体，加入木粉、纸木、布、玻璃布、石棉等填料经固化处理而形成的热固性塑料。具有强度高、硬度高的特点，用玻璃布增强的层压酚醛塑料的强度可与金属媲美，称为玻璃钢。还具有高的耐热性、耐磨性、耐蚀性和良好的绝缘性。主要用于制作齿轮、刹车片、滑轮以及插座、开关壳等电器零件。

⑦环氧塑料：是由环氧树脂加入固化剂后形成的热固性塑料。比强度高，耐热性、耐蚀性、绝缘性及加工成型性好，但价格贵。主要用于制作模具、精密量具、电气及电子元件等重要零件，还可用于修复机械零件等。

⑧氨基塑料：是热固性塑料，具有良好的绝缘性、耐磨性、耐蚀性，硬度高、着色性好且不易燃烧。可作一般机械零件、绝缘件和装饰件。此外，还可作为木材胶黏剂，制作胶合板、纤维板等。用它制成的泡沫塑料，更是价格便宜、性能优异的保温、隔音材料。

在使用条件下，周围环境对塑料影响的敏感性远远超过金属材料，大多数塑料的耐热性较差,温度过高会使塑料老化、分解和变质,从而导致强度下降直至破坏。此外,光和氧的作用会使塑料内部的分子链交联,使性能变脆或出现龟裂。因而长期在光和氧作用下工作的塑料,应在其组分中加入稳定剂或通过改性等方法来提高其抗老化性。对于在潮湿环境中工作的塑料零件,因其具有一定的吸水性而易引起形状、尺寸及性能的变化,所以,不宜用作高精度零件。对于在高转速、高负荷及其他苛刻条件下工作的机械零件,则应采用以金属为基体,表面覆盖一层塑料薄膜的复合材料才能胜任。

(2)合成橡胶

橡胶是一种天然的或人工合成的高分子弹性体,与塑料的区别是在较宽的温度范围内(−50~150℃)处于高弹态,保持明显的高弹性。橡胶的主要成分是生橡胶(天然的或合成的)。生橡胶是一种不饱和的橡胶烃,是线型的或含有支

合成橡胶制品

链型的长链状高分子,分子中有不稳定的双键存在,故性能上有很多缺点,如受热发黏、遇冷变硬,只能在−5~35℃范围内保持弹性,而且强度差、不耐磨、不耐溶剂腐蚀,不能直接用来制造橡胶制品。工业上使用的橡胶制品是在生橡胶中加入各种添加剂(填料、增塑剂、硫化剂、硫化促进剂、防老化剂等),经过加热、加压的硫化处理,使各高分子链间相互交联成网状结构而得到的产品。此外,某些特种用途的橡胶,还添加了其他一些专门的配合剂(发泡剂、硬化剂等)。经硫化处理后,克服了橡胶因温度上升而变软发黏的缺点,并且还大幅度地提高了其力学性能。

1)橡胶的分类

通常有两种分类方法。

①按橡胶的原料来源可分为天然橡胶和合成橡胶两大类。

天然橡胶是一种从天然植物中采集到的以聚异戊二烯为主要成分的高分子化合物。这种橡胶弹性、耐磨性、加工性能都很好,其综合力学性能优于多数合成橡胶,但耐氧、耐油、耐热性差,抗酸、碱的腐蚀能力低,容易老化变质,主要用于制造轮胎及通用制品。

合成橡胶是以从石油、天然气或农副产品中提炼出的某些低分子不饱和烃作原料,制成"单体"物质,然后经过复杂的化学反应聚合而成的高分子化合物,故有人造橡胶之称。通常具有比天然橡胶更优异的性能,原料充沛,价格便宜,在生产中应用更为广泛。合成橡胶的品种很多,如丁苯橡胶、顺丁橡胶、异戊橡胶等。

②根据橡胶的应用范围不同,可将其分为通用橡胶和特种橡胶两大类。

通用橡胶是指产量大、应用广、在使用上一般无特殊性能要求的通用性橡胶。主要用于制造轮胎、工业用品及日用品,如天然橡胶、丁苯橡胶、顺丁橡胶等。

特种橡胶是指用于制造在高温、低温、酸、碱、油、辐射等特殊条件下使用的零部件的橡胶。如乙丙橡胶、硅橡胶、氟橡胶等。

2)橡胶的性能

①高弹性是橡胶最突出的性能特征,在较小的外力作用下,能产生很大的形变(可在100%~1000%之间变化),在卸除载荷后又能很快地恢复原状,橡胶的高弹性与其分子结构密切相关。

②优良的伸缩性能和可贵的积蓄能量的能力,使橡胶成为常用的密封材料、减振防振材料及传动材料。

③良好的耐磨性、隔音性及阻尼特性。

但橡胶的耐寒性、耐臭氧性及耐辐射性等较差。

3）常用橡胶

合成橡胶的种类很多，工业上常用的主要有以下几种：

①异戊橡胶：是以异戊二烯为单体聚合而成的一种顺式结构橡胶，其化学组成、立体结构均与天然橡胶相似，性能也与天然橡胶非常接近，故有合成天然橡胶之称。具有天然橡胶的大部分优点，耐老化性优于天然橡胶，但弹性和强度比天然橡胶稍低，加工性能差，成本较高。可代替天然橡胶制作轮胎、胶鞋、胶带、胶管以及其他通用制品。

②丁苯橡胶：种类很多，主要有丁苯－10，丁苯－30，丁苯－50。具有良好的耐热性、耐磨性、耐油性、绝缘性和抗老化性，且价格低廉，是目前应用最广的合成橡胶之一，是天然橡胶理想的代用品。主要与其他橡胶混合使用，制造轮胎、胶带、胶布、胶管、胶鞋等。

③氯丁橡胶：这种橡胶不仅具有与天然橡胶相似的力学性能，而且还具有天然橡胶和一般通用橡胶所没有的其他优良性能，即耐油性、耐热性、耐酸性、耐老化、耐燃烧等，故有"万能橡胶"之称。但耐寒性差，密度大，价格较贵。主要用于制作运输带、电缆以及耐蚀管道、各种垫圈和门窗嵌条等。

④顺丁橡胶：是弹性高于天然橡胶的唯一一种合成橡胶，其耐磨性高于天然橡胶，但抗撕裂性及加工性能差。因此，常与其他橡胶混合使用，制造胶管、刹车皮碗、减振器等橡胶制品，不能单独用于制造轮胎。

⑤丁基橡胶：其耐热性、绝缘性、抗老化性优于天然橡胶，透气性极小，但其回弹性较差。主要用于轮胎内胎、水坝衬里、防水涂层及各种气密性要求高的橡胶制品等。

除此之外，还有某些具有特殊性能的橡胶，如具有高耐热性和耐寒性的硅橡胶；具有良好耐油性的丁腈橡胶；具有很高耐蚀性的氟橡胶等。

4）橡胶的应用、维护及保养

在机械工业中，橡胶主要应用于动、静态密封件，如旋转轴密封，管道接口密封；减振防振件，如汽车底盘橡胶弹簧，机座减振垫片；传动件，如三角胶带、特制O形圈；运输胶带和管道；电线、电缆和电工绝缘材料；滚动件，如各种轮胎；以及耐辐射、防霉、制动、导电、导磁等特性的橡胶制品。

为了保持橡胶的高弹性，延长其使用寿命，在橡胶的储存、使用和保管过程中要注意防护光、氧、热及重复的挠曲作用。另外，橡胶中如含有少量变价金属（铜、铁、锰）的盐类，会加速其老化。还有，根据需要选用合适的橡胶配方；不使用时，尽可能使橡胶件处于松弛状态；在运输和储存过程中，避免日晒雨淋，保持干燥清洁，不要与酸、碱、汽油、有机溶剂等物质接触；在存放或使用时，要远离热源；橡胶件如断裂，可用室温硫化胶浆胶结。

7.2　陶瓷材料

陶瓷是一种无机非金属固体材料，是人类最早使用的材料之一，大体上可分为传统陶瓷和特种陶瓷两大类。传统陶瓷是以黏土、长石和石英等天然原料，经粉碎、成型和高温烧结而成，因此，这类陶瓷又称为硅酸盐陶瓷。主要用于日用、建筑、卫生陶瓷用品，以及工业上应用的低压和高压陶瓷、耐酸陶瓷、过滤陶瓷等。特种陶瓷是以纯度较高的人工化合物为原料（如氧化物、氮化物、硼化物等），经配料、成型、烧结而制得的陶

陶瓷制品

瓷。具有独特的力学、物理、化学、电、磁、光学性能,因而又被称为现代陶瓷或新型陶瓷。

7.2.1 陶瓷材料概述

陶瓷材料一般至少由两类元素组成:一类是非金属元素或非金属固体元素,另一类是金属元素或另外一类非金属固体元素。陶瓷材料具有熔点高、硬度高、化学稳定性好、耐高温、耐腐蚀、耐磨损、绝缘等优点;某些特种陶瓷还具有导电、导热、导磁、透明、超高频绝缘、红外线透过率高等特性,以及压电、声光、激光等能量转换的功能。但陶瓷脆性大、韧性低,不能承受冲击载荷,抗急冷、急热性能差,同时还存在成型精度差、装配性能不良、难以修复等缺点,因而在一定程度上限制了它的适用范围。

陶瓷材料主要用于化工、机械、冶金、能源、电子和一些新技术中。尤其在某些特殊场合,陶瓷是唯一能选用的材料。例如内燃机的火花塞,引爆时瞬间温度可达 2500℃以上,并要求绝缘和耐化学腐蚀,这种工作条件,金属材料与高分子材料都不能胜任,唯有陶瓷材料最合适。现代陶瓷是国防、航天等高科技领域中不可缺少的高温结构材料和功能材料。

陶瓷材料既是最古老的传统材料,又是最年轻的近代新型材料。它和金属材料、高分子材料一起,构成了工程材料的三大支柱。

与金属材料、高分子材料一样,陶瓷材料的性能也是由其化学组成和内部组织结构决定的。但陶瓷内部组织结构比较复杂,在烧结温度下,陶瓷内部各种物理、化学转变以及扩散过程都不能充分进行到底,所以陶瓷和金属不同,一般都是非平衡的组织,且组织很不均匀,而且复杂,很难从相图上去分析。

在陶瓷的内部结构中,主要以离子键和共价键结合,而且通常是由上述两种键混合组成。以离子键结合的陶瓷材料,其离子半径很小,离子电价较高,键的结合力大,正负离子的结合非常牢固,抵抗外力弹性变形、刻划和压入的能力很强,所以表现出很高的硬度和弹性模量。部分陶瓷虽然是由共价键组成的共价晶体,但它却与高分子化合物的共价键不同,其共价电子分布不对称,往往倾向于"堆积"在负电性大的离子一边,称为"极化效应"。极化的共价键具有一定的离子键特性,常常使结合更加牢固,具有相当高的结合能,因此也同样表现出硬度高、弹性模量大的性能特点。

陶瓷是一种多晶固体材料,其内部组织结构较为复杂,一般由晶相、玻璃相和气相组成。这些相的结构、数量、晶粒大小、形态、结晶特性、分布状况、晶界及表面特征的不同,都会对陶瓷的性能产生重要影响。

7.2.2 陶瓷材料的组成相及其结构

由于陶瓷在生产过程中各种物理和化学转变通常不能充分进行,因而陶瓷材料的组织结构比金属材料要复杂得多。陶瓷的结合键主要是离子键或共价键,它们可以是结晶型的,如 MgO、Al_2O_3、ZrO_2 等;也可以是非结晶型的,如玻璃等。有些陶瓷在一定条件下,可由非结晶型转变为结晶型,如玻璃陶瓷等。

陶瓷是一种多晶固体材料,其内部的组织结构较为复杂,一般由晶体相、玻璃相和气相组成。陶瓷材料的性能及应用主要决定于其组成相的结构、形态、大小、数量、分布状况等。

陶瓷的组成相

（1）晶体相

晶体相由某些金属化合物或固溶体组成，是陶瓷材料的主要组成相，一般数量较多，对性能的影响较大。在陶瓷的晶体相结构中，通常分为硅酸盐结构、氧化物结构和非氧化物结构三种。

①硅酸盐结构：硅酸盐（如莫来石、长石等）是普通陶瓷的主要原料，也是陶瓷中的重要晶体相，其结合键为离子键与共价键的混合物。构成硅酸盐的基本单元是硅氧（SiO_2）四面体，如图7－6所示。硅氧四面体可以构成岛状、链状、环状和骨架状等多种结构，部分结构如图7－7所示，图中（a）、（b）、（c）、（d）为岛状结构，（e）为链状结构。

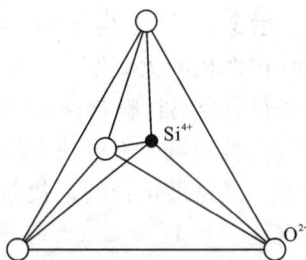

图7－6　硅氧四面体结构

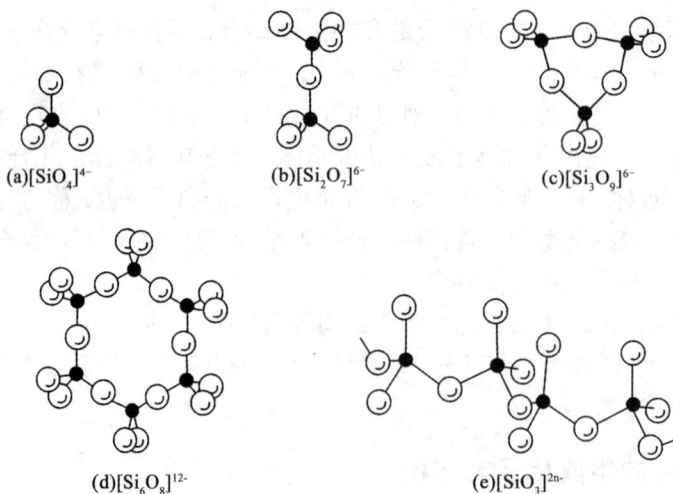

(a)$[SiO_4]^{4-}$　　　　(b)$[Si_2O_7]^{6-}$　　　　(c)$[Si_3O_9]^{6-}$

(d)$[Si_6O_8]^{12-}$　　　　　　(e)$[SiO_3]^{2n-}$

图7－7　硅酸盐结构（部分）

（a）单个四面体；（b）成对四面体；（c）三节单环；（d）六节单环；（e）单链

②氧化物结构：大多数陶瓷，特别是特种陶瓷的主要组成和晶体相是氧化物。氧化物的结合键主要是离子键，有时也有共价键。氧化物晶体相主要有：如 MgO 所具有的岩盐型结构（如图7－8所示），具有这种结构的陶瓷还有 NiO、FeO 等；如 CaF_2 所具有的萤石型结构（如图7－9所示），具有这种结构的陶瓷还有 ZrO_2、VO_2、ThO_2等；如 Al_2O_3 所具有的刚玉型结构（如图7－10所示），具有这种结构的陶瓷还有 Cr_2O_3 等；还有如图7－11所示的钙钛矿型结

234

构，具有这类结构的陶瓷有 $CaTiO_3$、$BaTiO_3$、$PbTiO_3$ 等。

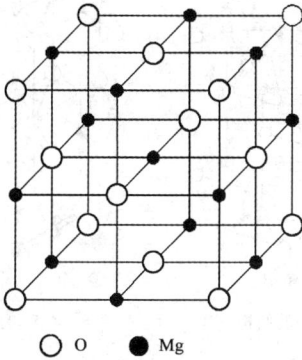

○ O　● Mg

图 7 - 8　**MgO 的结构(岩盐型结构)**

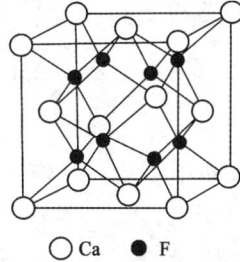

○ Ca　● F

图 7 - 9　**CaF_2 的结构(萤石型结构)**

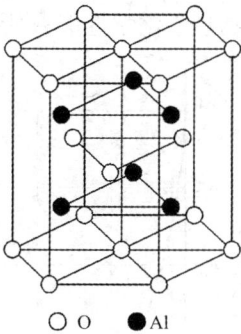

○ O　● Al

图 7 - 10　**Al_2O_3 的结构(刚玉型结构)**

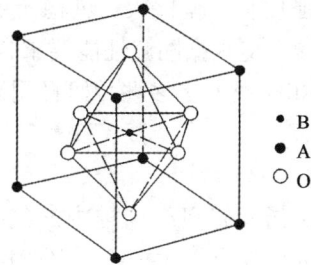

● B
● A
○ O

图 7 - 11　**钙钛矿型结构**

③非氧化合物结构：非氧化合物是指金属碳化物、氮化物、硼化物和硅化物等不含氧的化合物，是特种陶瓷特别是金属陶瓷的主要组成和晶体相，其结合键主要是共价键，也有部分金属键和离子键。

金属碳化物的结构主要有两类：一类是间隙相，如 TiC、ZrC、VC、NbC 和 TaC 等；另一类是复杂碳化物，如 Fe_3C、$Cr_{23}C_6$、Fe_3W_3C 等。TiC 的结构如图 7 - 12(a)所示。

在氮化物中，氮化硼(BN)具有六方晶格，与石墨的结构相似，如图 7 - 12(b)所示；氮化硅 Si_3N_4 和氮化铝 AlN 的结构都属于六方晶系。

硼化物和硅化物结构比较相近，能形成无机大分子链、网和骨架，而金属原子位于单元之间。其典型结构如图 7 - 12(c)和图 7 - 12(d)所示。

(2)玻璃相

玻璃相是一种非晶态的低熔点固体相。形成玻璃相的内部条件是黏度，外部条件是冷却速度。一般黏度较大的物质，如 Al_2O_3、SiO_2、B_2O_3 等化合物的液体，当其快速冷却时很容易凝固成非晶态的玻璃体，而缓慢冷却或保温一段时间，则往往会形成不透明的晶体。

玻璃相在陶瓷材料中也是一种重要的组成相，釉层中绝大部分是玻璃相，瓷体内部也有不少的玻璃相存在。玻璃相的主要作用是：将分散的晶体相黏结在一起，填充气孔空隙，使

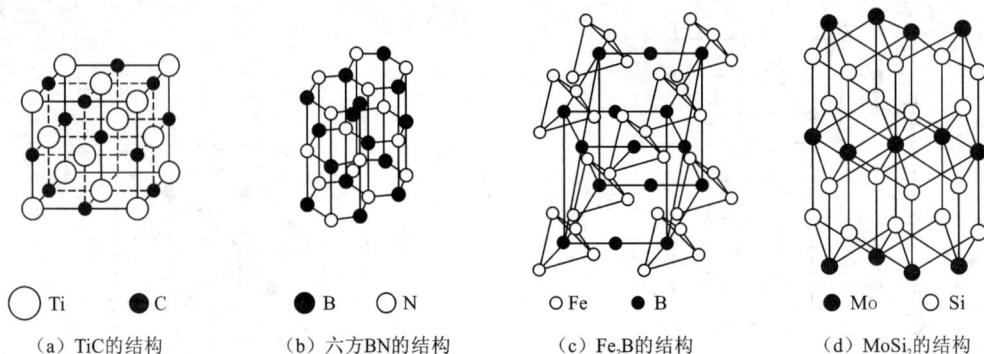

○ Ti	● C	● B	○ N	○ Fe	● B	● Mo	○ Si
（a）TiC 的结构		（b）六方 BN 的结构		（c）Fe_2B 的结构		（d）$MoSi_2$ 的结构	

图 7 – 12　各种非氧化合物的结构

瓷坯致密，抑制晶体长大，防止晶格类型转变，降低陶瓷烧结温度，加快烧结过程以及获得一定程度的玻璃特性等。但玻璃相组成不均匀，致使陶瓷的物理、化学性能有所不同，而且玻璃相的强度低，脆性大，热稳定性差，电绝缘性差，故玻璃相含量应根据陶瓷性能要求合理调整，一般控制在 20% ~40% 或者更多些，如日用陶瓷的玻璃相可达 60% 以上。

（3）气相

气相是指陶瓷组织结构中的气孔。气相的存在对陶瓷材料的性能有较大影响，它使材料的强度降低（如图 7 – 13 所示），热导率、抗电击穿能力下降，介电损耗增大，而且它往往是产生裂纹的原因。同时，气相因对光有散射作用而降低陶瓷的透明度。然而要求生产隔热性能好、密度小的陶瓷材料，则希望气孔数量多，分布和大小均匀一些，通常，陶瓷中的残留气孔量为 5% ~10%。

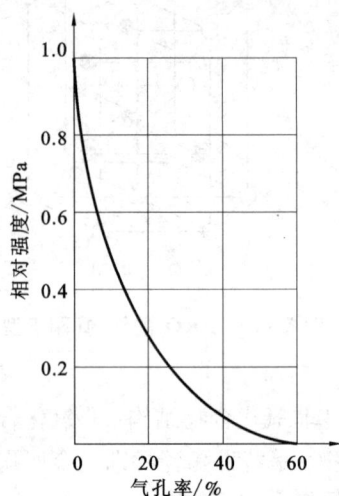

图 7 – 13　气孔对陶瓷强度的影响

陶瓷材料几乎都是由一种或多种晶体组成，晶体周围通常被玻璃体包围着，在晶内或晶界处还分布着大大小小的气孔。不同种类、不同数量、不同形状和分布的晶体相、玻璃相、气相组成了具有各种物理、化学性能的陶瓷材料。

7.2.3　陶瓷材料的性能

陶瓷材料的化学键主要是离子键和共价键，有很强的方向性和很高的结合能，大多为绝缘体。陶瓷材料的性能主要包括力学性能、热性能、化学性能、电性能、磁性能以及光学性能等方面。

（1）力学性能

①硬度高、耐磨性好：大多数陶瓷的硬度远高于金属材料，其硬度大都在 1500HV 以上，而淬火钢只有 500 ~800HV。陶瓷的硬度随温度的升高而降低，但在高温下仍有较高的数值。陶瓷的耐磨性也好，常用来制作耐磨零件，如轴承、刀具等。

236

②抗压强度高、抗拉强度低：陶瓷由于内部存在大量气孔，其致密程度远不及金属高，且气孔在拉应力作用下易于扩展而导致脆断，故抗拉强度低。但在受压时，气孔不会导致裂纹的扩展，因而陶瓷的抗压强度较高。

③塑性和韧性极低：由于陶瓷晶体一般为离子键或共价键结合，其滑移系要比金属材料少得多，因此大多数陶瓷材料在常温下受外力作用时几乎不产生塑性变形，而是在一定弹性变形后直接发生脆性断裂。又由于陶瓷中存在气相，所以其冲击韧度和断裂韧度要比金属材料低得多。如 45 钢的 K_{IC} 约为 90 MPa·$m^{1/2}$，而氮化硅陶瓷的 K_{IC} 仅为 4.5～5.7 MPa·$m^{1/2}$。脆性大是陶瓷材料的最大缺点，是阻碍其作为工程结构材料广泛使用的主要问题。可通过以下几方面来改善陶瓷的韧性：消除陶瓷表面的微裂纹；使陶瓷表面承受压应力；防止陶瓷中特别是表面上产生缺陷。

(2)热性能

①熔点高：由于离子键和共价键强有力的键合，陶瓷材料的熔点一般都高于金属，大多在 2000℃以上，有的甚至可达 3000℃左右，因此，是工程上常用的耐高温材料。

②高温强度优良、抗热震性能好：多数金属材料在 1000℃以上高温即丧失强度，但陶瓷却仍能在此高温下保持其室温强度，并且多数陶瓷的高温抗蠕变能力强。但当温度剧烈变化时，陶瓷易破裂，即抗热震性能能力低。

③热导率低、热容量低：陶瓷的热传导主要靠原子、离子或分子的热振动来完成，所以，大多数陶瓷的热导率低，且随温度升高而下降。陶瓷的热容随温度升高而增加，但总的来说较小，且气孔率大的陶瓷热容量更小。

(3)化学性能

陶瓷是离子晶体，其金属原子被周围的非金属原子(氧原子)所包围，屏蔽于非金属原子的间隙之中，形成极为稳定的化学结构。因此，不但在室温下不会同介质中的氧发生反应，而且在高温下(即使 1000℃以上)也不被氧化，所以具有很高的耐火性能及不可燃烧性，是非常好的耐火材料。并且陶瓷对酸、碱、盐类以及熔融的有色金属均有较强的抗蚀能力。

(4)电学性能

陶瓷材料有较高的电阻率，较小的介电常数和介电损耗，是优良的电绝缘材料。只有当温度升高到熔点附近时，才表现出一定的导电能力。在新型陶瓷中已经出现了一批具有各种电性能的产品，如经高温烧结的氧化锡就是半导体，可作整流器，还有些半导体陶瓷，可用来制作热敏电阻、光敏电阻等敏感元件；铁电陶瓷(钛酸钡和其他类似的钙钛矿结构)具有较高的介电常数，可用来制作较小的电容器；压电陶瓷具有由电能转换成机械能的特性，可用作电唱机、扩音机中的换能器以及无损检测用的超声波仪器等。

(5)磁学性能

通常被称为铁氧体的磁性陶瓷材料（如 Fe_3O_4、$CuFe_2O_4$ 等）在唱片和录音磁带、变压器铁芯、大型计算机的记忆元件等方面应用广泛。

(6)光学性能

陶瓷作为功能材料，具有特殊的光学性能。如固体激光材料、光导纤维、光储存材料等，对通讯、摄影、激光技术和电子计算机技术的发展有很大的影响。近代透明陶瓷已广泛用于高压钠灯灯管、耐高温及辐射的工作窗口、整流罩以及高温透镜等领域。

7.2.4 常用的工业陶瓷材料

(1)普通陶瓷

由天然原料配制、成型和烧结而成的黏土类陶瓷称为普通陶瓷。在性能上表现为质地坚硬，绝缘性、耐蚀性、工艺性良好，可耐1200℃高温，且成本低廉。使用温度一般为 – 15 ~ 100℃，冷热骤变温差不大于50℃，但抗拉强度低、脆性大。除用作日用陶瓷外，主要用作绝缘的电瓷和对酸、碱有耐蚀性的化学瓷，有时也可作为承载较低的结构零件用瓷。

(2)氧化铝陶瓷

它是一种以 Al_2O_3 为主要成分(一般含量在45%以上)的陶瓷，又称高铝瓷。其所含玻璃相和气相极小，故硬度高，强度大，抗化学腐蚀能力和介电性能好，且耐高温(熔点为2050℃)，力学性能一般随氧化铝(Al_2O_3)含量提高而改善。但其脆性大，抗冲击性差，抗热震性能低。氧化铝陶瓷主要用作高温器皿、电绝缘体及电真空器件，也用作磨料和高速刀具等。近年来出现的氧化铝——微晶刚玉瓷、氧化铝金属瓷等，进一步提高了氧化铝陶瓷的性能，其强度、耐磨性、抗热震性能更高。广泛用于制造高温测温热电偶绝缘套管，耐磨、耐蚀用水泵、拉丝模及加工淬火钢的刀具等。

(3)氮化硅陶瓷

它是将硅粉经反应烧结或将 Si_3N_4 经热压烧结而成的一种新型陶瓷。是以共价键为主的化合物，原子间结合牢固，因此，这类陶瓷化学稳定性好、硬度高、耐磨性好、摩擦系数小并能自润滑；具有良好的耐蚀、耐高温、抗热震性和耐疲劳性能，在空气中使用到1200℃以上其强度几乎不变；线膨胀系数比其他陶瓷材料小，有良好的电绝缘性和耐辐照性能。反应烧结的氮化硅陶瓷，其生坯经烧结成型后，收缩极为微小，一般不需研磨加工即可使用。适合制造形状复杂、尺寸精确的零件，且成本较低，如耐蚀泵密封环、热电偶套管、阀芯等。热压氮化硅陶瓷的力学性能比反应烧结氮化硅瓷好，但只能制造形状简单的制品，如用于转子发动机中的刮片、高温轴承等。

近年来在 Si_3N_4 中添加一定数量的 Al_2O_3，合成一种 Si – Al – O – N 系统的新型陶瓷材料，称为赛隆陶瓷。这类陶瓷材料可用常压烧结方法达到接近热压氮化硅瓷的性能，是目前强度最高的陶瓷材料，并兼有优异的化学稳定性、耐磨性及良好的热稳定性。

(4)碳化硅陶瓷

它是采用石英和碳为原料，经高温烧结而成的一种陶瓷。碳化硅瓷的最大特点是高温强度很大，抗弯强度在1400℃高温下仍可达到 500 ~ 600 MPa，而其他陶瓷材料在 1200 ~ 1400℃时高温强度就已开始显著下降，因此，热压碳化硅瓷是目前高温强度最高的陶瓷材料之一。另外，碳化硅陶瓷热导率高，热稳定性好，耐磨、耐蚀、抗蠕变形能好。主要用于制作高温强度要求高的结构零件，如火箭尾部喷嘴、热电偶套管、炉管等，以及要求热传导能力高的零件，如高温下的热交换器、核燃料的包封材料等。

(5)氮化硼陶瓷

它是将氮化硼(BN)粉末经冷压或热压烧结而成的一种陶瓷。其晶体结构属六方晶型，结构与石墨相似，故又有"白石墨"之称。六方 BN 是氮化硼瓷的主晶相，具有良好的耐热性(在氮气或惰性气氛中最高使用温度可达2800℃)、化学稳定性、抗热震性和电绝缘性，同时，具有较好的机械加工性能。主要用于制造高频电绝缘材料、半导体的散热绝缘零件、高温轴衬耐磨零件、熔炼特种金属材料的坩埚和热电偶套管等。

如果以六方氮化硼为原料，经碱金属触媒作用，并在高温、高压下转化为立方氮化硼，其晶格结构非常牢固，硬度仅次于金刚石，是优良的耐磨材料，可作为砂轮磨料用于磨削既硬又韧的高速钢、模具钢、耐热钢。

7.3　复合材料

复合材料

7.3.1　复合材料的概念及分类

（1）复合材料的概念

复合材料是由两种或两种以上不同物理、化学性质或不同组织结构的材料经人工组合而成的一种新型多相固体材料。通常具有多相结构，其中一类组成物（或相）为基体，起黏结作用；另一类组成物为增强相，起提高强度和韧性的作用。

在自然界中，许多物质都可称为复合材料，如树木是由纤维素和木质素复合而成，纤维素抗拉强度大，比较柔软，木质素则将众多纤维素黏结成刚性体；动物的骨骼是由硬而脆的无机磷酸盐和软而韧的蛋白质骨胶组成的复合材料。人们早就利用复合原理，在生产中创造了许多人工复合材料，如混凝土是由水泥、砂子、石头组成的复合材料；轮胎是纤维和橡胶的复合体等。

复合材料既保持了各组分材料的性能特点，又通过叠加效应，使各组分之间取长补短，相互协同，形成优于原材料的特性，取得多种优异性能，这是任何单一材料都无法比拟的。例如，玻璃和树脂的强度与韧性都很低，可是由它们组成的复合材料（玻璃钢）却具有很高的强度和韧性，而且重量轻。

通过对复合材料的研究和使用表明，人们不仅可复合出重量轻、力学性能高的结构材料，也能复合出具有耐磨、耐蚀、绝缘、隔热、减振、隔音、吸波、抗辐射等一系列特殊功能材料。自20世纪40年代玻璃钢问世以来，复合材料获得了飞速发展，具有优越性能的新型复合材料不断涌现，并获得了广泛应用。

（2）复合材料的分类

1）按基体类型分类

①金属基复合材料：如纤维增强金属、铝聚乙烯复合薄膜等；

②高分子基复合材料：如纤维增强塑料、碳碳复合材料、合成皮革等；

③陶瓷基复合材料：如金属陶瓷、纤维增强陶瓷、钢筋混凝土等。

2）按增强材料类型分类

①纤维增强复合材料：如玻璃纤维、炭纤维、硼纤维、碳化硅纤维、难熔金属丝等；

②粒子增强复合材料：如金属离子与塑料复合、陶瓷颗粒与金属复合等；

③层叠复合材料：如双金属、填充泡沫塑料等。

3）按复合材料用途分类

①结构复合材料：通过复合使材料的力学性能得到显著提高，主要用作各类结构零件，如利用玻璃纤维优良的抗拉、抗弯、抗压及抗蠕变性能，可用来制作减摩、耐磨的机械零件。

②功能复合材料：通过复合使材料具有其他一些特殊的物理、化学性能，从而制成一种

多功能的复合材料，如雷达用玻璃钢天线罩就是具有良好透过电磁波性能的磁性复合材料。

7.3.2 复合材料的性能及增强机制

（1）复合材料的性能

复合材料是各向异性的非匀质材料，与传统材料相比，具有以下性能特点：

①比强度、比模量高：比强度与比模量是指材料的强度、弹性模量与其相对密度之比。比强度越高，同样承载能力下零件自重越轻；比模量越高，零件的刚性越好。复合材料的比强度和比模量比金属要高得多，如硼纤维增强环氧树脂复合材料的比强度是钢的 5 倍，比模量是钢的 4 倍。表 7-2 为某些材料的性能比较。

表 7-2 某些材料的性能比较

材料名称	密度/(g·cm⁻³)	弹性模量/10^2GPa	抗拉强度/MPa	比模量/10^2m	比强度/0.1m
钢	7.8	2100	1030	0.27	0.13
硬铝	2.8	750	470	0.26	0.17
玻璃钢	2.0	400	1060	0.21	0.53
炭纤维 - 环氧树脂	1.45	1400	1500	0.21	1.03
硼纤维 - 环氧树脂	2.1	2100	1380	1.00	0.66

②抗疲劳性能好：纤维增强复合材料的基体中密布着大量的细小纤维，当发生疲劳破坏时，裂纹的扩展要经历非常曲折和复杂的路径，且纤维与基体间的界面处能有效地阻止疲劳裂纹的扩展，具有很高的疲劳强度。如炭纤维增强塑料的疲劳强度为其抗拉强度的 70% ~ 80%，而金属材料一般只有 40% ~ 50%。图 7-14 是三种不同材料的疲劳性能比较。

③减振性能好：在动力机械中，当外加载荷的频率与构件的自振频率相同时，会产生严重的共振现象，使构件遭到破坏。如选用比模量大的复合材料，可提高工件的自振频率，能有效防止其在工作状态下产生共振而造成早期破坏。此外，复合材料中的纤维与基体界面间的吸振能力较强，阻尼特性好，即使外加频率与自振频率相近而产生了振动，也会很快衰减下去。如用同样尺寸和形状的梁作振动试验，金属梁需 9 s 才停止振动，而炭纤维复合材料则只需 2.5 s 即可停止振动。图 7-15 为两种材料的振动衰减特性比较。

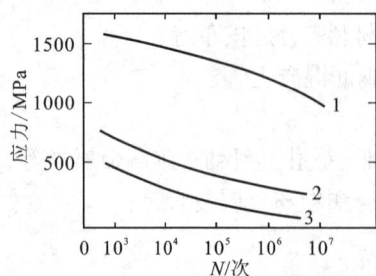

图 7-14 几种材料的疲劳曲线

1—炭纤维复合材料；2—玻璃钢；3—铝合金

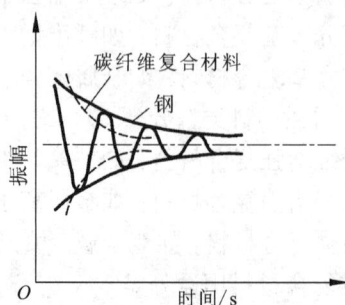

图 7-15 两种材料的振动衰减特性比较

240

④高温性能优良:各种增强纤维多具有较高的弹性模量,因而具有较高的熔点和高温强度,图7-16为几种增强纤维的强度随温度变化的曲线。大多数增强纤维可提高耐高温性能,使材料在高温下仍保持一定的强度。例如,铝合金在400℃时强度已明显下降,而选用炭纤维或硼纤维增强铝材,则能显著提高材料的高温性能,400℃时的强度与弹性模量几乎与室温相同。同样,用钨纤维增强钴、镍及其合金,可将其使用温度提高到1000℃以上,而石墨纤维复合材料的瞬时耐高温性可达2000℃。

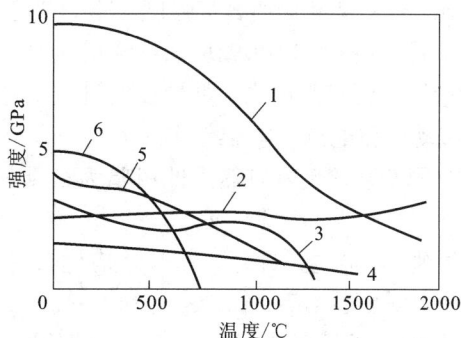

图7-16 几种增强纤维的高温强度
1—氧化铝纤维;2—炭纤维;3—钨纤维;
4—碳化硅纤维;5—硼纤维;6—钠玻璃纤维

⑤安全性好:在纤维增强复合材料中,每平方厘米横截面上分布着成千上万根纤维,一旦过载,只会造成其中的少数纤维断裂,在随后的应力重新分配中,会由未断的纤维将载荷承担起来,不致在短时间内造成零件的整体破坏,因而提高了零件使用时的安全可靠性。

(2)复合材料的增强机理

复合材料的复合不是材料间的简单组合,而是一个包括物理、化学、力学、甚至生物学相互作用的复杂结合过程。对于颗粒增强复合材料,承受载荷的主要是基体。细粒相的作用在于阻碍基体中位错的运动(基体是金属时)或分子链的运动(基体是高分子材料时)。增强的效果与颗粒的体积含量、分布状况、颗粒大小等有关,一般来说颗粒的直径为 0.01~0.1 μm 时的增强效果较好。对于纤维增强复合材料,承受载荷的主体是增强相纤维。因此,纤维应是具有强结合键的物质或硬质材料,且尺寸要细小,从而在提高复合材料强度的同时明显改善其脆性。纤维处于基体之中,彼此隔离,不易受损伤,也很难在受载过程中产生裂纹,使承载能力显著增强。当材料受到很大的应力时,一些纤维可能断裂,但塑性和韧性较好的基体能阻止裂纹的扩展。另外,当纤维受力断裂时,其断口不可能处于同一平面上,因此,欲使材料整体断裂,必须要将许多根纤维从基体中拔出,这就要克服基体对纤维的黏结力,所以材料的断裂强度得以很大提高。

7.3.3 常用的复合材料

(1)纤维增强复合材料

纤维增强复合材料通常是以金属、塑料、陶瓷或橡胶为基体,以高强度、高弹性模量的纤维为增强材料而形成的一类复合材料,是复合材料中最重要的一类,应用也最为广泛。纤维增强复合材料的性能主要取决于纤维的特性、含量及排布方式。增强纤维主要有玻璃纤维、炭纤维、石墨纤维、碳化硅纤维以及氮化铝、氮化硅晶须(直径几十微米的针状单晶)等。

①玻璃纤维复合材料:用玻璃纤维增强工程塑料的复合材料称为玻璃钢,分为热塑性玻璃钢和热固性玻璃钢两种。

热塑性玻璃钢是以热塑性树脂为黏结材料,以玻璃纤维为增强材料制成的一类复合材料。热塑性树脂有尼龙、聚碳酸酯、聚乙烯和聚丙烯等。热塑性玻璃钢与未增强的热塑性塑料相比，当基体相同时，其强度、冲击韧度和疲劳极限等均可提高2倍以上，接近或超过了某些金属的强度，如40%玻璃纤维增强尼龙的强度超过了铝合金，而接近于镁合金。这类材料大量用于要求强度高、重量轻的机械零件，如车辆、船舶、航天航空机械等受力受热结构件、传动件和电机、电器绝缘件等。

热固性玻璃钢是以热固性树脂为黏结材料，以玻璃纤维为增强材料制成的一类复合材料。热固性树脂有环氧、氨基、酚醛、有机硅等。其主要优点是质轻、比强度高、成型工艺简单、耐蚀、电波透过性好。作为结构材料可制成板材、管材、棒材及各种成型工件。但其刚度较差，耐热性不高，容易蠕变和老化。

表7-3为几种常见热固性玻璃钢的性能指标。

表7-3　几种常见热固性玻璃钢的性能

材　料	密度/(kg·m^{-3})	抗拉强度/MPa	抗压强度/MPa	抗弯强度/MPa
环氧树脂玻璃钢	1730	341	311	520
聚酯树脂玻璃钢	1750	290	93	237
酚醛树脂玻璃钢	1800	100		110
有机硅树脂玻璃钢		210	61	140

玻璃钢在机械工业的应用不仅可以简化加工工艺，节省工艺装备，延长使用寿命，还可以节约金属材料，降低成本。

②炭纤维复合材料：炭纤维复合材料是以树脂为基体材料，炭纤维为增强材料的一类新型结构复合材料。常用树脂有环氧树脂、酚醛树脂和聚四氟乙烯等。炭纤维比玻璃纤维具有更高的强度和弹性模量，并且在2000℃以上的高温下仍能保持不变，耐寒性也很好，所以，炭纤维是一种比较理想的增强材料。炭纤维复合材料具有质轻、高强度、热导系数大、摩擦系数小、抗冲击性能好、疲劳强度高、化学稳定性好等一系列优越性能。可用作各类机器中的齿轮、轴承等耐磨零件；活塞、密封圈、衬垫板等；也可用于飞机的翼尖、起落架、直升机的旋翼以及火箭、导弹的鼻锥体、喷嘴、人造卫星支承架及天线构架等。

③金属纤维复合材料：作为增强纤维的金属主要是强度较高的高熔点金属钨、钼、钛、铍、不锈钢等。用金属纤维增强金属基体材料，除了强度和高温强度较高外，还具有较好的塑性和韧性，而且此类材料比较容易制造。但是，由于金属与金属之间润湿性好，在制造和使用中应避免或控制纤维与基体之间的相互扩散、沉淀析出和再结晶等过程的出现，防止材料强度和韧性的下降。用钼纤维增强钛合金复合材料的高温强度和弹性模量，比未增强的高得多，可用于飞机的许多构件。用钨纤维增强镍基合金，可大大提高复合材料的高温强度，用它制造蜗轮叶片，在提高工作温度的同时，可显著提高其工作应力。采用金属纤维增强陶瓷，可充分利用金属纤维的韧性和抗拉强度，有效地改善陶瓷的脆性。

（2）颗粒增强复合材料

颗粒增强复合材料是由一种或多种高硬度、高强度的细小颗粒均匀分布在韧性好的基体材料中所形成的一类复合材料。增强颗粒在复合材料中的作用，随粒子的种类及尺寸大小不同而不同。不同的颗粒起着不同的功能，如加入银、铜的细小颗粒主要是提高导电性和导热性；加入 Fe_3O_4 磁粉则起着增加导磁性的作用。一般来说颗粒越小，强化效果越显著。

由于化学成分不同，可将颗粒分为金属颗粒和陶瓷颗粒两类，如由 Al_2O_3、MgO 等氧化物或 TiC、SiC 等碳化物陶瓷颗粒分布在金属(如 Ti、Co、Fe 等)基体中形成的金属陶瓷就是一类陶瓷颗粒复合材料。它具有高强度、耐热、耐磨、耐蚀和热膨胀系数低等特性，可用来制作高速切削刀具、火花塞、喷嘴等高温工作零件。

表7-4为几种典型碳化硅颗粒(SiC)增强铝基复合材料的力学性能指标。

表7-4　几种典型碳化硅颗粒(SiC)增强铝基复合材料的力学性能

基 体	SiC 体积含量/%	强性模量/GPa	抗拉强度/MPa	屈服强度/MPa	断裂伸长率/%
6016Al	0	69	310	276	12
	20	103	496	414	5.5
2124Al	0	71	455	420	9
	20	103	552	400	7
7090Al	0	72	634	586	8
	20	104	724	655	2

(3)层叠复合材料

层叠复合材料是由两层或两层以上的材料叠合而成的一类复合材料，各层片的组成材料可以相同，也可以不同。层叠复合材料可分为夹层结构复合材料、双层金属复合材料和金属－塑料多层复合材料三种。

①夹层结构复合材料：是由两层具有较高的硬度、强度、耐磨、耐蚀及耐热性的面板与具有低密度、低热导性、隔音性及绝缘性较好的心部材料复合而成。其中心部材料有实心或蜂窝状两种。面板与芯子的连接方法，一般采用胶黏剂胶接，若用金属材料制作，可用焊接等方法连接。这类材料具有较大的抗弯刚度，常用于装饰、车厢、容器外壳等。

②双层金属复合材料：使用胶合或熔合等方法将性能不同的两种金属复合在一起而成，如锡基轴承合金－钢双金属层滑动轴承材料，合金钢－普通碳钢复合钢板，以及日光灯中的起辉器双金属片等。

③金属－塑料多层复合材料：如钢－铜－塑料三层复合无油滑动轴承材料，就是以钢为基体，烧结铜网为中间层，塑料为表面层的金属－塑料多层复合材料。金属－塑料多层复合材料具有金属基体优良的力学性能和塑料良好的耐摩擦、减摩性低、磨损小的性能特点，适合制造尺寸精度要求高的各种机器无润滑或少润滑条件下服役的轴承、垫片、衬套、球座等。

习　题

1. 什么是高分子材料？高分子材料有哪些特性？

2. 何谓大分子链结构？按其几何形状不同可分为哪几类？其性能特点如何？

3. 高分子化合物与低分子化合物有何区别？其相对分子质量如何计算？

4. 塑料通常由哪些组成物构成？其性能特点如何？

5. 工程塑料在结构、性能及应用上与金属有何区别？

6. 塑料、橡胶使用时各处于什么状态？

7. 什么是橡胶制品？橡胶制品有哪些特性？在使用和保养时应注意哪些问题？

8. 陶瓷材料的典型组织由哪几部分组成？对陶瓷材料的性能有何影响？

9. 陶瓷材料的主要结合键是什么？各组成物对其性能有何影响？

10. 试述陶瓷材料的性能特点及应用。

11. 什么是复合材料？复合材料在结构和性能上具有哪些特点？

第 8 章
机械零件的失效分析及材料选择

【概述】

◎在绝大多数条件下，机械零件的失效是由于构成零件的材料损伤和变质引起的，也就是说材料在使用条件下的性能发生了变化，已无法满足零件的使用性能要求。本章主要结合具体实例介绍零件的失效分析过程与方法、材料的选择原则以及热处理工艺的制订与分析。

8.1　零件的失效

零件的失效是不可避免的。任何一个零件，都有其设计寿命。但有些零件可能会因各种原因，其运行寿命远远低于设计寿命就发生早期失效，从而带来严重的安全隐患，甚至酿成重大事故。因此，必须予以高度重视。在设计之初，必须对零件在使用过程中可能产生的失效形式、失效原因进行分析，并提出预防失效的措施，为零件的选材及加工制造提供参考。

8.1.1　失效的概念与形式

零件丧失其使用功能则称为失效。零件在达到或超过设计的预期寿命后发生的失效，属于正常失效；在低于设计预期寿命时发生的失效，属于非正常失效。另外，还有一种属于突发性失效，例如，油轮断裂（如图 8 – 1 所示）、桥梁倒塌（如图 8 – 2 所示）等。

图 8 – 1　美国 T – 2 油轮断裂

图 8 – 2　美国俄亥俄河银桥断裂

零件在使用过程中，由于形状、尺寸、材料的性能或组织发生变化都有可能导致零件失去原有设计的功能。

不同的零件，因工作时的受力情况不同，失效的表现形式也不相同。零件常见的失效形式一般可分为断裂失效、过量变形失效和表面损伤失效三大类。

（1）断裂失效

断裂失效是零件失效的主要形式，也是最严重的失效形式，是因零件承载过大或因疲劳损伤等原因发生破断。断裂方式有塑性断裂、疲劳断裂、蠕变断裂、低应力脆性断裂等。例如：钢丝绳在吊运过程中的断裂；弹簧在交变载荷下工作时的断裂；石油化工容器、锅炉等一些大型锻件或焊接件，尽管工作应力远远低于材料的屈服强度，但由于材料自身固有的裂纹扩展导致无明显塑性变形的突然断裂等。

断裂失效实例

（2）过量变形失效

过量变形失效是指零件变形量超过允许范围而造成的失效，主要有过量弹性变形失效和过量塑性变形失效两种。

过量的弹性变形会使零件失去有效的工作能力。例如：镗床上的镗杆，如果工作时产生过量弹性变形，不仅会产生较大的振动，造成零件加工精度下降，还会使轴与轴承配合不良。

过量的塑性变形会使零件的尺寸和形状发生改变，从而破坏零件与零件之间的相对位置和配合关系，致使整个机器不能正常工作。例如：压力容器上的螺栓，如果拧得太紧，或因过载引起塑性伸长，则会降低预紧力，致使配合面松动，导致螺栓失效。

（3）表面损伤失效

表面损伤失效是指零件的表面及附近材料失去正常工作所必需的形状、尺寸和表面粗糙度而造成的失效，主要有表面磨损失效、表面腐蚀失效和表面疲劳失效。例如：轴与轴承、齿轮与齿轮等摩擦副在长时间工作后表面被磨损，造成精度降低；零件在化学或电化学介质中工作，受到腐蚀使零件的尺寸和性能发生改变；零件在交变接触应力的作用下，表层发生疲劳而脱落等现象，均属于表面损伤失效。

除上述几种失效形式外，材料的老化也会导致失效。例如：高分子材料在贮存和使用过程中发生变脆、变硬或变软、变黏，从而失去原有性能指标，通常称为高分子材料的老化。老化是高分子材料不可避免的现象。

零件在使用过程中，往往承受多种应力的复合作用，因此，同一零件可能存在几种失效形式。一般情况下，总是由一种形式起主导作用，很少同时以两种形式使零件失效。但各类失效方式可以相互组合成更复杂的失效形式。例如：应力腐蚀、腐蚀疲劳、腐蚀磨损等。

8.1.2 失效的原因及分析方法

（1）失效的原因

造成零件失效的因素很多，涉及零件的设计、选材、加工、装配及使用等多个方面。

①设计不合理：主要指结构或形状不合理。例如：零件上有尖角、缺口或过渡圆角太小时，会产生较大的应力集中而导致失效。另外，设计时对零件的工作条件估计错误。例如：对零件工作中可能出现的过载估计不足，所设计的零件承载能力不够等，造成零件过早失效。

246

②选材不合理：主要指所选用材料不当，其性能不能满足工作条件的要求。此外，材料的冶金质量太差，内部有过多的夹杂物或有成分偏析等缺陷，也容易使零件过早失效。

③加工工艺不当：主要指零件在冷、热加工过程中，由于采用的工艺方法不合理产生缺陷而导致失效。例如：冷加工过程出现过深的切削刀痕、磨削裂纹，热处理时出现的脱碳、变形和开裂，都是产生失效的重要原因。

④装配使用不当：主要指在装配过程中，装配过紧、过松、对中不准、固定不稳等；在使用过程中不按工艺规程操作、维修和保养，使零件不能正常工作，造成零件的早期失效。

（2）失效分析方法

①取样，先进行失效状况的外部观察，并收集现场的各种记录，如仪表损坏时，还应注意观察仪表的指针位置等；再收集失效零件残体，确定分析区域，样品应取自失效的发源部位，或能反映失效的性质或特点的地方。

②整理失效零件的有关资料，包括设计文件、工艺文件及使用维修记录等。

③对样品进行宏观（肉眼或体视显微镜）和微观的断口分析以及金相剖面分析（光学显微镜或电子显微镜），确定失效的发源地及失效的形式。

④测定样品的必要数据，包括设计性能指标以及与失效有关的性能指标，材料的组织及化学成分，主要检验样品的性能指标是否合格，组织是否正常，成分是否符合要求，表面及内部有无缺陷，了解是否达到设计文件要求，必要时作断裂力学分析。

⑤综合各方面分析资料做出判断，确定失效的具体原因，提出改进措施，写出分析报告。

8.1.3 失效分析实例——汽车半轴断裂失效分析

图 8-3 为不同规格的汽车半轴实物。半轴是差速器与驱动轮之间传递扭矩的实心轴，其内端一般通过花键与半轴齿轮连接，外端与轮毂连接。半轴将差速器传来的扭矩再传给车轮，驱动车轮旋转，推动汽车行驶。

图 8-3 不同规格的汽车半轴实物

某型号面包车正常行驶 256 km 后，半轴发生断裂，断裂半轴的宏观形貌如图 8-4 所示，断口形貌如图 8-5 所示。断裂汽车半轴的材料为 40Cr，直径为 ϕ48 mm，加工制造工艺过程为：下料→锻造→正火→粗加工→调质→精车、钻孔、制齿键→中频淬火、回火→磨削→探伤。

图 8 - 4　断裂半轴的宏观形貌

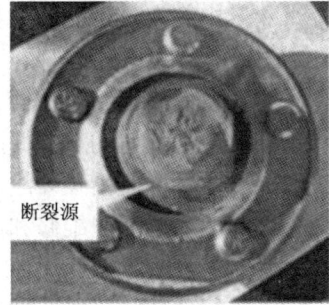

图 8 - 5　半轴断口形貌

分析如下：

(1)取样、观察和测试

从图8-4可见，汽车半轴是在凸缘与杆连接的轴台阶转角处起裂，并向内扩展至轴的中心部位最后断裂。从图8-5可见，整个断口呈斜坡状，未见明显塑性变形，断面颜色为暗灰色，根据断面形貌特征可将其分为两部分：靠近断裂源的断面较平整，宏观可见明显的贝纹线，具有疲劳断裂特征，为裂纹扩展区；其余断面呈纤维状，凹凸变化较大，具有塑性断裂特征，为最后的瞬断区。

在断裂源附近取样，经镶嵌、磨光、抛光后制成金相试样。用扫描电镜观察，发现断口表面处存在较多的非金属夹杂物，主要有 A 类条状硫化物夹杂和 D 类球状氧化物夹杂，如图8-6所示。

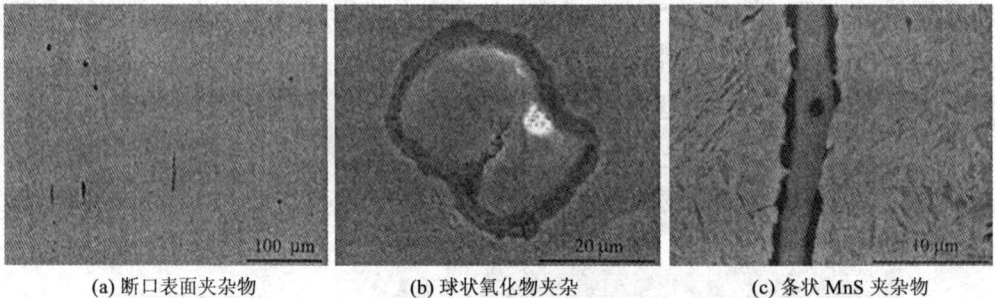

(a)断口表面夹杂物　　　　(b)球状氧化物夹杂　　　　(c)条状 MnS 夹杂物

图 8 - 6　断口表面夹杂物形貌

因夹杂物数量多、尺寸大，用能谱仪对夹杂物成分进行分析，发现球形夹杂物为复合氧化物，其成分与冶炼炉渣相近，这可能是由于采用上铸法浇注时炉渣容易混于钢液中，小铸锭的凝固较快，没有足够的时间使其浮出而残留下来的。条状硫化物夹杂主要为硫化铁和硫化锰，是由于钢材在轧制时发生变形所致。

图8-7为半轴断口的扫描电镜(SEM)形貌，可见裂纹源处的断口呈典型的脆性断裂特征，没有观察到具有塑性特征的韧窝。从图8-8可见，在凸缘与杆连接的轴台阶处表面存在多处裂纹源，裂纹口有小碎块，显示出材料较大的脆性，且呈沿晶开裂。从图8-9和图8-10可见，显微组织为粗大的回火马氏体；在凸缘与杆连接的轴台阶处存在明显的表面脱碳

248

层，在表面脱碳层中发现有多个表面裂纹源，裂纹先沿表面扩展，然后转向垂直于表面生长。

图 8 - 7　半轴断口的 SEM 形貌

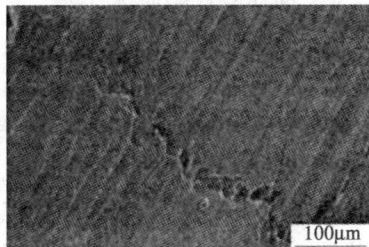

图 8 - 8　半轴表面的 SEM 形貌

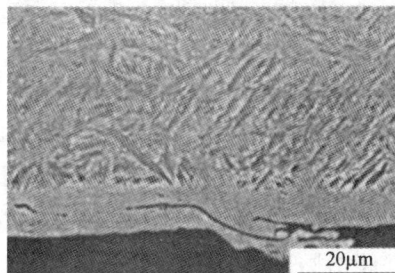

图 8 - 9　表面脱碳层的 SEM 形貌

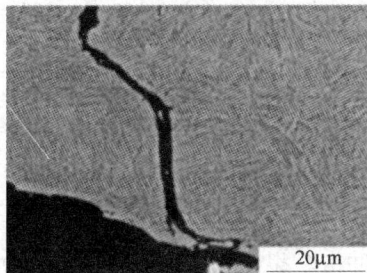

图 8 - 10　表面裂纹源的 SEM 形貌

测试断裂半轴近表面处的硬度和心部硬度，发现硬度值均比设计图纸要求高。

（2）原因分析

材料本身质量较差，较大尺寸和较多数量非金属夹杂物的存在不仅降低了钢的塑性、韧性，同时破坏了钢基体的均匀性、连续性，成为疲劳源，在外力作用下，沿夹杂物与其周围金属基体的界面开裂，形成疲劳裂纹。

断裂半轴经热处理，得到粗大回火马氏体，说明中频淬火温度相对较高，引起晶粒粗大；回火时间过短，致使硬度偏高。

断裂半轴表面存在脱碳层，是由于在调质处理后进行精加工时，加工余量太小，未能把脱碳层去除掉。

（3）结论

汽车半轴断裂的主要原因是半轴凸缘与杆连接的轴台阶处表面存在脱碳层，在高的扭转疲劳剪应力作用下形成裂纹源；40Cr 钢中含有较多的大尺寸非金属夹杂物；此外，热处理工艺不当，中频感应淬火温度偏高且回火不足，使材料的综合力学性能变差，使表面萌生的裂纹在应力作用下迅速扩展，导致半轴发生早期疲劳断裂。

8.2　零件设计中的材料选择

机械零件的选材是一项十分重要的工作，材料的选择是否合理，将直接影响其使用性能、加工制造成本及使用寿命。

零件选材的基本原则是所选材料的使用性能应能满足零件的使用要求，易加工、成本低、寿命高。即从材料的使用性能、工艺性能和经济性三个方面进行综合分析，在满足使用性能要求的前提下，考虑工艺性能和经济性。

（1）材料的使用性能

恰当的使用性能是保证零件完成指定功能的必要条件。使用性能是指零件在工作过程中应具备的力学性能、物理性能和化学性能。根据使用性能选材的步骤如下：

①分析零件的工作条件：零件的工作条件往往是复杂的。选材时，一般根据零件在整机中的作用，先进行受力状态分析，并考虑零件的形状、大小以及工作环境，再提出零件所选材料应具备的主要性能指标。

从受力状态分析，有拉伸、压缩、弯曲、扭转等；从载荷的性质来分，有静载荷、冲击载荷、交变载荷；从工作温度来分，有低温、室温、高温、交变温度；从环境介质看，有无润滑剂，有无接触酸、碱、盐、海水、粉尘、磨粒等。此外，有时还要考虑特殊性能要求，如电导性、热导性、磁性、膨胀、辐射、密度等。

②分析零件的失效形式：失效往往是在使用过程中发生的，因此，在设计之初，要对零件可能发生的失效原因进行全面分析，找出主要因素，从而确定零件所必须具备的主要使用性能指标。例如：曲轴工作时承受冲击、交变载荷作用，失效的主要表现形式是疲劳断裂，而不是冲击断裂，设计时应以疲劳抗力作为主要使用性能指标。

③将对零件的使用性能指标要求转化为对材料的性能指标要求：根据零件的尺寸、工作时所承受的载荷计算应力分布，再根据工作应力、预期使用寿命与材料性能指标之间的关系，模拟试验或参考以往经验数据来具体量化性能指标值。例如：高硬度、综合性能良好等使用性能指标，到底是多高、多好才合适，要确定一个具体的数值，高硬度一般要达到60 HRC；零件的综合性能良好，通常选中碳钢，进行调质处理，硬度一般为 25～35 HRC 等。

值得注意的是，各种机械设计手册上提供的材料力学性能数据，是以该材料制成的标准试样进行力学性能测试得到的，虽然能表明材料性能的高低，但由于试验条件和机械零件实际工作条件有差别，严格说来，手册上的数据不能确切反映零件承受载荷的实际能力。例如：$R_{p0.2}$ 是均匀截面光滑试样单向拉伸试验测得的屈服强度 R_{eL}，不能代表一个螺栓在被拉伸时所能承受的屈服强度。

此外，零件对性能指标的要求不是单一的，有时强调考虑主因，有时要综合分析、全面考虑。例如：内燃机的连杆螺栓，在工作时整个截面上承受均匀分布的拉应力，呈周期性变化。对连杆螺栓材料除了要求有较高的屈服强度 R_e 和强度极限 R_m 外，还要求有较高的疲劳强度 σ_{-1}。同时，由于整个截面均匀受力，因此还要求材料有足够的淬透性，保证材料整个截面能够淬透。

④材料预选：一是查手册；二是根据经验，参考同类零件的用材；三是直接选用新材料。对预选材料的零件，要考虑危险截面的安全系数，设计工作应力必须小于所确定的性能指标数据值。最后还需比较加工工艺的可行性和制造成本的高低，以最优方案的材料作为所选定的材料。选用新材料需进行相关性能试验。

⑤常用材料的主要特性：工程材料包括金属材料、高分子材料、陶瓷材料和复合材料等，其中金属材料是目前用量最大、应用最广泛的工程材料，在机械工业中使用最多。

金属材料具有优良的使用性能和工艺性能，产量大，生产成本低，用于制造重要的机械零件和工程构件。尤其是黑色金属在机械产品中的用量已占到全部用材的60%以上。

高分子材料的强度、弹性模量、疲劳抗力以及韧性较低,易老化,一般不能用于制作载荷较大的机械零件,但其减震性好,密度很小,与其他材料组成的摩擦副,其摩擦系数低,耐磨性好。高分子材料可以产生相当大的弹性变形,是很好的密封材料。适合制作重量轻、受力小、减震、耐磨、密封的零件,如轻载齿轮、轮胎、轴承和密封垫圈等。

陶瓷材料硬而脆,具有耐高温、耐腐蚀、热硬性好等特点。用于制造耐高温、耐蚀、耐磨的零件,也可用于制作切削刀具。

新型复合材料,克服了高分子材料和陶瓷材料的不足,具有高比强度、高减振性、高疲劳抗力等许多优良的性能,但由于价格昂贵,在航天、航空领域有所应用,目前在一般工业中应用有限,是一种很有发展前途的工程材料。

(2)材料的工艺性能

选择材料时,一般首先考虑使用性能,其次考虑工艺性能。如果所选材料制备工艺复杂或难以加工,必然导致生产成本提高,严重时会使材料无法使用。当工艺性能与使用性能相矛盾时,有时也会从工艺性能方面考虑,这时工艺性能成为选材考虑的主导因素。例如:汽车发动机箱体,对其力学性能要求不高,多数金属材料都能满足要求,但由于箱体内腔结构复杂,毛坯只能采用铸件,为了方便、经济地铸出合格的箱体,可选用铸造性能良好的材料,如铸铁或铸造铝合金。

若零件为大批量生产,工艺性能也显得十分重要。因为大批量生产时,工艺周期的长短和加工费用的高低,直接影响到经济性。例如:普通的螺钉、螺母,对力学性能要求不高,但需求量大。为了提高生产效率,在自动化机床上加工时,应选用切削加工性能优良的材料,如易切削结构钢;采用搓丝、冷镦等方法加工时,应选用塑性好的材料,如低碳钢。

零件都是由不同的工程材料,经过一定的加工制造而成,材料的种类不同,加工工艺也大不相同。

①金属材料的工艺性能:金属材料的工艺性能主要包括铸造性能、压力加工性能、焊接性能、切削加工性能和热处理性能等。

铸造性能:若设计的零件是铸件,要求材料应具有良好的铸造性能。在金属材料中,铸造性能最好的是共晶成分的合金,应优先选用。因为共晶合金结晶温度低、流动性好、分散缩孔少、偏析倾向小,因而铸造性能最好。而固溶体合金,因液、固相线间隔越大,偏析倾向越严重,结晶时树枝晶越发达,流动性降低,分散缩孔增加,故铸造性能差。在常用的几种铸造合金中,铸造铝合金、铸造铜合金的铸造性能优于铸铁,铸铁的铸造性能优于铸钢。而在铸铁中,灰铸铁的铸造性能最好。

压力加工性能:通常材料塑性好,则易于成形,不易产生裂纹;变形抗力小,则变形容易,易于充满模腔,不易产生缺陷。若设计的零件是锻件,要求材料可塑变形的温度范围宽、变形抗力小;若设计的零件为冲压件,则要求材料具有良好的抗破裂性、贴模性和定形性(成形件),有一定的塑性(分离件)。一般低碳钢的压力加工性能优于高碳钢,中碳钢介于两者之间;碳钢优于合金钢。变形铝合金、变形铜合金的锻造性较好,而铸铁、铸造铝合金不能进行冷热压力加工。

焊接性能:若设计的是焊接结构,所选材料应保证在一定的焊接工艺条件下应能获得优质的焊接接头。低碳钢和低碳合金钢焊接性能良好,随着碳和合金元素含量的增加,焊接性能下降；铝合金和铜合金的焊接性比碳钢差，铸铁则很难焊接。

热处理性能：热处理是改善材料性能的主要途径之一，是通过改变零件的组织来改变性能，不改变其形状。热处理性能包括淬透性、淬硬性、淬火变形和开裂倾向、氧化和脱碳倾向、回火脆性等。一般合金钢的淬透性优于碳钢；钢的碳含量越高，淬火变形和开裂倾向越大；由于目前尚无有效办法消除不可逆回火脆性，回火时应注意避开不可逆回火温度范围（250 ~350℃）。

切削加工性能：零件绝大部分都要经过切削加工，材料切削加工性能的好坏，对提高产品质量和生产效率，降低成本有重要的意义。通常用切削抗力大小、零件表面粗糙度、排除切屑的难易程度以及刀具磨损量来衡量。为了便于切削，一般钢铁材料的硬度应控制在170 ~230 HBW 之间。材料选定后，也可通过恰当的热处理方法来调整硬度值，以达到改善切削加工性能的目的。

②高分子材料的工艺性能：高分子材料的加工工艺比较简单，主要是成形加工。切削加工性能较好，与金属材料基本相同，但其热导性能差，在切削过程中不易散热，易使零件温度急剧上升，使热固性树脂变焦，使热塑性材料变软。

③陶瓷材料的工艺性能：陶瓷材料的加工工艺也比较简单，主要是采用粉浆、热压、挤压等成形加工方法。切削加工性能差，除可以用碳化硅或金刚石砂轮磨削外，几乎不能进行任何其他的切削加工。

（3）材料的经济性

经济性是指材料加工成零件，其生产和使用总成本最低。总成本包括材料本身的价格、加工费、试验研究费、维修管理费等费用，有时甚至还要包括运费和安装费用。

选材应立足于国内和较近地区的资源，考虑货源的生产和供应情况，所选材料的品种、规格应尽量少而集中，尽可能采用标准化、通用化的材料，以便于采购、运输、保管、生产管理，同时也可降低材料成本，减少运输和试验研究费用。

在金属材料中，碳钢和铸铁的价格比较低廉，而且加工方便。因此在能满足零件性能要求的前提下，选用碳钢和铸铁能降低成本。以铁代钢，以铸代锻，以焊代锻，条件允许时甚至以工程塑料代替金属材料，这些办法均能有效降低零件成本，简化加工工艺。

但是，选材的经济性并不是单纯去选择最便宜的材料和最简单的加工工艺，而忽视零件的质量、寿命和整个加工过程。应综合考虑材料对零件功能、质量和成本的影响，其目的是要保证最优化的技术效果和经济效益。价廉物美的同时应考虑零件的使用寿命、安全性等多个因素。如对重要的、加工过程较为复杂的零件以及使用周期长的工具、模具，应选用合金钢、特殊性能钢等优质材料制造，比使用成本低的碳钢更为经济。

8.3　典型零件和刃具的选材及热处理工艺

8.3.1　轴类零件的选材及热处理工艺

轴是各种机械设备的重要零件之一，一般作回转运动的零件都安装在轴上。一方面，轴起支撑传动零件的作用；另一方面，轴与轴上的零件组合成传动部件传递运动和动力。轴类零件的种类很多，如各种传动轴、机床主轴、齿轮轴、凸轮轴、曲轴、连杆、丝杆等。轴的质量好坏直接影响机器的精度与寿命。

（1）轴类零件的工作条件

轴类零件工作时主要承受弯曲应力、扭转应力或拉压应力，常发生疲劳断裂；轴颈处和花键等部位发生相对运动，承受较大的摩擦，轴颈表面易产生过量的磨损；多数轴类零件承受一定的冲击载荷和过载，产生过量弯曲变形，甚至发生折断或扭断。

（2）轴类零件的失效形式

主要有疲劳断裂、断裂失效、过量变形和磨损失效等。

（3）轴类零件的性能要求

根据轴类零件的工作条件和失效形式，所选择的材料应满足以下性能要求：良好的综合力学性能，以防止过载和冲击断裂；高的疲劳强度，以防止疲劳断裂；高的表面硬度和良好的耐磨性，以防止轴颈磨损，并提高轴的运转精度和使用寿命；良好的切削加工性。此外，特殊工况下工作的轴，应具有特殊性能。如高温下工作的轴，要求抗蠕变性能好；腐蚀介质中工作的轴，要求耐腐蚀性能好。

（4）轴类零件的常用材料

轴的材料几乎都是选用金属材料。有机高分子材料，弹性模量小，不合适；陶瓷材料，太脆，韧性差，也不合宜。这些常用的金属材料大多是经过锻造或轧制的低、中碳钢或中碳合金钢。有时也采用球墨铸铁件、铸钢件或焊接件。

调质钢钢材

例如：对于受力小或不重要的轴，采用 Q235、Q275 钢等；对于承受中等载荷，转速不高的轴，采用 35、45 钢等；对于受力较大并要求限制轴的外形、尺寸和质量，或要求高精度、高尺寸稳定性及高耐磨性的轴时，采用 20Cr、40Cr、40CrNi、38CrMoAlA 钢等；当轴承受重载荷、高转速、大冲击时，选用合金渗碳钢等。也可采用球墨铸铁（如 QT600 – 03、QT700 – 02 等）、铸钢（如 ZG230 – 450、ZG310 – 570 等）、珠光体可锻铸铁（如 KTZ450 – 06、KTZ550 – 04）等。

热处理一般选择正火、调质或调质 + 表面淬火、调质 + 氮化处理、渗碳后淬火回火处理、退火、表面淬火等。

（5）轴类零件的加工工艺路线

不同类型、不同材料的轴，加工工艺路线不同，较有代表性的工艺路线有以下几种：

①下料→锻造→正火（退火）→粗加工→调质→精加工→检验。

②下料→锻造→正火（退火）→粗加工→调质→半精加工→表面淬火→精加工→检验。

③下料→锻造→正火→粗加工→半精加工→渗碳→淬火、低温回火→精加工→检验。

④下料→锻造→退火→粗加工→调质→半精加工→去应力退火→粗磨→氮化→精加工→检验。

（6）典型轴类零件的选材实例

例 1　机床主轴的选材与工艺路线。

机床主轴是机床中最主要的零件之一，是典型的受扭转与弯曲作用的零件。不同类别机床上的主轴受力状况、转速及对精度的要求不同，选材、加工工艺路线、热处理工艺也有所区别。

图 8 – 11 为 C616 车床主轴，工作时承受的应力不大，转速不高，承受的冲击载荷也不大，运转较平稳。主轴大端内锥孔和锥度外圆经常与卡盘、顶针有相对摩擦；花键部分与齿

轮有相对滑动，轴颈处易磨损；锥孔与外圆锥面易拉毛，这些部位要求有较高的硬度和耐磨性。根据以上工作条件，该轴可选用45钢制作。

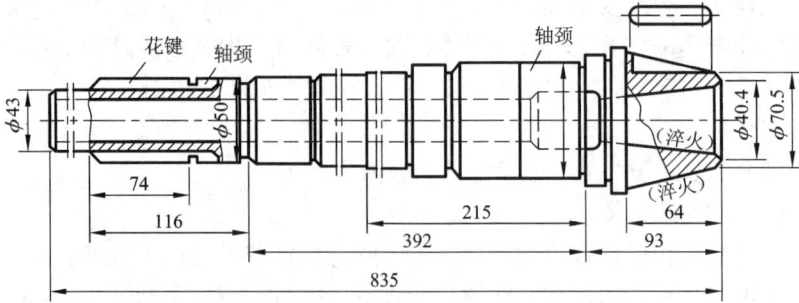

图 8-11　C616 车床主轴

加工工艺路线如下：

下料→锻造→正火→粗加工→调质→半精加工（除花键外）→局部表面淬火（锥孔与外圆锥面）→回火→粗磨（外圆、锥孔与外圆锥面）→铣花键→花键高频感应淬火→低温回火→精磨（外圆、锥孔与外圆锥面）→检验。

正火是为了调整硬度，便于切削加工，同时消除残余内应力，改善锻造组织，为调质处理做好准备。

调质可获得回火索氏体，具有良好的综合力学性能，提高了疲劳强度和抗冲击能力。为了更好地发挥调质效果，将调质安排在粗加工后进行。

对轴颈、内锥孔、外锥面进行表面淬火和低温回火，是为了提高硬度、增加耐磨性、延长主轴的使用寿命。花键部位采用高频感应淬火并低温回火，可减少变形并获得一定的表面硬度，以保证其耐磨性和高的精度。

45钢为常用的中碳钢，锻造性能和切削加工性能好，价格适当，故一般轴类零件常选此牌号。对于承受载荷较大者，可选用40Cr等中碳合金钢。也有用球墨铸铁制造机床主轴的，如用QT700-03球墨铸铁制作磨床、铣床、车床的主轴等。

例2　曲轴的选材与工艺路线。

图8-12为曲轴。在内燃机中，曲轴是形状复杂而又非常重要的零件，在工作过程中将活塞连杆的往复运动转变为旋转运动。汽缸的气体爆发压力作用在活塞上，使曲轴承受冲击和扭转，因此曲轴承受很大的弯曲应力和扭转应力。曲轴的主要失效形式是轴颈磨损和疲劳断裂。

图 8-12　曲轴

通常，根据内燃机转速不同选用不同的材料。高速、大功率内燃机的曲轴，一般选用合金调质钢，如 35CrMo、42CrMo 等；中、小型的内燃机曲轴，常选用 45 钢或球墨铸铁。

选用中碳钢或中碳合金钢时，其工艺路线如下：

下料→锻造→正火→粗加工→调质→半精加工→轴颈表面淬火、低温回火→精加工→检验。各热处理工序的作用与机床主轴相同。

选用球墨铸铁时，其工艺路线如下：

熔炼→铸造→正火→高温回火→机加工→轴颈表面淬火、低温回火→精磨→检验。

正火是为了增加珠光体含量和细化珠光体，提高抗拉强度、硬度和耐磨性。高温回火的目的是为了消除正火所造成的内应力。

球墨铸铁曲轴

轴颈进行表面淬火、低温回火，是为了在保持高硬度的同时，消除内应力，使轴颈处有一定的耐磨性；对曲轴进行喷丸处理和滚压加工，可提高其疲劳强度。

球墨铸铁正火后有较高的强度及屈强比，较高的扭转疲劳强度，较好的减振性，小的缺口敏感性。有人进行了多次冲击抗力试验，发现在冲击应力不很高时，QT600 - 03 优于 45 钢。

8.3.2　齿轮类零件的选材及热处理工艺

齿轮是各类机械设备中应用最广的传动零件，其作用是用来传递动力、调节速度和改变运动方向，也有的齿轮仅起分度定位作用。齿轮尺寸可大可小，直径从几毫米到几米，转速可以相差很大，工作环境也可有很大差别，工作条件较为复杂，但大多数齿轮仍有其共同特点。

（1）齿轮类零件的工作条件

齿轮工作的关键部位是齿根和齿面。齿轮运转时，两个相互啮合的轮齿之间通过一个狭小的接触面传递动力和运动，因此，齿面上要承受很大的接触应力；在工作过程中相互滚动和滑动，齿面受到强烈的摩擦和磨损；齿根部承受较大的交变弯曲应力。换挡、启动或啮合不均时，齿根部承受一定的冲击载荷。

（2）齿轮类零件的失效形式

①轮齿折断：大多数表现为疲劳断裂，主要是由于齿根所受的弯曲应力超过材料的抗弯曲强度引起的。过载断裂是由于短时过载或过大冲击所引起，多发生在齿轮淬透的硬齿面齿轮或脆性材料齿轮。

②齿面磨损：齿面接触区强烈的滚动和滑动摩擦，会使齿厚减小、齿隙加大，引起齿面磨损失效；外部硬质磨粒的侵入，会使齿面产生磨粒磨损或黏着磨损等。

③表面疲劳剥落（点蚀）：在交变接触应力作用下，因表面疲劳而使齿面表层产生点状、小片剥落的破坏。

④齿面塑性变形：齿轮强度不够、齿面硬度低时，在低速、重载和启动、过载频繁的齿轮中容易产生。

（3）齿轮类零件的性能要求

根据齿轮的工作条件和失效形式，为保证齿轮的正常运转，防止早期失效，所选择的材料应满足以下的要求：

①高的接触疲劳强度，齿面应有高的强度、硬度和耐磨性，防止疲劳破坏和表面损伤。

②高的抗弯曲强度，轮齿心部要有足够的强韧性，防止过载断裂。

③较好的工艺性能，淬火变形小。

另外，在齿轮副中，两齿轮齿面硬度应有一定差值，因小齿轮的齿根薄，受载次数多，应比大齿轮硬度高些。

（4）齿轮类零件的常用材料

齿轮与传动轴类似，一般选用 45、40Cr、40CrNi、40MnB、35CrMo 等中碳钢或中碳合金钢锻件为毛坯，锻造齿轮毛坯的纤维组织与轴线垂直，分布合理。其中以大批量生产条件下采用的热轧齿轮性能最好。对强韧性和耐磨性要求高的齿轮则采用合金渗碳钢（如20CrMnTi）制造。一些在低速或中速的低应力、低冲击载荷条件下工作的齿轮，可用 HT250、HT300、HT350、QT600 - 03、QT700 - 02 等材料为毛坯，特殊情况下也可选用工程塑料，如受力不大或在无润滑条件下工作的齿轮，可选用尼龙、聚碳酸酯等高分子材料来制造。

对于直径 100 mm 以下的小齿轮可用圆钢棒料作为毛坯，如图 8 - 13（a）所示；直径约200 mm 的小型齿轮，通常在机械传动中被设计成与轴连成一体，即齿轮轴。直径小于 500 mm 且形状简单的中型圆柱齿轮，采用锻件作为毛坯，如图 8 - 13（b）所示；直径 500 mm 以上的大型齿轮，用锻造方法制造较困难，多采用铸造方法生产，常用材料为铸钢或铸铁，铸造毛坯常制成十字形剖面轮辐，如图 8 - 13（c）所示；对于单件或小批量生产的大齿轮，为缩短生产周期和减轻齿轮质量，有时也以焊接方式生产，如图 8 - 13（d）所示。

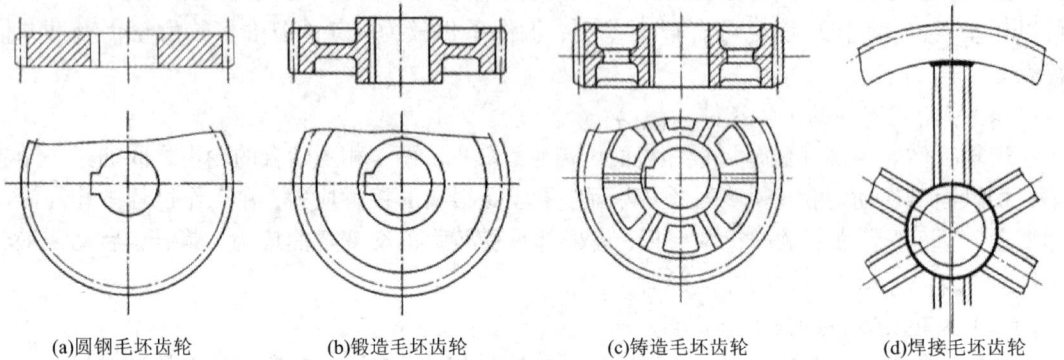

(a)圆钢毛坯齿轮　　(b)锻造毛坯齿轮　　(c)铸造毛坯齿轮　　(d)焊接毛坯齿轮

图 8 - 13　不同毛坯加工的齿轮

（5）齿轮类零件的加工工艺路线

为满足齿轮的性能要求，常采用表面强化处理（如高频淬火）或表面化学热处理（如渗碳、碳氮共渗等）来实现齿轮"表硬里韧"的特殊要求。

对于调质钢和渗碳钢齿轮，较有代表性的加工工艺路线如下：

①下料→锻造→正火→粗加工→调质→精加工→高频淬火、低温回火→精加工→检验。

②下料→锻造→正火→机加工→渗碳（碳氮共渗）→淬火、低温回火→喷丸→磨削→检验。

（6）典型齿轮类零件的选材实例

例 1　机床齿轮的选材与工艺路线。

车床的传动齿轮，工作时受力不大，转速中等，工作较平稳，无强烈冲击。因此，对强度和韧性要求均不高，一般用中碳钢制造，如 45 钢；对于性能要求较高，如受力较大时，可选用 40Cr 钢等中碳合金钢制造。经正火或调质处理后，再利用高频感应加热淬火进行表面强化处理，以提高其耐磨性。

加工工艺路线为：

下料→锻造→正火→粗加工→调质→精加工→高频淬火、低温回火→拉花键孔→精磨→检验。

正火可消除锻造应力，调整硬度，便于切削加工，并为后续的调质处理作组织准备。正火后的硬度为 180～207 HBW。

调质处理可以使齿轮具有较高的综合力学性能，提高齿轮心部的强度和韧性，使齿轮能承受较大的弯曲应力和冲击，并减小淬火变形。调质后得到回火索氏体组织，对要求不高的齿轮也可省去调质处理。

高频淬火、低温回火是决定齿轮表面性能的关键工序。采用高频感应加热表面淬火，加热速度快，淬火后脱碳倾向和变形小，可得到比普通淬火高的表面硬度和耐磨性，在齿轮表面形成压应力层，从而增强其抗疲劳能力；低温回火是为了消除淬火应力，防止产生磨削裂纹，提高抗冲击能力。齿轮表面的组织为回火马氏体，心部为回火索氏体。

例 2　汽车、拖拉机齿轮的选材与工艺路线。

汽车、拖拉机齿轮安装在变速箱和差速器中。变速箱中的齿轮用于传递转矩，改变发动机、曲轴和主轴齿轮的传动速度比；差速器中的齿轮用来增加扭转力矩并调节两车轮的转速，将动力传递到主动轮，推动汽车、拖拉机运行。汽车、拖拉机齿轮的工作条件远比机床齿轮恶劣，受力较大，超载荷和受冲击频繁。因此在耐磨性、疲劳强度、抗冲击能力等方面的要求比机床齿轮高。这类齿轮通常选用合金渗碳钢制造，如 20CrMnTi、20CrMnMo、20MnVB 等制造。

其加工工艺路线为：

下料→锻造→正火→机加工→渗碳→淬火→低温回火→喷丸→磨削→检验。

渗碳钢制作

正火及低温回火的作用同机床齿轮。渗碳钢的热处理工艺性能较好，合金元素可提高钢的淬透性，同时提高心部的强度和韧性，经渗碳处理可提高齿面碳含量，淬火和低温回火后，齿轮表面具有高硬度，并获得一定的淬硬层深度，提高齿面耐磨性和抗接触疲劳强度。一般齿面硬度可达 58～62 HRC，心部硬度为 35～45 HRC，淬硬层深 0.8～1.3 mm。喷丸处理可提高齿面硬度 1～3 HRC，增加表层残余压应力，提高抗疲劳性能。齿轮表面的组织为回火马氏体 + 残留奥氏体 + 颗粒状碳化物，心部淬透时为低碳回火马氏体（或低碳回火马氏体 + 铁素体），未淬透时为索氏体 + 铁素体。

8.3.3　弹簧类零件的选材及热处理工艺

弹簧是利用材料的弹性和弹簧的结构特点，通过产生及恢复变形，把机械功或动能转换为形变能，或者把形变能转换为动能或机械功，以便达到缓冲、减振、控制运动或复位、储能及测量等目的。弹簧广泛应用于机械设备、仪器仪表、家用电器等各行各业。通常按弹簧的制作方法将其分为冷成形弹簧和热成形弹簧两大类。

（1）弹簧类零件的工作条件

普通机械用弹簧一般是在室温或较高工作温度、大气条件下承受负荷。弹簧载荷有动载荷（振动、扭转、弯曲等）和静载荷，有些重要弹簧承受复杂的交变载荷。特殊用途弹簧常用于腐蚀、高温、承受高应力等工况，精密仪器和电器仪表中使用的弹性元件，还要求有高导电、无磁性、不产生火花或恒弹性等。

（2）弹簧类零件的失效形式

①变形失效：弹簧在工作过程中发生变形，往往影响产品的灵敏度和可靠性。

②断裂失效：可分为脆性断裂、塑性断裂、疲劳断裂、应力腐蚀断裂及腐蚀疲劳断裂。此外，还有氢脆、镉脆及黑脆等。突发性的脆性断裂危害最大，疲劳断裂约占弹簧断裂失效的80%～90%。

（3）弹簧类零件的性能要求

①高的弹性极限和高的屈强比，以保证承受大的弹性变形和较高的载荷。

②高的疲劳强度，以承受交变载荷。

③足够的塑性和韧性。

④一定的淬透性，表面脱碳倾向小。

⑤特殊工况下工作的弹簧应具有特殊性能。如在高温下工作的弹簧应有良好的耐热性，低温下工作的弹簧应有较高的低温冲击韧度及低的韧脆转化温度，在腐蚀性介质中工作的弹簧应具有良好的耐腐蚀性等。

（4）弹簧类零件的常用材料

弹簧材料的种类繁多，生产上用量最多的是钢材。弹簧钢主要有碳素弹簧钢和合金弹簧钢。特殊性能的弹簧材料有耐酸弹簧钢、耐热弹簧钢及特殊合金（如镍基、钛基及钴基合金、高弹性高导电的铜基合金等）。非金属弹性材料有橡胶、塑料、陶瓷及流体等。

碳素弹簧钢：一般碳含量为0.6%～0.9%，如65、65Mn、70、85钢等，钢中碳含量的增加，能有效地提高冷变形强化或马氏体相变强化效果，获得较高的强度和弹性极限，但碳素弹簧钢的淬透性小，抗应力松弛性能不够好，耐蚀性差，弹性模量温度系数较大，只能用于制造截面面积较小、工作温度不高的弹簧。

合金弹簧钢：一般碳含量为0.45%～0.7%，如硅锰弹簧钢、硅铬弹簧钢、硅铬钒弹簧钢、铬钒弹簧钢等。典型牌号有60Si2Mn、60Si2CrA、60Si2CrVA、50CrVA等。

（5）弹簧的热处理工艺

①弹簧的一般热处理方法如下。

冷成形弹簧：钢丝直径小于10 mm的弹簧，一般通过冷拔（或冷拉）、冷卷成形。冷卷后的弹簧不需进行淬火，只需进行一次去应力退火和稳定尺寸的定形处理。

热成形弹簧：通常在热卷后进行淬火加中温回火处理，得到回火托氏体组织，从而确保其具有高的屈服强度和足够的韧性。

对于热成形弹簧，由于加热成形及淬火、回火是连续进行的，其加热温度应适当提高到850～950℃。弹簧淬火后必须及时回火，以降低硬度和脆性，减少或消除淬火应力，提高弹性极限、塑性和韧性。一般来说，弹簧钢的弹性极限在回火温度为350～500℃时最高，而疲劳极限最大值对应的回火温度为450～500℃。对于容易出现回火脆性的弹簧钢，回火后应适当快冷。表8-1为弹簧钢热处理后的常见缺陷及防止措施。

表 8 - 1 弹簧钢热处理后的常见缺陷及防止措施

常见缺陷	产生原因	防止措施
硬度不足,弹性低	①淬火温度过高,残留奥氏体过多 ②淬火加热表面脱碳 ③回火或时效温度波动过大	①控制好淬火温度和保温时间 ②盐浴炉要充分及时脱氧,或采用保护气氛、真空热处理 ③提高回火或时效的控温精度和炉温均匀性
脆性大	①回火脆性 ②过热	①用快速冷却消除回火脆性 ②控制淬火温度和保温时间 ③重新正火细化晶粒
变形	①内应力大,回火或放置时变形 ②残留奥氏体过多	①用专用夹具进行定形回火 ②延长回火时间 ③多次回火 ④采用冷处理或时效处理减少残留奥氏体
淬火开裂	①淬火加热速度过快,没有预热或预热不充分 ②冷速太快,淬火介质不当 ③加热温度过高,保温时间过长	①充分预热或分段加热 ②控制加热温度和保温时间,使用合适淬火介质
表面脱碳	①原材料脱碳超标 ②淬火加热的盐浴脱氧不充分 ③真空热处理真空度过高或过低,保护气氛控制不当	①保证原材料质量 ②盐浴炉充分及时脱氧 ③选择合适的真空热处理和保护气氛工艺参数

②弹簧的其他强化处理方法。

形变热处理:可提高弹簧钢的屈强比和弹性极限;提高弹簧的综合力学性能、疲劳性能和抗应力松弛性能;降低钢的韧脆转化温度,减小钢的回火脆性。如 $60Si2Mn$ 板弹簧采用高温形变热处理时效果非常显著。

化学热处理:渗碳和碳氮共渗等化学热处理可显著提高弹簧表层硬度、耐磨性、耐腐蚀性、残余压应力及疲劳寿命。

喷丸处理:弹簧的表面质量对其使用寿命影响很大,若弹簧表面有缺陷,容易造成应力集中,从而降低弹簧的疲劳强度。通常采用喷丸处理进行表面强化,安排在成形及热处理后进行,喷丸不仅可以减轻或消除弹簧表面缺陷(如小裂纹、凹凸缺口及脱碳等),而且可使弹簧表层产生加工硬化和残余压应力,有效提高弹簧的疲劳寿命。如货车用缓冲螺旋弹簧经喷丸处理,其平均寿命比未喷丸时提高五倍以上。

(6)典型弹簧的热处理

例 拖拉机卡圈的选材与工艺路线。

图 8 - 14 为拖拉机卡圈,是线弹簧中最简单的一种零件,直径小、结构简单,可选用碳素弹簧钢丝冷卷成形,如 65 钢。

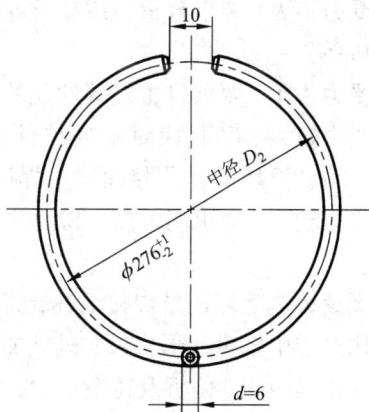

图 8 - 14 卡圈

加工工艺路线有两种：

①单件成形：下料→冷卷成形→端部加工及整平→去应力退火→发黑→检验。

②连续成形：盘料通过自动卷簧机功用车床绕制成形→单个弹簧切断→磨两端面、去毛刺→整平→去应力退火→检验→表面防锈处理。

去应力退火工艺：盐浴炉320℃×20 min。

8.3.4 箱体类零件的选材及热处理工艺

箱体类零件是机器的骨架，其作用是保证箱体内各个零部件的相对位置和相互协调运动，是机器中很重要的一类零件。这类零件包括机器的机身、底座、支架、横梁、工作台、主轴箱、变速箱、阀体、泵体等。

（1）箱体类零件的工作条件

机器工作时，箱体主要承受内部零件间的作用力及其重量，具有结构比较复杂、形状不规则、体积较大、壁厚较小等特点，一般的基础零件（如机身、底座等）以承受压应力为主，并要求具有较好的刚度和减振性；工作台、导轨等零件则要求有较好的耐磨性和减振性；有些机器的机身、支架往往同时承受压应力、拉应力和弯曲应力的联合作用，甚至还有冲击载荷；箱体类零件一般受力不大。

（2）箱体类零件的失效形式

①变形失效：铸造或热处理工艺不当造成尺寸、形状精度达不到设计要求以及承载力不够而产生过量变形。

②断裂失效：结构设计不合理或铸造不当造成内应力过大而导致某些薄壁部位开裂。

③磨损失效：某些支承部位硬度太低，不耐磨损。

（3）箱体类零件的性能要求

耐压、耐磨、良好的减振性。

（4）箱体类零件的常用材料

一般选用铸造毛坯，常选用普通灰铸铁、球墨铸铁、铸钢等。

受力不大、主要承受静载荷、不受冲击、工作平稳的箱体选用灰铸铁，如 HT150、HT200 等。

受力不大、要求自重轻或要求导热良好的箱体，选用铸造铝合金，如 ZAlSi5Cu1Mg、ZAl-Cu5Mn 等。

受力很小、要求自重轻等性能的箱体，选用工程塑料，如 ABS、POM 等。

受力较大、但形状简单或单件生产的箱体，可采用焊接结构，如选用焊接性能好的 Q235、20、Q345 等钢焊接而成。焊接结构可减轻零件重量，但刚性和减振性不如铸件。

受力较大，要求高强度、高韧性，甚至在高温、高压下工作的箱体，如汽轮机机壳，选用铸钢。

无论铸造毛坯还是焊接毛坯，铸造和焊接后，其内部往往存在较大的内应力。为了避免在使用过程中发生变形失效，机械加工前通常要进行去应力人工时效或自然时效处理。如为了消除粗晶组织、偏析及铸造应力，对铸钢件进行完全退火或正火；对铸铁件进行去应力退火；对铝合金根据其成分不同，可进行退火或淬火时效等处理。

8.3.5 常用刃具的选材及热处理工艺

刃具主要指机床上使用的各种切削刀具和各种手工用的五金刀具。如车刀、铣刀、铰刀、钻头、丝锥、板牙、锉刀、锯条等。

（1）刃具的工作条件

不同刃具的工作条件有较大差异。手用刃具属于低速切削刀具，工作时以摩擦为主，常伴有冲击；一般机用刃具切削速度较高，刃部与切屑之间相对摩擦，会产生大量的切削热；机床上使用的切削刃具，其主要工作部位是刀刃或刀尖，由于受到被切削材料的强烈摩擦，刃部承受挤压应力、弯曲应力和不同程度的冲击力。某些刃具(如钻头、铰刀)还会受到较大的扭转应力作用。

（2）刃具的失效形式

①磨损：主要是刀刃与被切削零件之间强烈摩擦造成磨粒磨损，或因工具表面形成积屑瘤产生黏合磨损。

②刃部软化：由于摩擦使刃部温度升高，若刀具硬度低或热硬性不足，刃部会变软，从而失去切削加工能力。

③崩刃：由于刃部长期承受周期性循环应力造成疲劳破坏或受到较大冲击力或材料自身脆性大、韧性低等原因，出现的微小崩刃、大块崩刃、掉牙、掉齿现象。

④断裂、破碎：因刀具自身脆性较大、不耐磨或因受到较大冲击力作用产生破坏。如锯条的折断、拉刀的拉断、钻头的折断。

（3）刃具的性能要求

①高硬度：刃具应具备的最基本性能。刃具的硬度必须大于被加工零件的硬度，在金属切削加工中，刃具的硬度一般要求大于 60 HRC。

②高耐磨性：刃具抵抗摩擦和磨损的能力。硬度越高，耐磨性越好。耐磨性除与硬度有关外，还与材料的化学成分和显微组织也有着密切关系。组织中含有硬质点的数量越多，晶粒越细小，分布越均匀，则耐磨性越好。如在马氏体基体上均匀分布有碳化物，比单一马氏体有更高的耐磨性。此外，刃具对工件材料的抗黏附能力越强，耐磨性也越好。

③高热硬性：在高温下仍能保持常温硬度的能力。热硬性是衡量刃具优劣的一项重要指标，特别是高速切削刃具必须有高的热硬性。

④足够的强度和韧性：防止刃具在切削时折断和崩刃。

⑤良好的淬透性：可降低淬火冷却速度，防止变形与开裂。

（4）刃具的常用材料

通常有碳素工具钢、量具刃具钢、高速工具钢、硬质合金和陶瓷等。

碳素工具钢：如 T7、T8、T10、T12，这类钢热处理后可以得到较高硬度，有较高的耐磨性和良好的可加工性能，价格较低，但淬透性差，热硬性低，淬火变形和开裂倾向性大。适用于制造简单、低速的手用刃具，如手工锯条、锉刀、木工用刨刀、凿子等。

量具刃具钢：如 9SiCr、Cr2、9Cr2 等，这类钢含有一定数量的合金元素，Cr、W、Mn 等元素使钢的淬透性、热硬性等性能均有提高，淬火变形和开裂倾向较小。适用于制造低速切削、形状较复杂的手工工具和热硬性要求不高的切削工具，如丝锥、板牙、拉刀等。

冷作模具钢：Cr12 型高碳高铬钢具有很高的淬透性、耐磨性，较高的耐回火性及很小的淬火变形。适用于制造截面较大、形状复杂、耐磨性要求较高的工具，如滚丝轮、搓丝板等。

高速工具钢：如 W18Cr4V、W6Mo5Cr4V2 等，这类钢含有大量的合金元素，具有高硬度、高耐磨性、高热硬性，更高的强韧性和淬透性。适用于制造车刀、铣刀、铰刀和其他复杂、精密的刀具，切削温度可达到 500～550℃。高速钢占刀具材料总使用量的 60% 以上。

硬质合金：如 YG6、YG8、YT5、YT15 等，是由硬度和熔点很高的碳化物（TiC、WC）粉末为原料，用钴或镍作黏结剂烧结而成的粉末冶金制品。硬度高、耐磨性好，允许切削温度可达到 1000℃。切削速度比高速钢高几倍，但加工工艺性差，抗弯强度和冲击韧度较低，常用来制成形状简单的刀头，再用钎焊的方法将其焊接在碳钢制造的刀杆或刀盘上，适用于高速强力切削和难加工材料的切削。

陶瓷：如复合氮化硅陶瓷、复合氧化铝陶瓷等，这类材料具有很高的热硬性，在 1200℃时硬度尚能达到 80HRA，化学稳定性好，与被加工金属的亲和作用小，但抗弯强度和冲击韧度较差，对冲击十分敏感，易崩刃。一般制成刀片，装夹在夹具中使用，适用于淬硬钢、冷硬铸铁等高硬度、难加工材料的加工。

（5）典型刀具的选材实例

例1 手用丝锥的选材与工艺路线。

图 8-15 为手用丝锥实物图，是在手工和低速加工条件下使用的刀具。受力小，速度低，因此不要求有高的热硬性，但工作部分应有高的硬度和耐磨性，同时为避免在使用中扭

图 8-15 手用丝锥

断，心部和柄部应具有一定的强度和韧性。可选用碳素工具钢 T12A 或 T10A 制造。为了提高心部强度，也可采用量具刃具钢制造，如 9SiCr 钢。

如用 T12A 钢制作手用丝锥，其加工工艺路线为：

下料→球化退火→机械加工→淬火→低温回火→柄部处理→清洗→氧化处理→检验。

球化退火是为了使原材料获得优良的球状（粒状）珠光体组织，以便于切削加工，并为以后的淬火作好组织准备。碳素工具钢轧材供应状态是经过球化退火的，若硬度和金相组织合格，便可不再退火。机械加工制成丝锥后，进行淬火和低温回火，以使刃部达到其性能要求。手用丝锥淬火时柄部和刃部一起硬化，而柄部因要求硬度较低，可对柄部进行局部退火处理。

例2 铣刀的选材与工艺路线。

图 8-16 为铣刀实物图，是铣削加工使用的刀具。为提高铣削加工生产效率，要求铣刀是有高的硬度、耐磨性、热硬性以及足够的强度和韧性，一般选用高速钢或硬质合金制造。高速工具钢热硬性

图 8-16 铣刀

好，强度和韧性比硬质合金高，易于加工成形，常用于制作整体铣刀，适合于加工冲击较大的工件。

如用 W18Cr4V 制作的圆柱铣刀，其加工工艺路线为：

下料→锻造→退火→机械加工→淬火→回火→精加工→检验。

锻造对高速钢而言，一是为了使钢料成形获得毛坯，二是为了改善其组织。退火是为了降低硬度，消除应力，并为以后的淬火作好组织准备。机械加工成形后，经过淬火和回火，

才能得到优良的性能。

为了节约高速钢，或者为了提高铣刀的切削速度和铣削一些硬度高的材料，也有一些铣刀的齿部，采用高速钢或硬质合金制成，镶嵌在结构钢制成的刀体上。

8.3.6　模具的选材及热处理工艺

模具是指能生产出具有一定形状和尺寸要求的同形产品的工具。

模具是一种重要的工艺装备，广泛应用于机械、电子、汽车、信息、轻工、军工、交通、建材等制造领域。通常根据用途的不同，将模具分为冷作模具、热作模具、塑料模具及玻璃模具四大类。

(1)模具的工作条件

冷作模具主要用于金属或非金属材料的冷态成形。在工作过程中需承受拉伸、弯曲、压缩、冲击和疲劳等不同应力的作用，金属挤压、冷镦和冷拉深的模具，还要承受300℃左右交变温度的作用。

热作模具常与加热到950~1200℃的毛坯相接触，模腔通常被加热到500~600℃，有时可达到600~700℃，同时模具单位面积上要承受很大的压力。由于金属毛坯的剧烈流动，模腔极易磨损。

塑料模具按照成型固化方式不同，分为热固性塑料模具和热塑性塑料模具两种。热固性塑料模具工作时，塑料以固态粉末形式加入型腔，并在一定温度下(如200~250℃)经热压成型，因此模具受力大，并受一定冲击，且摩擦力、热机械负荷和磨损较大;热塑性塑料模具是使塑料在黏流状态下通过注射、挤压等方式进入模具型腔加工成型的模具，故塑变抗力小，受热、受压、受磨损情况不严重。由于部分塑料制品中含有氯或氟，故压制时易释放出腐蚀性气体，使模腔经受气体腐蚀作用。

玻璃模具是玻璃制品成型的重要工艺工具。玻璃的熔化温度较高，其熔液中含有Si、Al、Li、Na、F等元素，有一定的腐蚀性，故在工作过程中模具的型腔会受到严重的腐蚀。玻璃的熔化温度通常为1000~1400℃，倒入模具型腔后的温度为1060℃，压制成型后的温度约为800℃，而此时模具的表面温度在600~700℃。模具在如此高的温度下工作，很容易发生氧化和变形、体积膨胀及玻璃粘模。

(2)模具的失效形式

模具的基本失效形式包括断裂或开裂、磨损、疲劳及冷热疲劳、变形、腐蚀等。

①断裂或开裂:冷作模具断裂最常见的失效形式是脆性断裂;热作模具断裂和开裂失效约占热锻模失效总数的20%~30%。模具出现早期断裂破损的比例占全部失效形式的60%~80%。断裂一般起源于模腔尖角处或应力集中处。造成模具断裂的原因有很多，除了模具安装和操作不当外，与模具设计、材质、热处理工艺等因素有密切的关系。

②磨损失效:模具在工作过程中的相对运动不可避免地会产生磨损。冷作模具的磨损主要是咬合磨损和磨料磨损;热作模具的磨损主要是热磨损。

③疲劳失效:冷作模具承受的载荷都是在一定的能量下以一定的冲击速度周期性地施加的多次冲击载荷，容易出现应力疲劳失效;热作模具长期经受反复加热和冷却所产生的热应力作用，容易出现冷热疲劳失效，又称为热疲劳失效或龟裂。

④变形失效:这类失效通常发生在硬度低或淬硬层太薄的模具。在冷镦、冷挤和冷冲过

程中，冲头由于抗压或抗弯强度不足而出现镦粗、下陷、弯曲等变形失效。热锻模的型腔表面在热坯料的热作用下容易出现软化、塌陷等变形失效。

⑤腐蚀失效：腐蚀包括冲蚀、熔蚀和浸蚀，是热作模具特有的损坏形式。如压铸模具在工作过程中，熔融金属注入型腔对模具产生的冲蚀。注塑时，由于不少塑料中含有氯、氟等元素，它们在被加热至熔融状态后分解出氯化氢(HCl)或氟化氢(HF)等腐蚀性气体，将造成模具型腔的腐蚀。

（3）模具的性能要求

①冷作模具：应具有高的抗变形、抗磨损、抗断裂、抗疲劳和抗咬合等性能。

②热作模具：应具有较高的强度和韧性，特别是高温强度，良好的耐回火性、抗氧化性、热熔性、热导性和冷热加工工艺性，较高的淬透性、热硬性、高温耐磨性以及热疲劳强度。

③塑料模具：应具有镜面加工性能、切削加工性能、耐磨性、耐蚀性、耐热性，良好的冷压性能、花纹图案光蚀刻性能，足够高的硬度与强度。

④玻璃模具：应具有良好的抗氧化性、热导性、耐冷热疲劳性、耐磨性、切削加工性，组织致密、均匀、膨胀系数小等特性。

（4）模具的常用材料

①冷作模具：模具形状简单、不易变形、截面尺寸不大、载荷较小时，可选用高碳工具钢或高碳低合金钢，如9Mn2、9SiCr、和9Mn2V等钢；模具形状复杂、易变形、截面尺寸较大、载荷较大的可选用高耐磨模具钢，如Cr12、Cr12MoV、Cr6WV、Cr4W2MoV钢等。

②热作模具：主要有热锻模、热压模、热挤压模和压铸模等。其中热锻模的典型钢种有5CrNiMo、5CrMnMo钢等；压铸模的典型钢种有4Cr5MoSiV（H11）、4Cr5MoSiV1（H13）、3Cr2W8V钢等；热挤压模的典型钢种有3Cr2W8V、4Cr5MoSiV1钢等。

③塑料模具：依据塑料制品种类选用模具钢，例如：对于型腔复杂的注射模具，为减少模具热处理后产生变形和裂纹的机会，选用加工性能好、热处理变形小的模具材料，如40Cr、3Cr2Mo、4Cr5MoSiV等钢。

④玻璃模具：大多为铸铁或铸造不锈钢等，目前用得较多的为马氏体时效钢40Cr13Ni及低锡蠕墨铸铁等。

（5）典型模具的选材实例

例 电机硅钢片冲裁凸模的选材与工艺路线。

图8-17为电机硅钢片冲裁凸模，长度105 mm，高度18 mm，最大厚度6 mm，刃口部位最小厚度4 mm。某厂原选用Cr12钢制造，其加工工艺路线为：

下料→锻造→退火→机加工→淬火、回火→磨削。

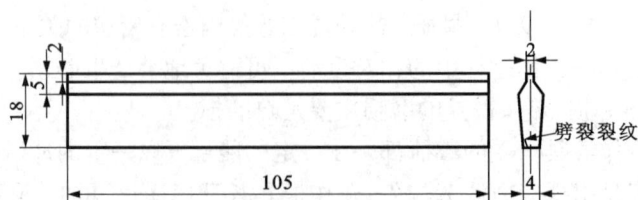

图8-17 电机硅钢片冲裁凸模

264

使用过程中发生劈裂和折断失效。经分析，Cr12 钢属于莱氏体钢，共晶碳化物虽经锻造处理，但仍粗大且有棱角，致使凸模韧性不足，寿命不高。

由于 Cr12 钢适用于模具形状复杂、易变形、截面尺寸较大、载荷较大的模具，而电机硅钢片冲裁凸模形状较简单、截面尺寸小、厚度薄、载荷较小，所以该厂改用 9SiCr 钢制造，因其属于低合金工具钢，无共晶碳化物，经球化退火后得到弥散分布的碳化物，提高了凸模的疲劳强度和韧性。

习　题

1. 什么是零件的失效？零件的失效类型有哪些？分析零件失效的主要目的是什么？

2. 零件在选材时应考虑哪些原则？应注意哪些问题？

3. 为什么轴类、齿轮类零件多用锻件毛坯，而箱体类零件多采用铸件？

4. 在满足零件使用性能和工艺性能的前提下，材料价格越低越好，这句话是否正确？为什么？

5. 表面损伤失效是在什么条件下发生的？通常以哪几种形式出现？

6. 选择下列零部件的材料，制订加工工艺路线，并做简要说明。
①磨床主轴；②高速铣刀；③发动机曲轴；④汽车板簧；⑤滚动轴承。

7. 模具一般可分为哪几类？常用的模具材料有哪些？

8. 模具失效的特点是什么？常见的模具失效形式有哪些？

附录

附录 A 国内外常用钢的牌号对照

钢类	中国	前苏联	美国	英国	日本	法国	德国
	GB	ГОСТ	ASTM	BS	JIS	NF	DIN
优质碳素结构钢	08F	08КД	1006	040A04	S09CK		C10
	08	08	1008	045M10	S9CK		C10
	10F		1010	040A10		XC10	
	10	10	1010、1012	045M10	S10C	XC10	C10, CK10
	15	15	1015	095M15	S15C	XC12	C15, CK15
	20	20	1020	050A20	S20C	XC18	C22, CK22
	25	25	1025		S25C		CK25
	30	30	1030	060A30	S30C	XC32	
	35	35	1035	060A35	S35C	XC38TS	C35, CK35
	40	40	1040	080A40	S40C	XC38H1	
	45	45	1045	080M46	S45C	45	C45, CK45
	50	50	1050	060A52	S50C	48TS	CK53
	55	55	1055	070M55	S55C	XC55	
	60	60	1060	080A62	S58C	XC55	C60MCK60
	15Mn	15Г	1016、1115	080A17	SB46	XC12	14Mn4
	20Mn	20Г	1021、1022	080A20		XC18	
	30Mn	30Г	1030、1033	080A32	S30V	XC32	
	40Mn	40Г	1036、1040	080A40	S40C	40M5	40Mn4
	45Mn	45Г	1043、1045	A080A47	S45C		
	50Mn	50Г	1050、1052	030A52 080A50	S53C	XC48	
合金结构钢	20Mn2	20Г2	1320、1321	150M19	SMn420		20Mn5
	30Mn2	30Г2	1330	150M28	SMn433H	32M5	30Mn5
	35Mn2	35Г2	1335	150M36	SMn438(H)	32M5	36Mn5
	40Mn2	40Г2	1340		SMn443	40M5	
	45Mn2	45Г2	1345		SMn443		46Mn7
	50Mn2	50Г2				~55M5	
	20MnV						20MnV6

266

续上表

钢类	中国	前苏联	美国	英国	日本	法国	德国
	GB	ГОСТ	ASTM	BS	JIS	NF	DIN
合金结构钢	35SiMn	35СГ		En46			37MnSi5
	42SiMn	35СГ		En46			46MnSi4
	40B		TS14B35				
	45B		50B46H				
	40MnB		50B40				
	45MnB		50B44				
	15Cr	15X	5115	523M15	SCr415(H)	12C3	15Cr3
	20Cr	20X	5120	527A19	SCr420(H)	18C3	20Cr4
	30Cr	30X	5130	530A30	SCr430		28Cr4
	35Cr	35X	5132	530A36	SCr430(H)	32C4	34Cr4
	40Cr	40X	5140	520M40	SCr440	42C4	41Cr4
	45Cr	45X	5145・147	534A99	SCr445	45C4	
	38CrSi	38X					
	12CrMo	12XM		620CR. B		12CD4	13CrMo44
	15CrMo	15XM	A – 387Cr. B	1653	STC42 STT42 STB42	12CD4	16CrMo44
	20CrMo	20XM	4119、4118	CDS12 CDS110	STC42 STT42 STB42	18CD4	20CrMo44
	25CrMo		4125	En20A		25CD4	25CrMo4
	30CrMo	30XM	4130	1717COS110	SCM420	30CD4	
	42CrMo		4140	708A42 708M40		42CD4	42CrMo4
	35CrMo	35XM	4135	708A37	SCM3	35CD4	34CrMo4
	12CrMoV	12XMф					
	12Cr1MoV	12X1Мф					13CrMoV42
	25Cr2Mo1VA	25X2M1ФА					
	20CrV	20Xф	6120				22CrV4
	40CrV	40XфА	6140				42CrV6
	50CrVA	50XфА	6150	735A30	SUP10	50CV4	50CrV4
	15CrMn	15XГ, 18XГ					
	20CrMn	20XГСА	5152	527A60	SUP9		
	30CrMnSiA	30XГСА					
	40CrNi	40XH	3140H	640M40	SNC236		40CrNi6
	20CrNi3A	20XП3А	3316			20NC11	20NiCr14
	30CrNi3A	30XH3A	3325 3330	653M31	SNC631H SNC631		28NiCr10

钢类	中国 GB	前苏联 ГOCT	美国 ASTM	英国 BS	日本 JIS	法国 NF	德国 DIN
合金结构钢	20MnMoB		80B20				
	38CrMoAlA	38XMIOA		905M39	SACM645	40CAD6.12	41CrAlMo07
	40CrNiMoA	40XHMA	4340	817M40	SNCM439		40NiCrMo22
弹簧钢	60	60	1060	080A62	S58C	XC55	C60
	85	85	C10851084	080A86	SUP3		
	65Mn	65Г	1566				
	55Si2Mn	55C2Г	9255	250A53	SUP6	55S6	55Si7
	60Si2MnA	60C2ГA	92609260H	250A61	SUP7	61S7	65Si7
	50CrVA	50XфA	6150	735A50	SUP10	50CV4	50CrV4
滚动轴承钢	GCr9	ШХ9	E5110051100		SUJ1	100C5	105Cr4
	GCr9SiMn				SUJ3		
	GCr15	ШХ15	E5210052100	534A99	SUJ2	100C6	100Cr6
	GCr15SiMn	ШХ15CГ					100CrMn6
易切削钢	Y12	A12	C1109		SUM12		
	Y15		B1113	220M07	SUM22		10S20
	Y20	A20	C1120		SUM32	20F2	22S20
	Y30	A30	C1130		SUM42		35S20
	Y40Mn	A40Г	C1144	225M36		45MF2	40S20
耐磨钢	ZG120Mn13	116Т13Ю			SCMnH11	Z120M12	X120Mn12
碳素工具钢	T7	y7	W1-7		SK7, SK6		C70W1
	T8	y8			SK6, SK5		
	T8A	y8A	W1-0.8C			1104Y175	C80W1
	T8Mn	y8Г			SK5		
	T10	y10	W1-1.0C	D1	SK3		
	T12	y12	W1-1.2C	D1	SK2	Y2 120	C125W
	T12A	y12A	W1-1.2C			XC 120	C125W2
	T13	y13			SK1	Y2 140	C135W
合金工具钢	8MnSi						C75W3
	9SiCr	9XC		BH21			90CrSi5
	Cr2	X	L3				100Cr6
	Cr06	13X	W5		SKS8		140Cr3
	9Cr2	9X	L				100Cr6
	W	B1	F1	BF1	SK21		120W4
	Cr12	X12	D3	BD3	SKD1	Z200C12	X210Cr12

续上表

钢类	中国	前苏联	美国	英国	日本	法国	德国
	GB	ГОСТ	ASTM	BS	JIS	NF	DIN
合金工具钢	Cr12MoV	Х12М	D2	BD2	SKD11	Z200C12	X165CrMoV46
	9Mn2V	9Г2ф	02			80M80	90MnV8
	9CrWMn	9ХВГ	01		SKS3	80M8	
	CrWMn	ХВГ	07		SKS31	105WC13	105WCr6
	3Cr2W8V	3Х2В8ф	H21	BH21	SKD5	X30WCV9	X30WCrV93
	5CrMnMo	5ХГМ			SKT5		40CrMnMo7
	5CrNiMo	5ХНМ	L6		SKT4	55NCDV7	55NiCrMoV6
	4Cr5MoSiV	4Х5МфС	H11	BH11	SKD61	Z38CDV5	X38CrMoV51
	4CrW2Si	4ХВ2С			SKS41	40WCDS35-12	35WCrV7
	5CrW2Si	5ХВ2С	S1	BSi			45WCrV7
高速工具钢	W18Cr4V	P18	T1	BT1	SKH2	Z80WCV 18-04-01	S18-0-1
	W6Mo5Cr4V2	P6M3	N2	BM2	SKH9	Z85WDCV 06-05-04-02	S6-5-2
	W18Cr4VCo5	P18K5ф2	T5	BT4	SKH3	Z80WKCV 18-05-04-01	S18-1-2-5
	W2Mo9Cr4VCo8		M42	BM42		Z110DKCWV 09-08-04-02-01	S2-10-1-8
不锈钢	12Cr18Ni9	12Х18Н9	302 S30200	302S25	SUS302	Z10CN18.09	X12CrNi188
	Y12Cr18Ni9		303 S30300	303S21	SUS303	Z10CNF18.09	X12CrNiS188
	06Cr19Ni10	08Х18Н10	304 S30400	304S15	SUS304	Z6CN18.09	X5CrNi189
	022Cr19Ni10	03Х18Н11	304L S30403	304S12	SUS304L	Z2CN18.09	X2CrNi189
	06Cr18Ni11Ti	08Х18Н10Г	321 S32100	321S12321S17	SUS321	Z6CNT18.10	X120CrNiTi189
	06Cr13Al		405 S40500	405S17	SUS405	Z6CA13	X7CrAll13
	10Cr17	12Х17	430 S43000	430S15	SUS432	Z8C17	X8Cr17
	12Cr13	12Х13	410 S41000	410S21	SUS410	Z12C13	X10Cr13
	20Cr13	20Х13	420 S42000	420S37	SUS420J1	Z20C13	X20Cr13
	30Cr13	30Х13		420S45	SUS420J2		
	68Cr17		440A S44002		SUS440A		
	07Cr17Ni7Al	09Х17Н7Ю	631 S17700		SUS631	Z8CNA17.7	X7CrNiAl177

钢类	中国	前苏联	美国	英国	日本	法国	德国
	GB	ГОСТ	ASTM	BS	JIS	NF	DIN
耐热钢	16Cr23Ni13	20Х23Н12	309 S30900	309S24	SUH309	Z15CN24.13	
	20Cr25Ni20	20Х25Н20С2	310 S31000	310S24	SUH310	Z12CN25.20	CrNi2520
	06Cr25Ni20		310S S31008		SUS310S		
	06Cr17Ni12Mo2	08Х17Н13М2Г	316 S31600	316S16	SUS316	Z6CND17.12	X5CrNiMo1810
	06Cr18Ni11Nb	08Х18Н12Е	347 S34700	347S17	SUS347	Z6CNNb18.10	X10CrNiNb189
	13Cr13Mo				SUS410J1		
	14Cr17Ni2	14Х17Н2	431 S43100	431S29	SUS431	Z15CN16 – 02	X22CrNi17
	07Cr17Ni7Al	09Х17Н7Ю	631 S17700		SUS631	Z8CNA17.7	X7CrNiAl177

附录 B 国内外常用铸铁的牌号对照

类型	中国	美国	德国	日本	法国	英国	国际
	GB	ASTM	DIN	JIS	NFA	BS	ISO
灰铸铁	HT150	Class 20B	GG15	FC15	Ft. 15 D	Cr. 150	Cr. 15
	HT200	Class 25B	GG20	FC20	Ft. 20 D	Cr. 180	Cr. 20
	HT250	Class 35B	GG25	FC25	Ft. 25 D	—	Cr. 25
	HT300	Class 45B/50B	GG30	FC30	Ft. 30	Cr. 300	Cr. 30
	HT350	Class 55B	GG35	FC35	Ft. 35	Cr. 350	Cr. 35
	—	Class 60B	GG40		Ft. 40 D	Cr. 400	Cr. 40
球墨铸铁	QT400 – 18	60 – 40 – 18	GGG40	FCD40	FGS370 – 17	Cr. 370 – 17	Cr. 370 – 17
	QT450 – 10	65 – 45 – 12	—	—	FGS400 – 12	Cr. 420 – 12	Cr. 420 – 12
	QT500 – 07	800 – 55 – 06	GGG50	FCD45/50	FGS500 – 7	Cr. 500 – 7	Cr. 500 – 7
	QT600 – 03	800 – 55 – 06	GGG60	FCD60	FGS600 – 3	Cr. 600 – 3	Cr. 600 – 3
	QT700 – 02	100 – 70 – 03	GGG70	FCD70	FGS700 – 2	Cr. 700 – 2	Cr. 700 – 2
	QT800 – 02	120 – 90 – 02	GGG80	—	FGS800 – 2	Cr. 800 – 2	Cr. 800 – 2

附录 C　国内外常用铝及铝合金的牌号对照

种类	中国	美国	英国	日本	法国	德国	前苏联
	GB	ASTM	BS	JIS	NF	DIN	ГОСТ
工业纯铝	1A99	1199				Al99.99R	A99
	1A97					Al99.98R	A97
	1A95						A95
	1A80		1080(1A)	1080	1080A	Al99.80	A8
	1A50	1050	1050(1B)	1050	1050A	Al99.50	A5
防锈铝	5A02	5052	NS4	5052	5052	AlMg2.5	AMg
	5A03		NS5				AMg3
	5A05	5056	NB6	5056		AlMg5	AM5V
	5A30	5456	NG61	5556	5957		
硬铝	2A01	2036		2117	2117	AlCu2.5Mg0.5	D18
	2A11		HF15	2017	2017S	AlCuMg1	D1
	2A12	2124		2024	2024	AlCuMg2	D16AVTV
	2A16	2319					
锻铝	2A80			2N01			AK4
	2A90	2218		2018			AK2
	2A14	2014		2014	2014	AlCuSiMn	K8
超硬铝	7A09	7175		7075	7075	AlZnMnCu1.5	V95P
铸造铝合金	ZAlSi7Mn	356.2	LM25	AC4C		G–AlSi7Mg	
	ZAlSi12	413.2	LM6	AC3A	A–S12–Y4	G–Al12	AL2
	ZAlSi5Cu1Mg	355.2					AL5
	ZAlSi2Cu2Mg1	413.2		AC8A		G–Al12(Cu)	
	ZAlCu5Mn						AL19
	ZAlCu5MnCdVA	201.0					
	ZAlMg10	520.2	LM10		AG11	G–AlMg10	AL8
	ZAlMg5Si1					G–AlMg5Si	AL13

附录 D　常用钢的临界温度

种类	钢号	临界温度（近似值）/℃				
		Ac_1	Ac_3	Ar_3	Ar_1	M_s
优质碳素结构钢	08F, 08	732	874	854	680	
	10	724	876	850	682	
	15	735	863	840	685	
	20	735	855	835	680	
	25	735	840	824	680	
	30	732	813	796	677	380
	35	724	802	774	680	
	40	724	790	760	680	
	45	724	780	751	682	
	50	725	760	721	690	
	60	727	766	743	690	
	70	730	743	727	693	
	85	725	737	695	—	220
	15Mn	735	863	840	685	
	20Mn	735	854	835	682	
	30Mn	734	812	796	675	
	40Mn	726	790	768	689	
	50Mn	720	760	—	660	
合金结构钢	20Mn2	725	840	740	610	400
	30Mn2	718	804	727	627	
	40Mn2	713	766	704	627	340
	45Mn2	715	770	720	640	320
	25Mn2V		840			
	42Mn2V	725	770			330

续上表

种类	钢号	临界温度（近似值）/℃				
		Ac_1	Ac_3	Ar_3	Ar_1	M_s
合金结构钢	35SiMn	750	830		645	330
	50SiMn	710	797	703	636	305
	20Cr	766	838	799	702	
	30Cr	740	815		670	
	40Cr	743	782	730	693	355
	45Cr	721	771	693	660	
	50Cr	721	771	693	660	250
	20CrV	768	840	704	782	
	40CrV	755	790	745	700	218
	38CrSi	763	810	755	680	
	20CrMn	765	838	798	700	
	30CrMnSi	760	830	705	670	
	18CrMnTi	740	825	730	650	
	30CrMnTi	765	790	740	660	
	35CrMo	755	800	750	695	271
	40CrMnMo	735	780		680	
	38CrMoAl	800	940		730	
	20CrNi	733	804	790	666	
	40CrNi	731	769	702	660	
	12CrNi3	715	830		670	
	12Cr2Ni4	720	780	660	575	
	20Cr2Ni4	720	780	660	575	
	40CrNiMo	732	774			
	20Mn2B	730	853	736	613	
	20MnTiB	720	843	795	625	
	2MnVB	720	840	770	635	
	45B	725	770	720	690	
	40MnB	735	780	700	650	
	40MnVB	730	774	681	639	

种类	钢号	临界温度（近似值）/℃				
		Ac_1	Ac_3	Ar_3	Ar_1	M_s
弹簧钢	65	727	752	730	696	
	70	730	743	727	693	
	85	723	737	695		
	65Mn	726	765	741	689	
	60Si2Mn	755	810	770	700	
	50CrMn	750	775			220
	50CrVA	752	788	746	688	270
	55SiMnMoVNb	744	775	656	550	305
滚动轴承钢	GCr9	730	887	721	690	
	GCr15	745			700	
	GCr15SiMn	770	872		708	
碳素工具钢	T7	730	770		700	
	T8	730			700	
	T10	730	800		700	
	T11	730	810		700	
	T12	730	820		700	
合金工具钢	6SiMnV	743	768			
	5SiMnMoV	764	788			
	9CrSi	770	870		730	
	3Cr2W8V	820~830	1100		790	
	CrWMn	750	940		710	
	5CrNiMo	710	770		630	
	MnSi	760	865		708	
	W2	740	820		710	
高速工具钢	W18Cr4V	820	1330			
	W9Cr4V2	810				
	W6Mo5Cr4V2Al	835	885	770	820	177
	W6Mo4Cr4V2	835	885	770	820	177
	W9Cr4V2Mo	810			760	

续上表

种类	钢号	临界温度（近似值）/℃				
		Ac_1	Ac_3	Ar_3	Ar_1	M_s
不锈钢、耐热钢	12Cr13	730	850	820	700	
	20Cr13	820	950		780	
	30Cr13	820			780	
	40Cr13	820	1100			
	10Cr17	860			810	
	95Cr18	830			810	145
	14Cr17Ni2	810			780	357
	12Cr5Mo	850	890	790	765	

附录 E 常用塑料、复合材料的缩写代号

材料类别	代号	全称
塑料、树脂部分	ABS	丙烯腈-丁二烯-苯乙烯共聚物
	AS	丙烯腈-苯乙烯-树脂
	ASA	丙烯腈-苯乙烯-丙烯酸酯共聚物
	CA	醋酸纤维素
	CPE	氯化聚醚、氯化聚乙烯
	EP	环氧树脂
	EVA	乙烯-醋酸乙烯酯共聚物
	F-46	全氟乙-丙共聚物
	HDPE	高密度聚乙烯
	HIIPS	高抗冲聚苯乙烯
	LDPE	低密度聚乙烯
	MDPE	中密度聚乙烯
	PA	聚酰胺
	PAN	聚丙烯腈
	PASF	聚芳砜
	PBT	聚对苯二甲酸丁二酯
	PC	聚碳酸酯
	PCTEF(F-3)	聚三氟氯乙烯
	PE	聚乙烯
	PET	聚对苯二甲酸乙二酯
	PF	酚醛树脂
	PI	聚酰亚胺
	PMMA	聚甲基丙烯酸甲酯
	POM	聚甲醛
	PP	聚丙烯
	PPO	聚苯醚
	PPS	聚苯硫醚
	PS	聚苯乙烯
	PSF	聚砜
	PTFE(F-4)	聚四氟乙烯

续上表

材料类别	代号	全称
塑料、树脂部分	PVAC	聚醋酸乙烯酯
	PVAL	聚乙烯醇
	PVC	聚氯乙烯
	UP	不饱和聚酯
	UF	脲甲醛树脂
	CR	氯丁橡胶
	NBR	丁腈橡胶
	SBR	丁苯橡胶
复合材料部分	B	硼纤维
	BMC	块状模塑材料
	C	炭纤维
	C/Al	炭纤维增强铝
	CRTP	炭纤维增强热塑性塑料
	CM	复合材料
	FRP	纤维增强塑料
	FRTP	纤维增强热塑性塑料
	GRP	玻璃纤维增强塑料
	GRPT	玻璃纤维增强热塑性塑料
	HM	高弹性模量复合材料
	K	凯芙拉纤维
	PRCM	粒子增强复合材料
	SMC	片状模塑材料

附录F 机械工程材料常用词汇汉英对照

A

A₁温度 A_1 temperature

A₃温度 A_3 temperature

Acm温度   Acm temperature

ABS 树脂   ABS

埃   Angstrom

胺   amine

奥氏体   austenite

奥氏体本质晶粒度   austenite inherent grain size

奥氏体化   austenization, austenitizing

B

B（硼）   boron

Be（铍）   berryllium

巴氏合金   babbitt metal

白口铸铁   white cast iron

白铜   white brass; copper – nickel alloy

板条马氏体   lathe martensite

板织构   sheet texture

半导体   semiconductors

半固态成型/加工   semi – solid forming or processing

棒材   bar

包晶反应   peritectic reaction

包晶相图   periteotia phase diagram

薄板   sheet

薄膜技术   thin film technology

爆炸连接   explosive bonding

贝氏体   bainite

本质晶粒度   inherent grain size

苯环   benzene ring

比热   specific heat

比刚度（模量）   stiffness – to – weight ratio; specific modulus

比强度   strength – to – weight ratio; specific strength

变形加工   deformation processes

变质处理   modification; inoculation

变质剂   modifier; modifying agent; modificator

表面技术   surface technology

表面粗糙度   surface roughness

表面淬火   surface quenching

表面腐蚀   surface corrosion

表面损伤失效   surface damage failure

表面硬化   surface hardening

玻璃   glass

玻璃化   vitrification

玻璃化温度   vitrification point

玻璃化转变温度   glass transition temperature

玻璃钢   fiberglass; glass fiber reinforced plastics

玻璃态   vitreous state, glass state

玻璃形成剂   glass formers

玻璃纤维   glass fiber

不饱和键   unsaturated bond

不可热处理的   non – heat – treatable

不锈钢   stainless steel

布氏硬度   Brinell hardness

布拉菲（维）点阵   Bravais lattice

C

Co（钴）   Cobalt

材料强度   strength of material

残余奥氏体   residual austenite; retained austenite

残余变形   residual deformation

残余应力   residual stress

278

层片状珠光体　lamellar pearlite

层片间距　interlamellar spacing

长石　feldspar

超导金属　superconducting metal

超级(耐热)合金　superalloy

超导体　superconductors

超声波检验　ultrasonic testing

超声波加工　ultrasonic machining

超塑性　superplasticity

过饱和固溶体　supersaturated solid solution

穿晶断裂　transgranular fracture

沉淀相　precipitate

沉淀硬化　precipitation hardening

成核　nucleate; nucleation

成形　forming; shaping

成长　growth; growing

持久极限　endurance limit

磁性材料　magnetic materials

冲击能　impact energy

冲击性能　impact properties

冲击试验　impact test

冲击韧性　impact toughness

淬火　quench; quenching

淬透性　hardenability

淬透性曲线　Hardenability curve;
　　　　　　depth – hardness curve

淬硬性　hardenability; hardening capacity

吹塑成形　blow molding

纯铁　pure iron

磁感应强度　inductance

磁畴　domin

磁力(粉)检验　magnetic particle test

瓷器　china

粗晶粒　coarse grain

脆性　brittleness; fragility; shortness

脆性断裂　brittle fracture

D

钽(Ta)　tantalum

带材　band; strip

单晶　single crystal; unit crystal

单体　monomer; element

氮化层　nitration case

氮化硅陶瓷　silicon – nitride ceramic

氮化物　nitride

刀具　cutting tool

导磁性　magnetic conductivity

导电性　electric conductivity

导热性　heat conductivity; thermal conductivity

导体　conductor

等离子堆焊　plasma surfacing

等离子弧喷涂　plasma spraying

等离子增强化学气相沉积　plasma chemical vapour
　　　　　　　　　　　　deposition(PCVD)

等温转变曲线　isothermal transformation curve

等温淬火　isothermal hardening; isothermal
　　　　　quenching

等轴区　equaxied zone

涤纶　dacron

低合金钢　low alloy steel

低碳钢　low carbon steel

低碳马氏体　low carbon martensite

低温回火　low tempering

第二阶段石墨化　second – stage graphitization

点腐蚀　pitting corrosion

点缺陷　point defect

点阵　lattice

点阵常数　grating constant; lattice constant

电场(强度)　electric field

电镀　electroplating; galvanize

电流密度　current density

电弧喷涂　electric arc spraying

电负性　electronegativity

电化学腐蚀　electrochemical corrosion

电化学原电池　electrochemical cell

电火花加工　electro – discharge machining

电极电位　electrode potential；
electrode voltage

电解质　electrolyte

电刷镀　brush electro – plating

电位差　potential difference

电泳涂装　electro – coating

电子显微镜　electron microscope

电子束焊　electron beam welding

电致伸缩(反压电效应)　electrostriction

电阻率　electrical resistivity

顶端淬火距离　Jominy distance

(顶)端淬(火)试验　Jominy test；end quench-
ing test

丁二烯　butadiene

定向结晶　directional solidification

等温退火　isothermal annealing

等温转变　isothermal transformation

断裂(口)　fracture

断口分析　fracture analysis

断裂力学　fracture mechanics

断裂强度　fracture strength；breaking strength

断裂韧性　fracture toughness

断面收缩率　contraction of cross sectional area

锻造　forge；forging；smithing

锻模　forging dies

锻造温度范围　forging temperature interval

对苯二甲酸二甲酯　dimethyl terephthalate

钝化过程　passivation

钝化(腐蚀中)　passive (in corrosion)

多边形组织　polygonization

多晶体　polycrystal；multicrystal

E

二次键　secondary bond

二次硬化　secondary hardening

二次硬次峰　secondary hardening peak

二元合金　binary alloy；two – component alloy

F

钒(V)　vanadium

发泡剂　blowing agents

反(抗)铁磁性　antiferromagnetism

反射　reflection

反射系数　reflectivity

范德瓦耳斯键　Van der Waals bond

非晶态　amorphous state

沸腾钢　rimmed steel；boiling steel

分解　decomposition；disintergration；digestion

分子键　molecular bond

分子结构　molecular structure

分子量　molecular weight

酚醛树脂　resole；phenolic；phenolic resin；
bakelite

粉末冶金　powder metallurgy(PMA)

粉末复合材料　particulate composite

粉末静电喷涂　electrostatic powder spraying

蜂窝　honey comb

腐蚀　corrosion；corrode；etch；etching

腐蚀剂　corrodent；corrosive；etchant

复合材料　composite materials

G

感应淬火　induction quenching

刚度　stiffness；rigidity

钢　steel

钢板　steel plate

钢棒　steel bar

钢锭　steel ingot

钢化玻璃　tempered glass

钢管　steel tube；steel pipe

钢筋混凝土　reinforced concrete

钢丝　steel wire

钢球　steel ball

杠杆定律　lever law；lever rule；
　　　　　lever principle

高分子聚合物　superpolymer；high polymer

高合金钢　high alloy steel

高锰钢　high manganese steel

高频淬火　high frequency quenching

高速钢　high speed steel；quick – cutting steel

高碳钢　high – carbon steel

高碳马氏体　high carbon matensite

高弹态　elastomer

高温回火　high temper

锆合金　zinc alloys

各向同性　isotropy

各向异性　anisotropy；anisotropism

工程材料　engineering material

工具钢　tool steel

工业纯铁　industrial pure iron

工艺　technology

共聚物　copolymer

共价键　covalent bond

共晶体　eutectic

共晶反应　eutectic reaction

共析体　eutectoid

共析钢　eutectoid steel

功率　power

功能材料　functional materials

固溶体　solid solution

固溶处理　solid solution treatment

固溶强化　solid solution strengthening；
　　　　　solution strengthening

固相　solid phase

硅酸盐　silicate

光子　photon

光电导性　photoconduction

光亮热处理　bright heat treatment

滚轧连接　roll bonding

滚珠轴承钢　ball bearing steel

过饱和固溶体　supersaturated solid solution

过共晶合金　hypereutectic alloy

过共析钢　hypereutectoid steel

过冷　undercooling；over – cooling；
　　　supercooling

过冷奥氏体　supercooled austenite

过冷度　degree of supercooling

过热　overheat；superheat

H

焊接　weld；welding

航空材料　aerial material

合成纤维　synthetic fiber

合成橡胶　synthetic rubber

合金钢　alloy steel

合金化　alloying

合金结构钢　structural alloy steel

黑色金属　ferrous metal

红硬性　red hardness

滑移　slip；glide

滑移方向　slip direction；glide direction

滑移面　glide plane；slip plane

滑移系　slip system

化合物　compound

化学气相沉积　chemical vapour deposition
　　　　　　（CVD）

化学热处理　chemical heat treatment

化学预处理　chemical pretreatment

化学腐蚀　chemical corrosion

化学还原法　chemical redaction

化学转变涂层　chemical conversion coating

环氧树脂　epoxy

还原反应　reduction reaction

灰口铸铁　gray cast iron

回复　recovery

回火　temper；tempering

回火马氏体　tempered martensite

混合铸造　compocasting

混凝土　concrete

J

基体　matrix
机械混合物　mechanical mixture
激光　laser
激光热处理　heat treatment with a laser beam
激光熔凝　laser melting and consolidation
激光表面硬化　surface hardening by laser beam
激光加工　laser beam machining
激冷深度　chill depth
激冷区　chill zone
激冷铸铁　chilled iron
极性　polaring
加聚物　addition polymer
加热　heating
甲烷　ethane
检验　inspection
间隙原子　interstitial atom
间隙化合物　interstitial compound
降解温度　degradation temperature
交叉滑移　cross – slip
交联　cross – linking
胶接　gluing
胶结　cementation
胶黏剂　adhesive
浇注温度　pouring temperature
矫顽场强, 矫顽力　coercive field
结构材料　structural material
结合能　binding energy
结晶　crystallize; crystallization
结晶度　crystallinity
结晶型(态)聚合物　crystalline polymer
解理作用　cleavage
界面能　interfacial energy
介电材料　dielectrics
介电常数　dielectric constant
介电强度　dielectric strength

介电损耗　dielectric loss
剪切模量　shear modulus
金刚石　diamond
金属材料　metal material
金属化合物　metallic compound
金属间化合物　intermetallic compounds
金属键　metallic bond
金属组织　metal structure
金属结构　metallic framework
金属塑料复合材料　plastimets
金属塑性加工　metal plastic working
金属陶瓷　metal ceramic
金相显微镜　metallographic microscope; metalloscope
金相照片　metallograph
晶胞　cell
晶胞中的原子数　atoms per cell
晶格　crystal lattice
晶格常数　lattice constant
晶格空位　lattice vacancy
晶核　nucleus
晶间腐蚀　intergranular corrosion
晶界　grain boundary
晶粒　crystal grain
晶粒度　grain size
晶粒度强化　grain size strengthening
晶粒细化　grain refining
晶粒细化剂　grain refinement
晶长粒大　grain growth
晶胚　embryo
晶体结构　crystal structure
晶体管　transistor
晶内偏析　coring
晶须　whiskers
居里温度　Curie temperature
聚苯乙烯　polystyrene(PS)
聚丙烯　polypropylene(PP))
聚丙烯腈　polyacrylonitrile
聚丁二烯　polybutadiene

282

聚丁烯　polybutylene
聚合度　degree of polymerization
聚合反应　polymerization
聚合物　polymer
聚甲基丙烯酸甲酯　polyinethyl methacrylate（PMMA）
聚氯乙烯　polyvinyl chloride(PVC)
聚四氟乙烯　polytetrafluoroethylene(PTFE)
聚碳酸酯　polycarbonate(PC)
聚酰胺　polyamide(PA)
聚乙烯　polyethlence(PE)
聚异戊二烯　polyisoprene
聚酯　polyester
聚酯薄膜　mylar
绝热材料　heat-insulating material
绝缘体　insulator
绝缘材料　insulating material
均质形核　homogeneous nucleation
均匀化热处理　homogenization heat treatment

K

开环　ring scission
抗拉强度　tensile strength
抗压强度　compression strength
抗磁性　diamagnetism
可锻铸铁　malleable cast iron
可焊性　weldability
可靠性　reliability
可铸性　castability
颗粒增强复合材料　particulate(particle) reinforced composite
空位　vacancy
扩散　diffusion;diffuse
扩散连接　diffusion bonding
扩散系数　diffusion coefficient

L

老化　aging
莱氏体　ledeburite
冷变形　cold deformation
冷加工　cold work;cold working
冷却　cool;cooling
冷却速率　cooling rate
冷变形强化　cold deformation strengthening
冷作硬化　cold hardening
冷隔　cold shut
离子　ion
粒状珠光体　granular pearlite
力学性能　mechanical property
连续浇注　continuous casting
连续冷却转变图　continuous cooling transformation diagram
连续转变曲线　continuous cooling transformation(CCT)curve
链节　mer
裂纹　cracking
临界温度　critical temperature
临界分剪应力　critical resolved shear Stress
流变成形　rheoforming
流动性　fluidity
硫化　vulcanization
孪晶　twin crystal
孪晶晶界　twin boundaries
孪生　twinning;twin
螺(旋)型位错　screw dislocation;spiral dislocation
洛氏硬度　Rockwell hardness
氯丁橡胶　polychloroprene
氯化钠　sodium chloride
铝合金　aluminum alloys
铝青铜　aluminum bronze

283

M

马氏体　martensite(M)

马氏体板条　martensite lath

马氏体片　martensite plate

马氏体钢　martensite steel

马氏体时效　martensite ag(e)ing

马氏体淬火　marquench

马氏体回火　martemper

马氏体(型)转变　martensite transformation

马氏体转变开始点(Ms)　martensite starting point

马氏体转变终了点(M_f)　martensite finish(ing) point

麻口铸铁　mottled cast iron

弥散的　disperse

弥散强化　dispersion strengthening

密排方向　close - packed directions

密排晶面　close - packed planes

密排六方晶格　hexagonal close - packed lattice(H.C.P.)

面心立方晶格　face - centered cubic lattice (F.C.C.)

面间距　interplanar spacing

面缺陷　surface defects

敏感性　sensibility; sensitivity; sensitization

镁　magnesium

钼　molybdenum

摩擦　friction

磨损　wear; abrade; abrasion

磨料　abrasive; grinding material

磨料磨损　abrasive wear

模具钢　die steel

M_f 点　martensite finshing point

M_s 点　martensite starting point

N

纳米材料　nanophase materials

耐火材料　refractory; fireproofing

耐磨钢　wear - resistant steel

耐磨性　wear resistance; resistance to abrasion

耐热钢　heat resistant steel; high temperature steel

内耗　internal friction

内应力　internal stress

尼龙　nylon

铌(Nb)　niobium

黏弹性　viscoelasticity

黏土　clay

凝固　solidify; solidification

凝固范围　freezing range

凝结　coagulation

扭转强度　torsional strength

扭转疲劳强度　torsional fatigue strength

浓度梯度　concentration gradient

O

偶联剂　coupling agent

偶极子　dipoles

P

泡沫塑料　foamplastics; expanded plastics

配位数　coordination number

喷丸(硬化)处理　shot peening; shot blasting

硼　boron

疲劳强度　fatigue strength

疲劳寿命　fatigue life

疲劳断裂　fatigue fracture (fatigue failure)

偏析　segregation

片状马氏体　lamellar martensite; plate type martensite

平面长大　planar growth

泊松比　Poisson ratio; Poisson's ratio

普通碳钢　plain carbon steel; ordinary steel

Q

气体渗碳　gas carburizing

切变　shear

切削　cut；cutting

切应力　shearing stress

氰化　cyaniding

倾斜晶界　tilt boundaries

氢电极　hydrogen electrode

球化退火　spheroidizing annealing

球化　nodulizing

球墨铸铁　nodular graphite cast iron；spheroi-dal graphite cast iron

球状珠光体　globular pearlite

球状渗碳体　spheroidite cementite

区域精炼　zone refining

屈服强度　yield strength；yielding strength

屈强比　yield – to – tensile ratio

屈氏体　troostite(T)

去应力退火　stress – relief annealing，relief annealing

缺陷　defect；imperfection

R

热处理　heat treatment

热加工　hot work；hot working

热喷涂　thermal spraying

热弹性　thermoelasticity

热固性　thermosetting

热固性塑料　thermosets

热塑性　hot plasticity；thermal plasticity

热塑性塑料　thermoplastics

热脆性　hot shortness

热硬性　hot hardness

热硬化　thermohardening

热膨胀系数　coefficient of thermal expansion

热偶　thermocouple

热容　heat capacity

热影响区　heat – affected zone

热滞（热驻）　thermal arrest

柔顺性　flexibility

人工时效　artificial ageing

刃具　cutting tool

刃型位错　edge dislocation；blade dislocation

韧性　toughness

熔化温度（熔点）　melting temperature(Tm)

融化　melt；thaw

熔化区　fusion zone

溶质　solute

溶剂　solvent

溶解度曲线　solvus；solubility curve

蠕变　creep

蠕变速率　creep rate

蠕变抗力　creep resistance

蠕虫状石墨　vermicular graphite

蠕墨铸铁　vermicular cast iron；quasiflake graphite cast iron

软磁　soft magnet

软氮化　soft nitriding

S

三元相图　ternary phase diagram

扫描电镜　scanning electron microscope (SEM)

闪锌矿结构　zincblende structure

上贝氏体　upper bainite

烧结　sintering

少无氧化加热　scale – less or free heating

渗氮　nitriding

渗硫　sulfurizing

渗碳　carburizing；carburization

渗碳体　cementite(Cm 或 Cem)

渗（壳）层厚度　case depth

失效　failure

石墨　graphite(G)

石墨化　graphitization

时间 - 温度转变曲线
（C 曲线） time temperature transformation (TTT)curve
时效硬化 age - hardening
实际晶粒度 actual grain size
使用寿命 service life
使用性能 usability
始锻温度 start - forging temperature
收缩 shrinkage
树枝状晶 dendrite
树脂 resin
双金属 bimetal; bimetallic; duplex metal
水淬 water quenching; water hardening water
水泥 cement
水韧处理 water toughening
顺磁性 paramagnetism
松弛 relaxation
塑料 plastics
塑性 ductile; ductility
塑（延）性断裂 ductile fracture
塑性变形 plastic deformation
缩聚物 condensation polymer
缩醛 polyether
索氏体 sorbite

T

Ti(钛) titanium
太阳能电池 solar cell
TTT 图(时间 - 温度 - 相变图) TTT diagram
弹簧钢 spring steel
弹性 elasticity; spring
弹性变形 elastic deformation
弹性极限 elastic limit
弹性模量 elastic modulus; modulus of elasticity
弹性体(橡胶) elastomer
碳素钢 carbon steel
碳含量 carbon content
碳化物 carbide

碳素工具钢 carbon tool steel
炭黑 carbon black
碳当量 carbon equivalent
碳氮共渗 carbonitriding
炭化 carbonizing
碳化硅陶瓷 silicon - carbonate ceramic
陶瓷 ceramics
陶瓷材料 ceramic material
陶器 earthenware
体心立方结构 body - centered cubic lattice (B.C.C.)
体型聚合物 three - dimensional polymer
调质处理 quenching and tempering
调质钢 quenched and tempered steel
铁碳平衡图 iron - carbon equilibrium diagram
铁素体 Ferrite
铁氧体磁性 ferrimagnetism
铁电体 ferroelectric
铁磁性 ferromagnetism
透明(结晶)陶瓷 crystalline ceramics
同素异构转变 allotropic transformation
铜合金 copper alloys
涂层 coat; coating
透射 transmission
退火 annealing
退火织构 annealing texture
脱碳 decarburization
脱氧 deoxidation
脱硫 desulfurization
托氏体 troostite (T)

W

外部失效 external failure
外延长大 epitaxial growth
网状聚合物 network polymer
稳定化处理 stabilization
稳定剂 stabilizer
无定型的 amorphous

286

无定形聚合物　amorphous polymers
无规(聚合物)　atactic
雾化法　atomization

X

X 射线　X-ray
X 射线结构分析　X-ray structural analysis
X 射线照相技术　X-ray radiography
析出　precipitation
吸收(作用)　absorption
锡青铜　tin bronze
下贝氏体　lower bainite
夏氏(比)冲击试验　charpy test
纤维　fiber; fibre
纤维织构　fiber texture
纤维增强复合材料　fiber-reinforced composites; filament reinforced composites
显微照片　metallograph; microphotograph; micrograph
显微组织　microscopic structure; microstructure
线型聚合物　linear polymer
相对磁导率　relative permeability
相　phase
相变　phase transition
相图　phase diagram
橡胶　rubber
消(去)应力退火　stress relief annealing
小角度晶界　small angle grain boundaries
形状记忆合金　shape memory alloys
形变　deformation
形变强化　deformation strengthening
形变热处理　ausforming
性能　property

Y

一次键　primary bond
乙烯　ethylene
压电体　piezoelectric
压力加工　press work
压延成形　calendering
压缩模注法　compression molding
亚共晶铸铁　hypoeutectic cast iron
亚共析钢　hypoeutectoid steel
衍射　diffraction
延伸率　elongation
延(展)性　ductility
延性铸铁　ductile iron
氧化反应　oxidation reaction
氧化物陶瓷　oxide ceramics
阳离子　cation
阳极　anode
阳极电势　anode potential
阳极反应　anode reaction
阳极保护　anodic protection
阳极化　anodizing
杨氏模量　young's modulus
延伸率　elongation percentage
盐浴淬火　salt bath quenching
验证试验　proof test
液相　liquid phase
液相线　liquidus
阴离子　anion; negion
阴极　cathode
阴极极化　cathode polarization
应变　strain
应变硬化　strain hardening
应变硬化系数　strain hardening coefficient
应力　stress
应力场强度因子　stress intensity factor
应力断裂失效　stress-rupture failure
应力腐蚀　stress corrosion
应力松弛　stress relaxation; relaxation of stress

硬磁材料　hard magnetic material
硬质合金　carbide alloy; hard alloy
油淬　oil quenching; oil hardening
有机玻璃　methyl－methacrylate; plexiglass(s)
有色金属　nonferrous metal
原子间距　interatomic spacing
原子键　atomic bonding
匀晶　uniform grain
孕育处理　inoculation; modification
孕育期　incubation

Z

再结晶退火　recrystallization annealing
再结晶温度　recrystallization temperature
载荷　load
淬(zan)火　quench; quenching
淬透性　hardenability
淬透性曲线　hardenability curve
淬硬性　hardenability; hardening capacity
择优取向　preferred orientation
增强塑料　reinforced plastic
增塑剂　plasticizer
渣　slag
黏着磨损　adhesive wear
真空成形　vacuum for ming
针状的　acicular

针状马氏体　acicular martensite
镇静钢　killed steel
正火　normalizing; normalize; normalization
终锻温度　finish－forging temperature
支化　branching
织构　texture
致密度(性)　tightness; soundness
滞弹性　anelasticity
支链型聚合物　branched polymer
智能材料　intelligent materials
中合金钢　medium alloy steel
周期表　periodic table
轴承钢　bearing steel
轴承合金　bearing alloy
珠光体　pearlite (P)
柱状晶体　columnar crystal
柱状区　columnar zone
铸造　cast; foundry
注(射)模成形　injection molding
转变温度　transition temperature
自然时效　natural ageing
自由能　free energy
阻燃剂　flame retardant
组元　component; constituent
组织　structure
α钛合金　α-titanium alloy

参考文献

[1] 朱张校. 工程材料[M]. 北京：高等教育出版社，2006.

[2] 汪传生，刘春廷. 工程材料及应用[M]. 西安：西安电子科技大学出版社，2008.

[3] 陈惠芬. 金属学与热处理[M]. 北京：冶金工业出版社，2009.

[4] 刘宗昌，等. 金属学与热处理[M]. 北京：化学工业出版社，2008.

[5] 高为国. 机械工程材料基础[M]. 长沙：中南大学出版社，2004.

[6] 徐自立. 工程材料及应用[M]. 武汉：华中科技大学出版社，2007.

[7] 陈文哲. 机械工程材料[M]. 长沙：中南大学出版社，2009.

[8] 刘瑞堂，刘文博. 工程材料力学性能[M]. 哈尔滨：哈尔滨工业大学出版社，2002.

[9] 王庆祝. 机械工程材料[M]. 西安：西安出版社，1995.

[10] 齐民，于永泗. 机械工程材料[M]. 大连：大连理工大学出版社，2017.

[11] 张明，苏小光. 力学测试技术基础[M]. 北京：国防工业出版社，2008.

[12] 赵忠，丁仁亮. 金属材料及热处理[M]. 北京：机械工业出版社，2005.

[13] 高为国. 机械基础实验[M]. 武汉：华中科技大学出版社，2006.

[14] 戈晓岚，洪琢. 机械工程材料[M]. 北京：中国林业出版社，北京大学出版社，2006.

[15] 中国机械工程学会热处理专业分会. 热处理手册[M]. 北京：机械工业出版社，2001.

[16] 黄丽荣，汤宏智. 40Cr钢汽车半轴断裂失效分析[J]. 机械工程材料，2009(5)：73-79.

[17] 朱征. 机械工程材料[M]. 北京：国防工业出版社，2007.

[18] 严绍华. 热加工工艺基础[M]. 北京：高等教育出版社，2010.

[19] 赵程，杨建民. 机械工程材料[M]. 北京：机械工业出版社，2007.

[20] 刘云. 工程材料应用基础[M]. 北京：国防工业出版社，2008.

[21] 齐乐华，朱明，王俊勃. 工程材料及成形工艺基础[M]. 西安：西北工业大学出版社，2002.

[22] 相瑜才，孙维连. 工程材料及机械制造基础[M]. 北京：机械工业出版社，2003.

[23] 朱兴元，刘忆. 金属学与热处理[M]. 北京：中国林业出版社，北京大学出版社，2006.

[24] 丁厚福，王立人. 工程材料[M]. 武汉：武汉理工大学出版社，2001.

[25] 郑明新. 工程材料[M]. 北京：清华大学出版社，1991.

[26] 吕广庶，张远明. 工程材料及成形技术基础[M]. 北京：高等教育出版社，2001.

[27] 王俊昌，等. 工程材料及机械制造基础[M]. 北京：机械工业出版社，2002.

[28] 王爱珍. 工程材料及成形技术[M]. 北京：机械工业出版社，2003.

[29] 王运炎，叶尚川. 机械工程材料[M]. 北京：机械工业出版社，2005.

[30] 贾耀卿. 常用金属材料手册(上)[M]. 北京：中国标准出版社，2007.

[31] 王忠. 机械工程材料[M]. 北京：清华大学出版社，2005.

[32] 沈莲. 机械工程材料[M]. 北京：机械工业出版社，2006.

[33] 谭树松. 有色金属材料学[M]. 北京：冶金工业出版社，1993.

[34] 韩凤麟，马福康，曹勇家. 中国材料工程大典(第14卷　粉末冶金材料工程)[M]. 北京：化学工业出版社，2006.

[35] 曾正明. 机械工程材料手册(金属材料)[M]. 北京：机械工业出版社，2003.

[36] 王章忠. 机械工程材料[M]. 北京：机械工业出版社，2007.

[37] 文九巴. 机械工程材料[M]. 北京：机械工业出版社，2009.

[38] 戴枝荣. 机械工程材料及机械制造基础(Ⅰ)：机械工程材料. 北京：高等教育出版社，2003.

[39] 潘强，朱美华，童建华. 工程材料[M]. 上海：上海科学技术出版社，2005.

[40] 逯永海，等. 工程材料教程[M]. 哈尔滨：哈尔滨工程大学出版社，2005.

[41] 逯永海，等. 工程材料教程辅助教材[M]. 哈尔滨：哈尔滨工程大学出版社，2000.

[42] 周凤云. 工程材料及应用[M]. 武汉：华中科技大学出版社，2002.

[43] 康俊远. 模具材料与表面处理[M]. 北京：北京理工大学出版社，2012.

[44] 金荣植. 模具热处理及其常见缺陷与对策[M]. 北京：机械工业出版社，2014.

[45] 王邦杰. 实用模具材料与热处理速查手册[M]. 北京：机械工业出版社，2014.

[46] 高为国. 模具材料册[M]. 北京：机械工业出版社，2017.